整数論 1
初等整数論からp進数へ

雪江明彦 著

日本評論社

はじめに

　本シリーズは 3 巻よりなる整数論の教科書である．本書の基となったものは，著者が 10 数年前にオクラホマ州立大学在職時に行った 2 次体の類数や基本単数などについての授業，2011 年度に東北大学在職時に行った解析的整数論についての授業などの講義ノートである．

　そういった内容について述べるために，整数論の初歩から解説することにした．代数学の基本に関しては，省略して他の本を引用することも考えたが，整数論の初歩から始めて，そのままガロア理論まで学べるのも便利なので，代数学の解説も含めた．ただし，本書の主題はあくまでも整数論なので，体は非分離拡大はほとんど扱わず，また作図問題や方程式論は割愛した．既にガロア理論まで学ばれた読者には，本書の 5–7 章は必要ない．

　p 進数の概念は第 1 巻の最後で導入する．本シリーズでは，3 巻全体を通して，なるべく p 進数の概念を使って解説した．それは，一つには現在 p 進数を使う整数論が非常に盛んであるのと，第 2 巻で解説するデデキントの判別定理やクロネッカー–ウェーバーの定理など，古典的には高次の分岐群を使って解説されてきたことも，p 進数を使って解説するほうが，わかりやすいのではないかと思うからである．

　第 1 巻では，整数の合同から始めて，平方剰余の相互法則や完全数，あるいは完全に初等的に考察できる不定方程式といった，予備知識を必要としないことについて解説した後，群・環・体について一通り解説する．その後で，代数体の整数環の基本性質について解説し，それを使って，フェルマー予想の 3 次の場合や奇素数次の場合の一部などについて解説する．9 章では p 進数を定義し，その基本性質について述べた後，ヒルベルト記号について解説する．

　第 2 巻では，判別式や類数，単数基準といった，代数的整数論の基本につい

て解説した後，類数の計算の具体例や応用について解説する．類数がときとして不定方程式に関係するのはとても興味深いことである．また，2 次体の類数の簡約理論による計算法や基本単数の連分数による計算法の証明を与える．

第 3 巻ではおもに解析的整数論について解説する．ゼータ関数，ディリクレの算術級数定理や素数定理といったことが第 3 巻の主題だが，それ以外にもクロネッカーの稠密定理 (ワイルの定理) やリンデマンの定理の解説も含めた．また第 3 巻の 5 章では，アデール・イデールを定義し，デデキントゼータ関数の極の類数について解説した．アデール・イデール上の不変測度は，局所コンパクト群上の不変測度の存在定理を使わず，ルベーグ測度の構成と同様な方法で構成した．第 3 巻の最後では，本シリーズでは扱わない類体論・楕円曲線・岩澤理論・保型形式といった，高度な話題について概説する．

整数論は整数という身近な対象を扱うだけに，古くから多くの数学者，あるいは数学に興味を持つ人々を魅了してきた．古くから知られている不定方程式はとても興味深く，感動を伴うものである．また，代数体の類数といった対象はとても神秘的である．本書を執筆するにあたり，なるべくそういったおもしろさや感動を読者に伝えることを心がけた．それが実現しているかどうかについては読者にご判断を委ねたい．

本書を出版するにあたり，日本評論社の佐藤大器氏，飯野玲氏には大変お世話になった．ここに感謝の意を表したい．

本書が整数論に興味ある読者に，少しでも整数論のおもしろさを提供できたら幸いである．

著者しるす

本書を通して，第 2 巻や第 3 巻の定理などを引用する際には，定理 II–6.1.4 などと書く．

目次

はじめに i

第1章 整数の合同 1
1.1 集合論からの準備 1
1.2 整数論とは何か 4
1.3 整数の基本性質 10
1.4 整数の合同 13
1.5 ユークリッドの互除法と素因数分解 21
1.6 有理数と循環小数 28
1.7 中国式剰余定理 30
1.8 合同1次方程式 33
1.9 フェルマーの小定理と RSA 暗号 35
1.10 合同方程式と平方剰余 46
1.11 平方剰余の相互法則 52
　　　1章の演習問題 61

第2章 不定方程式 66
2.1 不定方程式 $x^2+y^2=1$ 66
2.2 不定方程式 $x^4+y^4=1$ 68
2.3 不定方程式 $n=x^2+y^2$ 71
2.4 不定方程式 $n=x^2+y^2+z^2+w^2$ 73
　　　2章の演習問題 76

第3章 数論的関数 77
3.1 数論的関数 77

3.2	完全数	80
3.3	メビウス反転公式	82
	3章の演習問題	84

第4章 連分数 86

4.1	連分数の定義	86
4.2	ペル方程式と連分数	93
	4章の演習問題	97

第5章 群論 98

5.1	集合論の補足	98
5.2	群の基本	104
5.3	群の作用	123
	5章の演習問題	133

第6章 環と加群 138

6.1	環の基本	138
6.2	多項式環	148
6.3	素イデアルと極大イデアル	157
6.4	環の直積と中国式剰余定理	160
6.5	局所化	162
6.6	一意分解環	167
6.7	行列と行列式	176
6.8	環上の加群の基本	179
	6章の演習問題	191

第7章 体とガロア理論 195

7.1	体の代数拡大と拡大次数	195
7.2	代数閉包	205
7.3	分離拡大と正規拡大	207
7.4	ガロア理論	213
	7章の演習問題	224

第 8 章　代数的整数　227

- 8.1　代数体の整数環 …………………………………… 228
- 8.2　既約多項式の例 …………………………………… 241
- 8.3　デデキント環における素イデアル分解 ……………… 245
- 8.4　類数と単数 ………………………………………… 256
- 8.5　2 次体の整数環 …………………………………… 259
- 8.6　$\mathbb{Z}[\sqrt{-1}]$ と $\mathbb{Z}[\omega]$ ……………………………… 264
- 8.7　不定方程式 $x^3+y^3=1$ ………………………… 267
- 8.8　2 次体の類数 ……………………………………… 271
- 8.9　不定方程式 $p=\pm(x^2-dy^2)$ など ………………… 275
- 8.10　不定方程式 $y^2+2=x^3$ ………………………… 277
- 8.11　円分体の整数環 …………………………………… 280
- 8.12　数体ふるい法 ……………………………………… 295
-      　8 章の演習問題 …………………………………… 300

第 9 章　p 進数　303

- 9.1　p 進数とヘンゼルの補題 ………………………… 303
- 9.2　2 次形式とヒルベルト記号 ………………………… 321
-      　9 章の演習問題 …………………………………… 331

演習問題の略解　333

参考文献　358

索引　362

第 2 巻目次

第 1 章 分岐と完備化
- 1.1 デデキント環の基本と距離空間の完備化の復習
- 1.2 デデキント環の完備化
- 1.3 分岐と完備化
- 1.4 ヒルベルトの理論と分岐・不分岐
- 1.5 局所体
- 1.6 単因子論
- 1.7 絶対判別式
- 1.8 相対判別式
- 1.9 判別式と終結式
- 1.10 イデアルの相対ノルム
- 1.11 完備化とデデキントの判別定理
- 1.12 積公式
- 1.13 クラスナーの補題と応用
- 1.14 2 次の暴分岐

第 2 章 整数環と判別式の例
- 2.1 Pari-gp 入門
- 2.2 クンマー理論
- 2.3 3 次体
- 2.4 $\mathbb{Q}_p$ の 2 次拡大
- 2.5 $\mathbb{Q}$ の双 2 次拡大
- 2.6 4 次巡回体

第 3 章 ミンコフスキーの定理とその応用
- 3.1 格子点とミンコフスキーの定理
- 3.2 判別式の評価と類数の有限性
- 3.3 ディリクレの単数定理
- 3.4 2 次形式の対角化

第 4 章 円分体
- 4.1 円分体の整数環 II
- 4.2 $(\mathbb{Z}/p^k\mathbb{Z})^\times$ の構造
- 4.3 円分体における素数の分解
- 4.4 クロネッカー-ウェーバーの定理

第 5 章 ガウス和・ヤコビ和と有限体上の方程式
- 5.1 ガウス和
- 5.2 ガウス和の応用
- 5.3 有限体上の方程式
- 5.4 ヴェイユ予想の概説

- 5.5 不定方程式 $3x^3+4y^3+5z^3=0$
- 5.6 ガウス和の符号

第 6 章 　2 次体の整数論
- 6.1 　2 次体の基本単数
- 6.2 　2 次体の類数
- 6.3 　不定方程式 $ax^2+bxy+cy^2=k$

第 3 巻目次

第 1 章 　フーリエ級数・フーリエ変換
- 1.1 　解析学の復習
- 1.2 　フーリエ級数に関する補足
- 1.3 　フーリエ変換
- 1.4 　多変数の場合

第 2 章 　解析的方法の初歩
- 2.1 　約数の数の密度
- 2.2 　クロネッカーの稠密定理 (ワイルの定理)
- 2.3 　リンデマンの定理

第 3 章 　ゼータ関数と L 関数
- 3.1 　ディリクレ指標とガウス和
- 3.2 　リーマンゼータ関数とディリクレ L 関数
- 3.3 　ディリクレの算術級数定理
- 3.4 　不定方程式 $n=x^2+y^2+z^2$
- 3.5 　L 関数の特殊値
- 3.6 　クロネッカー記号
- 3.7 　ディリクレの類数公式
- 3.8 　ディリクレ級数の基本性質

第 4 章 　ウィーナー-池原の定理と素数定理
- 4.1 　ウィーナー-池原の定理
- 4.2 　ウィーナー-池原の定理 II
- 4.3 　ウィーナー-池原の定理の簡単な応用
- 4.4 　素数定理
- 4.5 　AKS アルゴリズム

第 5 章 　アデール・イデールとデデキントゼータ関数
- 5.1 　アデール・イデールの定義
- 5.2 　アデール・イデール上の不変測度
- 5.3 　$\mathbb{A}/K, \mathbb{A}^1/K^\times$ の体積
- 5.4 　アデール上のフーリエ解析
- 5.5 　デデキントゼータ関数の極

第 6 章　概説
6.1　類体論
6.2　楕円曲線
6.3　岩澤理論
6.4　保型形式

第1章
整数の合同

整数が他の整数で割り切れるかどうかは，整数の一番基本的な問題である．この章では，整数の割り算に関連したことについて解説する．準備として，1.1 節では集合論の基本を復習する．整数の割り算について述べる前に，1.2 節では，整数論がどのような分野であるかということについて例を挙げながら解説する．整数論は広い分野なので，整数論全般を到底解説できるものではないが，少しだけでも見通しがあったほうがよいだろう．1.4–1.8 節は整数の合同の基本である．こういった初等的なことでも暗号理論に興味深い応用がある．1.9 節では，割り算の暗号理論への応用について解説する．1.10, 1.11 節では，2 次の合同式について解説する．2 次の合同方程式はとても興味深く，平方剰余の相互法則は，代数的整数論への入り口である．

1.1 集合論からの準備

まず集合論に関連した記号について述べておく．本書では，自然数の集合などに以下の記号を用いる．

$\mathbb{N}$：自然数の集合 $(= \{0, 1, 2, \cdots\})$
$\mathbb{Z}$：整数の集合
$\mathbb{Z}_>$：正の整数の集合
$\mathbb{Q}$：有理数の集合
$\mathbb{R}$：実数の集合
$\mathbb{R}_\geqq$：非負実数の集合
$\mathbb{R}_>$：正の実数の集合
$\mathbb{C}$：複素数の集合

空集合は $\emptyset$ と表す.A,B を集合とするとき,$A \cup B, A \cap B$ はそれぞれ,A,B の**和集合**,**共通集合**を表す.$A \setminus B$ は A の元であって,B の元ではないもの全体よりなる集合を表す.この記号を用いるときに,B が A の部分集合である必要はない.A が B の部分集合であるとき,$A \subset B$ と書く.この記号は $A = B$ の場合も含むとする.$A \subset B$ で $A \neq B$ なら,A は B の**真部分集合**であるといい,$A \subsetneq B$ と書く.流儀によっては,$A \subset B$ を真部分集合の意味で使うこともあるので,注意が必要である.$A \not\subset B$ は $A \subset B$ の否定である.

$A_1, \cdots, A_n$ を集合とするとき,$a_1 \in A_1, \cdots, a_n \in A_n$ の組 $(a_1, \cdots, a_n)$ 全体よりなる集合のことを**直積**といい,$A_1 \times \cdots \times A_n$ と書く.$A_1, \cdots, A_n$ をその**直積因子**という.無限個の集合の直積については,5.1.1 節で解説する.

集合 A の任意の元 a に対し B の元 $f(a)$ がただ一つ定まっているとき,f を A から B への**写像**という.f が集合 A から集合 B への写像なら,

(1.1.1) $\qquad f : A \to B \qquad$ (あるいは $f : A \ni a \mapsto f(a) \in B$)

という記号を使うのが一般的である.写像のことを関数ということもある.写像 $f : A \to B$ に対し $A \times B$ の部分集合 $\{(a, f(a)) \mid a \in A\}$ を写像 f の**グラフ**という.グラフのことを写像の定義とする考え方もある.つまり,写像とは,$A \times B$ の部分集合 Γ で射影 $\Gamma \to A$ が全射であり,$(a,b),(a,b') \in \Gamma$ なら $b = b'$ となるものと定義するのである.

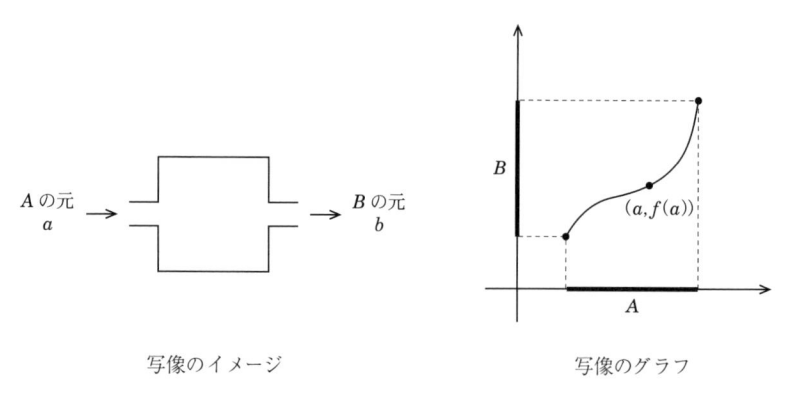

写像のイメージ　　　　　　写像のグラフ

$f : A \to B$ が写像で $A' \subset A$ なら,$a \in A'$ に対し $f(a) \in B$ を対応させる写像を $g : A' \to B$ とする.g を f の**制限**,f を g の**延長**,または**拡張**という.

A を集合とするとき,A の元の列とは,$\mathbb{N}$ から A への写像のことである.$\mathbb{N}$

から A への写像の $n \in \mathbb{N}$ での値が x_n なら，この列を $\{x_n\}_n$，あるいは $\{x_n\}$ と表す．これは集合 $\{x_0, x_1, x_2, \cdots\}$ と混同の恐れがあるが (集合は順序に関係しない)，列にはこの記号を使うことが多く，また混同の恐れがないような状況で使うことが多いので，$\{x_n\}$ という記号を使うことにする．

定義 1.1.2 (写像の合成・逆写像)　(1)　集合 A から A への写像 f で，すべての $a \in A$ に対し $f(a) = a$ となるものを**恒等写像**といい，id_A と書く．

(2)　$f : A \to B$, $g : B \to C$ が写像なら，A から C への写像 $g \circ f$ を $g \circ f(a) = g(f(a))$ と定義し，f, g の**合成**という．

(3)　A, B が集合，$f : A \to B$, $g : B \to A$ が写像で，$g \circ f = \mathrm{id}_A$, $f \circ g = \mathrm{id}_B$ であるとき，f, g は互いの**逆写像**といい，$g = f^{-1}$, $f = g^{-1}$ と書く．逆写像のことを**逆関数**ともいう．　　◇

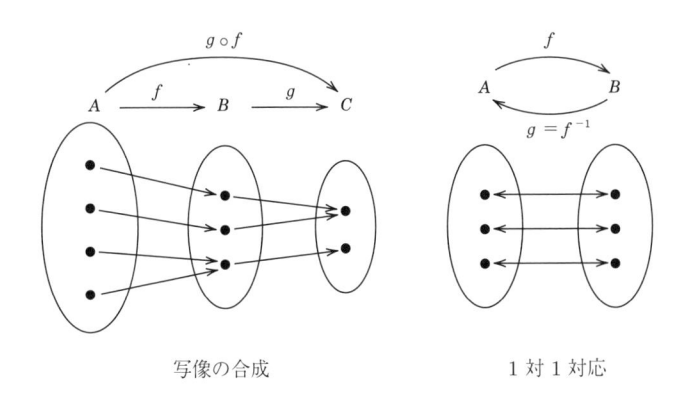

写像の合成　　　　　　　　1 対 1 対応

$a, a' \in A$, $f(a) = f(a')$ なら $a = a'$ という条件が満たされるとき，f は**単射**であるという．任意の $b \in B$ に対し $a \in A$ があり $f(a) = b$ となるとき，f は**全射**であるという．写像が単射かつ全射なら，**全単射**であるという．集合 A から集合 B への全単射写像があるとき，集合 A と集合 B は **1 対 1** に対応するという．$A \subset B$ なら，A の元を B の元とみなす写像のことを**包含写像**という．

$f : A \to B$ が写像，$S \subset A$ のとき，$f(S) = \{f(a) \mid a \in S\}$ と書き，S の**像**という．$S \subset B$ のとき，$f^{-1}(S) = \{a \in A \mid f(a) \in S\}$ と書き，S の**逆像**という．逆写像と逆像で同じ記号を使うが，習慣なのでやむをえない．A が有限集合なら，A の元の個数を $|A|$ と書く．A が無限集合なら，$|A| = \infty$ と書く．本書で

は，無限集合の間の「濃度」の違いを比較することはない．

A, B が数学的主張で，「A ならば B」が成り立つとき，A は B の**十分条件**，B は A の**必要条件**という．「A ならば B」,「B ならば A」が両方成り立つとき，A, B は互いの**必要十分条件**，あるいは**同値**であるという．A, B が同値なら，A, B の真偽は一致する．「A ならば B」が正しくないのは，A が正しく B が正しくないときだけである．

数学的主張が正しくないことを示すには，正しくない例を与えるのが一つの方法である．そのような例を**反例**という．例えば，「$x=5$」は「$x>4$ なら $x>5$ である」の反例である．

1.2 整数論とは何か

この節では整数論とはどんな分野であるかということについて考えてみよう．

これから方程式について考えることが多いので，用語について注意しておく．$f(x)$ が 1 変数の多項式のとき，$f(\alpha)=0$ を満たす α のことを $f(x)$ の**根**という．この α はまた，方程式 $f(x)=0$ の**解**ともいう．解という用語は 1 変数の多項式だけでなく，$f(x)$ が多変数の多項式である場合や，単独でなく連立方程式の場合にも使う．根や解を実数，有理数，整数の範囲で考えるときには，実数根・実数解，有理数根・有理数解，整数根・整数解などという．

整数論で一番基本的な問題は，ある整数が別の整数でいつ割り切れるか，あるいはある整数が素数かどうかといった問題である．素数が無限個あることはすぐに示せるが，「$n, n+2$ が両方とも素数であるような n（このような $n, n+2$ の組を**双子素数**という）が無限個あるか」という素朴な問題も 2013 年現在未解決である．6, 10 などの比較的小さな整数の素因数分解はあたりまえのように感じられるが，600 桁といった非常に大きな数の素因数分解は，現在でも非常に難しく，このことはある種の暗号が成立する理由となっている（1.9 節参照）．

暗号理論への応用を抜きにしても，与えられた整数が素数かどうか，あるいは素数がどのように分布しているかといったことはとても神秘的である．また，以下解説する不定方程式においても，整数係数の方程式の解を実数の範囲で考えるのと整数あるいは有理数の範囲で考えるのでは，その魅力はまったく違う．その魅力を論理的に説明することはできないが，実際，整数論は多くの人々を

魅了してきた．整数論とは元来はそういった純粋数学的な分野である．

さて，素数 p がいつ整数 x,y により $p=x^2+y^2$ と表せるかという問題を考えてみよう．2.3 節で

A：「$p=x^2+y^2$ となる整数 x,y がある」

B：「$p=2$ または p を 4 で割った余りが 1 である」

が同値であることを証明するが，このように解の範囲を整数，あるいは有理数に限定した整数，あるいは有理数係数の方程式を**ディオファントス方程式**，あるいは**不定方程式**という．なお，不定方程式は本来は変数の数が方程式の数より多い連立方程式のことだが，ディオファントス方程式と同じ意味で使われることが多い．

この問題で A ならば B であることはやさしい．なぜなら，$p=2$ でなければ p は奇数なので，x,y はどちらかが奇数でもう一方が偶数になるしかない．$x=2a+1$, $y=2b$ とおくと，

$$x^2+y^2 = 4(a^2+a+b^2)+1$$

となるので，B が成り立つ．しかし，非常に興味深いのは，逆が成り立つということである．例えば，

$$5 = 1+4 = 1^2+2^2,$$
$$13 = 4+9 = 2^2+3^2,$$
$$29 = 4+25 = 2^2+5^2,$$
$$89 = 25+64 = 5^2+8^2$$

などと確かに逆が成り立つのはとても不思議である．

本書では，読者が 4 章まではなるべく予備知識なしに直観的に読み進めて整数論の基本的な問題に接することができるように配慮した．上の「B なら A」についても，2.3 節で予備知識をそれほど必要としない「無限降下法」という方法により一旦証明する．しかし，このことは無限降下法を使うよりも，

$$\mathbb{Z}[\sqrt{-1}] = \{a+b\sqrt{-1} \mid a,b \in \mathbb{Z}\}$$

という「環」により考察するほうが見通しがよくなる．

少しだけ説明すると，$p=x^2+y^2$ になるということは

$$p = (x+y\sqrt{-1})(x-y\sqrt{-1})$$

となるということであり，それは $\mathbb{Z}[\sqrt{-1}]$ において，p が二つの (非自明な) 元

の積になるということである．そして p を 4 で割った余りが 1 ならそれが可能であることは，$\mathbb{Z}[\sqrt{-1}]$ において整数の素因数分解のようなことが成り立つことからわかるのである．こういった証明については，群・環・体の基本について述べた後，8.6 節で解説する．フェルマー予想の古典的な考察などでもそうであるように，有理数よりも広い範囲の「数」を考察することは有効な方法である．このような一般的な枠組みで素数と同様な性質を持つものの考察をすることは，**代数的整数論**という分野の一つの問題である．

$\mathbb{Z}[\sqrt{-1}]$ という集合では $\mathbb{Z}$ における素因数分解と同様なことが成り立つが (8.6 節参照)，$\mathbb{Z}[\sqrt{-5}] = \{a+b\sqrt{-5} \mid a,b \in \mathbb{Z}\}$ ではそのようなことは成り立たない．8.5 節で正確に述べるが，

$$6 = 2 \cdot 3 = (1+\sqrt{-5})(1-\sqrt{-5})$$

となるので，素因数分解の一意性にあたることが成り立たない．このように，素因数分解のようなことができないにしても，その程度がどれだけ悪いかの目安となる「類数」という不変量がある．類数は 8.4 節で定義するが，類数が何かといった問題を考察するのも代数的整数論の問題である．こういったことは，群・環・体といった抽象代数の知識なしに述べるのはとても難しいので，5–7 章で代数の基礎知識について解説してから，8 章で解説する．

次に $x^2+y^2=1$ という方程式の解 (x,y) で x,y ともに有理数であるものがあるかどうか考えてみよう．これも不定方程式である．$u,v \in \mathbb{Z}$ に対し

(1.2.1) $$x = \frac{u^2-v^2}{u^2+v^2}, \quad y = \frac{2uv}{u^2+v^2}$$

とおくと，$x^2+y^2=1$ である．逆に $x,y \in \mathbb{Q}$ なら x,y は上のような形をしていることを証明できる (2.1 節参照)．実は，(1.2.1) は点 $(-1,0)$ を通る傾き v/u の直線と単位円の交点となっている (次ページ図参照)．このような考察は，ある意味幾何学的である．整数論的な問題を，整数論，幾何学両方の立場から考察する分野は，現在では**数論幾何**と呼ばれている．

$n > 2$ なら，$x^n+y^n=1$ という方程式は $x,y \neq 0$ である有理数解を持たないというのはフェルマー予想と呼ばれていた．この問題がワイルスとテイラーにより 1995 年に解決されたのは非常に有名である ([50], [47])．これも数論幾何の問題であるが，その解決には，代数的，幾何学的な考察だけでなく，**保型形式**という解析関数に関する考察も必要であった．本書では，保型形式を使わな

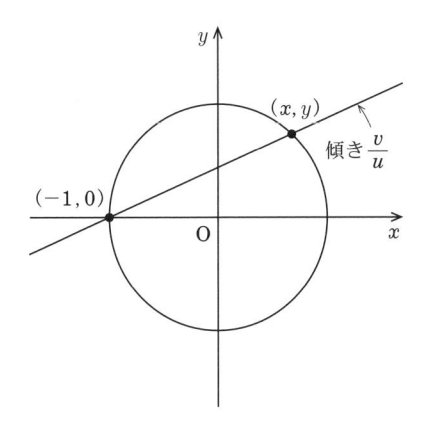

いごく初等的な考察が可能な場合である $n=3,4$ の場合について (それはワイルスとテイラーの証明でも必要になる) は 2.2, 8.7 節で，$n=p$ が奇素数で，ある条件を満たす場合については 8.11 節で解説する．

　ここまでは，代数的，幾何学的考察だけだったが，ある意味解析的な考察が必要な場合を考えてみよう．$x^2+2y^2=-1$ という不定方程式を考える．もしこのような $x,y\in\mathbb{Q}$ があれば，$x^2,y^2\geqq 0$ なので，$x^2+2y^2\geqq 0$ となり，矛盾である．よってこの方程式には有理数解はない．この考察は非常にやさしかったが，実数の大小関係を使ったので，代数的な考察ではなく，ある意味では解析的な考察である．このように，整数や有理数の考察をするのに，実数まで考察の範囲を広げて解析的に考えるということもときに有効である．整数論では一般的に，使える道具は代数的であれ解析的であれ，何でも使って考察しないと満足なことができないという場合が多い．

　上の例では実数まで範囲を広げて考えたが，もう一つの不定方程式 $x^2-2y^2=6$ を考えてみよう．この方程式は実数で考えると，任意の実数 y に対し $x=\pm\sqrt{6+2y^2}$ となるので，解が無限個存在する．しかし，有理数で考えると，3 で割り切れるかどうかといった考察で，解がないことを次のようにして証明することができる．

　$x,y\in\mathbb{Q}$ とする．$y=0$ なら $\sqrt{6}$ が有理数となり矛盾である．よって，$y\neq 0$ である．同様に $x\neq 0$ である．$x=3^a x_1/z$，$y=3^b y_1/z$，$a,b\in\mathbb{Z}$，$x_1,y_1,z\in\mathbb{Z}$ で x_1,y_1,z は 3 で割り切れないとする．すると $x^2-2y^2=6$ は
$$3^{2a}x_1^2-2\cdot 3^{2b}y_1^2=6z^2$$

と同値である．

　もし $b>0$ なら，$3^{2a}x_1^2 = 2 \cdot 3^{2b}y_1^2 + 6z^2$ は 3 で割り切れるので，$a>0$ である．すると，上の左辺は 9 で割り切れるが，右辺は 9 では割り切れないので，矛盾である．よって，$b \leqq 0$ である．
$$3^{2a-2b}x_1^2 - 2y_1^2 = 2 \cdot 3^{1-2b}z^2$$
となるが，右辺は整数なので，$a \geqq b$ である．$a>b$ なら，左辺は 3 で割り切れないが，右辺は 3 で割り切れるので，矛盾である．よって，$a=b$ である．$1^2=1$, $2^2=4$ を 3 で割った余りは両方とも 1 なので，$x_1^2-2y_1^2$ を 3 で割った余りは -1 となる．しかし，これは 3 で割り切れなければならないので，矛盾である．

　この考察では 3 で割り切れるかどうかといった考察をしたが，それもある意味では解析的な考察なのである．整数 x,y に対し，$x-y$ が 3 の大きいべきで割り切れるとき，x,y はある意味「近い」ものであると考えることができる．「近い」，「遠い」といったことは実数の大小関係と共通するものがあり，そのような考察をすることにより，不定方程式などにあたりまえでない情報がもたらされることがある．このように素数 p のべきでどれだけ割り切れるかといった考察をつきつめていくと，「p 進数」という概念に到達する．p 進数による考察は実数による考察とは随分違うが，これもある意味では解析的な考察である．p 進数については 9 章で解説する．

　ここまでは問題自体は代数的で，その方法が代数的，幾何学的，あるいは解析的である例を考えたが，問題自体が解析的である例を考えてみよう．例えば，素数は無限個あるが，x 以下の素数の数を $\pi(x)$ とすると，x が大きいとき，$\pi(x)$ がどのようなふるまいをするかということはとても興味深いことである．例えば，$\pi(2)=1$, $\pi(4)=2$, $\pi(5.5)=3$, $\pi(12)=5$ などが成り立つ．$\pi(x)$ のグラフは次ページ上のようになる．

　明らかに $\pi(x)$ は不連続関数である．また，素数の数という代数的な対象を数えている関数であるにもかかわらず，次の定理が成り立つのは驚異的である．

定理 1.2.2（アダマール，ド・ラ・ヴァレー・プサン）
$$\lim_{x \to \infty} \frac{\pi(x)}{x/\log x} = 1.$$

　これが**素数定理**といわれるのをご存知の読者も多いのではないだろうか．素

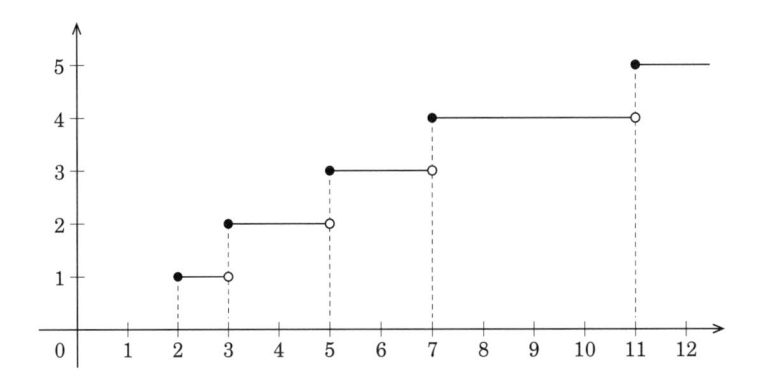

数定理は 1896 年にアダマールとド・ラ・ヴァレー・プサンにより独立に証明された．本シリーズでは，素数定理は第 3 巻 4.4 節で証明する．素数定理の証明には，リーマンゼータ関数

$$\zeta(s) = \sum_{n=1}^{\infty} \frac{1}{n^s}$$

が使われるのが普通である．$\zeta(s)$ は $\mathrm{Re}(s) > 1$ である複素数 s の正則関数であり，全平面 $\mathbb{C}$ に有理型接続される．このような，微分積分を含む解析的な考察により行う整数論を**解析的整数論**という．

素数定理は解析的整数論の金字塔の一つだが，解析的な考察により証明される整数論的主張はたくさんある．例えば，「a, b を互いに素な整数とするとき，$a + bn$ ($n \in \mathbb{Z}$, $n > 0$) という形の整数で素数であるものが無限個存在する」という主張は**ディリクレの算術級数定理**とよばれ，これも解析的整数論の有名な定理の一つである．本シリーズではディリクレの算術級数定理は第 3 巻 3.3 節で証明する．

このように，整数論には少なくとも代数的整数論，数論幾何，解析的整数論，保型形式という分野がある．これらの分野は完全に独立というわけではない．フェルマー予想の証明はこれら四つの分野にまたがるものであるし，また代数

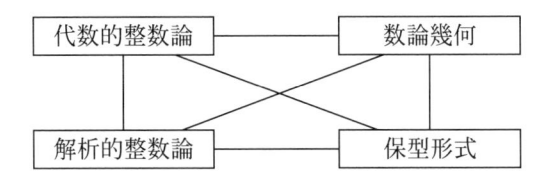

的整数論の高度な理論である「類体論」のいくつかの基本定理の高木貞治による最初の証明も解析的な考察を使ったものだった．

本書では，なるべく読者が興味を持たれるのではないかと思われるような整数論の話題について，いろいろな角度から解説していこうと思う．

1.3 整数の基本性質

整数，あるいは自然数とは何かといった問題は数学基礎論と関係してやさしくはない．現代の数学の公理系は，自然数を含めると不完全性定理が成り立つ．つまり，矛盾がないことを自身の体系の中で証明できない．だから整数を公理的に厳密に定義したとしても，それで数学に矛盾がおきないことは証明できない．このように整数の概念は厳密には数学基礎論と密接に関係しているのである．もちろん自然数の集合論的な定義を述べることは難しくない．例えば，空集合 $\emptyset$ のことを 0 とよび，$\{\emptyset\}$ を 1 とよび，$\{\emptyset, \{\emptyset\}\}$ を 2 とよび，などと定義していって，これらの元全体が集合であるということは認める(無限集合の公理)のである．すると，n に対応する集合の元の個数が n なのである．しかし，元の個数とは何のことか？ などと考えると，それはやはり数学基礎論的なことになってくる．

本書では整数論のおもしろさについて解説したいので，数学基礎論と関係するような部分は集合論の専門書に譲ることにして，整数の基本的な性質は認めて使うことにする．以下，これから使う性質についてまとめておく．多くは証明せずに認めることにするが，他の性質から証明できることは証明する．

本書では自然数の集合を 0 を含め，

$$\mathbb{N} = \{0, 1, 2, \cdots\}$$

とする．整数の集合 $\mathbb{Z}$ は厳密には $\mathbb{N}$ に定義 5.1.9 で解説する同値関係を入れて定義できる．また，有理数は厳密には整数の集合を「局所化」(6.5 節) して得られ，実数の集合 $\mathbb{R}$ はそれを「完備化」(命題 9.1.16) して得られる．$\mathbb{C}$ は $\mathbb{R}$ に x^2+1 の根を添加してできる「体」である (命題 7.1.23)．とりあえず，整数，有理数，実数，複素数が定義できたものとして話を進める．

$\mathbb{Z}$ には和と積が定義でき，結合法則・交換法則・分配法則が成り立つ．つまり，$a, b, c \in \mathbb{Z}$ なら，

$$(a+b)+c = a+(b+c), \quad (ab)c = a(bc),$$
$$a+b = b+a, \quad ab = ba,$$
$$a+0 = 0+a = a, \quad a1 = 1a = a,$$
$$a(b+c) = ab+ac$$

である.

$x \in \mathbb{Z}$ は $x \in \mathbb{N}$ であるときに $x \geqq 0$ と定義する. $x \geqq 0$ で $x \neq 0$ なら $x > 0$ と定義する. $x > 0$ である整数, つまり 0 以外の自然数を**正の整数**という. $(-1)x > 0$ なら $x < 0$ と定義する. $x \leqq 0$ も同様である. $x < 0$ である整数を**負の整数**という. $x \geqq 0$ であるとき, x は非負であるという. これは x が有理数や実数である場合にも使う用語である. 整数が自然数であることと, 非負であることは同じことである. 最初にも書いたが, 正の整数全体の集合, 正の実数, 非負実数の集合をそれぞれ $\mathbb{Z}_>, \mathbb{R}_>, \mathbb{R}_{\geqq}$ と書く.

$x, y \in \mathbb{Z}$, $x - y > 0$ ($x - y \geqq 0$) なら $x > y$ ($x \geqq y$) と定義する. $x, y \in \mathbb{Z}$ なら, $x > y$, $x = y$, $x < y$ のどれか一つが必ず成り立つ. $x \geqq y$ なら,

$$\max\{x, y\} = x, \quad \min\{x, y\} = y$$

と定義する. $x \leqq y$ である場合も同様である. n が正の整数なら, n 以下の正の整数 (つまり $0 < x \leqq n$ である x) の数は n で有限である (これは認める).

この整数の大小関係は加法, 乗法と整合性がある. つまり, $a, b, c \in \mathbb{Z}$, $c > 0$ なら,

(1.3.1) $\qquad a > b \iff a + c > b + c \iff ac > bc$

が成り立つ. なお $c < 0$ なら, $ac < bc$ である. 特に, $c \neq 0$ なら,

(1.3.2) $\qquad\qquad\qquad a \neq b \iff ac \neq bc$

である.

整数の大小関係は実数の大小関係に (1.3.1) を満たすように拡張できる. 実数 x に対し,

$$|x| = \begin{cases} x & x \geqq 0, \\ -x & x < 0 \end{cases}$$

と定義し, x の**絶対値**という. y も実数なら, $|xy| = |x||y|$ である. n が正の整数なら, $|x| \leqq n$ である整数の個数は $2n+1$ であり, 有限である.

次の性質は公理として述べておく.この性質は,ある意味では「ペアノの公理」の一つとみなせ,整数の**離散性**を表す重要な性質である.

公理 1.3.3　1 は最小の正の整数である.

この公理を認めると,$n \in \mathbb{Z}$ に対し,$n < m$ を満たす最小の m もわかる.なぜなら,$n < m$ は $m-n > 0$ と同値なので,これを満たす最小の m に対し $m-n = 1$ となる.よって,n より大きい整数の中で最小のものは $n+1$ である.

命題 1.3.4　$a > 0$ を整数とするとき,次の (1)–(3) が成り立つ.
(1) $b \in \mathbb{Z}$, $|b-a| < 1$ なら,$b = a$ である.
(2) $|b| < 1$ なら,$b = 0$ である.よって,$b \neq 0$ が整数なら,$|b| \geqq 1$ である.
(3) $b, b' \in \mathbb{Z}$, $0 \leqq b, b' < a$ なら,$|b-b'| < a$.

証明　(1) $c = b-a$ とおくと,$c \in \mathbb{Z}$, $|c| < 1$ である.$c > 0$ なら $0 < c < 1$ となり,公理 1.3.3 に矛盾する.$c < 0$ なら $-1 < c < 0$ なので,$0 < -c < 1$ となり,やはり公理 1.3.3 に矛盾する.よって,$c = 0$, つまり $b = a$ である.

(2) は (1) より従う.

(3) $b' \geqq 0$ なので,$b-b' \leqq b < a$. また,$b \geqq 0$ なので,$b-b' \geqq -b' > -a$. したがって,$-a < b-b' < a$ となる. □

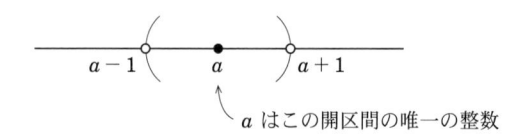

a はこの開区間の唯一の整数

上の命題の (1) の性質を図にすると,上の図のようになる.

次の性質も公理として述べておく.

公理 1.3.5 (アルキメデスの公理)　$x > 0$ が実数なら,x 以下の正の整数の数は有限個である.

公理 1.3.5 を認めると,正の実数 x に対して,x 以下の整数で最大のものがあることがわかる.これを $[x]$ と書く.$[x]$ の定義より $x < [x]+1$ である.$y \in \mathbb{Z}$ で $x < y$ なら $[x] \leqq x < y$ なので,$[x]+1 \leqq y$ である.逆に $[x]+1 \leqq y$ なら

$x < [x]+1$ なので，$x < y$ である．よって，$y = [x]+1$ が $x < y$ である最小の整数である．

$x < 0$ の場合も $-x$ を考えることなどにより，x 以下の最大の整数が存在することがわかる (詳細は略)．これも $[x]$ と書く．$[x]$ を**ガウス記号**という．なお，欧米ではこの記号はあまり使われず，x 以上の最小の整数を $\lceil x \rceil$ (ceiling)，x 以下の最大の整数を $\lfloor x \rfloor$ (floor) と書く．よって，日本における $[x]$ は欧米における $\lfloor x \rfloor$ と一致する．

$[x]$ の定義より $[x] \leqq x < [x]+1$ である．$x > 0$ の場合と同様に $[x]+1$ は $y > x$ である最小の整数である．

1.4 整数の合同

この節では，整数の割り算や約数・倍数・素数などの概念について述べる．

定義 1.4.1 $a, b \in \mathbb{Z}$ とする．
(1) $a \neq 0$ であるとき，$b = an$ となる $n \in \mathbb{Z}$ があるなら，b を a の**倍数**，a を b の**約数**といい，$a \mid b$ と書く．b が a の倍数でないなら，$a \nmid b$ と書く．$p \neq 1$ が正の整数で，正の約数が $1, p$ だけであるとき，p を**素数**という．n が正の整数で，$1, n$ と異なる正の約数を持つとき，**合成数**という．
(2) a, b の共通の約数を a, b の**公約数**という．
(3) $a \neq 0$ かつ $b \neq 0$ であるとき，a, b の共通の倍数を a, b の**公倍数**という．
◇

命題 1.4.2 $a, b \in \mathbb{Z} \setminus \{0\}$ で $b \mid a$ なら，$|b| \leqq |a|$ である．よって，a の約数の個数は有限である．

証明 $a = bn$ となる $n \in \mathbb{Z}$ がある．$a \neq 0$ なので，$n \neq 0$ である．$|n| > 0$ は整数なので，公理 1.3.3 より $|n| \geqq 1$ である．よって，$|a| = |b||n| \geqq |b|$ である． □

絶対値が 1 以下の整数は $\pm 1, 0$ だけなので，次の系を得る．

系 1.4.3 1 の約数は ± 1 である．

系 1.4.4 p が素数なら,$p \nmid 1$.

証明 $p \mid 1$ なら,$|p| \leq 1$ となるが,$p > 0$ なので,$p \geq 1$ である.すると $p = 1$ となり矛盾である (定義 1.4.1 (1)). □

定義 1.4.5 $a, b \in \mathbb{Z}$ とする.

(1) $a \neq 0$ または $b \neq 0$ であるとき,a, b の正の公約数のなかで最大のものを **最大公約数** といい,$\gcd(a, b)$ と書く.$\gcd(a, b) = 1$ なら,a, b は **互いに素** であるという.

(2) $a, b \neq 0$ なら,a, b の正の公倍数のなかで最小のものを **最小公倍数** といい,$\mathrm{lcm}(a, b)$ と書く. ◇

命題 1.4.2 より,定義 1.4.5 (1) は正当化される (5.1.1 節の「well-defined」参照).定義 1.4.5 (2) で $|ab|$ は a, b の正の公倍数である.$|ab|$ 以下の正の整数の個数は有限なので,定義 1.4.5 (2) も正当化される.最大公約数を (a, b) と書く流儀もあるが,直積の元と混同の恐れがあるので,本書では $\gcd(a, b)$ という記号を使う.また,最大公約数,最小公倍数は 3 個以上の整数 $a_1, \cdots, a_n$ に対しても定義でき,$\gcd(a_1, \cdots, a_n), \mathrm{lcm}(a_1, \cdots, a_n)$ と書く (詳細は略).

例 1.4.6 (1) 2 の倍数は $\cdots, -4, -2, 0, 2, 4, \cdots$.

(2) 3 の倍数は $\cdots, -6, -3, 0, 3, 6, \cdots$.

(3) $3 \mid 12$,$9 \nmid 12$,$25 \mid 100$.

(4) 4 の正の約数は $1, 2, 4$ であり,そのなかで 6 の約数でもあるものは $1, 2$.よって,$\gcd(4, 6) = 2$ である.4 の正の倍数は $4, 8, 12, \cdots$ である.このなかで最初に 6 の倍数になるのは 12 である.よって,$\mathrm{lcm}(4, 6) = 12$ である.

(5) $2, 3$ は互いに素である.$4, 15$ も互いに素である. ◇

約数・倍数に関して,次の性質は基本的である.

命題 1.4.7 (1) $a \mid b$,$b \mid c$ なら,$a \mid c$ である.

(2) $m \neq 0$ なら,$a \mid b \iff am \mid bm$.

証明 (1) 仮定より $b = ax$, $c = by$ となる $x, y \in \mathbb{Z}$ がある. すると, $c = axy$ となり, $a \mid c$ である.

(2) $b = ax$ $(x \in \mathbb{Z})$ なら $bm = amx$ なので, $am \mid bm$ である. 逆に $bm = amx$ $(x \in \mathbb{Z})$ なら, (1.3.2) より $b = ax$ である. したがって, $a \mid b$ である. □

ここで数学的帰納法について復習しておく.

P_n を自然数 n に対し与えられた数学的主張とするとき, 次のような論法を**数学的帰納法**, あるいは単に帰納法という.

数学的帰納法 1 P_0 が正しく, P_n が正しいなら P_{n+1} も正しいとき, P_n はすべての n に対して正しい.

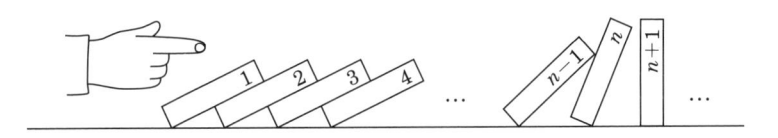

また, 数学的帰納法は次のような形で使うこともある.

数学的帰納法 2 P_0 が正しく, 「すべての $m < n$ に対し P_m が正しい」なら P_n も正しいとき, P_n はすべての n に対して正しい.

数学的帰納法はすべての自然数ではなく, ある自然数 n_0 以降すべての n に対する主張 P_n を証明するときにも使う (詳細は略). 2 章では, 無限降下法という論法を使うが, これもある意味では数学的帰納法の一種である.

命題 1.4.8 $n > 1$ が整数なら, n の約数で素数であるものがある.

証明 n が素数でなければ, $1 < m < n$ を n の約数とする. 帰納法により, 素数 p で m の約数であるものがある. 命題 1.4.7 (1) より p は n の約数である. □

次に正の整数が素数であるかを判定する一番古いアルゴリズムである**エラトステネスのふるい**について解説する.

命題 1.4.9 $n>1$ が合成数なら，$\sqrt{n}$ 以下の素数の約数を持つ．

証明 もし n が合成数なら，$1, n$ 以外の正の約数 ℓ を持つ．$m = n/\ell$ とおくと，$\ell, m \neq 1, n$，$n = \ell m$ である．もし $\ell, m > \sqrt{n}$ なら，$\ell m > n$ となり矛盾である．よって，n は $\sqrt{n}$ 以下の約数を持つ．$\ell | n, \ell \leq \sqrt{n}$ とする．ℓ は素数を約数に持つので，命題 1.4.2, 1.4.8 より n の約数で素数であり，$\sqrt{n}$ 以下であるものがある． □

命題 1.4.9 より，N_1 以下の素数がすべてわかれば，$N_2 = N_1^2$ までの数でそれらの素数の倍数になるものを除いていけば，N_2 までの素数がすべてわかる．これを繰り返せば，どんな数でも素数であるかを判定することは理論的には可能である．この方法を**エラトステネスのふるい**という．

例えば，2, 3, 5, 7 が 10 以下の素数なので，100 以下の整数を並べ，これらの倍数を除いていくと，次の表のようになる．

~~1~~	2	3	~~4~~	5	~~6~~	7	~~8~~	~~9~~	~~10~~
11	~~12~~	13	~~14~~	~~15~~	~~16~~	17	~~18~~	19	~~20~~
~~21~~	~~22~~	23	~~24~~	~~25~~	~~26~~	~~27~~	~~28~~	29	~~30~~
31	~~32~~	~~33~~	~~34~~	~~35~~	~~36~~	37	~~38~~	~~39~~	~~40~~
41	~~42~~	43	~~44~~	~~45~~	~~46~~	47	~~48~~	~~49~~	~~50~~
~~51~~	~~52~~	53	~~54~~	~~55~~	~~56~~	~~57~~	~~58~~	59	~~60~~
61	~~62~~	~~63~~	~~64~~	~~65~~	~~66~~	67	~~68~~	~~69~~	~~70~~
71	~~72~~	73	~~74~~	~~75~~	~~76~~	~~77~~	~~78~~	79	~~80~~
~~81~~	~~82~~	83	~~84~~	~~85~~	~~86~~	~~87~~	~~88~~	89	~~90~~
~~91~~	~~92~~	~~93~~	~~94~~	~~95~~	~~96~~	97	~~98~~	~~99~~	~~100~~

この方法は n が素数であるかどうか判定するのに，$\sqrt{n}$ だけの時間がかかることになる．n が 600 桁くらいの数なら，$\sqrt{n}$ も 300 桁の数であり，これは天文学的な数字である．現在では，十分ではないが比較的高速な素数判定のアルゴリズムが知られている．これについては 8.12 節や第 3 巻 4.5 節で解説する．

次の補題はあたりまえだが有用である．

補題 1.4.10 n,m が整数で $n\mid m$, $n\neq \pm 1$ なら, $n\nmid m+1$ である. 特に, $m, m+1$ は互いに素である.

証明 仮定より $m = na$ となる $a\in\mathbb{Z}$ がある. もし $n\mid m+1$ なら, $m+1 = nb$ となる $b\in\mathbb{Z}$ があり, $1 = (m+1)-m = n(b-a)$ である. 系 1.4.3 より $n = \pm 1$ となり, 矛盾である. □

次の定理は読者もご存知ではないだろうか.

定理 1.4.11 素数は無限個存在する.

証明 もし素数が有限個しかなければ, それらを $p_1,\cdots,p_N$ とする. $q = p_1\cdots p_N + 1$ とすれば, 命題 1.4.8 より q は素数を約数に持つ. その一つを p とする. もし $p = p_i$ となる i があれば, $p\mid p_1\cdots p_N$ である. 補題 1.4.10 より $p_1\cdots p_N$ と $p_1\cdots p_N + 1$ は互いに素なので, これは矛盾である. よって, $p \neq p_1,\cdots,p_N$ である. $p_1,\cdots,p_N$ がすべての素数だったので, これは矛盾である. したがって, 素数は無限個ある. □

定義 1.4.12 $m\in\mathbb{Z}\setminus\{0\}$ とする. $a,b\in\mathbb{Z}$ であり $a-b$ が m で割り切れるとき, $a\equiv b \mod m$ と書き, a,b は m を法として合同という. ◇

例 1.4.13 $5\equiv 2 \mod 3$, $-3\equiv 4 \mod 7$, $100\equiv 2 \mod 7$ などが成り立つ. 「今日から n 日目が何曜日か？」といった問題は n を 7 を法として考えればよい. 上の例より, 例えば今日が日曜日なら, 100 日後は 2 日後と同じ曜日, つまり火曜日である. ◇

例 1.4.14 $a\in\mathbb{Z}$ なら, $(2a+1)^2 = 4a^2+4a+1 = 1+4(a^2+a)$ である. $a^2+a = a(a+1)$ であり, a が奇数なら $a+1$ は偶数である. よって, $4(a^2+a)$ は 8 の倍数である. よって, $(2a+1)^2 \equiv 1 \mod 8$ である. したがって, **奇数の平方は 8 を法として 1 と合同である**. これは後で繰り返し使う性質である. ◇

$\mathbb{Z}$ では割り算ができることを示す. これはあたりまえと感じられるかもしれないが, 整数の素因数分解 (定理 1.5.10) が成り立つ本質的な理由である.

命題 1.4.15 $a, b \in \mathbb{Z}$, $b \neq 0$ なら, $q, r \in \mathbb{Z}$ があり, $a = bq + r$, $0 \leqq r < |b|$ となる. また, この q, r は一意的に定まる.

証明 まず $a \geqq 0$, $b > 0$ の場合に q, r の存在を示す. $b > 0$ なので, $bq \leqq a$ となる自然数 q は有限個しかない (公理 1.3.5). q をそのようなもののなかで最大のものとする. $a - bq = r$ とおく. もし $r \geqq b$ なら, $r - b \geqq 0$ なので, $a - b(q+1) = r - b \geqq 0$ である. これは q の取りかたに反するので, $r < b$ である. $a \geqq bq$ なので, $r \geqq 0$ である.

a, b が必ずしも正でないときには, $q, r \in \mathbb{Z}$ があり, $|a| = |b|q + r$, $0 \leqq r < |b|$ となる. $a \geqq 0$, $b < 0$ なら, $a = b(-q) + r$ であり, $-q, r$ が命題の主張の性質を満たす. $a < 0$, $b > 0$ とする. $0 < r$ なら, $a = -bq - r = b(-q-1) + b - r$ で $0 \leqq b - r < b$ である. $r = 0$ なら, $a = -bq$ である. $a < 0$, $b < 0$ とする. $0 < r$ なら, $a = b(q+1) + |b| - r$ で $0 \leqq |b| - r < |b|$ である. $r = 0$ なら, $a = bq$ である. これですべての場合に q, r の存在がいえた.

$a = bq + r = bq' + r'$, $q, r, q', r' \in \mathbb{Z}$ で $0 \leqq r, r' < |b|$ とする. $b(q - q') = r' - r$ で命題 1.3.4 (3) より $|r' - r| < |b|$ である. $q - q' \neq 0$ なら, $|b(q - q')| \geqq |b|$ となるので, 矛盾である. よって, $q = q'$ であり, $r' = r$ もわかる. □

上の命題の q, r を求めることを**割り算**, q を**商**, r を**余り**, **剰余**という.

例 1.4.16 $13 = 5 \cdot 2 + 3$ なので, 13 を 5 で割った商は 2, 余りは 3 である. 数式処理ソフト「Maple」では, `iquo(13,5);` `irem(13,5);` で割り算の商と余り 2,3 が求まる. ◇

命題 1.4.17 $a, b \in \mathbb{Z}$, $m \in \mathbb{Z} \setminus \{0\}$ とするとき, $a \equiv b \mod m$ であることと, a, b を m で割った余りが等しいことは同値である.

証明 a, b の m による割り算の結果を $a = mq + r$, $b = mq' + r'$ とする. $a \equiv b \mod m$ なら, $a - b = m(q - q') + r - r' = mc$ となる $c \in \mathbb{Z}$ がある. すると,
$$r - r' = m(c + q' - q)$$
である. $r - r' \neq 0$ なら $c + q' - q \neq 0$ であり, $|m(c + q' - q)| \geqq |m|$ となるが,

$|r-r'| < |m|$ なので，矛盾である．よって，$r = r'$ となる．

逆に $r = r'$ なら，$a-b = m(q-q')$ となるので，$a \equiv b \mod m$ である． □

命題 1.4.18 (1) $a, a', b, b' \in \mathbb{Z}$, $m \in \mathbb{Z} \setminus \{0\}$ とするとき，$a \equiv a'$, $b \equiv b'$ $\mod m$ なら，
$$a+b \equiv a'+b', \quad ab \equiv a'b' \mod m.$$
(2) $a, b \in \mathbb{Z}$, $n, m \in \mathbb{Z} \setminus \{0\}$, $n \mid m$ とするとき，
$$a \equiv b \mod m \implies a \equiv b \mod n.$$
(3) $a, b \in \mathbb{Z}$, $n, m \in \mathbb{Z} \setminus \{0\}$ とするとき，
$$a \equiv b \mod n \iff am \equiv bm \mod nm.$$

証明 (1) $a - a' = mc$, $b - b' = md$ $(c, d \in \mathbb{Z})$ とすると，
$$(a+b) - (a'+b') = m(c+d),$$
$$ab - a'b' = a(b-b') + (a-a')b' = m(ad + b'c)$$
となるので，(1) が従う．

(2) 命題 1.4.7 (1) より従う．

(3) 命題 1.4.7 (2) より $n \mid a-b$ と $nm \mid (a-b)m$ は同値である．(3) の主張はこれより従う． □

系 1.4.19 $m \in \mathbb{Z} \setminus \{0\}$, $a, b, x, y \in \mathbb{Z}$ とするとき，$a, b \equiv 0 \mod m$ なら，$ax + by \equiv 0 \mod m$ である．したがって，a, b が m で割り切れるなら，$ax + by$ も m で割り切れる．

少し脇道にそれるが，よく知られた倍数の判定法について述べる．

一般に $\ell > 0$ を整数とするとき，整数 $x > 0$ の **ℓ 進法**による表記とは，$0 \leq a_0, \cdots, a_n < \ell$ として，

(1.4.20) $$x = a_0 + a_1 \ell + \cdots + a_n \ell^n$$

と表すということである．a_i は「ℓ^i の位の数」である．

以下では 10 進法により表記，つまり (1.4.20) で $\ell = 10$ の場合を考える．ここで $x > 0$ と仮定しているので，$a_n > 0$ としてよい．例えば $x = 153$ なら $a_2 =$

$1, a_1 = 5, a_0 = 3$ である．次の命題は読者はご存知ではないだろうか．

> **命題 1.4.21** (1) 正の整数が $2, 5$ で割り切れることは，1 の位の数がそれぞれ $2, 5$ で割り切れることと同値である．
>
> (2) 正の整数が $3, 9$ で割り切れることは，各位の数を足した数がそれぞれ $3, 9$ で割り切れることと同値である．

証明 (1) 整数 $x > 0$ を (1.4.20) (ただし $\ell = 10$) と表すと，
$$x = a_0 + 10(a_1 + \cdots + 10^{n-1} a_n)$$
である．よって，命題 1.4.18 (1) より $x \equiv a_0 \mod 10$ である．$2, 5$ は 10 の約数なので，命題 1.4.18 (2) より，$x \equiv a_0 \mod 2$, $x \equiv a_0 \mod 5$ である．したがって，x が $2, 5$ で割り切れることと，a_0 が $2, 5$ で割り切れることは同値である．

(2) $x = a_0 + \cdots + a_n + (10-1)a_1 + (10^2-1)a_2 + \cdots + (10^n-1)a_n$ となるが，
$$10 - 1 = 9, \quad 100 - 1 = 99, \quad \cdots, \quad 10^n - 1 = \overbrace{99\cdots 9}^{n \text{ 個}}$$
は 9 の倍数なので，
$$x \equiv a_0 + \cdots + a_n \mod 9$$
である．3 は 9 の約数なので，x が $3, 9$ で割り切れることと，$a_0 + \cdots + a_n$ が $3, 9$ で割り切れることは同値である． □

例 1.4.22 $n = 256137$ なら $2+5+6+1+3+7 = 24$ なので，n は 3 の倍数だが，9 の倍数ではない． ◇

高いべきの余り

命題 1.4.18 はやさしいが，とても有用である．例えば，16^4 を 13 で割った余りを求めようとするとき，16^4 を計算してから 13 で割り算をするというのは効率的ではない．まず $16 \equiv 3 \mod 13$ を使い $3^2 = 9$ を考えると，命題 1.4.18 より，$16^2 \equiv 9 \mod 13$ となる．再び命題 1.4.18 より，$16^4 \equiv 9^2 = 81 \equiv 3 \mod 13$ である．これで 16^4 を 13 で割った余りが 3 であることがわかった．このように計算すれば，常に 16 より小さい数の積を考えることになるので，16^4 を直接計算して大きい数を扱うよりも楽である．

このくらいの小さいべきでは命題 1.4.18 の価値を実感できないかもしれないので，もっと大きいべきについて考えてみよう．例えば，16^{100} を 23 で割った余りを求める．もちろん $16^2, 16^3, \cdots$ などとすべきではない．まず 100 を $100 = 64+32+4$ と 2 進法で表す．そこで $16^2, 16^4, 16^8, \cdots, 16^{64}$ を 23 を法として計算し，$16^{64} \cdot 16^{32} \cdot 16^4$ を 23 で割った余りを求めれば効率的である．具体的には，

$$16^2 = 256 \equiv 3 \mod 23,$$
$$16^4 \equiv 3^2 = 9 \mod 23,$$
$$16^8 \equiv 9^2 = 81 \equiv 12 \mod 23,$$
$$16^{16} \equiv 12^2 = 144 \equiv 6 \mod 23,$$
$$16^{32} \equiv 6^2 = 36 \equiv 13 \mod 23,$$
$$16^{64} \equiv 13^2 = 169 \equiv 8 \mod 23,$$
$$16^{64} \cdot 16^{32} \equiv 8 \cdot 13 = 104 \equiv 12 \mod 23,$$
$$16^{64} \cdot 16^{32} \cdot 16^4 \equiv 12 \cdot 9 = 108 \equiv 16 \mod 23$$

となるので，16^{100} を 23 で割った余りは 16 である．

整数 n を 2 進法で表すと桁数 (あるいは計算機的にはビット数) は $[\log_2 n]+1$ である．したがって，$a^n \mod b$ を求めるとき，$a^2, a^4, \cdots$ と $\log_2 n$ 回くらい計算が必要である．それらを最大 $\log_2 n$ 回かけるので，計算の回数は $2\log_2 n$ 回くらいである．これは n に比べてずっと小さい数である．$\log_2 n$ はほぼ n の桁数 (ビット数) なので，$\log_2 n$ の多項式で表される計算の回数のことを**多項式時間**という．上の方法は多項式時間の計算方法である．

1.5 ユークリッドの互除法と素因数分解

この節ではユークリッドの互除法とそれに関連した話題について解説する．読者は整数の素因数分解などはご存知だと思うが，その存在や一意性を厳密に証明するという立場から，とりあえず素因数分解の存在や一意性は認めずに話を進め，ユークリッドの互除法を使って素因数分解の一意性を証明する．ユークリッドの互除法は整数の素因数分解を求めることなく最大公約数を求める効率的なアルゴリズムである．

ユークリッドの互除法は次の定理による．

> **定理 1.5.1** $a > b > 0$ を整数，a を b で割った商を q，余りを r とする．このとき，$\gcd(a,b) = \gcd(b,r)$ である．

証明 仮定より $a = bq+r$, $0 \leqq r < b$ である．d を正の整数とする．d が a, b を割り切るなら，d は $a-bq$ も割り切る．よって，d は b, r を割り切る．したがって，$\gcd(a,b) \leqq \gcd(b,r)$ である．

逆に d が b, r を割り切るとする．$a = bq+r$ なので，d は a, b を割り切る．したがって，$\gcd(b,r) \leqq \gcd(a,b)$ である． □

a, b の最大公約数を求めるには，a, b を定理 1.5.1 のように b, r で取り換えるということを，r が b を割り切るまで繰り返せばよい．

$$a = \overbrace{b q + r}^{\bigcirc}_{\triangle}$$

$\bigcirc$ の $\gcd$ = $\triangle$ の $\gcd$

$$a_0 = b_0 q_0 + r_0$$
$$a_1 = b_1 q_1 + r_1$$
$$a_2 = b_2 q_2 + r_2$$
$$\vdots$$
$$a_N = b_N q_N + r_N$$
$$a_{N+1} = b_{N+1} q_{N+1}$$

このプロセスにより $ax+by = d$ となる整数 x, y も求まることを示す．$a_0 = a$, $b_0 = b$ とし，次のように a_n, b_n, q_n, r_n を定める．

$$a_0 = q_0 b_0 + r_0,\ 0 \leqq r_0 < b_0, \quad a_1 = b_0,\ b_1 = r_0,$$
$$a_1 = q_1 b_1 + r_1,\ 0 \leqq r_1 < b_1, \quad a_2 = b_1,\ b_2 = r_1,$$
$$a_2 = q_2 b_2 + r_2,\ 0 \leqq r_2 < b_2, \quad a_3 = b_2,\ b_3 = r_2,$$
$$\vdots$$
$$a_N = q_N b_N + r_N,\ 0 \leqq r_N < b_N, \quad a_{N+1} = b_N,\ b_{N+1} = r_N,$$
$$a_{N+1} = q_{N+1} b_{N+1} \quad (b_{N+1} = r_N \text{ は } a_{N+1} = b_N \text{ を割り切る})$$

となる．すると，

$$\gcd(a,b) = \gcd(a_1, b_1) = \cdots = \gcd(a_{N+1}, b_{N+1})$$
$$= b_{N+1} = r_N = a_N - q_N b_N$$

$$= b_{N-1} - q_N r_{N-1} = b_{N-1} - q_N(a_{N-1} - q_{N-1} b_{N-1})$$
$$= -q_N a_{N-1} + (1 + q_N q_{N-1}) b_{N-1}$$
$$\vdots$$

となる. これを繰り返せば $\gcd(a,b)$ と $\gcd(a,b) = ax+by$ となる整数 x,y をみつけることができる. このプロセスを**ユークリッドの互除法**という.

例 1.5.2 例えば, $a = 39$, $b = 15$ なら,
$$39 = 15 \cdot 2 + 9,$$
$$15 = 9 + 6,$$
$$9 = 6 + 3,$$
$$6 = 3 \cdot 2$$

なので, $\gcd(39, 15) = 3$ であり,
$$3 = 9 - 6 = 9 - (15 - 9) = 15 \cdot (-1) + 9 \cdot 2$$
$$= 15 \cdot (-1) + (39 - 15 \cdot 2) \cdot 2 = 39 \cdot 2 - 15 \cdot 5$$

となる. $x = 2$, $y = -5$ とおくと, $39x + 15y = 3$ である. ◇

以上の考察から, 次の定理を得る.

定理 1.5.3 整数 a,b の最大公約数が d なら, $ax+by = d$ となる $x, y \in \mathbb{Z}$ が存在する.

上の定理は変数の数が 2 個より多くても成り立つ. これについては, 素因数分解の一意性を証明した後で証明する.

$d \in \mathbb{Z}$ に対し, $d\mathbb{Z} = \{dx \mid x \in \mathbb{Z}\}$ とおく.

系 1.5.4 整数 a,b の最大公約数が d なら, $\{ax+by \mid x,y \in \mathbb{Z}\} = d\mathbb{Z}$.

証明 $d \mid a,b$ なので, 任意の $x, y \in \mathbb{Z}$ に対し d は $ax+by$ を割り切る. よって, $\{ax+by \mid x,y \in \mathbb{Z}\} \subset d\mathbb{Z}$ である. d が左辺に属することは定理 1.5.3 より従う. $d = ax_0 + by_0$ $(x_0, y_0 \in \mathbb{Z})$, $n \in \mathbb{Z}$ なら, $dn = a(nx_0) + b(ny_0)$ である. したがって, $\{ax+by \mid x,y \in \mathbb{Z}\} \supset d\mathbb{Z}$ である. □

以下，定理 1.5.3 を使って，素因数分解の存在と一意性を証明する．

> **命題 1.5.5** $a,b \in \mathbb{Z}$, $a,b \neq 0$ で a,b は互いに素とする．このとき，次の (1)–(3) が成り立つ．
> (1) $c \in \mathbb{Z}$ で $bc \equiv 1 \mod a$ となるものがある．
> (2) $x,y \in \mathbb{Z}$ で $bx \equiv by \mod a$ なら，$x \equiv y \mod a$ である．特に，$bx \equiv 0 \mod a$ なら，$x \equiv 0 \mod a$ である．
> (3) $d \in \mathbb{Z}$ で d も a と互いに素なら，bd も a と互いに素である．

証明 (1) 定理 1.5.3 より $ax+by = 1$ となる $x,y \in \mathbb{Z}$ がある．すると，$by \equiv 1 \mod a$ である．この y を c とおけばよい．

(2) (1) の c をとると，命題 1.4.18 より $x \equiv cbx \equiv cby \equiv y \mod a$ となる．

(3) $bc \equiv de \equiv 1 \mod a$ となる $c,e \in \mathbb{Z}$ がある．命題 1.4.18 より $(bd)(ce) \equiv 1 \mod a$ である．定義より $(bd)(ce) = 1+ax$ となる $x \in \mathbb{Z}$ がある．$(bd)(ce)-ax = 1$ なので，bd, a の最大公約数は 1 である． $\square$

後で群や環の概念を定義するが，命題 1.5.5 (2) は環論的には，「単元をかけて等しければもともと等しい」という主張の特別な場合である．

命題 1.5.5 を倍数・約数の観点から解釈すると，次の系を得る．

> **系 1.5.6** (1) $a,b,c \in \mathbb{Z}$, $a,b \neq 0$ で a,b は互いに素とする．このとき，$a \mid bc$ なら，$a \mid c$ である．
> (2) p が素数，$a,b \in \mathbb{Z}$ で $p \nmid a, b$ なら，$p \nmid ab$ である．

証明 (1) $a \mid bc$, $a \mid c$ はそれぞれ $bc, c \equiv 0 \mod a$ と同値なので，主張は命題 1.5.5 (2) より従う．

(2) p が a を割らないので，p, a の最大公約数は p ではない．p は素数なので，p の正の約数は $1, p$ だけである．よって，p, a の最大公約数は 1 である．もし $p \mid ab$ なら，(1) より $p \mid b$ となるので矛盾である．よって，$p \nmid ab$ である． $\square$

系 1.5.6 (2) は環論的には，素数で生成される「イデアル」が「素イデアル」であることを意味する (例 6.3.2)．

系 1.5.7 $a,b \in \mathbb{Z} \setminus \{0\}$ なら,a,b の公約数は $\gcd(a,b)$ の約数である.また,a,b の公倍数は $\mathrm{lcm}(a,b)$ の倍数である.

証明 -1 倍しても倍数,約数の関係は変わらないので,$a,b>0$ としてよい.$d=\gcd(a,b)$ とすると,$d=ax+by$ となる $x,y\in\mathbb{Z}$ がある.c が a,b の公約数なら,系 1.4.19 より,d も c で割り切れる.

$\ell=\mathrm{lcm}(a,b)$ で n を a,b の公倍数とする.-1 倍することにより $n>0$ と仮定してよい.n を ℓ で割り算し,$n=q\ell+m$, $q,m\in\mathbb{Z}$, $0\leqq m<\ell$ とする.n,ℓ は a,b の公倍数なので,$m=n-q\ell$ も a,b の公倍数である.もし $m>0$ なら,ℓ が a,b の最小公倍数であることに矛盾する.したがって,$m=0$ であり,n は ℓ の倍数である. □

命題 1.5.8 $a,b>0$ が整数なら,$\gcd(a,b)\mathrm{lcm}(a,b)=ab$ である.

証明 $d=\gcd(a,b)$, $\ell=\mathrm{lcm}(a,b)$ とおく.
$$\frac{ab}{d}=a\cdot\frac{b}{d}=b\cdot\frac{a}{d},\quad \frac{a}{d},\frac{b}{d}\in\mathbb{Z}$$
なので,ab/d は a,b の公倍数である.よって,$ab/d\geqq\ell$,したがって,$ab\geqq d\ell$ である.一方 ab は a,b の公倍数なので,系 1.5.7 より $ab/\ell\in\mathbb{Z}$ である.
$$\frac{a}{ab/\ell}=\frac{\ell}{b},\quad \frac{b}{ab/\ell}=\frac{\ell}{a}\in\mathbb{Z}$$
なので,ab/ℓ は a,b の公約数である.よって,$ab/\ell\leqq d$,したがって,$ab\leqq d\ell$ である. □

$a,b>0$ が互いに素な整数なら,$\gcd(a,b)=1$ なので,命題 1.5.8 より,次の系が従う.

系 1.5.9 $a,b>0$ が互いに素な整数なら,$\mathrm{lcm}(a,b)=ab$ である.

整数の素因数分解を次のように定式化する.

定理 1.5.10 n が正の整数なら,素数 $p_1,\cdots,p_t$ があり (重複を許す),

$n = p_1 \cdots p_t$ と書ける ($n=1$ なら $t=0$ と解釈する). また, $p_1, \cdots, p_t$ は順序を除いて一意的である.

証明 $n=1$ なら明らかである. $n>1$ なら, n の約数で 1 と異なるもののなかで最小のものを p_1 とする. p_1 の約数は n の約数にもなるので, p_1 は素数である. $n = p_1 m$ とおくと, $p_1 > 1$ なので, $m < n$ である. 帰納法により, $m = p_2 \cdots p_t$ となる素数 $p_2, \cdots, p_t$ がある. よって, $n = p_1 \cdots p_t$ である.

$p_1, \cdots, p_t, q_1, \cdots, q_s$ は素数で $n = p_1 \cdots p_t = q_1 \cdots q_s$ とする. $p_1 \mid n$ なので, 系 1.5.6 (2) を繰り返し使い, p_1 は $q_1, \cdots, q_s$ のどれかを割る. 順序を変え, $q_1 = p_1$ としてよい. すると, $p_2 \cdots p_t = q_2 \cdots q_s$ である. $p_2 \cdots p_t < n$ なので, 帰納法により, $t = s$ で $q_2, \cdots, q_s$ は $p_2, \cdots, p_t$ と順序を除き等しい. □

定理 1.5.10 の分解を n の**素因数分解**という.

例 1.5.11 $12 = 2 \cdot 2 \cdot 3 = 2^2 \cdot 3$, $1728 = 2^6 \cdot 3^3$ などは素因数分解である. なお, 数式処理ソフト「Maple」では `ifactor(1728);` で 1728 の素因数分解を求めることができる. ◇

正の整数の最大公約数と最小公倍数は次のように記述することができる.

命題 1.5.12 $p_1, \cdots, p_n$ を素数, $\alpha_i, \beta_i, \gamma_i$ ($i = 1, \cdots, n$) を非負整数, $a = p_1^{\alpha_1} \cdots p_n^{\alpha_n}$, $b = p_1^{\beta_1} \cdots p_n^{\beta_n}$, $c = p_1^{\gamma_1} \cdots p_n^{\gamma_n}$, とする. このとき, 次の (1)–(3) が成り立つ.

(1) a が c の約数 (倍数) であることと, すべての i に対して $\alpha_i \leqq \gamma_i$ ($\alpha_i \geqq \gamma_i$) となることは同値である.

(2) $\gcd(a, b) = p_1^{\min\{\alpha_1, \beta_1\}} \cdots p_n^{\min\{\alpha_n, \beta_n\}}$.

(3) $\mathrm{lcm}(a, b) = p_1^{\max\{\alpha_1, \beta_1\}} \cdots p_n^{\max\{\alpha_n, \beta_n\}}$.

証明 (1) すべての i に対して $\alpha_i \leqq \gamma_i$ なら a が c の約数であることは明らかである. 逆に a が c の約数なら, $c = ad$ となる $d \in \mathbb{Z}$ がある. 素数 p が d を割るなら c を割るので, d を素因数分解したとき, 現れる素因子は $p_1, \cdots, p_n$ のどれかである. $d = p_1^{\delta_1} \cdots p_n^{\delta_n}$ と表すと, $c = p_1^{\alpha_1 + \delta_1} \cdots p_n^{\alpha_n + \delta_n}$. すると $\gamma_i = \alpha_i + \delta_i \geqq \alpha_i$ ($i = 1, \cdots, m$) となる. a が c の倍数の場合も同様である.

(2), (3) は (1) より明らかである． □

次の系は命題 1.5.12 (2) よりただちに従う (証明は略)．

> **系 1.5.13** a,b を正の整数とするとき，a,b が互いに素であることと，a,b の素因数分解に共通の素数が現れないことは同値である．

有理数 a/b のことを**分数**ということもある．a,b の最大公約数を d, $a = a_1 d$, $b = b_1 d$ とすれば，$a/b = a_1/b_1$ で a_1, b_1 は互いに素である．このような分数のことを**既約分数**という．

> **命題 1.5.14** 整数 $a_1, \cdots, a_t$ の最大公約数が d なら，$a_1 x_1 + \cdots + a_t x_t = d$ となる整数 $x_1, \cdots, x_t \in \mathbb{Z}$ が存在する．また，$a_1, \cdots, a_t$ の公約数は d の約数である．

証明 t に関する帰納法で証明する．$t = 1$ なら明らかである．$t = 2$ の場合は定理 1.5.3 と系 1.5.7 より従う．

$\gcd(a_1, \cdots, a_{t-1}) = b$ とおく．$t > 2$ とする．$\gcd(b, a_t)$ は b, a_t を割る最大の正の整数である．帰納法より，整数が b を割ることと $a_1, \cdots, a_{t-1}$ を割ることは同値である．よって，$\gcd(b, a_t)$ は $a_1, \cdots, a_t$ を割る最大の正の整数である．したがって，$\gcd(b, a_t) = d$ である．

帰納法より $a_1 y_1 + \cdots + a_{t-1} y_{t-1} = b$ となる $y_1, \cdots, y_{t-1} \in \mathbb{Z}$ がある．$t = 2$ の場合は定理 1.5.3 なので，$b z_1 + a_t z_2 = d$ となる $z_1, z_2 \in \mathbb{Z}$ がある．$x_i = y_i z_1$ $(i = 1, \cdots, t-1)$, $x_t = z_2$ とおけば，$a_1 x_1 + \cdots + a_t x_t = d$ である．よって，$a_1, \cdots, a_t$ の公約数は d を割る． □

a,b が大きい数，例えば 600 桁の数の場合，素因数分解を求めることは 2013 年現在では非常に難しい．だから，命題 1.5.12 を使って最大公約数を求めることは効率的ではない．最大公約数はユークリッドの互除法により比較的高速に求めることができる．すると，命題 1.5.8 より最小公倍数も求まる．なお，数式処理ソフト「Maple」では，`gcd(35,49);` `lcm(35,49);` などとして最大公約数と最小公倍数を求めることができる．

1.6 有理数と循環小数

この節では,実数が有理数であることと,循環小数で表されることが同値であることについて解説する.

一般に実数は有限または無限小数で表すことができる.例えば,円周率は $\pi = 3.1415926535\cdots$ である.このとき,3 のことを**整数部分**,$0.1415926535\cdots$ のことを**小数部分**という.一般には,1.3 節で解説したように,実数 x に対してガウス記号 $[x]$ が x の整数部分であり,$x-[x]$ のことを x の小数部分という.$[x]$ の定義より $0 \leqq x-[x] < 1$ である.

実数 x に対し,$0 \leqq 10(x-[x]) < 10$ なので,整数 $0 \leqq a_1 \leqq 9$ があり,$0 \leqq 10(x-[x])-a_1 < 1$ となる.すると,$x = [x] + \frac{a_1}{10} + y_1$ で $0 \leqq y_1 < 10^{-1}$ となる.これを繰り返せば,$n = 1, 2, \cdots$ に対して整数 $0 \leqq a_n \leqq 9$ があり,

$$x_m = [x] + \sum_{n=1}^{m} \frac{a_n}{10^n}$$

とおくと $0 \leqq x - x_m < 10^{-m}$ となる.よって,

$$(1.6.1) \qquad x = [x] + \sum_{n=1}^{\infty} \frac{a_n}{10^n}$$

である.これを x の**小数表示**という.$a_n \neq 0$ である a_n が有限個なら,x を**有限小数**,そうでなければ,**無限小数**という.

(1.6.1) が**循環小数**とは,整数 $N, k > 0$ が存在して,$n \geqq N$ なら,$a_{n+k} = a_n$ となることである.例えば,

$$\frac{1}{7} = 0.142857142857\cdots$$

は循環小数である.有限小数も 0 が続く循環小数である.

命題 1.6.2 実数が循環小数であることと,有理数であることは同値である.

証明 循環小数が有理数であることを示す.(1.6.1) において,$N, k > 0$ が存在して,$n \geqq N$ なら,$a_{n+k} = a_n$ となるので,

$$x = [x] + \sum_{n=1}^{N-1} \frac{a_n}{10^n} + \left(\frac{a_N}{10^N} + \cdots + \frac{a_{N+k-1}}{10^{N+k-1}} \right) \sum_{\ell=0}^{\infty} \frac{1}{10^{k\ell}}$$

$$= [x] + \sum_{n=1}^{N-1} \frac{a_n}{10^n} + \left(\frac{a_N}{10^N} + \cdots + \frac{a_{N+k-1}}{10^{N+k-1}} \right) \frac{1}{1-10^{-k}}$$

$$= [x] + \sum_{n=1}^{N-1} \frac{a_n}{10^n} + \left(\frac{a_N}{10^N} + \cdots + \frac{a_{N+k-1}}{10^{N+k-1}} \right) \frac{10^k}{10^k - 1}$$

は有理数である.

逆に $r = a/b$ $(b > 0)$ が有理数のとき，r が循環小数であることを示す．必要なら a, b に $2, 5$ をかけて，$b = 10^e c$ で c が 10 と互いに素であるとしてよい．r の小数表示は a/c の小数表示を e 桁だけずらしたものなので，a/c が循環小数であることをいえばよい．だから，最初から b は 10 と互いに素と仮定する．$b = 1$ なら明らかなので，$b > 1$ とする．

上のような形になることをいいたいので，分母が $10^k - 1$ の有理数で表したい．$10, 10^2, 10^3, \cdots$ を考えると，b で割った余りは有限個の可能性しかないので，$0 < \ell < m$ があり，

$$10^\ell \equiv 10^m \mod b$$

となる．なお，こういった議論を**部屋割り論法**という．

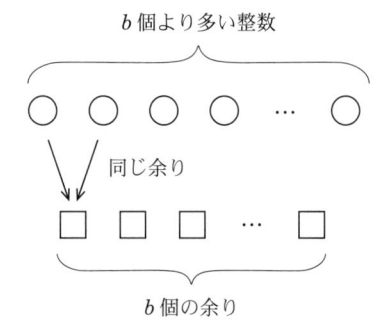

$10^\ell(10^{m-\ell} - 1) \equiv 0 \mod b$ となるが，b は 10 と互いに素なので，命題 1.5.5 (2) より $10^{m-\ell} - 1 \equiv 0 \mod b$ である．$k = m - \ell$ とおくと，$k > 0$ で $10^k - 1 \equiv 0 \mod b$ である．$10^k - 1 = bd$ とおくと，

$$\frac{a}{b} = \frac{ad}{10^k - 1}$$

である．ad を $10^k - 1$ で割り算し，$ad = N(10^k - 1) + r$ $(N \in \mathbb{Z}, 0 \leq r < 10^k - 1)$ とする．$r < 10^k$ なので，r を 10 進法で $r = \sum_{n=0}^{k-1} b_n 10^n$ という形に表せる．すると，

$$\frac{ad}{10^k - 1} = N + \sum_{n=0}^{k-1} b_n 10^{n-k} \frac{10^k}{10^k - 1} = N + \sum_{n=1}^{k} \frac{b_{k-n}}{10^n} \sum_{\ell=0}^{\infty} \frac{1}{10^{k\ell}}$$

となり，これは循環小数である． □

1.7 中国式剰余定理

次の定理は**中国式剰余定理**とよばれる．

定理 1.7.1 $n_1, n_2 > 0$ を互いに素な整数とするとき，次の (1), (2) が成り立つ．

(1) $n_1 x_1 + n_2 x_2 = 1$ となる $x_1, x_2 \in \mathbb{Z}$ をとる．任意の $a_1, a_2 \in \mathbb{Z}$ に対し $\boldsymbol{a_0 = a_1 n_2 x_2 + a_2 n_1 x_1}$ とおくと，
$$a_0 \equiv a_1 \mod n_1,$$
$$a_0 \equiv a_2 \mod n_2.$$

(2) $a_0 \in \mathbb{Z}$ に対して (1) の 2 式が成り立つとき，$a \in \mathbb{Z}$ に対して (1) の 2 式が成り立つことと $a \equiv a_0 \mod n_1 n_2$ は同値である．

証明 (1)
$$a_0 = a_1(1 - n_1 x_1) + a_2 n_1 x_1 \equiv a_1 \mod n_1$$
$$= a_1 n_2 x_2 + a_2(1 - n_2 x_2) \equiv a_2 \mod n_2$$

となるので，a_0 に対して (1) の 2 式が成り立つ．

(2) a に対しても (1) の 2 式が成り立つなら，命題 1.4.18 (1) より
$$a - a_0 \equiv a_1 - a_1 \equiv 0 \mod n_1$$

となる．同様に，$a - a_0 \equiv 0 \mod n_2$ である．よって，$a - a_0$ は n_1, n_2 の公倍数である．n_1, n_2 は互いに素なので，系 1.5.9 より $\mathrm{lcm}(n_1, n_2) = n_1 n_2$ である．よって，系 1.5.7 より $a - a_0$ は $n_1 n_2$ の倍数となり，$a \equiv a_0 \mod n_1 n_2$ である．

逆に $a \equiv a_0 \mod n_1 n_2$ なら，命題 1.4.18 (2) より a は (1) の性質を満たす． $\square$

例題 1.7.2 $x \equiv 2 \mod 7$, $x \equiv 5 \mod 13$ であり，$100 \leq x \leq 1000$ となる整数 x をすべて求めよ．

解答 ユークリッドの互除法を実行すると，
$$13 = 7 + 6, \quad 7 = 6 + 1$$
なので，
$$1 = 7 - 6 = 7 - (13 - 7) = 7 \cdot 2 - 13 \cdot 1$$

である．
$$x = -13\cdot 1\cdot 2 + 7\cdot 2\cdot 5 = 44$$
とおくと，$x \equiv 2 \mod 7$, $x \equiv 5 \mod 13$ となる．また，この条件を満たす x は $x = 44+91t$ ($t \in \mathbb{Z}$) という形をしている．

$100 \leqq x \leqq 1000$ であることと，$56/91 \leqq t \leqq 956/91$ は同値である．よって，$t = 1,\cdots,10$ である．したがって，
$$x = 44+91t, \quad t = 1,\cdots,10$$
である． □

上では二つの互いに素な整数の場合を考えたが，互いに素な整数の個数が一般の場合でも同様である (ただし，「互いに素」の意味については注意が必要である)．$n_1,\cdots,n_t$ を整数で，$i \neq j$ なら n_i, n_j は互いに素とする．これは $\gcd(n_1,\cdots,n_t) = 1$ という意味ではない．このとき，$a_1,\cdots,a_t \in \mathbb{Z}$ に対し

(1.7.3) $\qquad a \equiv a_i \mod n_i \quad (i = 1,\cdots,t)$

となる $a \in \mathbb{Z}$ を求める．

$N = n_1 \cdots n_t$ とおく．命題 1.5.5 (3) より $i = 1,\cdots,t$ に対し，N/n_i と n_i は互いに素である．よって，

(1.7.4) $\qquad \dfrac{N}{n_i}x_i + n_i y_i = 1$

となる $x_i, y_i \in \mathbb{Z}$ がある．
$$a_0 = \sum_{i=1}^{t} \frac{N}{n_i} a_i x_i$$
とおく．$j \neq i$ なら $N/n_j \equiv 0 \mod n_i$ なので，
$$a_0 \equiv \frac{N}{n_i} a_i x_i \equiv a_i(1 - n_i y_i) \equiv a_i \mod n_i$$
となる．したがって，a_0 は条件 (1.7.3) を満たす．

a_0 が (1.7.3) を満たすとき，$a \in \mathbb{Z}$ も (1.7.3) を満たすなら，系 1.5.9, 1.5.7, 命題 1.5.5 (3) を繰り返し使うことにより，$a - a_0$ が $n_1 \cdots n_t$ の倍数であることがわかる．

逆に $a - a_0$ が $n_1 \cdots n_t$ の倍数なら，命題 1.4.18 (2) より $a \equiv a_0 \mod n_i$ ($i = 1,\cdots,t$) である．まとめると，次の定理を得る．

> **定理 1.7.5** $n_1,\cdots,n_t$ を整数で, $i \neq j$ なら n_i, n_j は互いに素とする. このとき, 次の (1), (2) が成り立つ.
>
> (1) $N = n_1 \cdots n_t$ とし, (1.7.4) を満たす $x_1,\cdots,y_t \in \mathbb{Z}$ をとり,
> $$a_0 = \sum_{i=1}^{t} \frac{N}{n_i} a_i x_i$$
> とおくと,
> $$a_0 \equiv a_i \mod n_i \quad (i=1,\cdots,t).$$
>
> (2) $a_0 \in \mathbb{Z}$ に対し (1) の最後の式が成り立つとき, $a \in \mathbb{Z}$ に対しこの式が成り立つことと $a \equiv a_0 \mod n_1 \cdots n_t$ は同値である.

例 1.7.6 中国式剰余定理は日本にも江戸時代には伝わっていた. 江戸時代の数学者吉田光由の『塵劫記』には「碁石或は 86 ある時に, この 86 を知らずして, この数何ほどあるという時に, 先ず, 7 ずつ引く時に残る半, 2 つあるという. 又, 5 ずつ引く時に残る半, 1 つあるという. 又, 3 ずつ引く時に残る半, 2 つあるという. 86 と云うなり」([10] 参照) という記述がある.

これは現代風にいうと,

(1.7.7)
$$a \equiv 2 \mod 3,$$
$$a \equiv 1 \mod 5,$$
$$a \equiv 2 \mod 7$$

となる最小の $a > 0$ を求めるという問題になる. 定理 1.7.5 を適用してみよう.

まず,
$$35x_1 + 3y_1 = 1,$$
$$21x_2 + 5y_2 = 1,$$
$$15x_3 + 7y_3 = 1$$

となる $x_1,\cdots,y_3 \in \mathbb{Z}$ をみつける.

$$35 = 3 \cdot 11 + 2, \quad 3 = 2 + 1,$$
$$1 = 3 - 2 = 3 - (35 - 3 \cdot 11) = 35 \cdot (-1) + 3 \cdot 12,$$
$$21 = 5 \cdot 4 + 1, \quad 1 = 21 - 5 \cdot 4,$$
$$15 = 7 \cdot 2 + 1, \quad 1 = 15 - 7 \cdot 2$$

となるので、
$$x_1 = -1,\ y_1 = 12,\quad x_2 = 1,\ y_2 = -4,\quad x_3 = 1,\ y_3 = -2$$
ととれる (このくらいなら、試行錯誤でみつけてもよい).
$$a = 2\cdot 35\cdot(-1) + 1\cdot 21\cdot 1 + 2\cdot 15\cdot 1 = -19$$
とすれば、a は (1.7.7) を満たす。$-19+105t$ ($t\in\mathbb{Z}$) が正になるのは、$t\geqq 1$ なので、このなかで最小のものは、$-19+105 = 86$ である。 ◇

1.8 合同 1 次方程式

$f(x_1,\cdots,x_n)$ を整数を係数とする多項式、$m\neq 0$ を整数とするとき、関係式
$$f(x_1,\cdots,x_n) \equiv 0 \mod m$$
を**合同方程式**という。単独の条件だけでなく、複数の条件を考える場合も同様である。この節では 1 変数の 1 次の合同方程式、
$$ax \equiv c \mod b$$
の解について考察する。b を法として考えるので、$b\neq 0$ である。

$a = 0$ の場合はやさしいので $a\neq 0$ と仮定する。
$$ax \equiv c \mod b \iff ax \equiv c \mod -b$$
$$\iff -ax \equiv -c \mod b$$
なので、$a,b > 0$ と仮定してよい。すると、問題は $x,y\in\mathbb{Z}$ があり、

(1.8.1) $$ax+by = c$$

となるかということになる。まずこの問題を考えよう。

(1.8.1) が成り立つとし、$d = \gcd(a,b)$ とおく。系 1.5.4 より c は $\gcd(a,b)$ の倍数になる。逆に $c = dn$ ($n\in\mathbb{Z}$) とすると、$ax_0 + by_0 = d$ となる x_0,y_0 はユークリッドの互除法でみつけることができ、$(x,y) = (nx_0, ny_0)$ は (1.8.1) の一つの解である。

(x_1, y_1) を (1.8.1) の一つの解とする。もし (x,y) ($x,y\in\mathbb{Z}$) が (1.8.1) の解なら、$a(x-x_1) + b(y-y_1) = 0$ となる。d で割ると、
$$(a/d)(x-x_1) = -(b/d)(y-y_1)$$
となる。$a/d, b/d$ は互いに素なので、$x-x_1 = t(b/d)$ となる $t\in\mathbb{Z}$ がある (系

1.5.6 (1))．すると，$y-y_1 = -t(a/d)$ である．逆に $t \in \mathbb{Z}$ なら，
$$a(x_1+t(b/d))+b(y_1-t(a/d)) = ax_1+by_1 = c$$
となる．まとめると，次の定理を得る．

定理 1.8.2 $a,b,c \in \mathbb{Z}$, $a,b \neq 0$, $d = \gcd(a,b)$ とする．このとき，次の (1)–(3) が成り立つ．
(1) 方程式 (1.8.1) が整数解を持つ $\iff d \mid c$．
(2) $x_0, y_0 \in \mathbb{Z}$, $ax_0+by_0 = d$ なら，$((c/d)x_0, (c/d)y_0)$ は (1.8.1) の解である．
(3) (x_1, y_1) が (1.8.1) の一つの解なら，(1.8.1) の解全体の集合は
$$\{(x_1+t(b/d), y_1-t(a/d)) \mid t \in \mathbb{Z}\}.$$

例題 1.8.3 方程式 $35x+45y = 1000$ の整数解で $x,y > 0$ であるものをすべて求めよ．

解答 $\gcd(35,45) = 5$ は 1000 を割るので，$35x+45y = 1000$ は解を持つ．この方程式は $7x+9y = 200$ と同値である．

$7x+9y = 1$ となる $x,y \in \mathbb{Z}$ を求める．
$$9 = 7+2, \quad 7 = 2\cdot 3+1$$
なので，
$$1 = 7-2\cdot 3 = 7-(9-7)\cdot 3 = 7\cdot 4-9\cdot 3$$
となる．200 倍して，$(800, -600)$ は $7x+9y = 200$ の一つの解である．

すべての解は $(x,y) = (800+9t, -600-7t)$ $(t \in \mathbb{Z})$ である．$x,y > 0$ は
$$800+9t, \ -600-7t > 0$$
と同値である．$-86 \geqq t \geqq -88$ となるので，$t = -86, -87, -88$．代入すると，
$$(x,y) = (26,2), (17,9), (8,16)$$
である． □

例えば，1 個 45 円のチョコレートと，1 個 35 円のガムを合わせて 1000 円

ぴったり買いたいとき，何個ずつ買えばよいか，といった問題を定式化すると上の問題になる．チョコレートやガムは 1/3 などに分けられないので，個数は整数でなければならない．これは整数の離散性を表している．

合同方程式

(1.8.4) $$ax \equiv c \mod b$$

は方程式 (1.8.1) の x の部分のみを考えればよい．

> **定理 1.8.5** $a,b,c \in \mathbb{Z}$, $a,b \neq 0$ とする．$d = \gcd(a,b)$ とおくと，次の (1)–(3) が成り立つ．
> (1) (1.8.4) が解を持つ $\iff d \mid c$．
> (2) $x_0, y_0 \in \mathbb{Z}$, $ax_0 + by_0 = d$ なら，$x = (c/d)x_0$ は (1.8.4) の一つの解である．
> (3) x_1 が (1.8.4) の一つの解なら，(1.8.4) の解全体の集合は
> $$\{x = x_1 + t(b/d) \mid t \in \mathbb{Z}\}.$$

なお，x を b を法として考えるなら，上の t として $t = 0, \cdots, d-1$ を考えればよい．

例 1.8.6 (1) 合同方程式 $6x \equiv 5 \mod 9$ は $\gcd(6,9) = 3$ が 5 を割らないので，解を持たない．

(2) 合同方程式 $24x \equiv 18 \mod 54$ は $\gcd(24,54) = 6$ が 18 を割るので，解を持つ．まず $4x + 9y = 1$ となる $x,y \in \mathbb{Z}$ を求める．$4 \cdot (-2) + 9 = 1$ なので，これを $(18/6) = 3$ 倍して $x_1 = -6$ は一つの解である．よって，すべての解は

$$\{-6 + 9t \mid t \in \mathbb{Z}\}$$

である ($54/\gcd(24,54) = 9$)． ◇

1.9 フェルマーの小定理と RSA 暗号

この節ではフェルマーの小定理を証明し，応用として，暗号理論である RSA 暗号の概要を述べる．フェルマーの小定理の証明は群論における「ラグランジュの定理」を使うと見通しがよいが，ここでは群論を使わない証明をする．

群論については後で解説する.

フェルマーの小定理について解説するために必要な定義をしておく.

定義 1.9.1 $m > 1$ を整数とし,部分集合 $S \subset \mathbb{Z}$ を考える.

(1) 任意の整数が S のただ一つの元と m を法として合同となるとき,S を m を法とする**完全剰余系**という.

(2) S の元がすべて m と互いに素であり,また m と互いに素な任意の整数が S のただ一つの元と m を法として合同となるとき,S を m を法とする**完全被約剰余系**という.

(3) $1, \cdots, m-1$ のなかで m と互いに素であるものの個数を $\phi(m)$ と書く.$\phi(m)$ を**オイラー関数**,あるいは**オイラーの ϕ 関数**という.

例 1.9.2 (1) $\{0, 1, 2\}, \{3, -2, 5\}$ はともに,3 を法とする完全剰余系である.$\{1, 2\}$ は 3 を法とする完全被約剰余系である.よって,$\phi(3) = 2$ である.

(2) $\{0, 1, 2, 3, 4, 5, 6, 7, 8, 9, 10, 11\}, \{-12, 1, 2, 27, -8, 5, 6, 19, 8, 9, 22, 11\}$ はともに,12 を法とする完全剰余系である.$\{1, 5, 7, 11\}$ は 12 を法とする完全被約剰余系である.よって,$\phi(12) = 4$ である. ◇

命題 1.9.3 $m > 1$ を整数とするとき,次の (1), (2) が成り立つ.

(1) m を法とする完全剰余系,完全被約剰余系が存在する.

(2) S_1, S_2 が完全剰余系 (または完全被約剰余系) なら,$|S_1| = |S_2|$.

証明 (1) $S = \{0, 1, \cdots, m-1\}$ とおく.n が整数なら,n を m で割った余りを r とすると,$n \equiv r \mod m$ で $r \in S$ である.$n \equiv r_1, r_2 \mod m$,$r_1, r_2 \in S$ なら,命題 1.4.15 より,$r_1 = r_2$ である.よって,S は完全剰余系である.S' を S の元で m と互いに素であるもの全体の集合とすると,$n \in \mathbb{Z}$,$n \equiv r \mod m$ なら,定理 1.5.1 より $\gcd(n, m) = \gcd(r, m)$ なので,n, m が互いに素であることと,r, m が互いに素であることは同値である.よって,m と互いに素な $n \in \mathbb{Z}$ は S' のただ一つの元と m を法として合同である.したがって,S' は完全被約剰余系である.

(2) S_1, S_2 が完全剰余系とする.$n \in S_1$ なら,n は S_2 のただ一つの元と合同なので,その元を $f(n)$ とする.$f : S_1 \to S_2$ は写像になる.S_1, S_2 を交換す

れば，写像 $g: S_2 \to S_1$ が定まる．f, g は互いの逆写像である．よって，$|S_1| = |S_2|$ である．完全被約剰余系の場合も同様である． □

S が m を法とする任意の完全被約剰余系なら，$|S| = \phi(m)$ である．オイラー関数については，3.1 節でもう一度解説する．

定理 1.9.4 $m > 1$ を整数とする．$a \in \mathbb{Z}$ が m と互いに素なら，$a^{\phi(m)} \equiv 1 \mod m$ である．

証明 $S = \{x_1, \cdots, x_{\phi(m)}\}$ を $1, \cdots, m-1$ のなかで m と互いに素であるものすべてとすると，S は完全被約剰余系である．命題 1.5.5 (3) より ax_i も m と互いに素である．よって，$ax_i \equiv x_j \mod m$ となる j がただ一つある．この j を $f(i)$ とおく．$ax_i \equiv ax_{i'} \mod m$ なら，命題 1.5.5 (2) より $x_i \equiv x_{i'} \mod m$，つまり $x_i = x_{i'}$ である．よって，$f: S \to S$ は単射であり，$|f(S)| = |S|$ である．S は有限集合なので，$S \setminus f(S) = \emptyset$ でなければならない．したがって，f は全単射となり，

$$a^{\phi(m)} x_1 \cdots x_{\phi(m)} \equiv (ax_1) \cdots (ax_{\phi(m)}) \equiv x_1 \cdots x_{\phi(m)} \mod m$$

である．命題 1.5.5 (3) を繰り返し使うと，$x_1 \cdots x_{\phi(m)}$ も m と互いに素であることがわかる．命題 1.5.5 (2) より，

$$a^{\phi(m)} \equiv 1 \mod m$$

である． □

系 1.9.5 (フェルマーの小定理) p が素数，$x \in \mathbb{Z}$ なら，次の (1), (2) が成り立つ．
(1) $x \in \mathbb{Z}$, $x \not\equiv 0 \mod p$ なら，$x^{p-1} \equiv 1 \mod p$ である．
(2) $x \in \mathbb{Z}$ なら，$x^p \equiv x \mod p$ である．

証明 $1, \cdots, p-1$ はすべて p と互いに素なので，$\phi(p) = p-1$ である．(1) は定理 1.9.4 より従う．

(2) $x \not\equiv 0 \mod p$ なら，$x^{p-1} \equiv 1 \mod p$ である．x をもう一度かけ，$x^p \equiv x$ である．$x \equiv 0 \mod p$ なら，$x^p \equiv x \equiv 0 \mod p$ である． □

X	Y	X	Y	X	Y	X	Y	X	Y
あ	ろ	い	ね	う	の	え	ふ	お	す
か	う	き	む	く	り	け	れ	こ	ら
さ	き	し	る	す	に	せ	か	そ	や
た	ん	ち	わ	つ	こ	て	そ	と	よ
な	い	に	あ	ぬ	も	ね	お	の	は
は	え	ひ	さ	ふ	て	へ	ま	ほ	く
ま	ゆ	み	け	へ	め	め	ひ	も	し
や	み	み	た	め	せ			よ	ぬ
ら		を		ゆ	な			ろ	へ
わ		ち		る		れ		を	と
ん		つ				ほ			

以下，フェルマーの小定理を応用した暗号について述べる．現代ではさまざまな情報を通信する機会が多い．その場合，個人情報や，保安上重要な情報は通信の当事者以外には理解できない方法で情報を伝える必要がある．そのような情報伝達の方法のことを**暗号**という．まず最初に原始的な暗号とその問題点について述べる．

上記の表は「あいうえお…」を並べ換えたものである．とりあえず，濁点や「っゃゅょ」などは無視する．何か文があったら，それを平仮名で書き，上の表にしたがって，X欄の文字をY欄の文字で置き換えると，意味の通じない文になる．

例えば，

ひるはあめのあとはれます

という文をこの法則で変換してみると，

さなえろひはろよえほゆに

となる．最初の文を**平文**（ひらぶん），後の文を**暗号文**という．暗号文があれば，表にしたがって，平文にすることもできる．このように平文から暗号文を作ることを「暗号化」，暗号文から平文を作ることを平文の「復元」という．なお，第三者が暗号を破って情報を不正に得ることを暗号の「解読」という．

この暗号を使って，AさんとBさんが，他の人にわからないように何かの情報をやりとりをするとしよう．AさんがBさんに情報を伝えるとしたら，当然

暗号文を送ることになるわけだが，B さんがそれを平文に復元するためには，A さんと同じ上の表を持っていなければならない．

暗号を作ったり，平文に復元したりするための情報を**鍵**というが，この場合は暗号を送る人と受け取る人が同じ鍵を共有しなければならないので，このような暗号のことを**共通鍵暗号**という．

さて，この暗号には安全上二つの問題がある．一つは共通鍵を知らなくても解読されやすいということである．「さなえろひはろよえほゆに」くらいの文を 1 回送るだけだったら問題はないが，送る情報量が増えると問題が生じる．それは，「あいうえお」が普通の文章の中で現れる頻度が違うからである．上の文でも「え，ろ」が 2 回現れて他の文字は 1 回だけである．なお，英語の文章では，「e」という文字が一番多く現れることはよく知られている事実である．だから，少し長い文章をこの方法で送ると，第三者がそれを傍受した場合，多く現れる文字が何であるかいくつか調べて，それを一般的に多く現れる文字で置き換える，というようなことができる．そして少しでも意味のある部分ができたら，それを手がかりにして，もっと調べる，というように芋づる式に暗号を破られてしまう．

もう一つの問題は，共通鍵をある段階で送らなければならないということである．例えば，国家機密をやりとりするために，共通鍵を一つの国からもう一つの国に運ぶというようなことになると，その共通鍵を運ぶ過程でそれを盗もうとする人も現れてくるかもしれないので，こういった情報を送るのは非常に危険である．

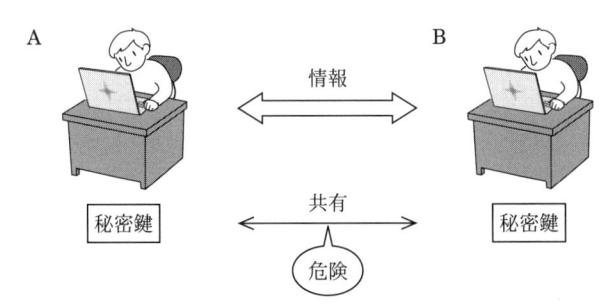

上の二つの問題のうち，最初の問題は暗号の強度が強ければ問題ないが，共通鍵暗号の場合，共通鍵の傍受という問題が常にある．そこで登場したのが**公**

開鍵を使った暗号である．以下，公開鍵暗号について解説する．なお，共通鍵暗号も現在でも使われている．共通鍵暗号のほうが通信速度が速いので，共通鍵暗号でも，暗号自身の強度が高ければ，共通鍵をいったん公開鍵暗号で伝えて，それから共通鍵暗号を使うということは一般的である．

1976 年にディフィー (Diffie) 氏とヘルマン (Hellman) 氏は第三者が傍受する可能性のある通信経路を想定して鍵を共有する DH 鍵共有という考え方を初めて提唱した．それは，暗号そのものではないが，1977 年には，リヴェスト (Rivest) 氏，シャミル (Shamir) 氏，エイドルマン (Adelman) 氏によって現在広く使われている公開鍵暗号の一つである RSA 暗号というものが考案された．

公開鍵暗号とは，平文を暗号化するのと，暗号文から平文に復元するのに，別の鍵を使うものである．大切な点は，暗号化に必要な公開鍵は誰が見てもよく，暗号を復元するのには，余分な情報 (秘密鍵) が必要になるというものである．だから，A さんが B さんから情報を貰いたいというときには，まず A さんが公開鍵を B さんに伝える．そして，B さんが公開鍵を使って暗号文を作り，A さんに伝える．A さんは自分だけが持っている秘密鍵を使って暗号を復元し，それによって，B さんからの情報を得る．ここで，A さんは秘密鍵を誰にも伝える必要がないので，暗号の安全性が高まる．

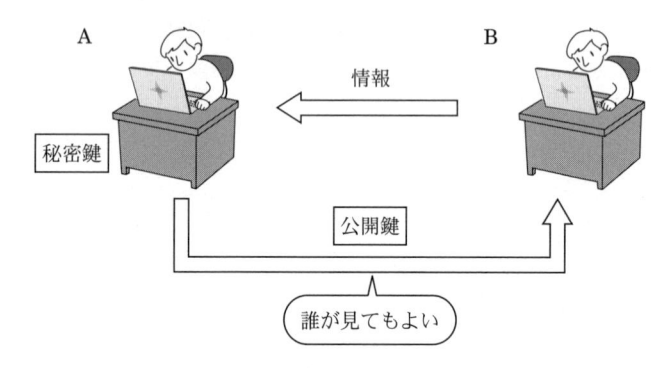

さて，公開鍵は誰でも見てよいわけだから，公開鍵から秘密鍵がわかると，暗号にならない．このように，平文 X から暗号文 Y を作るとき，Y から X へ戻すことが，余分な情報を持っていないと非常に難しい過程を**不可逆過程**という．RSA 暗号は大きい整数の素因数分解の困難さを利用した暗号である．

数学を使って暗号化するので，平仮名に適当に番号をつけて，文字を整数に

1.9. フェルマーの小定理と RSA 暗号　　41

あ	1	い	2	う	3	え	4	お	5
か	6	き	7	く	8	け	9	こ	10
さ	11	し	12	す	13	せ	14	そ	15
た	16	ち	17	つ	18	て	19	と	20
				っ	23				
な	26	に	27	ぬ	28	ね	29	の	30
は	31	ひ	32	ふ	33	へ	34	ほ	35
ま	36	み	37	む	38	め	39	も	40
や	41			ゆ	43			よ	45
ゃ	46			ゅ	48			ょ	50
ら	51	り	52	る	53	れ	54	ろ	55
わ	56	を	57	ん	58	゜	59	゜	60
。	61	、	62	空白	63				

変換する．例えば，上のように数と対応させよう．この表により，文章は整数の列になる．例えば「ひるはあめのあとはれます。」という文なら

　　　　32, 53, 31, 01 (= 1), 39, 30, 01, 20, 31, 54, 36, 13, 61

となる．ここで，これらの 2 桁ずつの数字をそれぞれそのまま暗号化しても，結局出力は高々 100 個くらいしかならない．これは並べ換えの暗号と結局同じことになってしまうので，これらの数字をそのまま使うことはしない．まずこれを 3 桁ずつに分け直す．(実際には，これを 600 桁くらいに分け直して使うが，ここでは暗号の原理を説明するだけなので，3 桁ずつに分け直すことにする．) すると

(1.9.6)　　　　325, 331, 013 (= 13), 930, 012, 031, 543, 613, 610

となる．最後ははんぱなので，0 を追加した．

　RSA 暗号ではこれを次のように暗号化・復元する．まず二つの素数 p, q，例えば $p = 23$, $q = 47$ を選び，$n = pq$ とする．ここでは $n = 23 \times 47 = 1081$ である．実際には，300 桁くらいの非常に大きい素数を二つ使う．n で割った余りを使うので，ここでは 3 桁の数を暗号化するために，n は 4 桁以上の数である必要がある．$(p-1)(q-1)$ (ここでは $(23-1) \times (47-1) = 22 \cdot 46$) と互いに素な整数，

例えば $e=3$ を選ぶ．これで暗号を作るのに必要な情報はすべてである．ここで，n と e が公開鍵で，$23, 47$ が秘密鍵になる．まとめると，次のようになる．

必要な情報のまとめ

公開鍵 $n = pq = 1081,\ e = 3$　　秘密鍵 $p = 23,\ q = 47$

この場合は 1081 が与えられると，$1081 = 23 \cdot 47$ いうことが簡単にわかるので，秘密鍵がわかってしまう．しかし，n が二つの 300 桁くらいの素数の積の場合，現在わかっている方法では，その二つの素数を見つけるのに天文学的な時間が必要なので，二つの素数 p, q が秘密鍵の役割を果たせる．だから，**将来非常に大きい整数を素数の積で表す方法が見つかれば，RSA 暗号は使えなくなる**．

これらの情報を使って，次のように暗号化と復元を行う．

定義 1.9.7 (暗号化)　$0 \leqq x < n = 1081$ に対し，$x^e = x^3$ を 1081 で割った余りを $f(x)$ とする．　　　　　　　　　　　　　　　　　　　　　　　　　　　　　　◇

$L = \mathrm{lcm}(p-1, q-1)$ とする．e は $(p-1)(q-1)$ と互いに素なので，L とも互いに素である．だから，$de - kL = 1$ となる整数 d, k がある．(この d はユークリッドの互除法により求めることができる)．d に L を加え，k に e を加えてもこの等式は成り立つので，$d, k > 0$ としてよい．上の例では，$L = 506$ である．

$$506 = 3 \cdot 168 + 2,$$
$$3 = 2 + 1$$

なので，

$$1 = 3 - 2 = 3 - (506 - 3 \cdot 168) = 3 \cdot 169 - 506$$

となる．したがって，$d = 169$ とできる．

命題 1.9.8 (平文の復元)　$f(x)^d \equiv x \mod n$.

証明　$de = 1 + kL$ である．よって，

$$x^{de} = x^{1+kL} = x \cdot x^{kL}$$

である．p を法として考えると，$p \nmid x$ なら，フェルマーの小定理 (系 1.9.5) より，$x^{p-1} \equiv 1 \mod p$ である．$p-1 \mid L$ なので，$x^{kL} \equiv 1 \mod p$ である．したがって，

$$x^{de} \equiv x \mod p$$

である．$p \mid x$ なら，$x^{de} \equiv x \equiv 0 \mod p$ である．したがって，すべての x に対して $x^{de} \equiv x \mod p$ である．$q-1 \mid L$ でもあるので，

$$x^{de} \equiv x \mod q$$

も成り立つ．p, q は互いに素なので，

$$f(x)^d \equiv x^{de} \equiv x \mod n$$

となる． □

今の状況では，平文は複数の 3 桁の数よりなる．その各々に対して x^3 を 1081 で割った余り $f(x)$ が暗号化された文である．命題 1.9.8 より $f(x)^d = f(x)^{169}$ を 1081 で割った余りを考えれば x に戻る．これで平文が復元できる．ここで e から d を求めるためには，$p-1, q-1$ がわかる必要があった．だから，p, q を求めることが非常に難しければ，p, q は秘密鍵とみなせる．

(1.9.6) を実際に暗号化すると下のようになる．

$$970, 384, 35, 34, 647, 604, 421, 431, 187$$

これらの数から平文を復元するには，例えば，$970^{169} \mod 1081$ を計算しなければならない．高いべきの計算については，1.4 節の最後に述べた．Maple では，

```
> 970^(169) mod 1081;
```

などとして，計算できてしまうが，ここでは，パソコンソフトのエクセル (Microsoft Excel) を使った計算の例について述べる．

$n = 1081$, $e = 3$ とする．上で述べたように，$d = 169$ である．次の暗号文

$$250, 384, 922, 476$$

から平文を復元する．

まずエクセルを開いて，A2 欄に 250 と入力する．B2 欄には =MOD(A2^2,1081) と入力して，$250^2 \mod 1081$ を計算する．C2 欄は同様にして =MOD(B2^2,1081) と入力して，$250^4 \mod 1081$ を計算する (次ページ図参照)．

44   第 1 章 整数の合同

$169 = 1+8+32+128$ なので，同様にして H2 欄の 128 乗まで計算したら，I2 欄には =MOD(A2*D2*F2*H2,1081) と入力する (下図参照).

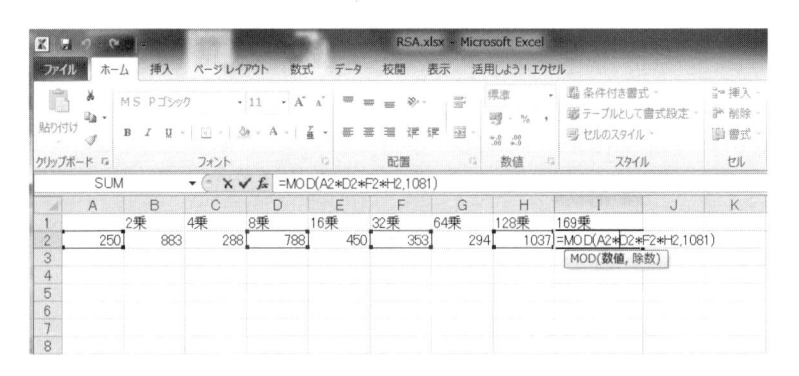

これで 250^{169} mod 1081 が計算できた．これを他の値に対して計算するには，これをコピーすればよい．まず，A3, A4, A5 欄に 384, 922, 476 と入力し，B2 欄から I2 欄までを右クリックで選択してコピーする (下図参照).

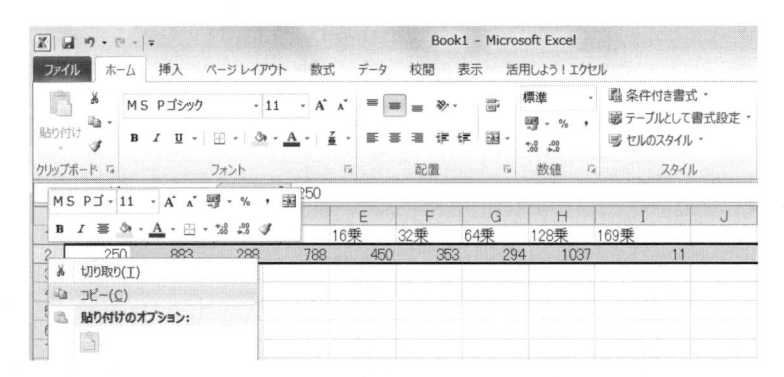

次に B3 欄から I5 欄までを選択して，右クリックで貼り付ける (下図参照).

これですべて復元でき，結果は

$$011, 331, 315, 400$$

である (下図参照).

これを 2 桁ずつに分け直すと，

$$01, 13, 31, 31, 54$$

となるので，これを表で参照すると，

あすははれ

となる.

なお，RSA 社は 1991 年から 2007 年まで暗号解読コンテスト (賞金つき) を実施した．それは与えられた整数 n を素因数分解するというものだった．2005 年にはボン大学で 663 ビット (10 進法 200 桁) の数が 8.12 節で解説する「数体ふるい法」を使って素因数分解された．その後ももっと大きい桁数の数を素因数分解する試みは続けられている．

1.10 合同方程式と平方剰余

今度はおもに 2 次の合同方程式を考えるが，まず一般的に，$a_0, \cdots, a_n \in \mathbb{Z}$,

(1.10.1) $$F(x) = a_0 x^n + a_1 x^{n-1} + \cdots + a_n,$$

$m > 1$ として，合同方程式

(1.10.2) $$F(x) \equiv 0 \mod m$$

を考える．$m \mid a_0$ なら $a_0 x^n$ の項は無視してよいので，$m \nmid a_0$ としてよい．n を合同方程式 (1.10.2) の**次数**という．

まず，問題が m が素数べきの場合に帰着することについて述べる．

補題 1.10.3 $m = p_1^{a_1} \cdots p_t^{a_t}$ を m の素因数分解とする．ただし，$p_1, \cdots, p_t$ は相異なる素数で $a_1, \cdots, a_t > 0$ である．$i = 1, \cdots, t$ に対し $x_i \in \mathbb{Z}$ で

$$F(x_i) \equiv 0 \mod p_i^{a_i}$$

であるものに対し，$x \in \mathbb{Z}$ で $x \equiv x_i \mod p_i^{a_i}$ $(i = 1, \cdots, t)$ であるものが m を法としてただ一つあり，

$$F(x) \equiv 0 \mod m.$$

証明 中国式剰余定理 (定理 1.7.5) を繰り返し使うと，$x \equiv x_i \mod p_i^{a_i}$ となる x が m を法としてただ一つあることがわかる．すると，命題 1.4.18 (1) より，

$$F(x) \equiv F(x_i) \equiv 0 \mod p_i^{a_i}$$

となる．中国式剰余定理を $F(x)$ に適用すれば，$F(x) \equiv 0 \mod m$ となる． □

補題 1.10.3 より，(1.10.2) は m が素数べきのときに考えればよい．
$m = p^a$ $(a > 0)$ とする．$i \leqq a$ なら，$p^i \mid p^a$ なので，命題 1.4.18 (2) より，

$$F(x) \equiv 0 \mod p^a \implies F(x) \equiv 0 \mod p^i$$

となる．よって，$F(x) \equiv 0 \mod p^a$ に解があるとすれば，すべての $i \leqq a$ に対し $F(x) \equiv 0 \mod p^i$ に解がある．そこで小さな i から順番に $F(x) \equiv 0 \mod p^i$ の解を求めることにする．

$F(x) \equiv 0 \mod p$ に解があるかどうかは，一般には $x = 0, \cdots, p-1$ を試してみるしかないが，何かの方法を適用できる場合もある．これについては，第2巻5章で解説するが，ここでは $x = 0, \cdots, p-1$ を試して解けたとする．

帰納的に $F(x) \equiv 0 \mod p^i$ $(i > 0)$ の解が記述できたとして，$F(x) \equiv 0 \mod p^{i+1}$ の解について考える．$F(x_0) \equiv 0 \mod p^i$ と仮定し，$x = x_0 + p^{i+1} y$ $(y \in \mathbb{Z})$ とおく．p^i を法とした解から p^{i+1} を法とした解を構成するには，$F(x)$ のテイラー展開 (の一部) を考える必要がある．そのために，多項式の微分を定義しておく．(1.10.1) に対し，

(1.10.4) $\qquad F'(x) = n a_0 x^{n-1} + (n-1) a_1 x^{n-2} + \cdots + a_{n-1}$

を $F(x)$ の**微分**という．和や積の微分などの通常の公式が成り立つが，詳細は省略する．

また，$F(x), G(x)$ が整数係数多項式で，係数が m を法として合同であるとき $F(x) \equiv G(x) \mod m$ と書くことにすると，$F(x) \equiv G(x) \mod m$ なら，$F'(x) \equiv G'(x) \mod m$ である (詳細は略)．

補題 1.10.5 (1.10.1) と $x_0 \in \mathbb{Z}$ に対し整数係数の多項式 $G(x)$ があり，

$$F(x) = F(x_0) + F'(x_0)(x - x_0) + G(x)(x - x_0)^2.$$

証明 $H(x) = F(x) - F(x_0) - F'(x_0)(x - x_0)$ とおくと，$H(x)$ は整数係数の多項式で，$H(x_0) = H'(x_0) = 0$ である．$H(x)$ を $x - x_0$ で割り算すると，$H(x_0) = 0$ なので，$H(x) = H_1(x)(x - x_0)$ となる整数係数の多項式 $H_1(x)$ がある．$H'(x) = H_1'(x)(x - x_0) + H_1(x)$ なので，$H'(x_0) = H_1(x_0) = 0$ である．よって，$H_1(x) = G(x)(x - x_0)$ となる整数係数の多項式 $G(x)$ がある[1]． □

$$F(x) = F(x_0) + F'(x_0)(x - x_0) + G(x)(x - x_0)^2$$

に $x = x_0 + p^i y$ を代入すると，$i > 0$ なので，

---

[1] この証明では $x - x_0$ による割り算を使ったが，これは $x - x_0$ が「モニック」だったから可能だった．詳しくは命題 6.2.13 で解説する．

$$F(x) = F(x_0) + F'(x_0)p^i y + G(x_0 + p^i y)p^{2i}y^2$$
$$\equiv F(x_0) + F'(x_0)p^i y \mod p^{i+1}$$

である.

$F(x_0) \equiv 0 \mod p^i$ であると仮定したので, $F(x_0) = p^i c$ とおく. すると, $y \in \mathbb{Z}$, $x = x_0 + p^i y$ なら, $F(x) \equiv 0 \mod p^{i+1}$ であることと,

$$(c + F'(x_0)y)p^i \equiv 0 \mod p^{i+1}$$

は同値である. これは

(1.10.6) $$c + F'(x_0)y \equiv 0 \mod p$$

と同値である. これは y に関して 1 次の合同方程式なので, 1.8 節での考察に帰着する. したがって, 合同方程式 $F(x) \equiv 0 \mod p^a$ の解は基本的に決定することができる. これは命題の形に書いておく.

> **命題 1.10.7** p を素数, $i > 0$, $x_0 \in \mathbb{Z}$, $F(x_0) \equiv 0 \mod p^i$ とする. $F(x_0) = p^i c$, $x = x_0 + p^i y$ $(y \in \mathbb{Z})$ とするとき, $F(x) \equiv 0 \mod p^{i+1}$ であることと, $c + F'(x_0)y \equiv 0 \mod p$ は同値である.

例を考えてみよう.

> **例題 1.10.8** $F(x) = 2x^3 - 3x^2 + 5x - 2$ とおくとき, 合同方程式 $F(x) \equiv 0 \mod 180$ の解を求めよ.

解答 $180 = 4 \cdot 9 \cdot 5$ なので,

$$F(x) \equiv 0 \mod 4,$$
$$F(x) \equiv 0 \mod 9,$$
$$F(x) \equiv 0 \mod 5$$

を考えればよい.

まず 2 を法として考えると, $F(x) \equiv x^2 + x \mod 2$ となる. $x = 0, 1$ 両方に対し, $F(x) \equiv 0 \mod 2$ である.

$x \equiv 0 \mod 2$ とする. $x = 2y$ とおくと, $F(x) \equiv 10y - 2 \equiv 0 \mod 4$ である. 命題 1.4.18 (3) より, これは $5y - 1 \equiv 0 \mod 2$ と同値で, $y \equiv 1 \mod 2$ となる.

よって，$x \equiv 2 \mod 4$ である．

$x \equiv 1 \mod 2$ とする．$x = 1+2y$ とおくと，$F(1) = 2 = 2\cdot 1$, $F'(x) = 6x^2 - 6x+5$, $F'(1) = 5$ なので，(1.10.6) は

$$1+5y \equiv 0 \mod 2$$

である．よって，$y \equiv 1 \mod 2$ となる．したがって，$x \equiv 3 \mod 4$ である．

次に 3 を法として考えると，$F(x) \equiv 2x^3+2x+1 \mod 3$ となる．

$$F(0) \equiv 1, \ F(1) \equiv 5 \not\equiv 0 \mod 3, \quad F(2) \equiv 21 \equiv 0 \mod 3$$

なので，$x \equiv 2 \mod 3$ である．$x = 2+3y$ とおくと，$F(2) = 12 = 3\cdot 4$, $F'(2) \equiv 5 \equiv 2 \mod 3$ なので，(1.10.6) より

$$4+2y \equiv 0 \mod 3$$

である．これは $y \equiv 1 \mod 3$ と同値である．よって，$x \equiv 5 \mod 9$ である．

次に 5 を法として考えると，$F(x) \equiv 2x^3+2x^2+3 \mod 5$ となる．

$$F(0) \equiv 3, \ F(1) \equiv 7, \ F(2) \equiv 27 \not\equiv 0 \mod 5, \quad F(3) \equiv 75 \equiv 0 \mod 5,$$
$$F(4) \equiv -2+2+3 \equiv 3 \not\equiv 0 \mod 5$$

なので，$x \equiv 3 \mod 5$ である．したがって，

$$(1.10.9) \quad \begin{cases} x \equiv 2 \mod 4, \\ x \equiv 5 \mod 9, \\ x \equiv 3 \mod 5 \end{cases} \quad \begin{cases} x \equiv 3 \mod 4, \\ x \equiv 5 \mod 9, \\ x \equiv 3 \mod 5 \end{cases}$$

を満たす x を求めればよい．

中国式剰余定理を適用するために

$$9\cdot 5x_1 + 4y_1 = 1,$$
$$4\cdot 5x_2 + 9y_2 = 1,$$
$$4\cdot 9x_3 + 5y_3 = 1$$

を満たす $x_1,\cdots,y_3 \in \mathbb{Z}$ を求める．

$$45 = 4\cdot 11+1,$$
$$20 = 9\cdot 2+2, \quad 9 = 4\cdot 2+1,$$
$$36 = 5\cdot 7+1$$

なので，

$$45\cdot 1-4\cdot 11 = 1,$$
$$1 = 9-4\cdot 2 = 9-4\cdot(20-9\cdot 2) = -20\cdot 4+9\cdot 9,$$
$$36\cdot 1-5\cdot 7 = 1$$

である．よって，$x_1 = 1$, $x_2 = -4$, $x_3 = 1$ ととれる．
$$a_1 = 9\cdot 5\cdot 2\cdot 1+4\cdot 5\cdot 5\cdot(-4)+4\cdot 9\cdot 3\cdot 1 = -202,$$
$$a_2 = 9\cdot 5\cdot 3\cdot 1+4\cdot 5\cdot 5\cdot(-4)+4\cdot 9\cdot 3\cdot 1 = -157$$

とすると，a_1, a_2 は (1.10.9) のそれぞれの条件を満たす．$360, 180$ を足して $158, 23$ でもよい．したがって，解は

$$158+180t, \ 23+180t, \quad t\in\mathbb{Z}$$

である． □

次に $a,b,c\in\mathbb{Z}$, $a\neq 0$, p を素数として，2 次の合同方程式

(1.10.10) $$ax^2+bx+c \equiv 0 \mod p$$

を考えよう．上で考察したように，2 次の合同方程式は素数を法とする 2 次の合同方程式と 1 次の合同方程式に帰着される．$p\,|\,a$ なら，1 次の合同方程式に帰着されるので，$p\nmid a$ と仮定する．$p = 2$ なら，$x = 0,1$ を試せばよいので，$p\neq 2$ と仮定する．すると，命題 1.5.5 (2) より，(1.10.10) は

$$4a^2x^2+4abx+4ac = (2ax+b)^2+4ac-b^2 \equiv 0 \mod p$$

と同値である．$y = 2ax+b$ とおくと，上の合同方程式は

$$y^2 \equiv b^2-4ac \mod p$$

と同値である．よって，次の定理を得る．

定理 1.10.11 (1) p が奇素数なら，(1.10.10) が解を持つことは，b^2-4ac が p を法として平方となることと同値である．

(2) (1) の条件が満たされれば，(1.10.10) の解は $y^2 \equiv b^2-4ac \mod p$ となる y により，$2ax+b \equiv y \mod p$ となる x である．

定義 1.10.12 p を素数，$a\in\mathbb{Z}$, $p\nmid a$ とする．

(1) $x^2 \equiv a \mod p$ となる $x \in \mathbb{Z}$ があるとき，a は p を法として**平方剰余**という．平方剰余でないとき，**平方非剰余**という．

(2) p が奇素数なら
$$\left(\frac{a}{p}\right) = \begin{cases} 1 & a \text{ が平方剰余}, \\ -1 & a \text{ が平方非剰余} \end{cases}$$
と定義し，**ルジャンドル記号**という． ◇

定義より，$a, b \in \mathbb{Z}$, $a \equiv b \mod p$ なら，$(a/p) = (b/p)$ である．ルジャンドル記号は $p = 2$ の場合は考えない．

例 1.10.13 (平方剰余の例) (1) $p = 2$ なら，1 は平方剰余である．

(2) $p = 3$ なら，$1^2 \equiv 1$, $2^2 \equiv 1 \mod 3$ なので，1 は平方剰余で 2 は平方非剰余である．よって，
$$\left(\frac{1}{3}\right) = 1, \quad \left(\frac{2}{3}\right) = -1.$$

(3) $p = 5$ なら，$1^2 \equiv 1$, $2^2 \equiv 4$, $3^2 = (5-2)^2 \equiv 4$, $4^2 = (5-1)^2 \equiv 1 \mod 5$ なので，1, 4 は平方剰余で 2, 3 は平方非剰余である．よって，
$$\left(\frac{1}{5}\right) = \left(\frac{4}{5}\right) = 1, \quad \left(\frac{2}{5}\right) = \left(\frac{3}{5}\right) = -1.$$

(4) $p = 7$ なら，$1^2 \equiv 1$, $2^2 \equiv 4$, $3^2 \equiv 2$, $4^2 = (7-3)^2 \equiv 2$, $5^2 = (7-2)^2 \equiv 4$, $6^2 = (7-1)^2 \equiv 1 \mod 7$ なので，1, 2, 4 は平方剰余で 3, 5, 6 は平方非剰余である．よって，
$$\left(\frac{1}{7}\right) = \left(\frac{2}{7}\right) = \left(\frac{4}{7}\right) = 1, \quad \left(\frac{3}{7}\right) = \left(\frac{5}{7}\right) = \left(\frac{6}{7}\right) = -1. \quad ◇$$

例題 1.10.14 合同方程式 $2x^2 + 3x + 5 \equiv 0 \mod 49$ の解を求めよ．

解答 まず 7 を法として考える．$7 \nmid 2$ なので，$y = 4x + 3$ として，
$$y^2 \equiv 3^2 - 4 \cdot 2 \cdot 5 = -31 \mod 7$$
を考えればよい．$-31 \equiv 4 \mod 7$ なので，$y^2 \equiv 4$ である．例 1.10.13 より $y \equiv 2, 5 \mod 7$ である．よって，$2 \cdot 4 \equiv 1 \mod 7$ に注意すると，
$$4x + 3 \equiv 2, 5 \mod 7,$$

$$4x \equiv 6, 2 \mod 7,$$
$$x \equiv 5, 4 \mod 7.$$

次に $x = 4+7y_1, 5+7y_2$ とおき，49 を法として考える．$F(x) = 2x^2+3x+5$ とおくと，$F'(x) = 4x+3$,

$$F(4) = 49 \equiv 0 \mod 49, \quad F'(4) = 19, \quad F(5) = 7 \cdot 10, \quad F'(5) = 23$$

である．命題 1.10.7 を適用すると $y_1 \equiv 0 \mod 7$ である．また，

$$10+23y_2 \equiv 10+2y_2 \equiv 0 \mod 7 \implies 5+y_2 \equiv 0 \implies y_2 \equiv 2 \mod 7$$

となる．したがって，

$$x \equiv 4, 19 \mod 49$$

が解である． □

1.11 平方剰余の相互法則

p が大きい素数のとき，$a \in \mathbb{Z}$ が平方剰余であるかどうか決定するのに，x^2 を p で割った余りを $x = 1, \cdots, p-1$ に対して計算するのは効率的ではない．q も素数とするとき，実は $\left(\dfrac{q}{p}\right)$ と $\left(\dfrac{p}{q}\right)$ には簡単な関係があることがわかる．それが平方剰余の相互法則である (定理 1.11.10)．これはある意味では「類体論」という大きい理論の特別な場合とみなすことができる．以下，平方剰余の相互法則を証明するが，まず準備としてウィルソンの定理とガウスの補題を証明する．

定理 1.11.1 (ウィルソンの定理)　p が素数なら，$(p-1)! \equiv -1 \mod p$.

証明　$p = 2$ なら明らかなので，p は奇素数と仮定する．x が $1, \cdots, p-1$ のどれかであれば，x は p と互いに素なので，命題 1.5.5 (1) より $xx^* \equiv 1 \mod p$ となる $1 \leq x^* \leq p-1$ がただ一つ存在する．$x^2 \equiv 1 \mod p$ でなければ，$x \not\equiv x^* \mod p$ である．$x^2 \equiv 1 \mod p$ なら，$x^2-1 = (x-1)(x+1) \equiv 0 \mod p$ なので，系 1.5.6 (2) より $x \equiv \pm 1 \mod p$ である．よって，$1, \cdots, p-1$ のなかで $1, p-1$ 以外は $xx^* \equiv 1 \mod p$ となる対に分けることができる．したがって，

$$(p-1)! \equiv 1 \cdot (p-1) \equiv -1 \mod p$$

である. □

> **命題 1.11.2** p が奇素数なら，$1,\cdots,p-1$ で平方剰余と平方非剰余であるものの個数は両方とも $(p-1)/2$ である．また，このうち平方剰余は
> $$1^2, 2^2, \cdots, \left(\frac{p-1}{2}\right)^2 \tag{1.11.3}$$
> のどれかと合同である.

証明 $p/2$ は整数ではないので，$1,\cdots,p-1$ は，$1,\cdots,(p-1)/2$ と，$1 \leqq n \leqq (p-1)/2$ により $p-n$ と表せる数ですべてである．$(p-n)^2 \equiv n^2$ なので，0 以外の平方剰余は (1.11.3) のどれかと合同である．$a,b \in \mathbb{Z}$ で $a^2 \equiv b^2 \mod p$ なら，定理 1.11.1 の証明と同様に，$a \equiv \pm b \mod p$ である．$1 \leqq i < j \leqq (p-1)/2$ なら，$i \not\equiv \pm j \mod p$ なので，$i^2 \not\equiv j^2 \mod p$ である．よって，0 以外の平方剰余の個数は $(p-1)/2$ である．したがって，平方非剰余の個数も $(p-1)/2$ である． □

次の定理はオイラーの判定法とよばれ，平方剰余の考察の基本となるものである.

> **定理 1.11.4 (オイラーの判定法)** p が奇素数，$p \nmid a$ なら，$a^{\frac{p-1}{2}} \equiv \left(\dfrac{a}{p}\right) \mod p$ である.

証明 まず a が平方非剰余とする．$x = 1,\cdots,p-1$ なら，$xx^* \equiv a$ となる $x^* = 1,\cdots,p-1$ がただ一つ存在する．a が平方非剰余なので，$x \neq x^*$ である．したがって，$1,\cdots,p-1$ はすべて x, x^* という対に分けることができる．その対の個数は $(p-1)/2$ なので，ウィルソンの定理より，
$$a^{\frac{p-1}{2}} \equiv (p-1)! \equiv -1 \mod p$$
である.

a が平方剰余なら，$a \equiv x^2 \mod p$ とすると，フェルマーの小定理 (定理 1.9.4) より，
$$a^{\frac{p-1}{2}} \equiv x^{p-1} \equiv 1 \mod p$$
である．どちらの場合も定理の主張が成り立つ． □

系 1.11.5 p が奇素数で $p \nmid a,b$ なら，
$$\left(\frac{ab}{p}\right) = \left(\frac{a}{p}\right)\left(\frac{b}{p}\right).$$

証明 定理 1.11.4 より
$$\left(\frac{ab}{p}\right) \equiv (ab)^{\frac{p-1}{2}} = a^{\frac{p-1}{2}} b^{\frac{p-1}{2}} \equiv \left(\frac{a}{p}\right)\left(\frac{b}{p}\right) \mod p$$

である．p が奇数で $\left(\dfrac{ab}{p}\right) = \pm 1$ などが成り立つので，
$$\left(\frac{ab}{p}\right) = \left(\frac{a}{p}\right)\left(\frac{b}{p}\right). \qquad \square$$

この系はルジャンドル記号が後で定義する「準同型」(定義 5.2.25) となっていることを主張する．

例 1.11.6 (1) $p = 7$ なら，$2^3 = 8 \equiv 1 \mod 7$ なので，2 は 7 を法として平方剰余である (実際，$3^2 \equiv 2 \mod 7$).

(2) $p = 41$ なら，
$$3^2 \equiv 9,\ 3^4 = 81 \equiv -1,\ 3^8 \equiv 1,\ 3^{16} \equiv 1,\ 3^{20} \equiv 3^{16} \cdot 3^4 \equiv -1 \mod 41$$
なので，3 は 41 を法として平方非剰余である． ◇

次の補題はガウスの補題とよばれる[2]．

補題 1.11.7 (ガウスの補題) p を奇素数，$n \in \mathbb{Z}$, $n \not\equiv 0 \mod p$ とする．
(1.11.8) $$n,\ 2n,\ 3n,\ \cdots,\ \frac{p-1}{2}n$$
を p で割った余りが $p/2$ より大きいものの個数を ℓ とする．このとき，
$$\left(\frac{n}{p}\right) = (-1)^\ell.$$

証明 $1, 2, \cdots, (p-1)/2$ は p を法としてすべて異なる．n は p と互いに素なので，命題 1.5.5 (2) より (1.11.8) は p を法としてすべて異なる．

---
[2] 例えば，補題 6.6.20 も「ガウスの補題」とよばれるので，「ガウスの補題」とよばれるものは一つだけではない．

$$A = \{a_1, \cdots, a_k\}, \quad B = \{b_1, \cdots, b_\ell\}$$

をそれぞれ (1.11.8) を p で割った余りで $p/2$ より小さいもの, $p/2$ より大きいもの全体の集合とする. よって, $k+\ell = (p-1)/2$ である. $c_i = p - b_i$,

$$C = \{c_1, \cdots, c_\ell\}$$

とおく. $1 \leq c_i \leq (p-1)/2$ $(i = 1, \cdots, \ell)$ である.

$A \cap C = \emptyset$ であることを示す. もし $a_i = c_j$ $(1 \leq i \leq k, \ 1 \leq j \leq \ell)$ なら, $a_i = p - b_j$ なので, $a_i + b_j = p$ である. $a_i \equiv sn, \ b_j \equiv tn$ $(1 \leq s, t \leq (p-1)/2)$ なら, $a_i + b_j \equiv 0 \mod p$ より $s + t \equiv 0 \mod p$ となる. しかし, $2 \leq s+t \leq 2 \cdot (p-1)/2 = p-1$ なので矛盾である. $k+\ell = (p-1)/2$ なので,

$$A \cup C = \left\{1, \cdots, \frac{p-1}{2}\right\}$$

である. よって,

$$n^{\frac{p-1}{2}} \prod_{i=1}^{\frac{p-1}{2}} i \equiv \prod_{i=1}^{k} a_i \prod_{j=1}^{\ell} b_j \equiv \prod_{i=1}^{k} a_i \prod_{j=1}^{\ell} (-c_j) \equiv (-1)^\ell \prod_{i=1}^{k} a_i \prod_{j=1}^{\ell} c_j$$
$$\equiv (-1)^\ell \prod_{i=1}^{\frac{p-1}{2}} i \mod p$$

である. $\prod_{i=1}^{\frac{p-1}{2}} i$ は p と互いに素なので, 定理 1.11.4 より

$$\left(\frac{n}{p}\right) \equiv n^{\frac{p-1}{2}} \equiv (-1)^\ell \mod p$$

である. p は奇数なので,

$$\left(\frac{n}{p}\right) = (-1)^\ell$$

である. □

例 1.11.9 補題 1.11.7 の例を考える. $n = 7$, $p = 13$ とすると, $(p-1)/2 = 6$ であり,

$$7, 14, 21, 28, 35, 42$$

を p で割った余りは

$$7, 1, 8, 2, 9, 3$$

である. このなかで $13/2$ より大きいものは $7, 8, 9$ の 3 個である. よって,

$$\left(\frac{7}{13}\right) = (-1)^3 = -1$$

である．

$n = 3$ なら，

$$3, 6, 9, 12, 15, 18$$

を p で割った余りは

$$3, 6, 9, 12, 2, 5$$

であり，このなかで $13/2$ より大きいものは $9, 12$ の 2 個である．よって，

$$\left(\frac{3}{13}\right) = (-1)^2 = 1$$

である．実際，$4^2 \equiv 3 \mod 13$ である． ◇

次の定理はガウスにより証明された有名な定理であり，この節の目的である．

定理 1.11.10 (平方剰余の相互法則)
(1) p が奇素数なら，$\left(\dfrac{-1}{p}\right) = (-1)^{\frac{p-1}{2}}$．
(2) p が奇素数なら，$\left(\dfrac{2}{p}\right) = (-1)^{\frac{p^2-1}{8}}$．
(3) p, q が奇素数なら，$\left(\dfrac{q}{p}\right) = (-1)^{\frac{p-1}{2}\frac{q-1}{2}} \left(\dfrac{p}{q}\right)$．

証明 (1) 補題 1.11.7 を $n = -1$ として適用すると，

$$-1, -2, \cdots, -\frac{p-1}{2}$$

を p で割った余りは

$$p-1, p-2, \cdots, \frac{p+1}{2}$$

である．これらはすべて $p/2$ より大きいので，その個数は $(p-1)/2$ である．よって，補題 1.11.7 より (1) の主張が従う．

(2) 補題 1.11.7 を $n = 2$ として適用すると，

$$2, 4, \cdots, \frac{p-1}{2} \cdot 2 = p-1$$

を p で割った余りは上と変わらず，$2, \cdots, p-1$ である．$p/2$ より大きい最初の整数は $(p+1)/2$ である．上の整数はすべて偶数なので，$(p+1)/2$ が偶数かどう

かで場合分けをする．

$p \equiv 1 \mod 4$ なら $(p+1)/2$ は奇数なので，上のなかで $p/2$ より大きいものの個数は
$$\frac{p-1-(p-1)/2}{2} = \frac{p-1}{4}$$
である．これは $p \equiv 1 \mod 8$ のとき偶数で $p \equiv 5 \mod 8$ のとき奇数である．

$p \equiv 3 \mod 4$ なら $(p+1)/2$ は偶数なので，上のなかで $p/2$ より大きいものの個数は
$$\frac{p-1-(p+1)/2}{2} + 1 = \frac{p+1}{4}$$
である．これは $p \equiv 3 \mod 8$ のとき奇数で $p \equiv 7 \mod 8$ のとき偶数である．

まとめると，
$$\left(\frac{2}{p}\right) = \begin{cases} 1 & p \equiv 1, 7 \mod 8, \\ -1 & p \equiv 3, 5 \mod 8 \end{cases}$$
となる．これは (2) の主張と一致する．

(3) 以下，平面上の点で座標が整数である点を**格子点**という．(q/p) は
$$q, 2q, \cdots, \frac{p-1}{2} \cdot q$$
を p で割った余りが $p/2$ より大きいものの数を ℓ とするとき，$(-1)^\ell$ である．

次ページ図で

A : $\left(\frac{p+1}{2}, 0\right)$, B : $\left(0, \frac{q+1}{2}\right)$, C : $\left(\frac{p+1}{2}, \frac{q+1}{2}\right)$, L : $\left(\frac{p}{2}, \frac{q}{2}\right)$,

D : $\left(\frac{1}{2}, 0\right)$, E : $\left(\frac{p+1}{2}, \frac{q}{2}\right)$, F : $\left(\frac{p}{2}, \frac{q+1}{2}\right)$, G : $\left(0, \frac{1}{2}\right)$

とする．

ℓ は
$$\frac{q}{p}, 2\frac{q}{p}, \cdots, \frac{p-1}{2} \cdot \frac{q}{p}$$
の小数部分が $1/2$ より大きいものの数である．p は奇数なので，$x = 1, \cdots, (p-1)/2$ とするとき，qx/p の小数部分は $1/2$ になることはない．よって，qx/p の小数部分が $1/2$ より大きければ，OL 上の点 P$(x, qx/p)$ の真上と真下を見たとき，P からの距離が $1/2$ 以内にある格子点は P の上方にある．よって，その点は四角形 OLFG の中にあり，辺 FG, GO 上にはない．逆に四角形 OLFG の中の格子点で辺 FG, GO 上にないものは，その下方に $1/2$ より真に小さい距離だ

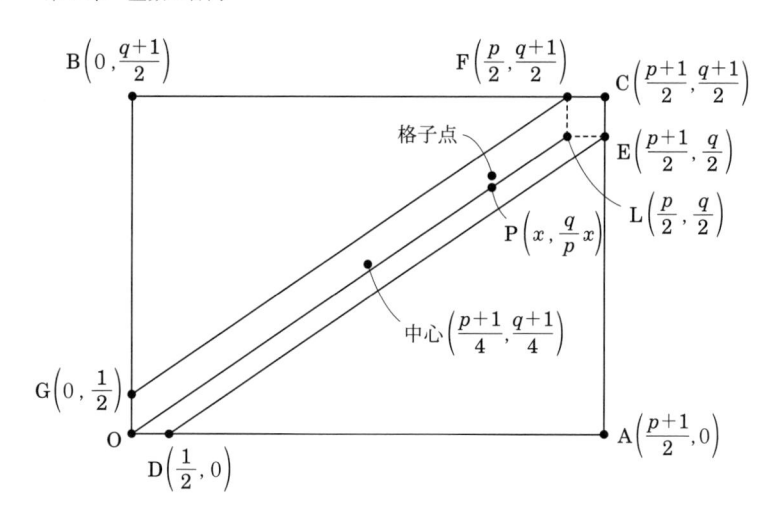

```
                B(0, (q+1)/2)              F(p/2, (q+1)/2)    C((p+1)/2, (q+1)/2)
                                    格子点                      E((p+1)/2, q/2)
                                              P(x, (q/p)x)    L(p/2, q/2)
                                     中心 ((p+1)/4, (q+1)/4)
                G(0, 1/2)
                O             D(1/2, 0)                       A((p+1)/2, 0)
```

け離れた OL 上の点がある.

p, q の役割を逆転させて考えれば, $y = 1, \cdots, (q-1)/2$ で py/q の小数部分が $1/2$ より大きいものの数を m とすると, $(p/q) = (-1)^m$ であり, m は四角形 ODEL の中の格子点で辺 OD, DE 上にないものの数である. 四角形 LECF には C 以外に格子点はないので, $\ell + m$ は六角形 ODECFG の内部 (つまり辺は除く) にある格子点の数である. 六角形 ODECFG は中心 $((p+1)/4, (q+1)/4)$ に関して対称である. したがって, この点が格子点であるときにかぎり, $\ell + m$ は奇数である. したがって,

$$\left(\frac{p}{q}\right)\left(\frac{q}{p}\right)$$

は $p \equiv q \equiv 3 \mod 4$ のときにかぎり -1 である. □

例 1.11.11 $\left(\dfrac{47}{97}\right)$ を求める. $97 \equiv 1 \mod 4$ なので, 47 が素数で $47 \equiv 3 \mod 4$ であることに注意すると,

$$\left(\frac{47}{97}\right) = \left(\frac{97}{47}\right) = \left(\frac{3}{47}\right) = -\left(\frac{47}{3}\right) = -\left(\frac{2}{3}\right).$$

2 は 3 を法として平方非剰余なので (例 1.10.13),

$$\left(\frac{47}{97}\right) = 1$$

である. ◇

ルジャンドル記号を計算するのに，(q/p) を相互法則で (p/q) に帰着すると，p を q で割り算した余りは必ずしも素数ではない．よって，ルジャンドル記号だけでは素因数分解して計算を続けなければならない．これは不便なので，素数でなくても計算が続けられるように，ヤコビ記号を導入する．

定義 1.11.12 m を正の奇数，$m = p_1 \cdots p_t$ を素因数分解とする．このとき，m と互いに素な整数 a に対し

$$\left(\frac{a}{m}\right) = \left(\frac{a}{p_1}\right) \cdots \left(\frac{a}{p_t}\right)$$

と定義し，**ヤコビ記号**という．ただし便宜上 $(a/1) = 1$ と定義する． ◇

ヤコビ記号には注意が必要である．m が素数でない場合にも，a が m と互いに素で m を法として平方なら，平方剰余，そうでない場合平方非剰余ということにする．$(a/m) = -1$ なら，m の素因子 p があり，$(a/p) = -1$ となる．このとき，a が m を法として平方剰余なら p を法としても平方剰余となるので，矛盾である．よって，$(a/m) = -1$ なら，ルジャンドル記号と同様に，a は m を法として平方非剰余である．しかし，$(a/m) = 1$ だからといって a が m を法として平方剰余になるとはかぎらない．例えば，$(2/15) = (2/3)(2/5) = (-1)^2 = 1$ だが，2 は 3 を法として平方非剰余なので，15 を法としても平方非剰余である．

定理 1.11.13 (1) m が正の奇数，a,b が m と互いに素なら，$\left(\dfrac{ab}{m}\right) = \left(\dfrac{a}{m}\right)\left(\dfrac{b}{m}\right)$．

(2) m,n が正の奇数，a が m,n と互いに素な整数なら，$\left(\dfrac{a}{mn}\right) = \left(\dfrac{a}{m}\right)\left(\dfrac{a}{n}\right)$．

(3) (1) の状況で $a \equiv b \mod m$ なら，$\left(\dfrac{a}{m}\right) = \left(\dfrac{b}{m}\right)$．

(4) m が正の奇数なら，$\left(\dfrac{-1}{m}\right) = (-1)^{\frac{m-1}{2}}$．

(5) m が正の奇数なら，$\left(\dfrac{2}{m}\right) = (-1)^{\frac{m^2-1}{8}}$．

(6) m,n が互いに素な正の奇数なら，$\left(\dfrac{n}{m}\right)\left(\dfrac{m}{n}\right) = (-1)^{\frac{(m-1)(n-1)}{4}}$．

証明 (1) はルジャンドル記号が乗法的であることから従う.

(2), (3) は定義より明らかである.

(4), (5) $m = p_1 \cdots p_t$ が素因数分解なら,
$$\left(\frac{-1}{m}\right) = \left(\frac{-1}{p_1}\right) \cdots \left(\frac{-1}{p_t}\right) = (-1)^{\frac{p_1-1}{2}} \cdots (-1)^{\frac{p_t-1}{2}}.$$

a, b が正の奇数なら, $(a-1)(b-1) = ab - 1 - (a-1) - (b-1) \equiv 0 \mod 4$ なので,
$$\frac{ab-1}{2} \equiv \frac{a-1}{2} + \frac{b-1}{2} \mod 2.$$

よって,
$$(-1)^{\frac{p_1-1}{2}} \cdots (-1)^{\frac{p_t-1}{2}} = (-1)^{\frac{p_1 \cdots p_t - 1}{2}} = (-1)^{\frac{m-1}{2}}.$$

上と同様に,
$$\left(\frac{2}{m}\right) = (-1)^{\frac{p_1^2-1}{8}} \cdots (-1)^{\frac{p_t^2-1}{8}}.$$

a, b が正の奇数なら, $(a^2-1)(b^2-1) = a^2 b^2 - 1 - (a^2-1) - (b^2-1) \equiv 0 \mod 64$ なので (例 1.4.14),
$$\frac{a^2 b^2 - 1}{8} \equiv \frac{a^2-1}{8} + \frac{b^2-1}{8} \mod 2.$$

よって,
$$(-1)^{\frac{p_1^2-1}{8}} \cdots (-1)^{\frac{p_t^2-1}{8}} = (-1)^{\frac{p_1^2 \cdots p_t^2 - 1}{8}} = (-1)^{\frac{m^2-1}{8}}.$$

(6) $m = p_1 \cdots p_t$, $n = q_1 \cdots q_s$ なら,
$$\left(\frac{n}{m}\right)\left(\frac{m}{n}\right) = \prod_{i,j}\left(\frac{q_j}{p_i}\right)\left(\frac{p_i}{q_j}\right) = \prod_{i,j}(-1)^{\frac{(p_i-1)(q_j-1)}{4}}.$$

a, b, c が奇数なら,
$$(a-1)(b-1)(c-1) = (ab-1)(c-1) - (a-1)(c-1) - (b-1)(c-1) \equiv 0 \mod 8$$

となるので,
$$\frac{(ab-1)(c-1)}{4} \equiv \frac{(a-1)(c-1)}{4} + \frac{(b-1)(c-1)}{4} \mod 2.$$

よって,
$$\prod_{i,j}(-1)^{\frac{(p_i-1)(q_j-1)}{4}} = \prod_i (-1)^{\frac{(p_i-1)(n-1)}{4}}$$
$$= (-1)^{\frac{(m-1)(n-1)}{4}}.$$
□

例 **1.11.14** (113/179) を計算する．なお，113, 179 は素数である．定理 1.11.13 により

$$\left(\frac{113}{179}\right) = \left(\frac{179}{113}\right) = \left(\frac{66}{113}\right) = \left(\frac{2}{113}\right)\left(\frac{33}{113}\right) = \left(\frac{2}{113}\right)\left(\frac{113}{33}\right)$$

$$= (-1)^{(113^2-1)/8}\left(\frac{14}{33}\right) = \left(\frac{2}{33}\right)\left(\frac{7}{33}\right) = (-1)^{(33^2-1)/8}\left(\frac{33}{7}\right)$$

$$= \left(\frac{5}{7}\right) = \left(\frac{7}{5}\right) = \left(\frac{2}{5}\right) = -1$$

である．したがって，113 は 179 を法として平方非剰余である．なお，計算の途中でヤコビ記号を使った． ◇

1 章の演習問題

1.1.1 (像・逆像)　$A = \{1, 2, 3, 4, 5\}$, $B = \{1, 2, 3, 4\}$ で

$$f(1) = 4, \quad f(2) = 1, \quad f(3) = 3, \quad f(4) = 3, \quad f(5) = 1$$

である写像 $f \colon A \to B$ を考える．このとき，次の問に答えよ．
(1)　$S = \{1, 3, 4\}$ であるとき，$f(S)$ は何か？
(2)　$S_1 = \{2\}$, $S_2 = \{3, 4\}$ であるとき，$f^{-1}(S_1)$, $f^{-1}(S_2)$ は何か？
(3)　f は全射か？　単射か？

1.1.2　$f \colon A \to B$, $g \colon B \to C$ が写像とする．
(1)　f, g が全射なら，$g \circ f \colon A \to C$ も全射であることを証明せよ．
(2)　f, g が単射なら，$g \circ f \colon A \to C$ も単射であることを証明せよ．
(3)　$g \circ f \colon A \to C$ が全射なら，g も全射であることを証明せよ．
(4)　$g \circ f \colon A \to C$ が単射なら，f も単射であることを証明せよ．

1.1.3　$f \colon A \to B$ が写像なら，f が全射であることと，任意の部分集合 $S \subset B$ に対して，$f(f^{-1}(S)) = S$ であることが同値であることを証明せよ．

1.1.4 (必要条件・十分条件)　次の (1), (2) で主張 A が主張 B の (a) 必要条件，(b) 十分条件，(c) 必要十分条件，(d) (a)–(c) のどれでもない，のどれか判定せよ．

(1) A：「x は実数である」　B：「x は整数である」
(2) X は集合で Y はその部分集合とするとき，A, B は以下の主張である．
A：「X は有限集合である」　B：「Y は有限集合である」

1.1.5 (反例)　次の主張の反例をみつけよ．
(1) A, B が 2×2 上三角行列なら，$AB = BA$ である．
(2) $V = \mathbb{R}^2$ を 2 次元列ベクトルよりなるベクトル空間とする．列ベクトルはスペースの関係で $[x_1, x_2]$ などとも書く．$[x_1, x_2], [y_1, y_2] \in V \setminus \{[1, 0]\}$ なら，$[x_1, x_2] + [y_1, y_2] \in V \setminus \{[1, 0]\}$ である．
(3) $f : A \to B$ が写像で $S \subset A$ が部分集合なら，$S = f^{-1}(f(S))$ である．

1.2.1　方程式 $x^2 - 5y^2 = 10$ が有理数解を持たないことを証明せよ．

1.2.2　方程式 $x^2 - 2y^2 + 5(z^2 - 2w^2) = 0$ が $(x, y, z, w) = (0, 0, 0, 0)$ 以外の有理数解を持たないことを証明せよ．

1.4.1　次の主張の真偽を判定せよ．
(1) a, b が 0 でない整数なら，$\gcd(a, b)$ は $\mathrm{lcm}(a, b)$ の約数である．
(2) a, b, c が 0 でない整数なら，$\gcd(ca, cb) = c \gcd(a, b)$．
(3) a, b, c が 0 でない整数なら，$\gcd(ca, cb) = |c| \gcd(a, b)$．
(4) a, b, c が正の整数で $b \leqq c$ なら，$\gcd(a, b) \leqq \gcd(a, c)$．
(5) a, b, c が正の整数で $b \leqq c$ なら，$\mathrm{lcm}(a, b) \leqq \mathrm{lcm}(a, c)$．

1.4.2　(1) 36 の約数をすべて求めよ．
(2) 24, 32 の最大公約数と最小公倍数を求めよ．
(3) 34 を 9 で割り算せよ．
(4) -43 を 7 で割り算せよ．
(5) 254 を 13 で割り算せよ．
(6) 25346811 は 3 の倍数か？　9 の倍数か？
(7) コンピューターを使い，132754658937 を 34294868 で割り算せよ．

1.4.3　(1) $m \in \mathbb{Z}$ なら $m(m+1)$ は偶数であることを証明せよ．
(2) $m \in \mathbb{Z}$ なら $m(m+1)(m+2)$ は 6 の倍数であることを証明せよ．

1.4.4 (1) 5^{67} を 131 で割った余りを求めよ．

(2) 35^{81} を 97 で割った余りを手計算で求めよ．

(3) 35^{265} を 1029 で割った余りを求めよ．

(4) コンピューターを使い，123^{456} を 2543278 で割った余りを求めよ．

(5) $13527^{23559217}$ を 24723854 で割った余りをコンピューターを使って求めよ (10 秒から 20 秒くらいかかるかもしれない)．

(6) 7^{158} の 1 の位の数を求めよ．

1.4.5 10 進法表記の各位の数が $a_0, \cdots, a_n$ である正の整数が 11 で割り切れることと，$a_n - a_{n-1} + \cdots + (-1)^n a_0$ が 11 で割り切れることは同値であることを証明せよ．

1.4.6 $n > 1$ が整数なら，$1 + \dfrac{1}{2} + \cdots + \dfrac{1}{n}$ は整数ではないことを証明せよ．

1.5.1 次の a, b に対し，最大公約数 d と $ax + by = d$ となる整数 x, y を，ユークリッドの互除法により求めよ．

(1) $a = 15, b = 35$ (2) $a = 42, b = 28$

(3) $a = 38, b = 24$ (4) $a = -30, b = 72$

(5) $a = 35, b = 56$ (6) $a = 37, b = 125$

(7) $a = 113, b = 98$ (8) $a = 1242, b = 713$

1.5.2 $a, b \in \mathbb{Z}$ が互いに素で c, d がそれぞれ a, b の約数なら，c, d も互いに素であることを定理 1.5.3 を使って証明せよ．

1.5.3 $a, b \in \mathbb{Z}$ が互いに素なら，$a + b, a - b$ の最大公約数は 1 か 2 であることを証明せよ．

1.5.4 $a, b \in \mathbb{Z}$ が互いに素なら，$a + b, a^2 - ab + b^2$ の最大公約数は 1 か 3 であることを証明せよ．

1.5.5 (1) a, n, m が正の整数で $m \mid n$ なら，$a^m - 1$ は $a^n - 1$ の約数であることを証明せよ．

(2) n が正の整数で $2^n - 1$ が素数なら，n も素数であることを証明せよ．

1.5.6 n が正の整数で 2^n+1 が素数なら，n は 2 のべきであることを証明せよ．

1.6.1 $m>1$ を整数とする．x が有理数なら，x を m 進法で $0 \leqq a_n < m$ により $x = y + \sum_{n=1}^{\infty} \dfrac{a_n}{m^n}$ と小数に表したとき，循環小数になることを証明せよ．

1.7.1 次の n,m と a,b に対し $c \in \mathbb{Z}$ で $c \equiv a \mod m$, $c \equiv b \mod n$ となり，与えられた条件を満たす c をすべて求めよ．

(1) $m=3$, $n=5$, $a=2$, $b=1$, $0 \leqq c \leqq 100$

(2) $m=7$, $n=5$, $a=3$, $b=2$, $-100 \leqq c \leqq 0$

(3) $m=13$, $n=9$, $a=6$, $b=4$, $100 \leqq c \leqq 200$

(4) $m=23$, $n=15$, $a=10$, $b=7$, $-100 \leqq c \leqq 100$

(5) $m=35$, $n=43$, $a=12$, $b=25$, $0 \leqq c \leqq 3000$

1.7.2 次の n_1, n_2, n_3 と a_1, a_2, a_3 に対し $a \in \mathbb{Z}$ で $a \equiv a_i \mod n_i$, $i=1,2,3$ となる a をすべて求めよ．

(1) $n_1=3$, $n_2=5$, $n_3=7$, $a_1=1$, $a_2=3$, $a_3=4$

(2) $n_1=3$, $n_2=5$, $n_3=7$, $a_1=2$, $a_2=1$, $a_3=5$

(3) $n_1=3$, $n_2=5$, $n_3=8$, $a_1=2$, $a_2=1$, $a_3=5$

(4) $n_1=3$, $n_2=5$, $n_3=8$, $a_1=1$, $a_2=4$, $a_3=3$

(5) $n_1=3$, $n_2=7$, $n_3=10$, $a_1=1$, $a_2=3$, $a_3=7$

1.8.1 (1) 方程式 $3x+8y=35$ の整数解をすべて求めよ．

(2) 方程式 $5x+7y=55$ の整数解で $x,y>0$ であるものをすべて求めよ．

(3) 方程式 $11x+13y=1000$ の整数解で $x,y>0$ であるものをすべて求めよ．

(4) 方程式 $6x-11y=34$ の整数解で $0 \leqq x \leqq 20$ であるものをすべて求めよ．

(5) 方程式 $13x-23y=50$ の整数解で $x,y>0$ であるものをすべて求めよ．

1.8.2 次の合同方程式 (1)–(5) に解があればすべて求めよ．

(1) $5x \equiv 7 \mod 12$ (2) $7x \equiv 4 \mod 9$ (3) $14x \equiv 5 \mod 35$

(4) $16x \equiv 13 \mod 21$, $-100 \leqq x \leqq 100$

(5) $35x \equiv 17 \mod 43$, $0 \leqq x \leqq 1000$

1.9.1 12を法とする完全被約剰余系を三つあげよ．

1.9.2 次の平文を 1.9 節の表と公開鍵 $n=1081, e=3$ で暗号化せよ．
(1) おはよう　　　(2) こんにちは　　　(3) さようなら

1.9.3 次の暗号文を 1.9 節の表と鍵 $n=1081, d=169$ で平文に復元せよ．
(1) 408, 711, 891, 565　　　(2) 422, 538, 716, 630
(3) 384, 147, 989, 565　　　(4) 205, 871, 891, 194
(5) 285, 700, 604, 329　　　(6) 285, 27, 129, 600
(7) 387, 855, 562

1.9.4 公開鍵が次の (1)–(5) であるとき，平文を復元するための d を求めよ．
(1) $37 \cdot 43 = 1591, e = 5$　　　(2) $31 \cdot 53 = 1643, e = 7$
(3) $41 \cdot 59 = 2419, e = 3$　　　(4) $29 \cdot 43 = 1247, e = 5$
(5) $61 \cdot 73 = 4453, e = 13$

1.10.1 次の合同方程式の解を値を代入することによりすべて求めよ．
(1) $x^3 - x^2 + 3x + 1 \equiv 0 \mod 7$　　　(2) $x^3 - x^2 + 3x + 1 \equiv 0 \mod 5$
(3) $x^3 + 5x^2 + 3x + 1 \equiv 0 \mod 3$　　　(4) $x^3 + 4x^2 + x - 1 \equiv 0 \mod 7$
(5) $x^4 - x^3 + 5x + 1 \equiv 0 \mod 3$　　　(6) $x^4 - x^3 + 5x + 1 \equiv 0 \mod 5$

1.10.2 次の合同方程式の解をすべて求めよ．
(1) $x^2 + 5x - 2 \equiv 0 \mod 45$　　　(2) $x^2 - 3x + 201 \equiv 0 \mod 20$
(3) $3x^2 + x - 10 \equiv 0 \mod 18$　　　(4) $2x^2 - 5x + 73 \equiv 0 \mod 36$
(5) $2x^3 - 3x^2 + 5x - 2 \equiv 0 \mod 180$　　　(6) $x^4 - 4x + 13 \equiv 0 \mod 66$

1.11.1 次のルジャンドル記号を計算せよ．
(1) $\left(\dfrac{9}{11}\right)$　　(2) $\left(\dfrac{-5}{13}\right)$　　(3) $\left(\dfrac{23}{37}\right)$　　(4) $\left(\dfrac{-35}{59}\right)$
(5) $\left(\dfrac{122}{359}\right)$　　(6) $\left(\dfrac{-253}{367}\right)$　　(7) $\left(\dfrac{322}{457}\right)$　　(8) $\left(\dfrac{-346}{571}\right)$

第2章
不定方程式

1.2 節でも述べたが，$F(x_1,\cdots,x_n)$ を整数を係数とする多項式とするとき，$F(x_1,\cdots,x_n)=0$ の解で $x_1,\cdots,x_n$ として整数，あるいは有理数を考えるとき，この方程式を**不定方程式**，あるいは**ディオファントス方程式**という．不定方程式は一般にはとても難しく，解に関する情報が得られる場合でも，解析的な方法が必要になるなど，初等的には考察できない場合も多い．しかし，いくつかの古典的な不定方程式は，完全に初等的な考察で解を決定でき，とても興味深く，いわば整数論の宝石のようなものである．この章では，そういった初等的な考察で解を決定できるような不定方程式に限定して解説することにする．

不定方程式 $x^n+y^n=z^n$ ($n\geq 3$) に非自明な整数解がない (詳しくは 2.1 節参照) という予想はフェルマー予想とよばれていたが，最終的には 1995 年にワイルスとテイラーにより解決された ([50], [47])．フェルマー予想は $n\geq 3$ と仮定しているが，それは $n=2$ の場合には無限個の解があるからである．2.1 節では，この $n=2$ の場合を，2.2 節では，$n=4$ の場合に非自明な解がないことについて解説する．$n=3$ の場合は，代数体の整数環に関する考察を必要とするので，8.7 節で解説する．

これ以外にも，正の整数がいつ二つの整数の平方の和で表されるか，あるいは四つの整数の平方の和で表されるかについて 2.3, 2.4 節で解説する．三つの整数の平方の和で表される整数に関する考察はもっと難しい．これについては，第 3 巻 3.4 節で解説する．

2.1　不定方程式 $x^2+y^2=1$

$n\geq 2$ を整数として，方程式

2.1. 不定方程式 $x^2+y^2=1$

(2.1.1) $$x^n+y^n=1$$

の有理数解について考える．この方程式を**フェルマー方程式**とよぶ．n が偶数なら，$(x,y)=(\pm 1,0),(0,\pm 1)$，$n$ が奇数なら，$(x,y)=(1,0),(0,1)$ は (2.1.1) の解である．これらを**自明な解**という．自明でない解を非自明な解という．(x,y) が非自明な解であることと，$xy \neq 0$ であることは同値である．

(x,y) が非自明な有理数解なら，$a,b,c \in \mathbb{Z} \setminus \{0\}$ により $x=a/c$，$y=b/c$ と表せる．すると $a^n+b^n=c^n$ である．a,b,c に ± 1 以外の公約数 d があれば，$(a/d)^n+(b/d)^n=(c/d)^n$ となるので，a,b,c の最大公約数が 1 である場合を考察すれば十分である．a,b,c の最大公約数が 1 であるとき，(a,b,c) は**原始的**という．

この節では $n=2$ の場合を考え，$a^2+b^2=c^2$ となる $a,b,c \in \mathbb{Z}$ で (a,b,c) が原始的であるものを考える．$(\pm a, \pm b, \pm c)$ も解になるので，$a,b,c>0$ であるものを考えればよい．a,b が両方偶数なら c も偶数となり，矛盾である．また，a,b が両方奇数なら，$a^2,b^2 \equiv 1 \mod 4$ となるので (例 1.4.14)，$c^2 \equiv a^2+b^2 \equiv 2 \mod 4$ である．$c=0,1,2,3$ はこれを満たさないので，矛盾である．必要なら a,b を交換し，a が奇数で b が偶数としてよい．

$u,v \in \mathbb{Z}$ に対し

(2.1.2) $$a=u^2-v^2, \quad b=2uv, \quad c=u^2+v^2$$

とおくと，$a^2+b^2=c^2$ である．なお，$a^2+b^2=c^2$ を満たす整数 a,b,c は直角三角形の辺の長さになっているので，**ピタゴラス数**という．

定理 2.1.3 (1) $u,v \in \mathbb{Z}$, $u>v>0$, u,v が互いに素で，一方が奇数でもう一方が偶数とする．このとき，a,b,c を (2.1.2) で定義すると，$a^2+b^2=c^2$, $a,b,c>0$, a は奇数，b は偶数で，(a,b,c) は原始的である．

(2) $a^2+b^2=c^2$, $a,b,c>0$, a は奇数，b は偶数で，(a,b,c) が原始的なら，$u,v \in \mathbb{Z}$, $u>v>0$, u,v が互いに素で，一方が奇数でもう一方が偶数であるものがあり，(2.1.2) となる．

証明 (1) $a,b,c>0$ となることは明らかである．仮定より，a は奇数で b は偶数である．よって，c は奇数となる．したがって，奇素数 p が a,b,c の公約数でないことを示せばよい．奇素数 p が a,b,c の公約数であるとする．$p \mid 2uv$ な

ので，$p\,|\,u$ または $p\,|\,v$ である．$p\,|\,u$ とする．$p\,|\,a=u^2-v^2$ なので，$p\,|\,v^2$ である．よって $p\,|\,v$ となり矛盾である．同様に $p\,|\,v$ でも矛盾となり，p が (a,b,c) の公約数でないことがわかる．したがって，(a,b,c) は原始的となる．

(2) 仮定より c は奇数となる．また，a,c の公約数は b も割るので，a,c は互いに素である．$b^2 = (c-a)(c+a)$ となる．$b \neq 0$ なので，$c-a, c+a \neq 0$ である．$c-a, c+a$ は両方偶数であり，その公約数は

$$2a = (c+a)-(c-a), \quad 2c = (c-a)+(c+a)$$

も割るので，$\gcd(c-a, c+a) = 2$ である．$c+a, c-a$ の積は平方なので，$u,v \in \mathbb{Z} \setminus \{0\}$ があり

$$c+a = 2u^2, \quad c-a = 2v^2$$

となる．u,v の符号を変えても上は成り立つので，$u,v > 0$ としてよい．u,v が互いに素でなければ，$\gcd(c-a, c+a) > 2$ となり矛盾である．よって，u,v は互いに素である．上を a,c について解くと，$a = u^2 - v^2$, $c = u^2 + v^2$ となる．すると，$b = \pm 2uv$ である．$b > 0$ なので，$b = 2uv$ である． □

1.2 節で述べたように，上の u,v に対して $x = a/c$, $y = b/c$ とおくと，(x,y) は $(-1,0)$ を通る傾き v/u の直線と単位円の交点となっている．

例 2.1.4 いくつかの (u,v) に対する (a,b,c) を表にすると，下のようになる．

(u,v)	$(2,1)$	$(3,2)$	$(4,1)$	$(4,3)$
(a,b,c)	$(3,4,5)$	$(5,12,13)$	$(15,8,17)$	$(7,24,25)$

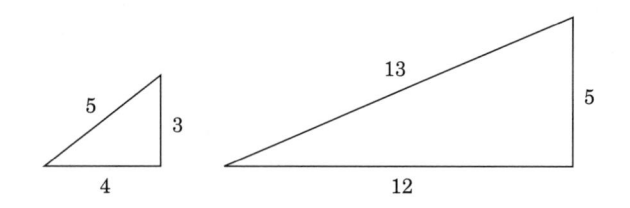

◇

2.2 不定方程式 $x^4 + y^4 = 1$

フェルマー予想の $n=3$ の場合については，代数体の整数環について解説した後，8.7 節で述べる．$n=4$ の場合は初等的に証明することができるので，こ

こで解説する.

次の定理の証明などで**無限降下法**という議論を使うので，これについて述べる．$F(x_1,\cdots,x_n)$ を $x_1,\cdots,x_n$ の整数係数の多項式とし，$F(x_1,\cdots,x_n)=0$ に整数解がないことを証明しようとする．このとき，整数解 $(x_1,\cdots,x_n)$ で $x_1>0$ であるものの存在を仮定したとき，別の整数解 $(y_1,\cdots,y_n)$ で $0<y_1<x_1$ であるものの存在を示せれば，x_1 はいずれ 0 にならなければならないので，矛盾である．このような議論を無限降下法という．無限降下法は解の存在を示すときにも使われる．例えば，上の状況で $x_1=1$ である解が求めたいものであるとき，$x_1>0$ である解の存在を示した後，$x_1>1$ なら別の整数解 $(y_1,\cdots,y_n)$ で $0<y_1<x_1$ であるものの存在を示せれば，$x_1=1$ になるまで続けることができる．

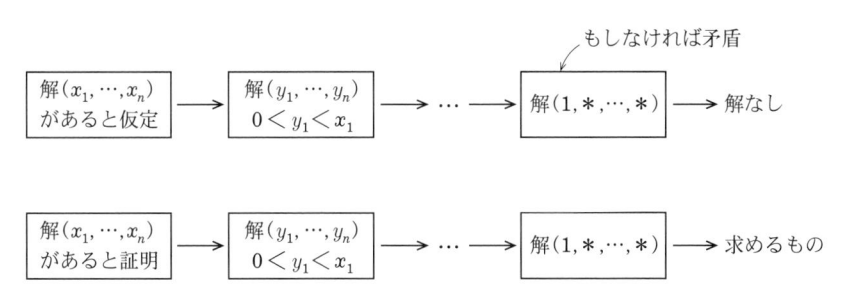

定理 2.2.1 方程式 $x^4+y^4=1$ は $xy\neq 0$ である有理数解を持たない．

証明 2.1 節の考察により $a^4+b^4=c^4$ となる整数 a,b,c で $abc\neq 0$ であるものがないことを証明すればよい．無限降下法を使うが，そのためには，もともとの方程式よりも，

$$(2.2.2) \qquad x^4+y^4=z^2$$

という方程式を考えたほうが都合がよい．この方程式が $xyz\neq 0$ である整数解を持たないことを示せば，$a^4+b^4=c^4$ なら，(a,b,c^2) が (2.2.2) の解になるので，矛盾である．以下 (2.2.2) が $xyz\neq 0$ である整数解を持てば，$abc\neq 0$ である (2.2.2) の整数解で $|c|<|z|$ であるものがあることを示す．

(x,y,z) が原始的でなければ，$p\mid x,y,z$ となる素数 p がある．$x=px_1$, $y=py_1$, $z=pz_1$ とすると，$p^2x_1^4+p^2y_1^4=z_1^2$, よって z_1 は p で割り切れる．$z_1=$

pz_2 とおくと, $x_1^4+y_1^4=z_2^2$ である. $|z_2|<|z|$ となるので, (x,y,z) が原始的と仮定してよい. また, $z>0$ としてよい.

もし x,y が両方とも奇数なら, $x^4, y^4 \equiv 1 \mod 4$ となるので, $z^2 \equiv 2 \mod 4$ である. しかし, $z=0,1,2,3$ に対してこれは成り立たないので, 矛盾である. よって, x,y どちらかは偶数である. 必要なら x,y を交換し, y は偶数としてよい. もし x も偶数なら z も偶数となり, 矛盾である. よって, x,z は奇数である.

(2.2.2) より $y^4 = (z-x^2)(z+x^2)$ である. 素数 p が x,z の公約数なら $p \mid y^4$ となるので, $p \mid y$ である. これは (x,y,z) が原始的であることに矛盾する. よって, $\gcd(x,z)=1$ である. もし正の整数 d が $z-x^2, z+x^2$ の公約数なら, $d \mid 2z, 2x^2$ となる. $\gcd(x,z)=1$ なので, $d \mid 2$ である. $z-x^2, z+x^2$ は両方とも偶数なので, $\gcd(z-x^2, z+x^2) = 2$ である. $z>0$ で $z-x^2, z+x^2$ の積は 4 乗なので, $a,b \in \mathbb{Z}$ があり,

(2.2.3) $\qquad z-x^2 = 2a^4, \qquad z+x^2 = 8b^4, \qquad \gcd(a,b)=1, \qquad a>0$ は奇数,

(2.2.4) $\qquad z-x^2 = 8b^4, \qquad z+x^2 = 2a^4, \qquad \gcd(a,b)=1, \qquad a>0$ は奇数

のどちらかが成り立つ. $y \ne 0$ なので, どちらの場合も $a,b \ne 0$ である.

(2.2.3) なら, $x^2 = -a^4 + 4b^4$ となる. すると, $x^2 \equiv -a^4 \mod 4$ だが, a が奇数なので, $a^4 \equiv 1 \mod 4$ である. $x=1,3$ は $x^2 \equiv -1 \mod 4$ を満たさないので, 矛盾である. よって, (2.2.4) が成り立ち,

$$z = a^4 + 4b^4, \qquad 4b^4 = a^4 - x^2$$

である. これより $a<z$, $4b^4 = (a^2-x)(a^2+x)$ である. a,x は奇数なので, $e=\gcd(a,x)$ も奇数である. もし $e>1$ なら, $e \mid b^2$ となるので, a,b が互いに素であることに矛盾する. よって, $e=1$ である.

上と同じ議論だが, もし正の整数 e が a^2-x, a^2+x の公約数なら, $e \mid 2x, 2a^2$ となる. $\gcd(a,x)=1$ なので, $e \mid 2$ である. a^2-x, a^2+x は両方とも偶数なので, $\gcd(a^2-x, a^2+x) = 2$ である. よって, $a^2-x = 2c^4$, $a^2+x = 2d^4$ となる $c,d \in \mathbb{Z}$ がある. $b \ne 0$ なので, $c,d \ne 0$ である. すると

$$c^4 + d^4 = a^2$$

で $0 < a < z$ である. これを繰り返せば, $x^4+y^4=1$ となる $x,y \in \mathbb{Z} \setminus \{0\}$ があることになるが, $x^4+y^4 \geqq 2$ となるので, 矛盾である. $\square$

2.3 不定方程式 $n = x^2+y^2$

p を奇素数とするとき，$p = x^2+y^2$ となる $x,y \in \mathbb{Z}$ が存在するかという問題を考える．もしそのような x,y があれば，x,y のどちらかは偶数でもう一方は奇数になる．x が偶数で y が奇数なら，$x^2 \equiv 0$, $y^2 \equiv 1 \mod 4$ なので，$p \equiv 1 \mod 4$ となる．これが十分条件でもあることを示す．

補題 2.3.1 $x_1, y_1, x_2, y_2 \in \mathbb{Z}$ なら，
$$(x_1^2+y_1^2)(x_2^2+y_2^2) = (x_1 x_2 + y_1 y_2)^2 + (x_1 y_2 - x_2 y_1)^2.$$

証明 $z_1 = x_1 + y_1\sqrt{-1}$, $z_2 = x_2 - y_2\sqrt{-1} \in \mathbb{C}$ とおくと，
$$z_1 z_2 = (x_1 x_2 + y_1 y_2) + (-x_1 y_2 + x_2 y_1)\sqrt{-1}.$$
両辺の絶対値の 2 乗をとると，$|z_1 z_2| = |z_1||z_2|$ なので，補題の主張を得る． □

命題 2.3.2 p が奇素数で $p \equiv 1 \mod 4$ なら，$p = x^2+y^2$ となる $x,y \in \mathbb{Z}$ がある．

証明 平方剰余の相互法則 (定理 1.11.10 (1)) より，-1 は p を法とする平方剰余である．よって，$-1 \equiv x^2 \mod p$ となる $x \in \mathbb{Z}$ がある．これは $x^2 + 1 \equiv 0 \mod p$ と同じである．x を p を法として合同な整数で取り換えてもこの性質は満たされるので，$|x| \leqq p/2$ としてよい．$p/2 \notin \mathbb{Z}$ なので，$|x| < p/2$ である．
$$mp = x^2 + 1$$
となる $m \in \mathbb{Z}$ があるが，$|x| < p/2$ なので，$0 < m < p/2$ である．

そこで，改めて $1 < m < p/2$ となる m を考え，これに対して
(2.3.3) $$mp = x_1^2 + y_1^2$$
となる $x_1, y_1 \in \mathbb{Z}$ があるなら，整数 $0 < n < m$ があり，np が二つの整数の平方の和で書けることを示す．これがいえれば，p 自身が二つの整数の平方の和になるまで続けることができる．

$x_1 \equiv x_2$, $y_1 \equiv y_2 \mod m$ で $-m/2 < x_2, y_2 \leqq m/2$ となるようにとる．$x_2^2 + y_2^2 \equiv 0 \mod m$ なので，
(2.3.4) $$rm = x_2^2 + y_2^2$$

となる非負整数 r がある．$rm \leqq m^2/4 + m^2/4 = m^2/2$ なので，$\boldsymbol{r \leqq m/2 < m}$ である．$r = 0$ なら $x_2 = y_2 = 0$ となり，$x_1 \equiv y_1 \equiv 0 \mod m$ となるので，$m \mid p$ となり矛盾である．よって $r > 0$ である．

(2.3.3) と (2.3.4) をかけ，補題 2.3.1 より
$$rpm^2 = (x_1x_2 + y_1y_2)^2 + (x_1y_2 - x_2y_1)^2$$
となる．$x_1 \equiv x_2, y_1 \equiv y_2 \mod m$ なので，$(x_1y_2 - x_1y_2)^2 \equiv 0 \mod m^2$ である．よって，$(x_1x_2 + y_1y_2)^2 \equiv 0 \mod m^2$ である．したがって，
$$x_1x_2 + y_1y_2 \equiv x_1y_2 - x_2y_1 \equiv 0 \mod m$$
である．$x_1x_2 + y_1y_2 = mx_3$, $x_1y_2 - x_2y_1 = my_3$ とおくと，
$$\boldsymbol{rp = x_3^2 + y_3^2}$$
である．$0 < r < m$ なので，これで証明が完了した． $\square$

命題 2.3.2 は $\mathbb{Z}[\sqrt{-1}]$ がユークリッド環になることを使って証明するのがすっきりするが，それについては代数体の整数環について解説してから述べる．

定理 2.3.5 正の整数 n に対して，次の (1), (2) は同値である．
(1) $n = x^2 + y^2$ となる $x, y \in \mathbb{Z}$ がある．
(2) $n = p_1^{a_1} \cdots p_t^{a_t}$ を素因数分解 ($p_1, \cdots, p_t$ は異なる素数) とするとき，$p_i \equiv 3 \mod 4$ なら，a_i は偶数である．

証明 (2) ⇒ (1) 補題 2.3.1 より二つの整数の平方の和である整数の有限個の積も二つの整数の平方の和である．$2 = 1 + 1$ なので，2 は二つの整数の平方の和である．$p_i \equiv 1 \mod 4$ なら，p_i も二つの整数の平方の和である．$p_i \equiv 3 \mod 4$ なら，$p_i^{a_i} = (p_i^2)^{a_i/2}$ である．$p_i^2 = p_i^2 + 0^2$ なので，p_i^2 も二つの整数の平方の和である．したがって，n も二つの整数の平方の和である．

(1) ⇒ (2) $p_i \equiv 3 \mod 4$ とする．同じことなので，$i = 1$ としてよい．$x, y \in \mathbb{Z}$ で $n = x^2 + y^2$ とする．$p_1 \nmid x$ なら，$zx \equiv 1 \mod p_1$ となる $z \in \mathbb{Z}$ がある．すると，$1 + (zy)^2 \equiv 0 \mod p_1$ となり，-1 が p_1 を法とする平方剰余となる．これは定理 1.11.10 (1) に矛盾するので，$p_1 \mid x$ である．すると，$p_1 \mid y$ となる．$x = p_1 x_1$, $y = p_1 y_1$ とすると，$p_1^2(x_1^2 + y_1^2) = n$ である．もし $a_1 = 1$ なら矛

盾である．$a_1 > 1$ とすると，両辺を p_1^2 で割り，
$$x_1^2 + y_1^2 = \frac{n}{p_1^2}$$
となる．これは $a_1 = 0, 1$ となるまで続けることができる．$a_1 = 1$ なら矛盾なので，$a_1 = 0$ となる．つまり，最初の a_1 は偶数である． □

例 2.3.6　$2 \cdot 3^2 \cdot 5 = 90 = 9 + 81 = 3^2 + 9^2$ となるが，$2 \cdot 3^3 \cdot 5 = 270$ は二つの整数の平方の和とはならない． ◇

2.4　不定方程式 $n = x^2 + y^2 + z^2 + w^2$

この節では，任意の正の整数が四つの整数の平方の和で書けることを証明する．このことが可能な理由の一つは，$x^2 + y^2 + z^2 + w^2$ という形の数が，四元数体とよばれるものの「被約ノルム」というものになっていることである．

$a, b \in \mathbb{C}$ に対し，2 次の複素行列を
$$H(a,b) = \begin{pmatrix} a & b \\ -\bar{b} & \bar{a} \end{pmatrix}$$
とおくと，
$$\det H(a,b) = |a|^2 + |b|^2$$
である[1]．$c, d \in \mathbb{C}$ でもあるなら，
$$H(a,b)H(c,d) = H(ac - b\bar{d}, ad + b\bar{c})$$
であることが計算により確かめることができる．
$$a = -x_1 + y_1\sqrt{-1}, \quad b = z_1 + w_1\sqrt{-1},$$
$$c = x_2 + y_2\sqrt{-1}, \quad d = z_2 + w_2\sqrt{-1}$$
なら (x_1 の係数が -1 であることに注意)，

(2.4.1)
$$\begin{aligned} x_3 &= x_1 x_2 + y_1 y_2 + z_1 z_2 + w_1 w_2, \\ y_3 &= -x_1 y_2 + y_1 x_2 + z_1 w_2 - w_1 z_2, \\ z_3 &= -x_1 z_2 + z_1 x_2 - y_1 w_2 + w_1 y_2, \\ w_3 &= -x_1 w_2 + w_1 x_2 + y_1 z_2 - z_1 y_2 \end{aligned}$$

---

[1] 本書では使わないが，$H(a,b)$ の集合は四元数体という可除環になる ([25, 第 2 巻, p.4, 例 1.1.6])．また，$\det H(a,b)$ は被約ノルムというものである．

とおくと,
$$ac - b\bar{d} = -x_3 + y_3\sqrt{-1}, \quad ad + b\bar{c} = z_3 + w_3\sqrt{-1}$$
となる (x_3 の係数が -1 であることに注意).

$\det H(ac-b\bar{d}, ad+b\bar{c}) = \det H(a,b)\det H(c,d)$ なので,

(2.4.2) $\quad (x_1^2+y_1^2+z_1^2+w_1^2)(x_2^2+y_2^2+z_2^2+w_2^2) = x_3^2+y_3^2+z_3^2+w_3^2$

となる.

命題 2.4.3 p を素数, $a,b \in \mathbb{Z}$ で $p \nmid a,b$ とする. このとき, 任意の $c \in \mathbb{Z}$ に対し $x,y \in \mathbb{Z}$ があり, $ax^2 + by^2 \equiv c \mod p$ となる.

証明 $p=2$ の場合は c が偶数・奇数の場合にそれぞれ $x=0,1$, $y=0$ とすればよいので, p を奇素数とする. X を $0^2, 1^2, \cdots, ((p-1)/2)^2$ を p で割った余り全体の集合とする. 命題 1.11.2 より, $1^2, \cdots, ((p-1)/2)^2$ を p で割った余りはすべて異なり, 0 ではない. 0^2 を p で割った余りは当然 0 なので, $|X| = (p+1)/2$ である.

$$Y = \{an \mid n \in X\}, \quad Z = \{c - bn \mid n \in X\}$$

とすると, $a,b \neq 0$ なので, $|Y| = |Z| = |X| = (p+1)/2$ である. よって, $|Y| + |Z| = p+1$ である.

$(p+1)$ 個の整数があれば, そのうちの少なくとも二つは p を法として合同である. $p \nmid a,b$ なので, Y の元は p を法として互いに合同ではない. Z に関しても同様である. よって, $an \in Y$, $c - bm \in Z$ があり, $an \equiv c - bm \mod p$ となる. $n \equiv x^2$, $m \equiv y^2 \mod p$ となる整数 x,y をとれば, $ax^2 + by^2 \equiv c \mod p$ である. □

以下, $S(4)$ を四つの整数の平方の和で書ける整数全体の集合とする.

定理 2.4.4 $n > 0$ が整数なら, $n \in S(4)$ である.

証明 (2.4.2) より, $n, m \in S(4)$ なら, $nm \in S(4)$ である. よって, $n=1$ と素数の場合に定理を示せばよい. $1, 2 \in S(4)$ は明らかである.

p を奇素数とする. 命題 2.4.3 の a,b,c を $-1,-1,1$ とすれば, $-x^2 - y^2 \equiv 1$

$\bmod p$ となる $x,y \in \mathbb{Z}$ がある. よって, $mp = x^2+y^2+1$ となる $m,x,y \in \mathbb{Z}$ がある. x,y を p で割った余りを考え, $|x|,|y| \leq p/2$ としてよい. $p/2$ は整数ではないので, $|x|,|y| < p/2$ である. すると, $x^2+y^2+1 < p^2$ となり, $m < p$ である.

そこで, 改めて $1 < m < p$ となる m を考え, これに対して

(2.4.5) $$mp = x_1^2+y_1^2+z_1^2+w_1^2$$

となる x_1,y_1,z_1,w_1 があるとし, $np \in S(4)$ となる $0 < n < m$ の存在を示す.

(2.4.6) $$x_1 \equiv x_2,\ y_1 \equiv y_2,\ z_1 \equiv z_2,\ w_1 \equiv w_2 \mod m$$

で $-m/2 < x_2,y_2,z_2,w_2 \leq m/2$ となるようにとる.

$$x_2^2+y_2^2+z_2^2+w_2^2 \equiv x_1^2+y_1^2+z_1^2+w_1^2 \equiv 0 \mod m$$

なので,

(2.4.7) $$rm = x_2^2+y_2^2+z_2^2+w_2^2$$

となる $r \in \mathbb{Z}$ がある.

$x_2 = y_2 = z_2 = w_2 = 0$ なら x_1,y_1,z_1,w_1 は m で割れるので, $m\,|\,p$ となり矛盾である. よって, $r > 0$ である. $rm \leq 4 \cdot m^2/4 = m^2$ なので, $0 < r \leq m$ である. $r = m$ なら, $x_2 = y_2 = z_2 = w_2 = m/2$ でなければならない. $m/2 = \ell$ とおくと, $x_1 \equiv \ell \mod 2\ell$ となるので, $x_1 = (2\alpha+1)\ell$ となる $\alpha \in \mathbb{Z}$ がある. すると, $x_1^2 \equiv \ell^2 \mod m^2$ である. 同様に $y_1^2, z_1^2, w_1^2 \equiv \ell^2 \mod m^2$ である. よって,

$$x_1^2+y_1^2+z_1^2+w_1^2 \equiv 0 \mod m^2$$

である. (2.4.5) より $m\,|\,p$ となり矛盾である. したがって, $\boldsymbol{r < m}$ である.

$x_3,\cdots,w_3$ を (2.4.1) で定義すると, (2.4.2), (2.4.5), (2.4.7) より,

(2.4.8) $$rpm^2 = x_3^2+y_3^2+z_3^2+w_3^2$$

となる. (2.4.6) より $y_3,z_3,w_3 \equiv 0 \mod m$ である. (2.4.8) より $x_3^2 \equiv 0 \mod m^2$ なので, $x_3 \equiv 0 \mod m$ である. $x_3 = mx_4, \cdots, w_3 = mw_4$ とすると,

$$\boldsymbol{rp = x_4^2+y_4^2+z_4^2+w_4^2}.$$

$0 < r < m$ なので, これを p の係数が 1 になるまで続けることができる. □

2章の演習問題

2.1.1 次の n を x^2+y^2 の形に表せ.

(1) 13　　(2) 17　　(3) 29　　(4) 37
(5) 137　　(6) 173　　(7) 193　　(8) 233
(9) 26　　(10) $13\cdot 17$　　(11) $17\cdot 9$　　(12) $13\cdot 17\cdot 29$

2.1.2 次の n を $x^2+y^2+z^2+w^2$ の形に表せ.

(1) 5　　(2) 6　　(3) 7　　(4) 8
(5) 10　　(6) 11　　(7) 15　　(8) 23
(9) 39　　(10) 87　　(11) 348　　(12) 479

2.1.3 7 は三つの整数の平方の和とはならないことを証明せよ.

2.2.1 $x,y \in \mathbb{Z}$, $y^2 = x^3 - x$ とする.

(1) $\gcd(x+1, x-1) = 1, 2$ であることを証明せよ.
(2) $x \geqq 1$ なら, $t,s,u \in \mathbb{Z}$ があり,

$$\begin{cases} x = t^2, \\ x+1 = s^2, \\ x-1 = u^2 \end{cases} \quad \text{または} \quad \begin{cases} x = t^2, \\ x+1 = 2s^2, \\ x-1 = 2u^2 \end{cases}$$

となることを証明せよ.

(3) $(x,y) = (\pm 1, 0), (0,0)$ であることを証明せよ.

2.2.2 $x,y \in \mathbb{Z}$, $y^2 - y = x^3$ とする.

(1) $t,s \in \mathbb{Z}$ があり, $y = t^3$, $y-1 = s^3$ となることを証明せよ.
(2) $(x,y) = (0,0), (0,1)$ であることを証明せよ.

第3章
数論的関数

整数論では，整数の集合，あるいは正の整数の集合上定義された興味深いさまざまな関数がある．それらの関数を総称して，**数論的関数**という．この章では，そのような関数のいくつかについて解説する．

3.1 数論的関数

この節では，約数関数を含むいくつかの数論的関数を定義し，それらが，「乗法的」という性質を満たすことなどについて解説する．

定義 3.1.1 正の整数 n に対し，$d(n)$ を n の正の約数の個数と定義し，**約数関数**という． ◇

約数関数は数論的関数のもっとも基本的な例である．その値の例を考えてみよう．

例 3.1.2 (1) 1 の正の約数は 1 だけなので，$d(1) = 1$．
(2) 2 の正の約数は 1,2 なので，$d(2) = 2$．
(3) 3 の正の約数は 1,3 なので，$d(3) = 2$．
(4) 4 の正の約数は 1,2,4 なので，$d(4) = 3$．
(5) 6 の正の約数は 1,2,3,6 なので，$d(6) = 4$．
(6) 8 の正の約数は 1,2,4,8 なので，$d(8) = 4$．
(7) 12 の正の約数は 1,2,3,4,6,12 なので，$d(12) = 6$． ◇

一般の n に対しては $d(n)$ の値は次のようになる．

> **命題 3.1.3** $n = p_1^{a_1} \cdots p_t^{a_t}$ を n の素因数分解とする．ただし，$p_1, \cdots, p_t$ は相異なる素数で，$a_1, \cdots, a_t > 0$ である．このとき，
> $$d(n) = \prod_{i=1}^{t}(a_i+1).$$

証明 命題 1.5.12 (1) より，m が n の約数であることと，m の素因数分解が $0 \leqq b_1 \leqq a_1, \cdots, 0 \leqq b_t \leqq a_t$ により $m = p_1^{b_1} \cdots p_t^{b_t}$ という形であることは同値である．b_i の可能性はちょうど (a_i+1) 個なので，$d(n) = \prod_{i=1}^{t}(a_i+1)$ である． □

上の命題より，例えば $d(48) = d(2^4 \cdot 3) = 10$ であることがわかる．$d(n)$ は以下定義する乗法的関数というものになっている．

定義 3.1.4 $f(n)$ が正の整数全体の集合上で定義された関数とする．

(1) $f(1) = 1$ であり，もし n, m が互いに素なら $f(nm) = f(n)f(m)$ となるとき，$f(n)$ を**乗法的関数**という．

(2) $f(n)$ が乗法的関数であり，すべての n, m に対して $f(nm) = f(n)f(m)$ となるとき，$f(n)$ は**完全乗法的**という． ◇

例 3.1.5 $a > 0$ を正の実数とする．正の整数 n に対し $f(n) = n^a$ と定義すると，$f(n)$ は完全乗法的な関数である．特に，すべての n に対し $f(n) = 1$ となる関数は完全乗法的な関数である． ◇

> **命題 3.1.6** $d(n)$ は乗法的関数である．

証明 n, m を正の整数で互いに素とする．$n = p_1^{a_1} \cdots p_t^{a_t}$, $m = q_1^{b_1} \cdots q_s^{b_s}$ をそれぞれ n, m の素因数分解とする．n, m が互いに素なので，すべての i, j に対し $p_i \neq q_j$ である．よって，
$$nm = p_1^{a_1} \cdots p_t^{a_t} q_1^{b_1} \cdots q_s^{b_s}$$
が nm の素因数分解である．命題 3.1.3 より
$$d(nm) = \prod_{i=1}^{t}(a_i+1) \prod_{j=1}^{s}(b_j+1) = d(n)d(m)$$

となる. □

$d(n)$ は完全乗法的ではない. 例えば $d(4) = 3$, $d(2) = 2$ なので, $3 = d(4) \neq d(2)d(2) = 4$ である.

$k > 1$ を整数とする. 整数 n が m^k $(m > 1)$ という形の約数を持つとき, n は **k 乗因子**を持つという. 特に $k = 2$ のとき, n は **平方因子**を持つという. $n = p_1^{a_1} \cdots p_t^{a_t}$ を正の整数の素因数分解とする. このとき, $\pm n$ が k 乗因子を持つことと, $a_i \geqq k$ となる i があることは同値である. 特に, n が平方因子を持たなければ, $a_1 = \cdots = a_t = 1$ である.

$d(n)$ が乗法的関数であることは, 命題 3.1.6 よりも一般な形で証明できる.

命題 3.1.7 $f(n)$ を乗法的関数とし, 関数 $F(n)$ を $F(n) = \sum_{d|n} f(d)$ とおく. このとき, $F(n)$ も乗法的関数である.

証明 1 の正の約数は 1 だけなので, $F(1) = f(1) = 1$ である. n, m が互いに素とする. $n = p_1^{a_1} \cdots p_t^{a_t}$, $m = q_1^{b_1} \cdots q_s^{b_s}$ を素因数分解とする. ただし, $p_1, \cdots, p_t$ と $q_1, \cdots, q_s$ はすべて異なる素数で, $a_1, \cdots, b_s > 0$ である. d が nm の約数なら,

$$d = p_1^{\alpha_1} \cdots p_t^{\alpha_t} q_1^{\beta_1} \cdots q_s^{\beta_s}$$

($\alpha_i \leqq a_i$, $\beta_j \leqq b_j$) という形をしている. すると, $d_1 = p_1^{\alpha_1} \cdots p_t^{\alpha_t}$, $d_2 = q_1^{\beta_1} \cdots q_s^{\beta_s}$ とおくと, $d = d_1 d_2$, $d_1 | n$, $d_2 | m$ である. 逆に $d = d_1 d_2$, $d_1 | n$, $d_2 | m$ なら, $d_1 | d$ なので, d_1 の素因数分解で p_i のべきは α_i 以下だが, α_i より真に小さければ, p_i は d_2 の素因数分解に現れなければならない. しかし $d_2 | m$ なので, これは矛盾である. したがって, $d_1 = p_1^{\alpha_1} \cdots p_t^{\alpha_t}$, $d_2 = q_1^{\beta_1} \cdots q_s^{\beta_s}$ でなければならない. また, $d_1 | n$, $d_2 | m$ なら, $d_1 d_2 | nm$ である. よって,

$$F(nm) = \sum_{d|nm} f(d) = \sum_{d_1|n, d_2|m} f(d_1 d_2).$$

$d_1 | n$, $d_2 | m$ なら d_1, d_2 は互いに素なので, $f(d_1 d_2) = f(d_1)f(d_2)$ である. したがって,

$$F(nm) = \sum_{d_1|n, d_2|m} f(d_1)f(d_2) = \sum_{d_1|n} f(d_1) \sum_{d_2|m} f(d_2) = F(n)F(m)$$

である. □

例えば，$f(n) = n^k$ という関数を考えれば，これは乗法的関数なので (例 3.1.5)，$\sigma_k(n) = \sum_{d|n} d^k$ は乗法的関数である．$k=0$ なら，$\sigma_0(n) = d(n)$ である．$\sigma_1(n)$ のことは $\sigma(n)$ とも書く．約数関数を含む $\sigma_k(n)$ は次節の完全数のような直観的に興味深い初等的な概念とも関連しているが，保型形式である「アイゼンシュタイン級数」のフーリエ展開に現れるなど，整数論ではよく考察される関数である．

3.2 完全数

定義 3.2.1 n が正の整数で $\sigma(n) = 2n$ となるなら，n を**完全数**という． ◇

例 3.2.2 (1) $2 \cdot 6 = 1+2+3+6$ なので，6 は完全数である．

(2) $28 = 4 \cdot 7$ なので，$\sigma(28) = \sigma(4)\sigma(7) = (1+2+4)(1+7) = 56 = 2 \cdot 28$ となる．よって，28 は完全数である．

(3) $496 = 2^4 \cdot 31$ なので，$\sigma(496) = \sigma(2^4)\sigma(31) = (1+\cdots+2^4)(1+31) = 31 \cdot 32 = 2 \cdot 496$ となる．よって，496 は完全数である． ◇

上の例はすべて次の定理の例になっている．

定理 3.2.3 $2^k - 1$ が素数なら，$2^{k-1}(2^k - 1)$ は完全数である．

証明
$$\sigma(2^{k-1}(2^k-1)) = \sigma(2^{k-1})\sigma(2^k-1) = (1+2+\cdots+2^{k-1})(1+2^k-1)$$
$$= \frac{2^k-1}{2-1}2^k = 2 \cdot 2^{k-1}(2^k-1)$$
となるので，$2^{k-1}(2^k-1)$ は完全数である． □

定義 3.2.4 $M_k = 2^k - 1$ を**メルセンヌ数**という．M_k が素数のとき，**メルセンヌ素数**という． ◇

M_k が素数なら，k も素数である (演習問題 1.5.5)．小さい k に対する M_k は次のようになる．

k	M_k	素数？	$2^{k-1}M_k$
1	1	×	
2	3	○	6
3	7	○	28
4	15	×	
5	31	○	496
6	63	×	
7	127	○	演習問題
8	255	×	
9	$511 = 7\cdot 73$	×	
10	$1023 = 3\cdot 11\cdot 31$	×	

オイラーは偶数の完全数は上のような形をしていることを証明している．

定理 3.2.5 (オイラー)　n が偶数の完全数なら，正の整数 k があり，M_k は素数で $n = 2^{k-1}M_k$ となる．

証明　n が偶数なので，$\ell > 0$ と奇数 m があり，$n = 2^\ell m$ となる．すると，$\sigma(n) = \sigma(2^\ell)\sigma(m)$ である．$\sigma(2^\ell) = 1 + \cdots + 2^\ell = 2^{\ell+1} - 1$ なので，$\sigma(n) = (2^{\ell+1} - 1)\sigma(m)$ である．n が完全数なので，$\sigma(n) = 2n = 2^{\ell+1}m$ である．よって，

$$(2^{\ell+1} - 1)\sigma(m) = 2^{\ell+1}m$$

である．

$d = \gcd(m, \sigma(m))$ とおく．$2^{\ell+1} - 1$ と $2^{\ell+1}$ は互いに素なので，$\sigma(m) = 2^{\ell+1}d$，$m = (2^{\ell+1} - 1)d$ となる．よって，

$$\sigma(m) = m + d$$

である．$2^{\ell+1} > 2$ なので，$\sigma(m) = m + d > 2d$ である．よって，$m > d$ となり，d は m と異なる m の約数である．

$d > 1$ なら，$1, d, m$ は m の異なる約数なので，$\sigma(m) \geqq m + d + 1$ となり矛盾．よって，$d = 1$，$\sigma(m) = 2^{\ell+1}$，$m = 2^{\ell+1} - 1$ である．$\sigma(m) = m + 1$ なので，m は素数である．$k = \ell + 1$ とおけば，$n = 2^{k-1}M_k$ で M_k は素数である．　□

2013年現在知られているメルセンヌ素数は 48 個あり，そのなかで最大のものは $M_{57885161}$ で 1742 万 5170 桁の数である．メルセンヌ素数が無限個あるかどうかは 2013 年現在未解決問題である．また，奇数の完全数があるかどうかも未解決問題である．

3.3 メビウス反転公式

正の整数 n に対し，オイラー関数 $\phi(n)$ を定義 1.9.1 (3) で定義した．定理 1.7.1 より，$n, m > 0$ が互いに素なら，それぞれ n, m と互いに素な整数 a, b に対し，$c \equiv a \mod n$, $c \equiv b \mod m$ となる整数 c が nm を法としてただ一つ定まる．よって，$\phi(nm) = \phi(n)\phi(m)$ である．したがって，ϕ は乗法的関数である．

n が p のべき p^k のときは，$0 < i < p^k$ が p^k と互いに素ということは i が p の倍数ではないということである．$1, \cdots, p^k$ には p の倍数が p^{k-1} 個あるので，$\phi(p^k) = p^k - p^{k-1} = p^k(1-p^{-1})$ である．したがって，次の命題を得る．

命題 3.3.1 $n = p_1^{a_1} \cdots p_t^{a_t}$ が素因数分解なら，
$$\phi(n) = p_1^{a_1} \cdots p_t^{a_t} \prod_{i=1}^{t} \left(1 - \frac{1}{p_i}\right) = n \prod_{i=1}^{t} \left(1 - \frac{1}{p_i}\right).$$

例 3.3.2 (1) $\phi(60) = 60(1-1/2)(1-1/3)(1-1/5) = 60(1/2)(2/3)(4/5) = 16$.
(2) $\phi(525) = 525(1-1/3)(1-1/5)(1-1/7) = 525(2/3)(4/5)(6/7) = 240$. ◇

定義 3.3.3 n が平方因子を持つなら $\mu(n) = 0$ と定義する．$p_1, \cdots, p_t$ が相異なる素数，$n = p_1 \cdots p_t$ なら，$\mu(n) = (-1)^t$ と定義する ($\mu(1) = 1$). この関数 $\mu(n)$ を**メビウス関数**という． ◇

命題 3.3.4 (1) $\mu(n)$ は乗法的関数である．

(2) $\sum_{d|n} \mu(d) = \begin{cases} 1 & n = 1, \\ 0 & n > 1. \end{cases}$

証明 (1) $n=1$ または $m=1$ なら $\mu(nm) = \mu(n)\mu(m)$ である. $n, m > 1$ が互いに素とする. n または m が平方因子を持てば, nm も平方因子を持つ. よって, $\mu(nm) = \mu(n)\mu(m) = 0$ である. n, m が平方因子を持たなければ, 異なる素数 $p_1, \cdots, p_t, q_1, \cdots, q_s$ により $n = p_1 \cdots p_t$, $m = q_1 \cdots q_s$ と表せる. nm の素因子の数は $t+s$ となるので,

$$\mu(n) = (-1)^t, \quad \mu(m) = (-1)^s, \quad \mu(nm) = (-1)^{t+s}$$

である. よって, $\mu(nm) = \mu(n)\mu(m)$ である.

(2) $n = p_1^{a_1} \cdots p_t^{a_t}$ を素因数分解とする. $n > 1$ なら, $t \geq 1$ である. 命題 3.1.7 より n は素数べきとしてよい. p が素数で $a > 0$ なら,

$$\sum_{d \mid p^a} \mu(d) = \mu(1) + \mu(p) + \mu(p^2) + \cdots + \mu(p^a) = 1 - 1 + 0 + \cdots + 0 = 0$$

である. □

下の定理の公式は**メビウスの反転公式**とよばれる.

定理 3.3.5 $f(n)$ を乗法的関数とする. $F(n) = \sum_{d \mid n} f(d)$ と定義すると,

$$f(n) = \sum_{d \mid n} \mu(d) F\left(\frac{n}{d}\right) = \sum_{d \mid n} \mu\left(\frac{n}{d}\right) F(d)$$

である.

証明 d を n/d で取り換えることにより,

$$\sum_{d \mid n} \mu(d) F\left(\frac{n}{d}\right) = \sum_{d \mid n} \mu\left(\frac{n}{d}\right) F(d)$$

となる. だから,

$$f(n) = \sum_{d \mid n} \mu\left(\frac{n}{d}\right) F(d)$$

を証明する.

$F(n)$ の定義より

$$\sum_{d \mid n} \mu\left(\frac{n}{d}\right) F(d) = \sum_{d \mid n} \mu\left(\frac{n}{d}\right) \sum_{e \mid d} f(e)$$

となる. $d \mid n$ と $e \mid d$ の組を考えることは, $d = ed_1$ とおけば, $e \mid n$ と $d_1 \mid (n/e)$ を考えることと同じである. よって,

$$\sum_{d|n}\mu\left(\frac{n}{d}\right)\sum_{e|d}f(e) = \sum_{e|n}f(e)\sum_{d_1|(n/e)}\mu\left(\frac{n/e}{d_1}\right) = \sum_{e|n}f(e)\sum_{d_1|(n/e)}\mu(d_1)$$

である．命題 3.3.4 (2) より $n/e = 1$ となる e だけ，つまり $e = n$ だけ考えればよい．したがって，

$$\sum_{e|n}f(e)\sum_{d_1|(n/e)}\mu(d_1) = f(n).$$
□

命題 3.3.6 $\sum_{d|n}\phi(d) = n.$

証明 $0 < m < n$ とする．$d = \gcd(m,n)$ とおくと，$m = d\ell$, $\gcd(\ell,(n/d)) = 1$ となる．$m < n$ なので，$\ell < n/d$ である．したがって，$0 < m < n$ に対し，$0 < \ell < n/d$ で n/d と互いに素である ℓ が一つ定まる．

逆に，$d | n$ であるとき，n/d と互いに素な $0 < \ell < n/d$ があれば，$0 < d\ell < n$ で $\gcd(d\ell,n) = d$ である．$0 < m < n$ である m の個数は $n-1$ で $d = n$ なら $\phi(n/d) = 1$ なので，

$$n = \sum_{d|n}\phi\left(\frac{n}{d}\right) = \sum_{d|n}\phi(d)$$

となる． □

定理 3.3.5 より次の系を得る．

系 3.3.7 $\phi(n) = \sum_{d|n}\mu(d)(n/d).$

3 章の演習問題

3.1.1 次の n に対して $d(n)$ を計算せよ．

(1) $n = 20$ (2) $n = 30$ (3) $n = 40$ (4) $n = 48$
(5) $n = 100$ (6) $n = 120$ (7) $n = 144$ (8) $n = 1000$

3.1.2 (1) $\sigma_k(n) = \sum_{d|n}d^k$ とする．$n = p_1^{a_1}\cdots p_t^{a_t}$ を n の素因数分解とするとき，$\sigma_k(n)$ を $p_1,\cdots,p_t,a_1,\cdots,a_t$ で表せ．

(2) 演習問題 3.1.1 (1)–(4) の n に対して $\sigma_{-1}(n), \sigma_2(n)$ を求めよ．

3.1.3 正の整数 n に対し，$d(n)$ が奇数になることと，n が平方数であることが同値であることを証明せよ．

3.1.4 正の整数 n に対し，$\sigma(n)$ が奇数になることと，n が平方数，または平方数の 2 倍であることが同値であることを証明せよ．

3.1.5 正の整数 n に対し，$\sum_{m|n} d(m)^3 = \left(\sum_{m|n} d(m)\right)^2$ であることを証明せよ．

3.1.6 正の整数 n に対し，$\prod_{m|n} m = n^{d(n)/2}$ であることを証明せよ．

3.1.7 $\sum_{d|n} \mu(d)\sigma(n/d)$ は何か？

3.2.1 M_7 に対応する完全数は何か？

3.3.1 演習問題 3.1.1 の (1)–(8) の n に対して $\phi(n)$ を求めよ．

3.3.2 (1) $\phi(n) = n/2$ となる n をすべて求めよ．
(2) $\phi(n) = 12$ となる n をすべて求めよ．

第4章
連分数

　この章では，連分数について解説する．整数論では，連分数により「ペル方程式」の解を求める方法を与え，またそれにより「実2次体の基本単数」(第2巻3.3節) をすべて記述することができる．また，実2次体の「類数」(定義8.4.2) の計算に使われることもある．連分数は無理数の比較的よい近似を与えることでも知られている．この無理数の近似という面については本書では詳しく解説しないが，ペル方程式については，この章で解法について証明なしに解説する．ペル方程式の解法の証明については，第2巻6.1節で解説する．

4.1　連分数の定義

　連分数とは，

$$[k_0, k_1, \cdots] = k_0 + \cfrac{1}{k_1 + \cfrac{1}{k_2 + \cfrac{1}{k_3 + \ddots}}}$$

という式のことをいう．ここで $k_0, k_1, \cdots$ は実数で $k_1, k_2, \cdots > 0$ とする．このように仮定することにより，分母が零になる心配がなくなる．$k_0, k_1, \cdots, k_n$ が有限個なら，$[k_0, k_1, \cdots, k_n]$ を**有限連分数**といい，無限個の場合は $[k_0, k_1, \cdots]$ を**無限連分数**という．$i \geqq 0$ に対し $k_i \in \mathbb{Z}$ で $i > 0$ なら $k_i > 0$ であるとき，$[k_0, k_1, \cdots]$ を**単純連分数**という．数列

(4.1.1) $\qquad\qquad [k_0], [k_0, k_1], [k_0, k_1, k_2], \cdots$

が収束するなら，無限連分数 $[k_0, k_1, \cdots]$ は収束するという．この場合，その極限も $[k_0, k_1, \cdots]$ で表す．

単純有限連分数で $k_0, k_1, \cdots$ が有理数であるものは明らかに有理数になる。例えば，

$$[1,3,2,1,4] = 1 + \cfrac{1}{3 + \cfrac{1}{2 + \cfrac{1}{1 + \cfrac{1}{4}}}} = 1 + \cfrac{1}{3 + \cfrac{1}{2 + \cfrac{4}{5}}}$$

$$= 1 + \cfrac{1}{3 + \cfrac{5}{14}} = 1 + \cfrac{14}{47}$$

$$= \frac{61}{47}$$

である。

逆に有理数をこのように表すことができるだろうか？ 例えば $331/235$ を考える。

$$\frac{331}{235} = k_0 + \cfrac{1}{k_1 + \cfrac{}{\ddots}}, \quad 0 < \cfrac{1}{k_1 + \cfrac{}{\ddots}} < 1$$

なら，k_0 は $331/235$ の整数部分 1 である。$331/235 = 1 + 96/235$ なので，

$$\cfrac{1}{k_1 + \cfrac{}{\ddots}} = \frac{96}{235}$$

である。

$$k_1 + \cfrac{1}{k_2 + \cfrac{}{\ddots}} = \frac{235}{96} = 2 + \frac{43}{96}$$

となるので，$k_1 = 2$ である。同様に

$$k_2 + \cfrac{1}{k_3 + \cfrac{}{\ddots}} = \frac{96}{43} = 2 + \frac{10}{43},$$

$$k_3 + \cfrac{1}{k_4 + \cfrac{}{\ddots}} = \frac{43}{10} = 4 + \frac{3}{10},$$

$$k_4 + \cfrac{1}{k_5 + \cfrac{}{\ddots}} = \frac{10}{3} = 3 + \frac{1}{3}$$

となるので，$k_2 = 2$，$k_3 = 4$，$k_4 = 3$，$k_5 = 3$ で $331/235 = [1,2,2,4,3,3]$ である。分母と分子は単調減少なので，これは有限回で終わる。**これはユークリッドの互除法を行うのと同じことである。**

このような考察より，次の命題が成り立つ (詳細は略).

> **命題 4.1.2** $\alpha \in \mathbb{R}$ とするとき，次の (1), (2) は同値である．
> (1) $\alpha \neq 0$ は有理数である．
> (2) 有限個の整数 $k_0, \cdots, k_n$ $(k_1, \cdots, k_n > 0)$ があり，$\alpha = [k_0, \cdots, k_n]$ となる．

上の命題の表示 $\alpha = [k_0, \cdots, k_n]$ を**連分数展開**という．

単純連分数 $[k_0, \cdots, k_n]$ を有理数として表したとき，分母と分子を表す公式をみつけたい．

$$[k_0, k_1, \cdots, k_n] = [k_0, [k_1, k_2, \cdots, k_n]]$$

となるので，$[k_0, k_1, \cdots, k_n]$ は k_0 と $[k_1, k_2, \cdots, k_n]$ で表せる．しかし，数列 (4.1.1) を考えたいので，$[k_0, k_1, \cdots, k_n]$ を $[k_0, k_1, \cdots, k_{n-1}]$ と k_n で表したい．

> **定理 4.1.3** 上の状況で
> $p_0 = 1, \ p_1 = k_0, \ p_2 = k_0 k_1 + 1, \ \cdots, \ p_n = k_{n-1} p_{n-1} + p_{n-2}, \ \cdots$
> $q_0 = 0, \ q_1 = 1, \quad q_2 = k_1, \qquad \cdots, \ q_n = k_{n-1} q_{n-1} + q_{n-2}, \ \cdots$
> とおくと，次の (1), (2) が成り立つ．
> (1) $\alpha \geq 1$ が実数で $n > 0$ なら，
> $$[k_0, k_1, \cdots, k_{n-1}, \alpha] = \frac{p_n \alpha + p_{n-1}}{q_n \alpha + q_{n-1}}.$$
> (2) $n > 0$ に対し $[k_0, k_1, \cdots, k_{n-1}] = \dfrac{p_n}{q_n}$.

証明 帰納法で証明する．(1), (2) が $n = 1$ に対して成り立つことは明らかである．(1), (2) が $n \leq m$ と上の条件を満たすすべての $k_0, \cdots, k_{m-1}$ に対して成り立つとする．

(1) で $n = m$, $\alpha = k_m$ とすれば，p_m, q_m の定義より $[k_0, \cdots, k_m]$ の右辺は p_{m+1}/q_{m+1} になる．これは (2) の $n = m+1$ の場合である．

$$[k_0, k_1, \cdots, k_m, \alpha] = \left[k_0, k_1, \cdots, k_m + \frac{1}{\alpha}\right] = \frac{p_m \left(k_m + \dfrac{1}{\alpha}\right) + p_{m-1}}{q_m \left(k_m + \dfrac{1}{\alpha}\right) + q_{m-1}}$$

$$= \frac{(p_m k_m + p_{m-1})\alpha + p_m}{(q_m k_m + q_{m-1})\alpha + q_m} = \frac{p_{m+1}\alpha + p_m}{q_{m+1}\alpha + q_m}$$

となるので，(1) が $m = n+1$ に対して成り立つ． □

上の証明では，k_m, α の部分を $k_m + \dfrac{1}{\alpha}$ で置き換えて m の場合の公式を適用し $m+1$ の場合の公式を導くのがポイントである．これにより，連分数を最初のほうの数から帰納的に計算することが可能になる．

文献によっては，$[k_0, \cdots, k_n] = p_n/q_n$ となるように p_n, q_n の番号付けをしているものがあるので，注意が必要である．和書では，ガウスの伝統にしたがって定理 4.1.3 のような番号付けをするものが多いので，本書でもこのような番号付けにした．

以降，定理 4.1.3 によって与えられた p_n, q_n による分数 p_n/q_n を連分数 $[k_0, k_1, \cdots]$ の **n 次近似分数**という．

$n > 0$, $[k_0, \cdots, k_{n-1}]$ を単純連分数とする．$\alpha > 0$ に対し，$[k_0, \cdots, k_{n-1}, \alpha]$ を後ろから約分を一切せずに

$$1 + \frac{1}{2 + \dfrac{1}{\alpha}} = 1 + \frac{\alpha}{2\alpha + 1} = \frac{3\alpha + 1}{2\alpha + 1}$$

などと簡単にしていった式を

(4.1.4) $$\frac{\ell(k_0, \cdots, k_{n-1}; \alpha)}{m(k_0, \cdots, k_{n-1}; \alpha)}$$

とする．つまり，$\ell(k_0; \alpha) = k_0\alpha + 1$, $m(k_0; \alpha) = \alpha$ であり，$n > 1$ なら，

$$\ell(k_0, \cdots, k_{n-1}; \alpha) = k_0 \ell(k_1, \cdots, k_{n-1}; \alpha) + m(k_1, \cdots, k_{n-1}; \alpha),$$

$$m(k_0, \cdots, k_{n-1}; \alpha) = \ell(k_1, \cdots, k_{n-1}; \alpha)$$

である．これは，

$$k_0 + \frac{1}{\dfrac{\ell(k_1, \cdots, k_{n-1}; \alpha)}{m(k_1, \cdots, k_{n-1}; \alpha)}} = \frac{k_0 \ell(k_1, \cdots, k_{n-1}; \alpha) + m(k_1, \cdots, k_{n-1}; \alpha)}{\ell(k_1, \cdots, k_{n-1}; \alpha)}$$

だからである．

命題 4.1.5 p_n/q_n を $[k_0, \cdots, k_{n-1}, \alpha]$ の n 次近似分数とすると，

$$\ell(k_0, \cdots, k_{n-1}; \alpha) = p_n \alpha + p_{n-1}, \quad m(k_0, \cdots, k_{n-1}; \alpha) = q_n \alpha + q_{n-1}.$$

証明 n に関する帰納法で証明する．$n=1$ なら，
$$\ell(k_0;\alpha) = k_0\alpha+1 = p_1\alpha+p_0, \quad m(k_0;\alpha) = \alpha = q_1\alpha+q_0$$
は確かに成り立つ．

$n>1$ とし，命題がすべての単純連分数 $[k'_0,\cdots,k'_{n-2}]$ と $\alpha>0$ に対して成り立つと仮定する．p_i, q_i を $[k_0,\cdots,k_{n-1}], [k_1,\cdots,k_{n-1}]$ に対して考えたものを

(4.1.6) $\qquad\qquad p_i(k_0,\cdots,k_{n-1}), \ q_i(k_0,\cdots,k_{n-1}),$

(4.1.7) $\qquad\qquad p_i(k_1,\cdots,k_{n-1}), \ q_i(k_1,\cdots,k_{n-1})$

とする．ただし，(4.1.6) は $i=0,\cdots,n$ に対し，(4.1.7) は $i=0,\cdots,n-1$ に対し考える．

定義より
$$q_1(k_0,\cdots,k_{n-1}) = p_0(k_1,\cdots,k_{n-1}) = 1,$$
$$q_2(k_0,\cdots,k_{n-1}) = p_1(k_1,\cdots,k_{n-1}) = k_1$$
なので，帰納的に

(4.1.8) $\qquad q_i(k_0,\cdots,k_{n-1}) = p_{i-1}(k_1,\cdots,k_{n-1}) \quad (i=1,\cdots,n)$

となる．

帰納法の $n-1$ の場合より，
$$\ell(k_1,\cdots,k_{n-1};\alpha) = p_{n-1}(k_1,\cdots,k_{n-1})\alpha + p_{n-2}(k_1,\cdots,k_{n-1})$$
である．よって，(4.1.8) より
$$m(k_0,\cdots,k_{n-1};\alpha) = \ell(k_1,\cdots,k_{n-1};\alpha)$$
$$= q_n(k_0,\cdots,k_{n-1})\alpha + q_{n-1}(k_0,\cdots,k_{n-1})$$
である．
$$[k_0,\cdots,k_{n-1},\alpha] = \frac{p_n(k_0,\cdots,k_{n-1})\alpha + p_{n-1}(k_0,\cdots,k_{n-1})}{q_n(k_0,\cdots,k_{n-1})\alpha + q_{n-1}(k_0,\cdots,k_{n-1})}$$
$$= \frac{\ell(k_0,\cdots,k_{n-1};\alpha)}{m(k_0,\cdots,k_{n-1};\alpha)}$$
なので，
$$\ell(k_0,\cdots,k_{n-1};\alpha) = p_n(k_0,\cdots,k_{n-1})\alpha + p_{n-1}(k_0,\cdots,k_{n-1})$$
である． $\square$

4.1. 連分数の定義　91

次に無限連分数の収束について考える．

> **命題 4.1.9** $[k_0, k_1, \cdots]$ を単純無限連分数, p_n/q_n をその n 次近似分数とすると, すべての $n \geqq 0$ に対し, 次の (1)–(6) が成り立つ.
> (1) $p_n q_{n+1} - p_{n+1} q_n = (-1)^n$. よって,
> $$\frac{p_n}{q_n} - \frac{p_{n+1}}{q_{n+1}} = \frac{(-1)^n}{q_n q_{n+1}}.$$
> (2) p_n, q_n は互いに素である.
> (3) $n \geqq 0$ で $q_{n+1} \geqq q_n$, $n > 1$ で $q_{n+1} > q_n$. よって, $q_n \geqq n-1$.
> (4) $k_0 > 0$ なら, $n \geqq 0$ で $p_{n+1} \geqq p_n$, $n > 0$ で $p_{n+1} > p_n$.
> (5) $\dfrac{p_1}{q_1} < \dfrac{p_3}{q_3} < \cdots < \dfrac{p_{2n+1}}{q_{2n+1}} < \dfrac{p_{2n}}{q_{2n}} < \dfrac{p_4}{q_4} < \dfrac{p_2}{q_2}$.
> (6) $[k_0, k_1, \cdots]$ は収束する.

証明　(1) $n = 0$ に対して成り立つことは計算によりわかる. p_n, q_n の帰納的定義より

$$p_{n+1} q_{n+2} - p_{n+2} q_{n+1} = p_{n+1}(k_{n+1} q_{n+1} + q_n) - (k_{n+1} p_{n+1} + p_n) q_{n+1}$$
$$= -(p_n q_{n+1} - p_{n+1} q_n).$$

よって, 主張の前半は帰納法により従う.

$$\frac{p_n}{q_n} - \frac{p_{n+1}}{q_{n+1}} = \frac{p_n q_{n+1} - p_{n+1} q_n}{q_n q_{n+1}} = \frac{(-1)^n}{q_n q_{n+1}}$$

となるので, 主張の後半が従う.

(2) (1) より従う.

(3) $q_1 = 1 > q_0 = 0$. $q_2 = k_1 \geqq q_1 = 1$. $n > 1$ なら, $q_{n+1} = k_n q_n + q_{n-1}$ なので, 帰納法により $q_n > 0$ が $n > 0$ に対して成り立つことがまずわかる. すると, $n > 1$ なら $n-1 > 0$ なので, $q_{n+1} = k_n q_n + q_{n-1} > k_n q_n \geqq q_n$ となる. $q_2 \geqq 1$ なので, $q_n \geqq n-1$ である.

(4) $n > 0$ なら, $p_{n+1} = k_n p_n + p_{n-1}$. 仮定より $k_n > 0$ なので, $p_{n+1} \geqq p_n + p_{n-1}$ である. $p_0, p_1 > 0$ なので, 帰納法によりすべての n に対し $p_n > 0$ がわかる. すると, $n > 0$ なら, $p_{n+1} \geqq p_n + p_{n-1} > p_n$.

(5) 定理 4.1.3 (1) を $\alpha = k_n$ として適用すれば,

$$\frac{p_{n+1}}{q_{n+1}} = \frac{p_n k_n + p_{n-1}}{q_n k_n + q_{n-1}}$$

であり，$k_n > 0$ なので，p_{n+1}/q_{n+1} は p_n/q_n と p_{n-1}/q_{n-1} の間にある．$p_1/q_1 = k_0 < p_2/q_2 = k_0 + \dfrac{1}{k_1}$ なので，$p_1/q_1 < p_3/q_3 < p_2/q_2$．すると，$p_3/q_3 < p_4/q_4 < p_2/q_2$ となるので，これを繰り返せばよい．

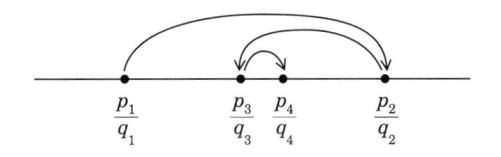

(6) (1) と $q_n \to \infty$ であることにより，$\{p_n/q_n\}$ はコーシー列である．よって，$\displaystyle\lim_{n\to\infty}[k_0,\cdots,k_{n-1}] = \lim_{n\to\infty} p_n/q_n$ は収束する． □

無理数に対しても連分数展開を考えることができる．例えば，$\sqrt{11}$ を考えると，

$$\sqrt{11} = 3 + \sqrt{11} - 3,$$
$$\frac{1}{\sqrt{11}-3} = \frac{\sqrt{11}+3}{(\sqrt{11}-3)(\sqrt{11}+3)} = \frac{\sqrt{11}+3}{2} = 3 + \frac{\sqrt{11}-3}{2},$$
$$\frac{2}{\sqrt{11}-3} = \sqrt{11} + 3 = 6 + (\sqrt{11}-3),$$
$$\frac{1}{\sqrt{11}-3} = \cdots$$

となるので，

$$\sqrt{11} = [3, 3, 6, 3, 6, 3, 6, \cdots]$$

となることが期待される．

$[3,3,6,3,6,3,6,\cdots]$ のように，ある部分が循環する連分数のことを**循環連分数**という．また，循環する部分を**循環節**ということにする．循環節を示すには，$[3,\overline{3,6}]$, $[3,\dot{3},\dot{6}]$ などさまざまな記号が使われる．本書では，$[3,\overline{3,6}]$ という記号を使うことにする．$[\overline{3,6}]$ のように，最初から循環する連分数のことを**純循環連分数**という．なお，$[3,\overline{3,6,2}] = [3,3,\overline{6,2,3}]$ となるように，循環する部分はシフトすることができるので，$x, y \in \mathbb{R}$ が循環連分数で，循環節がシフトして同じになる場合，同じ循環節を持つとみなすことにする．

α を無理数とする．α の整数部分を k_0 とし，$1/(\alpha - k_0)$ の整数部分を k_1 とすれば，$\alpha = k_0 + 1/(k_1 + \cdots)$ となる．これを繰り返せば，整数 $k_0, k_1, \cdots$ が定まる．正確には，帰納的に $\alpha_0 = \alpha$ とし，

(4.1.10) $$\alpha_n = [\alpha_n] + \alpha_n - [\alpha_n] = [\alpha_n] + \frac{1}{\alpha_{n+1}}$$

により,$k_n = [\alpha_n]$ と定める.すると,

(4.1.11) $$\alpha = [k_0, k_1, \cdots, k_n, \alpha_{n+1}]$$

である.

> **定理 4.1.12** 上の状況で,p_n/q_n を $[k_0, k_1, \cdots]$ の n 次近似分数とすると,次の (1), (2) が成り立つ.
> (1) $\alpha = [k_0, k_1, \cdots] = \lim_{n \to \infty} \frac{p_n}{q_n}$.
> (2) $n > 1$ なら,$\left|\alpha - \frac{p_n}{q_n}\right| \leqq \frac{1}{q_n q_{n+1}} < \frac{1}{q_n^2}$.

証明 命題 4.1.9 (6) より $\lim_{n \to \infty} \frac{p_n}{q_n}$ が存在する.定理 4.1.3 (1) の α に α_n を代入すれば,α は p_n/q_n と p_{n-1}/q_{n-1} の間にあることがわかる.よって,

$$\left|\alpha - \frac{p_{n-1}}{q_{n-1}}\right| \leqq \left|\frac{p_{n-1}}{q_{n-1}} - \frac{p_n}{q_n}\right| \leqq \frac{1}{q_{n-1} q_n}$$

となる.n を $n+1$ に置き換えると,命題 4.1.9 (3) より (2) の主張を得る.$q_n \to \infty$ なので,$p_n/q_n \to \alpha$ となる. □

4.2 ペル方程式と連分数

この節ではペル方程式の解法を証明なしに述べる.証明は第 2 巻 6.1 節で与える.この節では,$D > 1$ を平方でない整数で $D \equiv 0, 1 \mod 4$ とする.$D \equiv 0 \mod 4$ なら $D = 4d$ とおく.以下,この節の終わりまでこの d, D を使う.

次の方程式

(4.2.1) $$x^2 - Dy^2 = \pm 4 \quad \text{あるいは}$$
(4.2.2) $$x^2 - dy^2 = \pm 1$$

(ただし $x, y \in \mathbb{Z}$) をペル方程式という.(4.2.2) は $D = 4d$ の場合のみ考える.なお,このような方程式の解法を最初に与えたのはブラウンカーだが,オイラーがこの方程式を研究したのはペルであると誤解し「ペル方程式」と命名してしまったため,その名前が広く使われるようになった.これはある意味間

違ったことである．

次の定理は定理 II–6.1.4 の一部である．

定理 4.2.3 $D > 1$ を平方でない整数で $D \equiv 0, 1 \mod 4$ とする．
$$D = 4d \implies \theta = [\sqrt{d}] + \sqrt{d},$$
$$D \equiv 1 \mod 4 \implies \theta = \left[\frac{\sqrt{D}-1}{2}\right] + \frac{\sqrt{D}+1}{2}$$
とおく．ただし，$[\sqrt{d}]$ などはガウス記号である．このとき，θ を連分数展開すると，必ず正の整数 $k_0, \cdots, k_{n-1}$ により

(4.2.4) $$\theta = [k_0, \cdots, k_{n-1}, \theta]$$

となる．p_m/q_m を θ の m 次近似分数とし，上のような $n > 0$ を最小にとる．このとき，次の (1), (2) が成り立つ．

(1) $\varepsilon = q_n \theta + q_{n-1}$ とおき，$\varepsilon^\ell = (x_\ell + y_\ell \sqrt{D})/2$ $(\ell \in \mathbb{Z})$ とすると，$\pm(x_\ell, y_\ell)$ が方程式 (4.2.1) のすべての整数解である．

(2) $D = 4d$ なら，(4.2.1) の整数解と (4.2.2) の整数解は $(x, y) \mapsto (x/2, y)$ により 1 対 1 に対応する．

(4.2.4) が成り立つので，θ は純循環連分数 (4.1 節参照) である．なお，上の定理の状況では，

(4.2.5) $$\theta = \frac{p_n \theta + p_{n-1}}{q_n \theta + q_{n-1}}$$

となる．

まだ体の定義もしていないが，D が 2 次体 K の判別式 (定義 II–1.7.1) なら，定理 4.2.3 の ε を考えると，K の整数環 $\mathcal{O}_K$ (定義 8.1.6 の後参照) の単数よりなる群 $\mathcal{O}_K^\times$ (定義 6.1.1 の後参照) は $\{\pm \varepsilon^n \mid n \in \mathbb{Z}\}$ となることがわかる．そのため，ε のことを K の**基本単数**という．第 2 巻 6.1 節では定理 4.2.3 の証明を与えるが，その際には実 2 次体の単数との関連について解説する．

(4.2.1) の方程式は実に興味深い不定方程式だが，読者はなぜ，± 4 なのか不思議に思われるかもしれない．こうするのが自然なのは，(4.2.1) の解 (x, y) に対して定理に出てくる $(x + y\sqrt{D})/2$ を考えると，これが代数的整数 (8.1 節参照) になっているからである．$D = 4d$ のときには，$x^2 - Dy^2 = \pm 4$ なら x は偶数である．$(x/2)^2 - (D/4)y^2 = \pm 1$ なので，$x = 2x_1$ とすると，$x_1 - dy^2 = \pm 1$ で

ある．よって，(4.2.1) は (4.2.2) を考えるのと同じである．また $(x+y\sqrt{D})/2 = x_1 + y\sqrt{d}$ と係数が整数になる．しかし $D \equiv 1 \mod 4$ のときには，$(1+\sqrt{D})/2$ といった元も代数的整数になるので，(4.2.1) を考えるのがより自然なことなのである．もっと一般に任意の $k \in \mathbb{Z}$ に対して不定方程式 $x^2 - dy^2 = k$ を考えることもできるが，それは第 2 巻 6.3 節で解説することにする．

(4.2.4) が成り立ち，θ は純循環連分数なので，$k_0 > 0$ である．したがって，命題 4.1.5 より，$q_n\theta + q_{n-1}$ は，$[k_0, \cdots, k_{n-1}, \theta]$ を後ろから簡単にしていったときの分母である．

例えば $\theta = [1, 2, 3, \theta]$ なら，連分数を最後のほうから

$$1 + \cfrac{1}{2 + \cfrac{1}{3 + \cfrac{1}{\theta}}} = 1 + \cfrac{1}{2 + \cfrac{\theta}{3\theta+1}} = 1 + \frac{3\theta+1}{7\theta+2} = \frac{10\theta+3}{7\theta+2}$$

などと自然に変形すると，$7\theta+2$ が $q_n\theta + q_{n-1}$ にあたるものである．

例 4.2.6 方程式 $x^2 - 3y^2 = \pm 1$ を考える．$D = 12$, $d = 3$ とする．$\theta = 1 + \sqrt{3}$ とおくと，

$$1 + \sqrt{3} = 2 + \sqrt{3} - 1,$$
$$\frac{1}{\sqrt{3}-1} = \frac{\sqrt{3}+1}{2} = 1 + \frac{\sqrt{3}-1}{2},$$
$$\frac{2}{\sqrt{3}-1} = \sqrt{3}+1 = \theta$$

である．よって，$\theta = [\overline{2,1}] = [2, 1, \theta]$ である．

$$\theta = 2 + \cfrac{1}{1 + \cfrac{1}{\theta}} = 2 + \frac{\theta}{\theta+1} = \frac{3\theta+2}{\theta+1}$$

となり，

$$\varepsilon = \theta + 1 = 2 + \sqrt{3} = \frac{4+\sqrt{12}}{2}$$

である．確かに $4^2 - 12 \cdot 1^2 = 4$ となり，$(4, 1)$ が方程式 $x^2 - 12y^2 = \pm 4$ の解である．この解から不定方程式 $x^2 - 3y^2 = \pm 1$ の解 $(2, 1)$ が得られる．この場合には，$x^2 - 3y^2 = -1$ となる x, y はない．ε^n を少し計算すると，

$$\varepsilon^{-1} = 2 - \sqrt{3}, \quad \varepsilon^{\pm 2} = 7 \pm 4\sqrt{3}, \quad \varepsilon^{\pm 3} = 26 \pm 15\sqrt{3} \quad \text{(複号同順)}$$

などとなる． ◇

例 4.2.7 方程式 $x^2-5y^2=\pm 4$ を考える．$D=5$ とする．$\theta=(1+\sqrt{5})/2$ とおくと，
$$\frac{1+\sqrt{5}}{2}=1+\frac{\sqrt{5}-1}{2},$$
$$\frac{2}{\sqrt{5}-1}=\frac{\sqrt{5}+1}{2}=\theta$$
である．よって，$\theta=[\overline{1}]=[1,\theta]$ である．
$$\theta=1+\frac{1}{\theta}=\frac{\theta+1}{\theta}$$
なので，
$$\varepsilon=\theta=\frac{1+\sqrt{5}}{2}$$
である．これは方程式 $x^2-5y^2=\pm 4$ の解 $(1,1)$ $(1-5=-4)$ に対応する．
$$\varepsilon^{-1}=-\frac{1-\sqrt{5}}{2}, \quad \varepsilon^{\pm 2}=\frac{3\pm\sqrt{5}}{2}, \quad \varepsilon^3=2+\sqrt{5}, \quad \varepsilon^{-3}=-(2-\sqrt{5})$$
などとなり，方程式 $x^2-5y^2=\pm 4$ の解 $(\pm 1,\pm 1)$, $(\pm 3,\pm 1)$, $(\pm 4,\pm 2)$ を得る．◇

例 4.2.8 方程式 $x^2-5y^2=\pm 1$ を考える．$D=20$, $d=5$ とする．$\theta=2+\sqrt{5}$ とおくと，
$$2+\sqrt{5}=4+\sqrt{5}-2,$$
$$\frac{1}{\sqrt{5}-2}=\sqrt{5}+2.$$
よって，$\theta=[4,\theta]=(4\theta+1)/\theta$ なので，$\varepsilon=\theta$ である．$2+\sqrt{5}$ は例 4.2.7 の ε^3 である．$(2+\sqrt{5})^n=x_n+y_n\sqrt{5}$ とすると，$\pm(x_n,y_n)$ $(n\in\mathbb{Z})$ が $x^2-5y^2=\pm 1$ の解である．例えば，
$$(2+\sqrt{5})^{-1}=-(2-\sqrt{5}), \quad (2+\sqrt{5})^{\pm 2}=9\pm 4\sqrt{5}, \quad (2+\sqrt{5})^3=38+17\sqrt{5}$$
などとなる． ◇

$x^2-dy^2=-1$ なら $(x+y\sqrt{d})^2=x'+y'\sqrt{d}$ とすると，$x'^2-dy'^2=1$ などとなり，$x^2-dy^2=1$ の解はこうして得られる (x',y') 全体になる．$x^2-dy^2=-1$ の解はあるとはかぎらない．詳細については第 2 巻 6.1 節で解説する．

4章の演習問題

4.1.1 次の有理数の連分数展開を求めよ．
(1) $7/4$　　(2) $23/5$　　(3) $102/35$　　(4) $-120/41$
(5) $231/86$　　(6) $489/211$　　(7) $-345/701$　　(8) $1231/682$

4.1.2 次の数の連分数展開を $[k_0, k_1, k_2, k_3, k_4, \cdots]$ とするとき，コンピューターを使って $k_0, \cdots, k_4$ を求めよ．
(1) $\sqrt[3]{2}$　　(2) $\sqrt{167}$　　(3) e　　(4) $\sin 1$

4.1.3 コンピューターにより円周率 π の連分数展開を $\pi = [k_0, k_1, k_2, k_3, k_4, \theta]$ と k_4 まで求め，定理 4.1.3 の p_5/q_5 を求めよ．π と p_5/q_5 の差はどれくらいか？ π を分母分子が 3 桁の整数の有理数で近似するとしたら，何を採用すべきか？

4.2.1 定理 4.2.3 の ε を次の D に対して求めよ．
(1) 8　　(2) 28　　(3) 40　　(4) 44　　(5) 13
(6) 52　　(7) 45　　(8) 76　　(9) 21　　(10) 88

第5章
群論

ここまでは，初等的に整数の合同や不定方程式などを考察してきたが，整数論をより満足に調べるためには，群・環・体の知識が必要である．この章と次の2章では，群・環・体や環上の加群などの抽象代数学について解説する．ただし，整数論が本書の主題なので，代数学はとりあえず最低限必要な話題にかぎって解説する[1]．

5.1 集合論の補足

1.1 節で集合論の記号について述べたが，これから群・環・体などについて解説するのに，もう少し集合論について補足する必要がある．ここでは論理や選択公理とツォルンの補題，同値関係や「well-defined」という考え方について解説する．

I が集合で，各 $i \in I$ に対し集合 A_i が定まっているとき，$\{A_i\}_{i \in I}$ を**集合 I を添字集合とする集合族**という．この状況で $\{A_i \mid i \in I\}$ を集合であると認めるのは，公理的集合論で「置換公理」とよばれる公理である．このとき，$\bigcup_{i \in I} A_i$ も集合である．このように集合族があるとき，あらかじめそれらすべてを含む集合の存在がわかっていなくても，結果的にそのような集合の存在がわかる．集合族 $\{A_i\}_{i \in I}$ が与えられているとき，すべての A_i を含む集合 X をとり，I から X への写像 ϕ で $\phi(i) \in A_i$ であるもの全体の集合を $\prod_{i \in I} A_i$ と書き，$\{A_i\}$ の**直積**という．この場合，A_i のことを**直積因子**という．直積の元は $(a_i)_{i \in I}$，

---

[1] 群・環・体の理論全般についての解説は代数学の参考書（例えば，拙著 [25] など）を参照されたい．

(a_i) などと表す.

$X \times I$ の部分集合で (a,i), $a \in A_i$ という形をした元全体の集合を $\coprod_{i \in I} A_i$ と書き，$\{A_i\}$ の**直和**という．(a,i), $a \in A_i$ という形の元は A_i の元と 1 対 1 に対応するので，直和 $\coprod_{i \in I} A_i$ は各 A_i と同一視できる集合を含み，$i \neq j$ なら $A_i \cap A_j = \emptyset$ となるような性質を持つ集合である．$I = \{1, \cdots, n\}$ などの有限集合の場合には，直積・直和を $A_1 \times \cdots \times A_n$, $A_1 \coprod \cdots \coprod A_n$ などとも書く．有限個の直積は 1.1 節での定義と一致する．

直観的には，**選択公理**とは，集合族 $\{A_\lambda\}$ に対し，各 A_λ から元 a_λ を選ぶことができるというものである．もう少し正確には次のように定式化する．

公理 5.1.1 (選択公理) $\{A_\lambda\}$ を $\lambda \in \Lambda$ を添字集合とする空でない集合よりなる集合族とするとき，直積 $\prod_{\lambda \in \Lambda} A_\lambda$ は空集合ではない．

選択公理は通常の公理系と独立であることが知られている．**本書では，選択公理を認めることにする．**

上の公理が問題になる (つまり適用する必要がある) のは，Λ が無限集合のときだけである．ただし，無限個の直積だからといって，それが空集合でないことが常に問題になるわけではない．例えば，$\mathbb{N}$ を添字集合とする集合族 $A_n = \mathbb{Q}$ を考えると，$\prod_n \mathbb{Q}$ にはすべての $n \in \mathbb{N}$ に対し $0 \in \mathbb{Q}$ を対応させる直積の元があるので，$\prod_n \mathbb{Q}$ が空集合でないことは選択公理には依存しない．

選択公理が問題になるのは次のような状況である．X を無限集合とするとき，X の異なる元からなる無限列 $\{a_n\}$ が存在することを示そう．Y を X の空でない部分集合全体よりなる集合とする (それは集合論の公理により集合であると認められている)．$Z = \prod_{A \in Y} A$ とおくと，選択公理よりこれは空集合ではない．そこで $(b(A)) \in Z$ とする．$a_1 = b(X)$ とし，$a_1, \cdots, a_n \in X$ まで決まったら，$a_{n+1} = b(X \setminus \{a_1, \cdots, a_n\})$ とおく (この部分には選択公理は使わない)．すると，X の異なる元による無限列が得られる．

選択公理と関連した「ツォルンの補題」について解説する．そのために，集合上で定義される「関係」について復習する．例えば，$\mathbb{R}$ 上での大小関係 $x \leq y$ は関係である．このとき，$R = \{(x,y) \in \mathbb{R}^2 \mid x \leq y\}$ とおくと，$x \leq y$ である

ことと，$(x,y) \in R \subset \mathbb{R} \times \mathbb{R}$ であることは同値である．だから，厳密には関係というものを次のように定義する．

定義 5.1.2 (関係) S を集合とするとき，S 上の**関係**とは $S \times S$ の部分集合のことである．$R \subset S \times S$ を関係とするとき，$x, y \in S$ が $(x,y) \in R$ であるとき，x, y は関係 R があるといい，そうでないとき，関係 R がないという． ◇

関係は S の二つの元に対して定義されるので，通常 $=, \leqq, \prec, \sim, \equiv$ などの記号を使い (記号は何でもよい)，関係があるとき，$x = y$，$x \leqq y$，$x \prec y$，$x \sim y$，$x \equiv y$ などと表される．その関係がないときには，通常 $x \neq y$，$x \nleqq y$，$x \nprec y$ などと表される．$y \geqq x$ などの記号は $x \leqq y$ などと同じであるとする．

例 5.1.3 (関係の例) $S = \mathbb{R}$, $R = \{(x,y) \in \mathbb{R}^2 \mid x^2 + y^2 \leqq 1\}$ とする．すると，$1, 1$ には関係はないが，$1/2, 1/3$ には関係がある． ◇

ツォルンの補題について述べるために順序の概念について復習する．

定義 5.1.4 集合 X 上の関係 $\leqq$ が次の (1)–(3) の条件を満たすときに**順序**という．以下，x, y, z は X の元を表す．
(1) $x \leqq x$.
(2) $x \leqq y$, $y \leqq z \Longrightarrow x \leqq z$.
(3) $x \leqq y$, $y \leqq x \Longrightarrow x = y$.
さらに，任意の $x, y \in X$ に対し
(4) $x \leqq y$ または $y \leqq x$ が成り立つ．
という条件が満たされるなら，$\leqq$ を**全順序**という．順序を持つ集合を**順序集合**，全順序を持つ集合を**全順序集合**という． ◇

例 5.1.5 集合 $X = \mathbb{R}$ 上で $\leqq$ が通常の不等号なら，$\leqq$ は全順序である． ◇

例 5.1.6 X を $\mathbb{Z}$ の部分集合全体の集合とする．例えば $\{2, 3\}, \mathbb{Z}, \emptyset$ は X の元である．このとき，集合の包含関係 $\subset$ は順序である．しかし $S = \{2, 3\}$，$T = \{3, 4\}$ なら，$S \not\subset T$，$T \not\subset S$ なので，全順序ではない． ◇

定義 5.1.7 (1) X を順序集合，$S \subset X$ を部分集合とする．$x_0 \in X$ がすべ

ての $y \in S$ に対し $y \leqq x_0$ という条件を満たすなら，x_0 は S の**上界**であるという．

(2) $x \in X$ が順序に関して**極大元**であるとは，「$x \leqq y$ なら $y = x$」という条件が成り立つことである． ◇

定理 5.1.8 (**ツォルン (Zorn) の補題**)　X は順序集合で，X の任意の全順序部分集合が上界を持つなら，X は極大元を持つ．

上の定理は**ツォルン (Zorn) の補題**として知られていて，選択公理と同値である．本書では選択公理からツォルンの補題を証明すること，あるいはその逆を証明することは行わない ([20, p.108, 定理 5] 参照)．

次に同値関係について解説する．同値関係は数学的な概念を定義するための重要な道具である．例えば，有理数の概念も厳密には同値関係により定義される (例 6.5.4 参照)．

定義 5.1.9 (**同値関係**)　集合 S 上の関係 $\sim$ が次の条件を満たすとき，**同値関係**という．以下 a, b, c は S の任意の元を表すとする．

(1) (**反射律**)　$a \sim a$.
(2) (**対称律**)　$a \sim b$ なら $b \sim a$.
(3) (**推移律**)　$a \sim b, b \sim c$ なら $a \sim c$. ◇

定義 5.1.10 (**同値類**)　$\sim$ を集合 S 上の同値関係とする．$x \in S$ に対し，
$$C(x) = \{y \in S \mid y \sim x\}$$
を x の**同値類**という． ◇

$y \sim x$ なら $x \sim y$ であり，逆も成り立つので，同値類は $\{y \mid x \sim y\}$ と定義しても同じである．

命題 5.1.11　$\sim$ を集合 S 上の同値関係，$C(x)$ を $x \in S$ の同値類とする．このとき，次の (1)-(3) が成り立つ．

(1) 任意の $y, z \in C(x)$ に対し，$y \sim z$ である．
(2) もし $y \in C(x)$ なら $C(x) = C(y)$ である．

> (3) もし $x,y \in S$ で $C(x) \cap C(y) \neq \emptyset$ なら $C(x) = C(y)$ である.

証明 (1) $z \sim x$ なので, $x \sim z$ である. $y \sim x$ でもあるので, $y \sim z$ となる.

(2) $y \in C(x)$ とする. (1) より, $z \in C(x)$ なら $z \sim y$ となるので, $C(x) \subset C(y)$ である. よって, $C(x) \subset C(y)$ である. $x \in C(y)$ なので, x,y の役割を入れ換えて考えると, 今証明したことにより, $C(y) \subset C(x)$ である. したがって, $C(x) = C(y)$ となる.

(3) $x,y \in S$, $z \in C(x) \cap C(y)$ なら, (2) より $C(x) = C(z)$, $C(y) = C(z)$ となるので, $C(x) = C(y)$ である. □

集合 S の元 x,y が $x \sim y$ であるとき線で結んだ図を考えると, 命題 5.1.11 (1) より, 同値類の中ではすべての元が線で結ばれている. また命題 5.1.11 (3) より, 異なった同値類の元はまったく線で結ばれない. したがって, 下図のようになる.

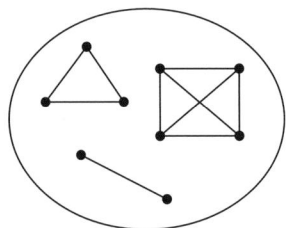

定義 5.1.12 $\sim$ を集合 S 上の同値関係とする.

(1) S の部分集合で $C(x)$ $(x \in S)$ という形をしたもの全体の集合を $S/\sim$ と書き, **同値関係による商**という. S の元 x に対して $C(x) \in S/\sim$ を対応させる写像を **S から $S/\sim$ への自然な写像**という.

(2) $S/\sim$ の元 C に対して, $x \in C$ となる S の元を C の**代表元**という.

(3) S の部分集合 R が $S/\sim$ の各元 (つまり同値類) の代表元をちょうど一つずつ含むとき, R を同値関係 $\sim$ の**完全代表系**という. ◇

命題 5.1.11 (2) により, x が $C \in S/\sim$ の代表元なら, $C = C(x)$ である.

本書では選択公理 (公理 5.1.1) を認めているので, 各同値類から一つ元を選ぶことができる. したがって, 完全代表系は常に存在する.

次に「well-defined」について解説する. well-defined というのは定義が確定

するときに用いられる表現である．例えば，指数関数 a^x を次のように定義したとする．

定義 a を正の実数とする．$x \in \mathbb{R}$ なら，x を有理数列 $\{x_n\}$ の極限として $x = \lim_{n\to\infty} x_n$ と表し，$a^x = \lim_{n\to\infty} a^{x_n}$ と定義する．

この定義は well-defined ということの二つの意味に関係している．

上の定義は有理数 x_n に対しては a^{x_n} は定義されていると仮定したうえでの a^x の定義だが，$a^x = \lim_{n\to\infty} a^{x_n}$ と定義しているので，そもそもこの極限が存在しなければ話にならない．このように，**定義で使われる方法が実際にうまくいく**というのが，定義がうまくいくための最低条件である．

この場合には，もう一つ問題になることがある．それは，この定義が x に収束する有理数列の取りかたに表面的には依存しているという点である．よって，これが a^x の定義であるためには，$\lim_{n\to\infty} a^{x_n}$ が x に収束する有理数列 $\{x_n\}$ の取りかたによらないということを示す必要がある．だから，極限の存在とこのことが示せたとき，この定義は well-defined であるといい，上の定義は確定するのである．

二つ目の問題を図にすると下のようになる．

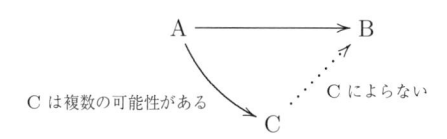

```
        A ──────────→ B
         ╲           ↗
          ╲        ⋰ C によらない
 C は複数の可能性がある ╲   ⋰
            ↘  ⋰
              C
```

つまり，A という数学的対象から，B という数学的対象を定義するとき，A から複数定まる C という数学的対象を経由して B を定めるとする．このとき，B の定義が C によらないことを示してはじめて B の定義が確定する．このようなときに，**この定義は well-defined である**というのである．

まとめると，以下の二つが示せたとき，定義が well-defined であるという．

(1) 定義で使われる方法が実際にうまくいく．

(2) 定義がもともとの対象から複数定まる対象を経由して行われる場合，結果がもともとの対象にのみ依存する．

5.2 群の基本

これから群を定義するわけだが，群とは例えば実数の集合 $\mathbb{R}$ 上で和を考えたようなものである．実数の和は x,y という実数に $x+y$ という実数を対応させるもので，結合法則など，よい性質を持っている．こういったものを一般化したものを定義したい．

一般には実数の集合の代わりに任意の集合を考えるのだが，実数の和に対応するものとしては，集合の二つの元に対して一つの元が定まる対応でよい性質を持ったものを考える．そのように集合の二つの元に対して一つの元を対応させるものに用語があったほうがよいので，それを二項演算，あるいは単に演算という．正確には，X が集合であるとき，写像 $\phi: X \times X \to X$ のことを集合 X 上の**演算**という．以降，$\phi(a,b)$ の代わりに ab と書く．演算を考えるときには，X は空集合ではないと仮定する．

定義 5.2.1 G を空集合ではない集合とする．G 上の演算が定義されていて次の性質を満たすとき，G を**群**という．

(1) **単位元**とよばれる元 $e \in G$ があり，すべての $a \in G$ に対し $ae = ea = a$ となる．

(2) すべての $a \in G$ に対し $b \in G$ が存在し，$ab = ba = e$ となる．この元 b は a の**逆元**とよばれ，a^{-1} と書く．

(3) すべての $a,b,c \in G$ に対し，$(ab)c = a(bc)$ が成り立つ．**(結合法則)** ◇

上の演算 ab のことを群の**積**という．単位元は 1 と書くことも多い．また，どの群の単位元であるかを示すために，単位元を 1_G などと書くこともある．集合 G が群になるとき，「集合 G には**群の構造が入る**」などという．a,b が群 G の元で $ab = ba$ なら，a,b は**可換**であるという．G の任意の元 a,b が可換なら，G を**可換群**，**アーベル群**，**加法群**，あるいは**加群**という．可換群の場合，積のことを「和」とよぶこともある．可換群でなければ**非可換群**という．可換群の場合，群の演算を ab でなく，$a+b$ と書くことも多い．演算を $a+b$ と書くときには，単位元を 0，あるいは 0_G と書く．

群は方程式論のなかで「置換群」(定義 5.2.5) として登場した．最初に根の置換の概念が登場するのは，著者が知るかぎり，ラグランジュの 1770 年頃の論文

[38] である[2]. その後，5次方程式がべき根で解けないことを証明したアーベルの論文や，「ガロア理論」に関するガロアの論文では，置換群の概念が定義なしに使われている．上のような群の抽象的な定義はコーシーによる．

このような抽象的な群の概念に関してはこの後解説を続けるが，空間の回転群や図形の対称性から直観的に理解するのもよいだろう．例えば，次の正四面体を考えてみよう．

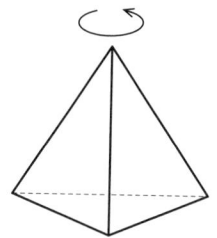

この図形は例えば，上の頂点の周りに 120 度回転させても集合としては変わらない．集合を変えないこのような回転をすべて考えると，合成を積として群になる．このような「対称性」を表すものが群である．これを数学的に厳密に述べると，「直交群 SO(3) による回転の作用」を考え，正四面体を不変にする元全体 (安定化群，定義 5.3.16 (3)) がこの図形の「対称性」を表す群であるということができる．これについては後で群の作用について解説するときに，正確に述べる．

抽象的な群の概念の解説を続ける．定義 5.2.1 の性質のうち，(3) の結合法則は，$(ab)(cd) = ((ab)c)d = (a(bc))d$ などが成り立つので，複数の元の積の順序を指定する必要がないということを保証する．$n > 0$ なら，a を n 回かけた元を a^n，その逆元を a^{-n} と書く．$a^0 = 1$ とする．(2) の逆元の存在は，群が集合に作用 (定義 5.3.1) する場合，「元通りにできる」ことを保証する．

例 5.2.2 (1) $\mathbb{Z}, \mathbb{Q}, \mathbb{R}, \mathbb{C}$ は通常の加法に関して，0 を単位元とする可換群である．

(2) $\mathbb{Q} \setminus \{0\}, \mathbb{R} \setminus \{0\}, \mathbb{C} \setminus \{0\}$ は通常の乗法に関して，1 を単位元とする可換群である．

(3) 実数を成分に持つ $n \times n$ 正則行列全体の集合を $\mathrm{GL}_n(\mathbb{R})$ と書く．$\mathrm{GL}_n(\mathbb{R})$

---

[2] なお，このような古い論文を探すときには，全集を探すのが手っ取り早い．

の元に行列としての積を考えると,結合法則が成り立つ.$\mathrm{GL}_n(\mathbb{R})$ は単位行列 I_n を単位元,$A \in \mathrm{GL}_n(\mathbb{R})$ の逆行列を A の逆元とする群である.複素数を成分に持つ正則行列全体の集合 $\mathrm{GL}_n(\mathbb{C})$ が群になることも同様である.これらの群を**一般線形群**という. ◇

命題 5.2.3 G が群で $a,b,c \in G$ なら,次の (1), (2) が成り立つ.
(1) $ab = ac$ なら,$b = c$. (**簡約法則**)
(2) $ab = c$ なら,$b = a^{-1}c$, $a = cb^{-1}$.

証明 (1) 両辺に a^{-1} を左からかけると,$b = a^{-1}ab = a^{-1}ac = c$.
(2) a^{-1} を左からかけ,$b = a^{-1}c$ となる.$a = cb^{-1}$ も同様である. □

次の命題は抽象的な議論ですべての群に対して成り立つ性質が証明できる簡単な例である.

命題 5.2.4 (1) 群の単位元は一つしかない.
(2) $a \in G$ に対し,その逆元は一意的に定まる.
(3) $a,b \in G$ なら,$(ab)^{-1} = b^{-1}a^{-1}$.
(4) $a \in G$ なら,$(a^{-1})^{-1} = a$.

証明 (1) $1, e'$ が単位元の性質を満たせば,$1e' = 1$ (e' が単位元だから) $= e'$ (1 が単位元だから) となり,単位元の一意性がわかる.
(2) b, b' が a の逆元なら,$b = (b'a)b = b'(ab) = b'$.
(3) 結合法則より,$(b^{-1}a^{-1})ab = b^{-1}(a^{-1}a)b = b^{-1}b = 1$ となる.同様に,$ab(b^{-1}a^{-1}) = 1$. したがって,$b^{-1}a^{-1}$ は ab の逆元である.
(4) $aa^{-1} = a^{-1}a = 1$ だが,これを $(a^{-1})^{-1}$ を定義する関係式とみなすことができるので,$a = (a^{-1})^{-1}$ である. □

X を集合とするとき,X から X への全単射写像 $\sigma : X \to X$ のことを X の**置換**という.σ, τ を X の置換とするとき,その積 $\sigma\tau$ を写像としての合成 $\sigma \circ \tau$ と定義する.つまり,$\sigma \circ \tau(x) = \sigma(\tau(x))$ ($x \in X$) である.X の置換全体の集合は,上の演算により群になる.なお,単位元は恒等写像 id_X であり,σ が X

の置換なら，群としての逆元は写像としての逆写像 σ^{-1} である．結合法則が成り立つことは，写像の合成に関して結合法則が成り立つことから従う．

定義 5.2.5 X の置換全体よりなる群のことを **X の置換群**という．$X_n = \{1, 2, \cdots, n\}$ とするとき，X_n の置換のことを **n 次の置換**という．n 次の置換全体よりなる群のことを $\mathfrak{S}_n$ (エスエヌ)で表す．$\mathfrak{S}_n$ を **n 次対称群**という．$\mathfrak{S}_n$ は元の個数が $n!$ の群である． ◇

$\mathfrak{S}_n$ の元を表すのに，$1, 2, \cdots, n$ の行き先を書いて，
$$\sigma = \begin{pmatrix} 1 & 2 & \cdots & n \\ \sigma(1) & \sigma(2) & \cdots & \sigma(n) \end{pmatrix}$$
とも書く．便宜上第 1 行の順序は $1, 2, \cdots, n$ でなくてもよいとする．例えば，
$$\sigma = \begin{pmatrix} 1 & 2 & 3 & 4 \\ 3 & 1 & 4 & 2 \end{pmatrix} \in \mathfrak{S}_4$$
は $1 \mapsto 3, 2 \mapsto 1, 3 \mapsto 4, 4 \mapsto 2$ となる元である．

$1 \leqq i < j \leqq n$ のとき，$\ell \neq i, j$ なら $\sigma(\ell) = \ell$ で $\sigma(i) = j, \sigma(j) = i$ であるとき，σ は置換である．このような置換を i, j の**互換**といい (ij) と書く．もっと一般に，$1 \leqq i_1, \cdots, i_m \leqq n$ をすべて異なる整数とするとき，
$$i_1 \mapsto i_2 \mapsto i_3 \mapsto \cdots \mapsto i_m \mapsto i_1$$
と移し，他の $1 \leqq j \leqq n$ は変えない置換を $(i_1 \cdots i_m)$ と書き，長さ m の**巡回置換**という．

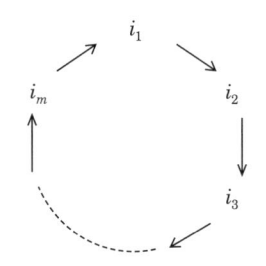

$G_1, G_2, \cdots, G_t$ を群，$G = G_1 \times \cdots G_t$ を集合としての直積とする．
$$g_1, g'_1 \in G_1, \quad \cdots, \quad g_t, g'_t \in G_t$$
なら，
(5.2.6) $$(g_1, \cdots, g_t)(g'_1, \cdots, g'_t) = (g_1 g'_1, \cdots, g_t g'_t)$$

と定義する．ただし，$g_1 g_1', \cdots, g_t g_t'$ はそれぞれ $G_1, \cdots, G_t$ での積である．G が $1_G = (1_{G_1}, \cdots, 1_{G_t})$ を単位元とする群であることはやさしい (証明略)．またすべての G_i が可換なら，G も可換である．

定義 5.2.7 (群の直積) 上の積による群 $G = G_1 \times \cdots \times G_t$ を群 $G_1, \cdots, G_t$ の**直積**，$G_1, \cdots, G_t$ を G の**直積因子**という． ◇

直積を考えることにより，与えられた群から新しい群を作ることができる．よくわかる群，例えば位数 n の巡回群 (例 5.2.18 参照) や対称群などの直積の形をした群は，一応よくわかったと思ってもよいだろう (もちろん，難しい問題を考えると，対称群でも必ずしもよくわかっているとはいえない面もあるが)．「何かの性質を持つ群を決定せよ」といった問題の場合，最初に目指すことは，可能ならその群をよくわかる群の直積で表すことである．

定義 5.2.8 G を群，$g \in G$ とする．
(1) $g^n = 1$ となる $n > 0$ があれば，そのような n の最小値を g の**位数**という．
(2) $g^n = 1$ となる $n > 0$ がなければ，g の位数は ∞ という．
(3) $|G|$ を群 G の**位数**という． ◇

単なる集合の元の個数は本書では位数とはいわないことにする．位数が有限の群を**有限群**，そうでない群を**無限群**という．

例 5.2.9 $\mathfrak{S}_n$ は位数 $n!$ の有限群である．$\mathbb{Z}, \mathrm{GL}_n(\mathbb{R})$ は無限群である． ◇

G が有限群，$g \in G$ なら，$\{1, g, g^2, \cdots\}$ は有限集合なので，$i < j$ があり $g^i = g^j$ となる (部屋割り論法)．よって，$g^{j-i} = 1$ となり，g の位数は有限である．

> **命題 5.2.10** G を群，$g \in G$ を位数が $n > 0$ の元とする．このとき，$m \in \mathbb{Z}$ に対して次の (1), (2) は同値である．
> (1) $g^m = 1$．
> (2) m は n の倍数である．

証明 $k \in \mathbb{Z}$, $m = kn$ なら，$g^m = (g^n)^k = 1$ である．逆に $g^m = 1$ とする．もし m が n の倍数でなければ，$m = qn + r$ と割り算すると，$0 < r < n$ であ

る．$1 = g^m = (g^n)^q g^r = g^r$ となるので，n が g の位数であることに反する．よって，m は n の倍数である． □

> **命題 5.2.11**　g が群 G の位数 $n > 0$ の元で $a \neq 0$ なら，g^a の位数は $n/\gcd(n,a)$ である．

証明　$d = \gcd(n,a)$, $n = dn_1$, $a = da_1$ とおくと，
$$(g^a)^m = 1 \iff g^{am} = 1 \iff n \mid am \text{ (命題 5.2.10)} \iff n_1 \mid a_1 m.$$
n_1, a_1 は互いに素なので，命題 1.5.5 (2) より，これは $n_1 \mid m$ と同値である．よって，g^a の位数は $n_1 = n/\gcd(n,a)$ である． □

例 5.2.12　G が群で $g \in G$ の位数が 12 なら，g^{10} の位数は $12/\gcd(12,10) = 6$ である．g の位数が 21 なら，g^9 の位数は 7 である． ◇

G を群とする．G の空でない部分集合 H が G の演算で群になるとき，H を G の **部分群** という．

例 5.2.13 (部分群の例 1)　G が群なら，$\{1\}$, G は明らかに G の部分群である．これらを G の **自明な部分群** という．G 以外の部分群は **真部分群** という． ◇

次の命題は，群の部分集合が部分群になるかどうかの基本的な判定法である．

> **命題 5.2.14**　群 G の部分集合 H が G の部分群になるための必要十分条件は，次の三つの条件が満たされることである．
> (1) $1_G \in H$.
> (2) $x, y \in H$ なら $xy \in H$. (積について閉じている)
> (3) $x \in H$ なら $x^{-1} \in H$. (逆元について閉じている)

証明　H が部分群であると仮定する．H の演算は G の演算と一致するので，$1_H 1_H = 1_H$ が G の演算により成り立つ．1_H^{-1} を左からかけて，$1_H = 1_G$ となる．よって，$1_G \in H$ となり，(1) が成り立つ．

G の演算により H が群になるので，そもそも演算が定義できる．したがって，$x, y \in H$ に対し $xy \in H$ となるのはあたりまえであり，(2) が成り立つ．

$x \in H$ に対し, H での逆元を y とする. すると G の演算により $xy = yx = 1_H = 1_G$ である. これは y が x の G での逆元であることを意味する. よって $y = x^{-1} \in H$ となり, (3) が成り立つ.

逆に (1)–(3) が成り立つとする. (1) より H は空集合ではない. $x1_G = 1_G x = x$ がすべての $x \in G$ に対して成り立つので, 特にすべての $x \in H$ に対しても成り立つ. よって, 1_G は H でも単位元である. G で結合法則が成り立っているので, H でも成り立つのはあたりまえである. $x \in H$ なら, G の元としての x^{-1} は (3) より H の元であり, $xx^{-1} = x^{-1}x = 1_G = 1_H$ なので, これは H においても x の逆元である. したがって, H は G の演算により群になる. □

部分集合 $S \subset G$ に対し, S の元, あるいはその逆元の有限個の積全体よりなる G の部分集合を $\langle S \rangle$ とする. つまり, $\langle S \rangle$ は $x_1, \cdots, x_t \in S$ により $x_1^{\pm 1} \cdots x_t^{\pm 1}$ という形をした元全体の集合である. ただし, $t = 0$ なら, この元は 1 であると解釈する.

命題 5.2.15 $\langle S \rangle$ は G の部分群である.

証明 定義より $1 \in \langle S \rangle$ である. $x_1, \cdots, x_n, y_1, \cdots, y_m \in S$ なら,
$$(x_1^{\pm 1} \cdots x_n^{\pm 1})(y_1^{\pm 1} \cdots y_m^{\pm 1}) = x_1^{\pm 1} \cdots x_n^{\pm 1} y_1^{\pm 1} \cdots y_m^{\pm 1}$$
も $\langle S \rangle$ の元となる. また, 命題 5.2.4 (3), (4) より $x_1^{\pm 1} \cdots x_n^{\pm 1}$ の逆元は $x_n^{\mp 1} \cdots x_1^{\mp 1}$ であり, これも $\langle S \rangle$ の元である. したがって, $\langle S \rangle$ は G の部分群である. □

$\langle S \rangle$ を S で生成された部分群という. また, S を $\langle S \rangle$ の**生成系**, S の元を**生成元**という. $S = \{g_1, \cdots, g_n\}$ なら, $\langle \{g_1, \cdots, g_n\} \rangle$ の代わりに $\langle g_1, \cdots, g_n \rangle$ とも書く. G が一つの元で生成されるとき, G を**巡回群**という. 群の部分群で巡回群であるものを**巡回部分群**という.

例 5.2.16(部分群の例 2) $\mathbb{Z}$ を通常の加法により群とみなす. $n \in \mathbb{Z}$ とするとき, $n\mathbb{Z} = \{nx \mid x \in \mathbb{Z}\}$ とおくと, $n, -n$ の有限個の和は $n\mathbb{Z}$ の元である. 逆に $n\mathbb{Z}$ の元は $n, -n$ の有限個の和なので, $n\mathbb{Z} = \langle n \rangle$ (和に関して) である. よって, $n\mathbb{Z}$ は $\mathbb{Z}$ の巡回 (無限) 部分群である. ◇

命題 5.2.17 g を群 G の位数 $n > 0$ の元とするとき，部分群 $\langle g \rangle$ の位数は n である．

証明 $g^{\pm 1}$ を有限個かけたものは g^a $(a \in \mathbb{Z})$ という形をしている．a を n で割った余りを考えれば，$\langle g \rangle = \{1, g, \cdots, g^{n-1}\}$ であることがわかる．$0 \leqq i < j \leqq n-1$ なら $0 < j-i < n$ なので，$g^{j-i} \neq 1$ である．よって，$g^i \neq g^j$ である．したがって，$|\langle g \rangle| = n$ である． □

例 5.2.18 (部分群の例 3) $G = \mathfrak{S}_n$ の中で $\sigma = (1\, 2 \cdots n)$ の位数は n である．よって，$H = \langle \sigma \rangle$ は G の位数 n の巡回部分群である．特に，すべての $n > 0$ に対し，位数 n の巡回群が存在する． ◇

例 5.2.19 (部分群の例 4(直交群)) 行列 A に対して，その転置行列を ${}^tA$ と書く．行列 A, B の積が定義できるなら，${}^t(AB) = {}^tB\, {}^tA$ である．また，$A \in \mathrm{GL}_n(\mathbb{R})$ なら，$({}^tA)^{-1} = {}^t(A^{-1})$ である．$G = \mathrm{GL}_n(\mathbb{R})$, $H = \{g \in G \mid {}^tgg = I_n\}$ とおく．明らかに $I_n \in H$ である．$g, h \in H$ なら

$${}^t(gh)(gh) = {}^th\, {}^tggh = {}^th({}^tgg)h = {}^thI_nh = {}^thh = I_n$$

なので，$gh \in H$ である．また，${}^tg = g^{-1}$ となるので，$g\, {}^tg = I_n$ である．よって，

$${}^t(g^{-1})g^{-1} = ({}^tg)^{-1}g^{-1} = (g\, {}^tg)^{-1} = I_n^{-1} = I_n$$

となるので，$g^{-1} \in H$ である．したがって，H は G の部分群である．

この H のことを $\mathrm{O}(n)$ と書き，**直交群**という．$\mathrm{SO}(n) = \{g \in \mathrm{O}(n) \mid \det g = 1\}$ とおき，**特殊直交群**という．上の考察より，$g \in \mathrm{O}(n)$ なら ${}^tg \in \mathrm{O}(n)$ である． ◇

次の命題の証明は省略する．

命題 5.2.20 (1) G を群，I を G の部分群よりなる集合とする (I は G の部分群全体の集合とはかぎらない)．このとき，$F = \bigcap_{H \in I} H$ も G の部分群である．

(2) H が群 G の部分群で，F が H の部分群なら，F は G の部分群である．

これから群とその元の位数について解説する．目標はラグランジュの定理 (定理 5.2.22) である．ラグランジュの定理は部分群，および元の位数に関して大きな制約をもたらす，非常に有用な定理である．

部分集合 $S_1, S_2 \subset G$ に対し，

(5.2.21) $$S_1 S_2 = \{xy \mid x \in S_1, \, y \in S_2\}$$

とおく．$S_1 = \{x\}$ なら $S_1 S_2, S_2 S_1$ の代わりに $xS_2, S_2 x$ などとも書く．G の演算を $+$ と書くときには，$S_1 + S_2$ とも書く．三つ以上の部分集合についても同様である．

$H \subset G$ を部分群とする．$g \in G$ により gH, Hg という形をした集合をそれぞれ**左剰余類，右剰余類**という．$g_1, g_2 \in G$ のとき，$g_1 H \cap g_2 H \neq \emptyset$ なら，$g_1 h_1 = g_2 h_2$ $(h_1, h_2 \in H)$ とすると，$g_1 = g_2 (h_2 h_1^{-1})$ である．$h \in H$ なら，$g_1 h = g_2 (h_2 h_1^{-1} h) \in g_2 H$ なので，$g_1 H \subset g_2 H$ である．逆も成り立つので，$g_1 H = g_2 H$ である．右剰余類でも同じである．gH, Hg の g を剰余類の**代表元**という．

二つの元が同じ剰余類に属するということは，その部分群に関して同じふるまいをするということである．例えば，$G = \mathbb{Z}$, $H = 7\mathbb{Z}$ なら，G/H の元は $2 + 7\mathbb{Z} = \{\cdots, -5, 2, 9, \cdots\}$ というような部分集合であり，整数が日付に対応するとしたら，剰余類は同じ曜日の日の集合ということになる．

7 を法とする剰余類

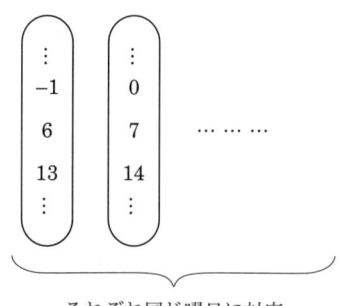

$$\begin{pmatrix} \vdots \\ -1 \\ 6 \\ 13 \\ \vdots \end{pmatrix} \begin{pmatrix} \vdots \\ 0 \\ 7 \\ 14 \\ \vdots \end{pmatrix} \cdots\cdots\cdots$$

それぞれ同じ曜日に対応

$H \ni h \mapsto gh \in gH$, $H \ni h \mapsto hg \in Hg$ という写像を考えると，$gH \ni gh \mapsto g^{-1}(gh) \in H$ などが逆写像になるので，右剰余類，左剰余類ともに元の個数は $|H|$ と一致する．$\alpha : G \ni g \mapsto g^{-1} \in G$ という写像は全単射写像で，$g \in G$, $h \in H$ なら $(gh)^{-1} = h^{-1} g^{-1}$ なので，$\alpha(gH) \subset Hg^{-1}$ である．また $\alpha(gh^{-1}) =$

hg^{-1} なので，$\alpha(gH) = Hg^{-1}$ である．α による右剰余類の像は左剰余類となるので，右剰余類と左剰余類の個数は等しい．これを $(G:H)$ と書き，G における H の**指数**という．左剰余類 (右剰余類) の集合を G/H $(H\backslash G)$ と書く．

G は左剰余類の和であり，各々の剰余類の元の個数は $|H|$ なので，次の定理を得る．

定理 5.2.22 (ラグランジュの定理)　H が群 G の部分群なら，$|G| = |H|(G:H)$ である．したがって，$|H|$ は $|G|$ の約数である．

命題 5.2.17 と定理 5.2.22 より，次の系が従う．

系 5.2.23　G が有限群，$g \in G$ なら，g の位数は G の位数の約数である．

例題 5.2.24　位数 15 の群 G には位数 4 の部分群はないことを証明せよ．

解答　$H \subset G$ が部分群で $|H| = 4$ なら，4 が $|G| = 15$ の約数となり，矛盾である．よって，G には位数 4 の部分群はない．　□

同様にして位数 8 の群には，位数 3 の部分群はない．G が位数が素数 p の群で $1 \neq g \in G$ なら，$|\langle g \rangle| \neq 1$ は p の約数なので，$|\langle g \rangle| = p$ となる．よって，$\langle g \rangle = G$ となる．つまり，**素数位数の群は巡回群である**．

次に群の準同型・同型について解説する．群はその演算により定まる．だから二つの群を比べるとしたら，単に集合としての対応ではなく，演算が対応するものを考えなければならない．それが以下定義する群の準同型・同型である．

定義 5.2.25 (群の準同型・同型)　G, H を群，$\phi: G \to H$ を写像とする．

(1) すべての $x, y \in G$ に対し $\phi(xy) = \phi(x)\phi(y)$ なら，ϕ を**準同型**という．

(2) ϕ が準同型で逆写像を持ち，逆写像も準同型であるとき，ϕ は**同型**であるという．また，このとき，G, H は同型であるといい，$G \cong H$ と書く．

(3) $\phi: G \to H$ を準同型とするとき,

$$\mathrm{Im}(\phi) = \{\phi(g) \mid g \in G\}, \quad \mathrm{Ker}(\phi) = \{g \in G \mid \phi(g) = 1\}$$

と書き,それぞれを ϕ の像,核という. ◇

二つの群 G, H が同型であるとき,G で成り立つ群論的性質は H でもすべて成り立つ.例えば,G が可換群なら,H も可換群である.G のある元の位数が 5 なら,対応する H の元の位数も 5 である.これから解説する群の他の性質に関しても同様である.

命題 5.2.26 $\phi: G \to H$ を群の準同型とするとき,次の (1)–(4) が成り立つ.
(1) $\boldsymbol{\phi(1_G) = 1_H}$ である.また,$g \in G$ なら $\boldsymbol{\phi(g^{-1}) = \phi(g)^{-1}}$ である.
(2) ϕ が単射であることと,$\mathrm{Ker}(\phi) = \{1_G\}$ であることは同値である.
(3) ϕ が写像として全単射なら,同型である.
(4) $\mathrm{Im}(\phi), \mathrm{Ker}(\phi)$ はそれぞれ H, G の部分群である.

証明 (1) $\phi(1_G) = \phi(1_G 1_G) = \phi(1_G)\phi(1_G)$ なので,$\phi(1_G) = 1_H$ である.

$$1_H = \phi(1_G) = \phi(gg^{-1}) = \phi(g)\phi(g^{-1})$$

なので,$\phi(g^{-1}) = \phi(g)^{-1}$ である.

(2) ϕ が単射で $g \in \mathrm{Ker}(\phi)$ なら,$\phi(g) = \phi(1_G) = 1_H$ となるので,$g = 1_G$ である.逆に $\mathrm{Ker}(\phi) = \{1_G\}$,$g, h \in G$,$\phi(g) = \phi(h)$ なら,

$$\phi(gh^{-1}) = \phi(g)\phi(h^{-1}) = \phi(g)\phi(h)^{-1} = 1_H$$

となるので,$gh^{-1} = 1_G$ である.よって,$g = h$ となり,ϕ は単射である.

(3) $\phi: G \to H$ が群の準同型で写像として全単射とする.ψ を ϕ の逆写像とすると,$\phi(1_G) = 1_H$ なので,$\psi(1_H) = 1_G$ である.$a, b \in H$ なら,

$$\phi(\psi(ab)) = ab = \phi(\psi(a))\phi(\psi(b)) = \phi(\psi(a)\psi(b))$$

なので,$\psi(ab) = \psi(a)\psi(b)$.したがって,$\psi$ も準同型となり,ϕ は同型である.

(4) (1) より $1_G \in \mathrm{Ker}(\phi)$,$1_H \in \mathrm{Im}(\phi)$ である.$g_1, g_2 \in \mathrm{Ker}(\phi)$ なら,$\phi(g_1 g_2) = \phi(g_1)\phi(g_2) = 1_H 1_H = 1_H$ なので,$g_1 g_2 \in \mathrm{Ker}(\phi)$ である.また,$g_1, g_2 \in G$ なら,$\phi(g_1)\phi(g_2) = \phi(g_1 g_2) \in \mathrm{Im}(\phi)$ なので,$\mathrm{Ker}(\phi), \mathrm{Im}(\phi)$ は積で閉じている.

$g \in \mathrm{Ker}(\phi)$ なら，(1) より $\phi(g^{-1}) = \phi(g)^{-1} = 1_H^{-1} = 1_H$ なので，$g^{-1} \in \mathrm{Ker}(\phi)$ である．$g \in G$ なら，$\phi(g)^{-1} = \phi(g^{-1}) \in \mathrm{Im}(\phi)$ である．よって，$\mathrm{Ker}(\phi), \mathrm{Im}(\phi)$ はそれぞれ G, H の部分群である． □

すべての $g \in G$ に対して $\phi(g) = 1$ とした ϕ は準同型である．これを**自明な準同型**という．自明でない準同型の例は準同型定理を述べた後でいくつか述べる．

次の命題の証明は省略する．

命題 5.2.27 (準同型・同型の合成) G, H, K を群，$\phi : G \to H, \psi : H \to K$ を準同型とするとき，その合成 $\psi \circ \phi : G \to K$ も準同型である．ϕ, ψ が同型なら，$\psi \circ \phi$ も同型である．

群 G から G への同型を自己同型という．群 G の自己同型全体の集合を $\mathrm{Aut}\, G$ と書く．$\phi, \psi \in \mathrm{Aut}\, G$ なら，$\psi\phi$ を写像としての合成 $\psi \circ \phi$ と定義する．$\psi \circ \phi \in \mathrm{Aut}\, G$ なので，$\mathrm{Aut}\, G$ に演算が定義でき，この演算により $\mathrm{Aut}\, G$ は群になる．この群 $\mathrm{Aut}\, G$ を G の**自己同型群**という．

命題 5.2.28 G, H が群で G は部分集合 S で生成されているとする．$f_1, f_2 : G \to H$ が準同型で $x \in S$ なら $f_1(x) = f_2(x)$ とする．このとき，すべての $g \in G$ に対し，$f_1(g) = f_2(g)$ である．

証明 $x_1, \cdots, x_t \in S$，$a_i = \pm 1$ $(i = 1, \cdots, t)$ なら，
$$f_1(x_1^{a_1} \cdots x_t^{a_t}) = f_1(x_1)^{a_1} \cdots f_1(x_t)^{a_t} = f_2(x_1)^{a_1} \cdots f_2(x_t)^{a_t} = f_2(x_1^{a_1} \cdots x_t^{a_t})$$
である．G の任意の元は $x_1^{a_1} \cdots x_t^{a_t}$ という形に書けるので，命題が従う． □

つまり，**準同型は生成元での値で決定される**．

群の準同型の核は正規部分群というものになり，それによる「剰余群」を考えることにより，「準同型定理」が成り立つ．以下，これについて述べる．

定義 5.2.29 (正規部分群) H を群 G の部分群とする．すべての $g \in G, h \in H$ に対し $ghg^{-1} \in H$ となるとき，H を G の**正規部分群**といい，$H \triangleleft G$，あるいは $G \triangleright H$ と書く． ◇

例 5.2.30 (正規部分群の例)　$\{1\}, G$ は G の正規部分群である．これらを自明な正規部分群という．

G が可換群で H が任意の部分群なら，$ghg^{-1} = gg^{-1}h = 1_G h = h \in H$ (あるいは $g+h-g = h \in H$) となるので，H は正規部分群である．例えば，$2\mathbb{Z}, 3\mathbb{Z} \subset \mathbb{Z}$ などは正規部分群である． ◇

一般には，正規部分群は次のようにして現れる．

> **命題 5.2.31**　G_1, G_2 が群で $\phi: G_1 \to G_2$ が準同型なら，$\mathrm{Ker}(\phi)$ は G_1 の正規部分群である．

証明　$g \in G_1, h \in \mathrm{Ker}(\phi)$ なら，
$$\phi(ghg^{-1}) = \phi(g)\phi(h)\phi(g)^{-1} = \phi(g)\phi(g)^{-1} = 1_{G_2}$$
となるので，$ghg^{-1} \in \mathrm{Ker}(\phi)$ となる．よって，$\mathrm{Ker}(\phi) \triangleleft G_1$ である． □

補題 5.2.32　N が群 G の部分群とするとき，次の (1), (2) は同値である．
(1) N は群 G の正規部分群である．
(2) すべての $g \in G$ に対して，$gN = Ng$ である．

証明　**(1) ⇒ (2)**　$n \in N$ なら，$n' = gng^{-1}$ とおくと $n' \in N$ である．よって，$gn = n'g \in Ng$ である．これがすべての $n \in N$ に対して成り立つので，$gN \subset Ng$ である．同様の議論で $Ng \subset gN$ も成り立つので，$gN = Ng$ である．

(2) ⇒ (1)　$g \in G, n \in N$ なら，$gn \in gN = Ng$ なので，$gn = n'g$ となる $n' \in N$ がある．よって，$gng^{-1} = n' \in N$ である．したがって，N は正規部分群である． □

上の補題は正規部分群とは左剰余類と右剰余類が一致する群であることを主張している．

例 5.2.33　$G = \mathfrak{S}_3, H = \langle (12) \rangle = \{1, (12)\}$ とするとき，$(13)H = \{(13), (123)\}$, $H(13) = \{(13), (132)\}$ なので，右剰余類と左剰余類が一致しない．よって，H は正規部分群ではない．実際，$(13)(12)(13)^{-1} = (13)(12)(13) = (23) \notin H$． ◇

N を群 G の正規部分群とする. $g \in G$ に対し $\pi(g) = gN \in G/N$ と定義し, $\pi : G \to G/N$ を**自然な写像**という.

G/N の二つの元を剰余類の代表元 $g, h \in G$ により gN, hN と表す. このとき, gN, hN の積を

$$(gN)(hN) \stackrel{\text{def}}{=} ghN$$

と定義する.

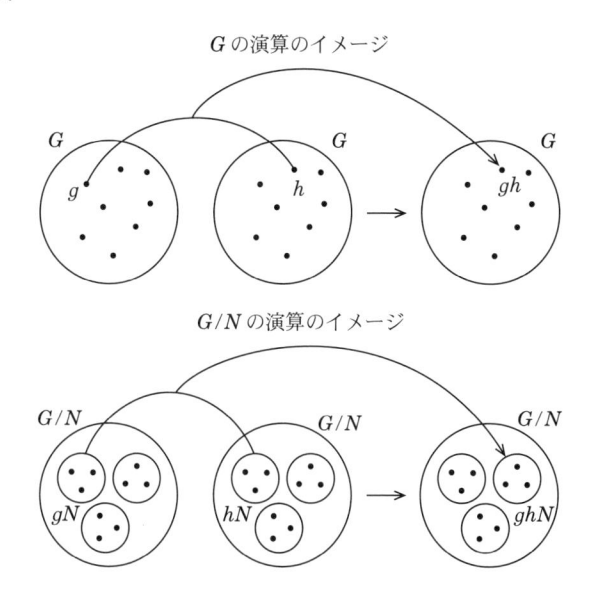

G の演算のイメージ

G/N の演算のイメージ

上図のように, この定義は g, h の取りかたに依存しているので, 定義が well-defined であることを示さなくてはいけない状況である. 以下, これを示す.

gN, hN の任意の元はそれぞれ $n, n' \in N$ により gn, hn' と書ける. すると, $gnhn' = ghh^{-1}nhn'$ だが, $h^{-1}nh \in N$ なので, $h^{-1}nhn' \in N$. よって, $gnhn', gh$ の剰余類は等しい. したがって, 上の定義は well-defined な写像

$$G/N \times G/N \ni (gN, hN) \mapsto ghN \in G/N$$

を定義する.

定理 5.2.34 G/N は上の演算により群になる.

証明 $1_G N = N$ が単位元となることは明らかである．$g, h, k \in G$ なら，$(gh)k = g(hk)$ なので，
$$((gN)(hN))(kN) = (ghN)(kN) = ((gh)k)N = (g(hk))N$$
$$= (gN)((hk)N) = (gN)((hN)(kN))$$
となり，結合法則が成り立つ．逆元の存在も同様である． □

定義 5.2.35 上の演算による群 G/N を，G の N による**剰余群**という． ◇

命題 5.2.36 自然な写像 $\pi: G \to G/N$ は群の全射準同型である．また，$\mathrm{Ker}(\pi) = N$ である．

証明 π が全射準同型であることは G/N の定義より明らかである．$g \in G$ で $\pi(g) = gN = N$ であることと $g \in N$ であることは同値である．G/N の単位元は N なので，$\mathrm{Ker}(\pi) = N$ である． □

例 5.2.37（剰余群の例） $n > 0$ を正の整数とし，剰余群 $\mathbb{Z}/n\mathbb{Z}$ を考える．$x \in \mathbb{Z}$ の $n\mathbb{Z}$ に関する剰余類を $\overline{x}$ と書く．例えば，$\mathbb{Z}/7\mathbb{Z}$ において，$\overline{5} + \overline{6} = \overline{4}$ である．$\mathbb{Z}/n\mathbb{Z}$ において $\overline{1}$ を i 回足すと $\overline{i}$ となるので，$\mathbb{Z}/n\mathbb{Z}$ は $\overline{1}$ で生成される．$\mathbb{Z}/n\mathbb{Z}$ は $\overline{0}, \cdots, \overline{n-1}$ がすべての元なので，位数 n の巡回群である．すべての位数 n の巡回群が $\mathbb{Z}/n\mathbb{Z}$ と同型になることについては例 5.2.44 で解説する． ◇

準同型定理の前に，群が部分群の直積になる条件について述べる．

命題 5.2.38 G が群，$H, K \subset G$ が正規部分群で $H \cap K = \{1_G\}$，$HK = G$ とする．このとき，G は直積 $H \times K$ と同型である．

証明 $H \times K$ から G への写像 ϕ を $\phi(h, k) = hk$ と定義する．仮定よりこれは全射である．$h \in H, k \in K$ とする．$hkh^{-1}k^{-1} = (hkh^{-1})k^{-1}$ だが，$K \triangleleft G$ なので，$hkh^{-1} \in K$．よって，$hkh^{-1}k^{-1} \in K$．また，$hkh^{-1}k^{-1} = h(kh^{-1}k^{-1})$ なので，同様の理由により $hkh^{-1}k^{-1} \in H$．よって，$hkh^{-1}k^{-1} \in H \cap K = \{1_G\}$．これより，$hkh^{-1}k^{-1} = 1_G$ となる．したがって，$hk = kh$ である

$\phi(h, k)\phi(h', k') = hkh'k' = hh'kk' = \phi(hh', kk')$ なので，ϕ は準同型である．

$(h,k) \in \mathrm{Ker}(\phi)$ なら，$hk = 1_G$．よって，$h = k^{-1} \in H \cap K = \{1_G\}$．よって，$h = k = 1_G$．これは $\mathrm{Ker}(\phi) = \{(1_G, 1_G)\}$ であることを意味する．したがって，命題 5.2.26 (2) より ϕ は単射となり，命題 5.2.26 (3) より同型である． □

次の準同型定理は群論の基本である．

定理 5.2.39 (準同型定理 (第一同型定理))　$\phi : G \to H$ を群の準同型とする．$\pi : G \to G/\mathrm{Ker}(\phi)$ を自然な準同型とするとき，準同型 $\psi : G/\mathrm{Ker}(\phi) \to H$ がただ一つ存在し，$\psi \circ \pi = \phi$ であり，ψ は $G/\mathrm{Ker}(\phi)$ から $\mathrm{Im}(\phi)$ への同型となる．

証明　$\psi \circ \pi = \phi$ という条件は下右図がそのイメージである．下左図のように，同じ集合の間の異なった経路の写像の合成が等しくなるとき，これは**可換図式**であるという．

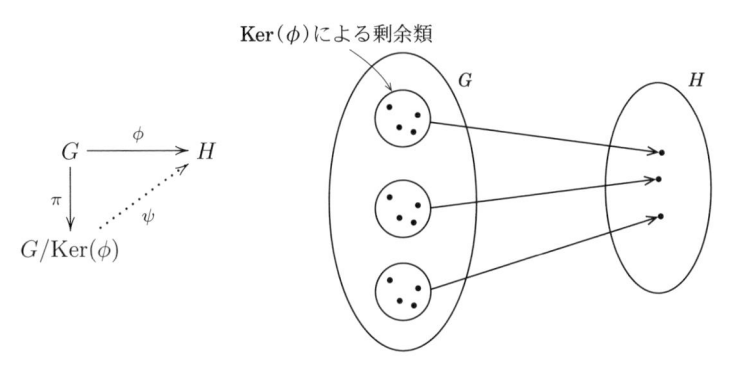

$N = \mathrm{Ker}(\phi)$ とおく．$g \in G$ に対し，$\psi(gN) = \phi(g)$ と定義する．$n \in N$ なら，$\phi(gn) = \phi(g)\phi(n) = \phi(g)1_H = \phi(g)$ となるので，ψ は剰余類 gN の代表元の取りかたによらず定まる．したがって，ψ は G/N から H への well-defined な写像となる．$g, h \in G$ なら，

$$\psi((gN)(hN)) = \psi(ghN) = \phi(gh) = \phi(g)\phi(h) = \psi(gN)\psi(hN)$$

なので，ψ は準同型である．$\phi = \psi \circ \pi$ となることは ψ の定義から明らかである．

$\psi(gN) = 1_H$ なら，$\phi(g) = 1_H$ なので，$g \in N$ となり，$gN = N$ は G/N の単位元である．よって，ψ は単射である．$g \in G$ なら，$\phi(g) = \psi(gN)$ なの

で，$\mathrm{Im}(\phi) \subset \mathrm{Im}(\psi)$ である．G/N の任意の元は gN という形をしているので，$\mathrm{Im}(\psi) \subset \mathrm{Im}(\phi)$ であることもわかる．したがって，$\mathrm{Im}(\psi) = \mathrm{Im}(\phi)$ である．ψ は単射なので，G/N と $\mathrm{Im}(\psi) = \mathrm{Im}(\phi)$ は ψ によって同型である．

ψ が $\psi \circ \pi = \phi$ という条件を満たせば，$g \in G$ に対し $\psi(gN) = \phi(g)$ と値が定まってしまうので，ψ は一意的である． □

定理 5.2.39 の状況で ϕ が自明な準同型でないかぎり，H に $\{1\}$ と異なる部分群 $\mathrm{Im}(\phi)$ が得られ，それを手がかりにしてさらに H の性質を調べることもあれば，$\mathrm{Ker}(\phi)$ と $\mathrm{Im}(\phi)$ から G をさらに調べるなど，準同型定理はいろいろな使い道がある重要な定理である．こういった点については，群の作用を定義した後説明する (注 5.3.8 参照).

準同型定理と関連して次の定理も重要である．

定理 5.2.40 (準同型定理 (部分群の対応))　N を群 G の正規部分群，$\pi: G \to G/N$ を自然な準同型とする．G/N の部分群の集合を $\mathbb{X}$，G の N を含む部分群の集合を $\mathbb{Y}$ とするとき，写像

$$\phi: \mathbb{X} \ni H \mapsto \pi^{-1}(H) \in \mathbb{Y}, \quad \psi: \mathbb{Y} \ni K \mapsto \pi(K) \in \mathbb{X}$$

は互いの逆写像である．したがって，集合 $\mathbb{X}, \mathbb{Y}$ は 1 対 1 に対応する．

証明　$H \in \mathbb{X}$ なら $1_{G/N} \in H$ なので，$N = \pi^{-1}(1_{G/N}) \subset \pi^{-1}(H)$ である．特に，$1 \in \pi^{-1}(H)$ である．$x, y \in \pi^{-1}(H)$ なら，$\pi(xy) = \pi(x)\pi(y) \in H$ なので，$xy \in \pi^{-1}(H)$ である．同様に $x^{-1} \in \pi^{-1}(H)$ となるので，$\pi^{-1}(H)$ は G の部分群である．よって，$\pi^{-1}(H) \in \mathbb{Y}$ となり，ϕ は well-defined である．$K \subset G$ が N を含む部分群なら，任意の $g \in G$ に対して $gNg^{-1} \subset N$ なので，この条件は $g \in K$ に対しても当然成り立つ．よって，$N \triangleleft K$ である．K/N は K の元 g により gN という形をした剰余類の集合なので，G/N の部分集合とみなすことができ，$K/N = \pi(K)$ である．よって，$\pi(K) \in \mathbb{X}$ となり，ψ は well-defined である．

$K \in \mathbb{Y}$ なら，$H = \pi(K)$ とおくと，$K \subset \pi^{-1}(H)$ は明らかである．$g \in \pi^{-1}(H)$ なら，$\pi(g) \in \pi(K)$．よって，$h \in K$ があり，$\pi(g) = \pi(h)$．これは $gN = hN$，つまり $n \in N$ があり，$g = hn$ であることを意味する．$N \subset K$ なので，

$g \in K$ である.したがって,$K = \pi^{-1}(H)$ となり,$\phi \circ \psi(K) = K$ である.ここで K は G の部分集合だが,等式 $\phi \circ \psi(K) = K$ では $\mathbb{Y}$ の一つの元とみなしていることに注意せよ

$H \in \mathbb{X}$ なら,$\pi(\pi^{-1}(H)) \subset H$ であることは明らかである.$h \in H$ なら,π は全射なので $g \in G$ があり,$\pi(g) = h \in H$ である.これは $g \in \pi^{-1}(H)$ であることを意味する.よって,$h = \pi(g) \in \pi(\pi^{-1}(H))$ である.したがって,$H \subset \pi(\pi^{-1}(H))$ となり,$\psi \circ \phi(H) = \pi(\pi^{-1}(H)) = H$ である. □

命題 5.2.41 (準同型定理 (第二同型定理)) G を群,$H \subset G$ を部分群,$N \subset G$ を正規部分群とする.このとき,HN は G の部分群,N は HN の正規部分群で,$HN/N \cong H/H \cap N$ である.

証明 $1 \in H, N$ なので,$1 = 1 \cdot 1 \in HN$ (最初の 1 は H の元,後の 1 は N の元) である.$h_1, h_2 \in H$,$n_1, n_2 \in N$ なら,$(h_1 n_1)(h_2 n_2) = h_1 h_2 (h_2^{-1} n_1 h_2) n_2 \in HN$ となるので,HN は積について閉じている.$(h_1 n_1)^{-1} = n_1^{-1} h_1^{-1} = h_1^{-1}(h_1 n_1^{-1} h_1^{-1}) \in HN$ なので,HN は部分群である.N は G の正規部分群なので,HN の部分群でもある.

$H \to G/N$ を包含写像 $H \to G$ と自然な準同型 $G \to G/N$ の合成とする.G/N の中で H の元を代表元に持つのは,$h \in H$ により hN という形をした剰余類である.よって,$H \to G/N$ の像は HN/N である.この準同型の核は $H \cap N$ なので,準同型定理 (定理 5.2.39) より $HN/N \cong H/H \cap N$ となる. □

命題 5.2.42 G を群,$N \subset N'$ を G の正規部分群とするとき,次の (1), (2) が成り立つ.
  (1) 準同型 $\phi : G/N \to G/N'$ で $\phi(xN) = xN'$ となるものがある.
  (2) (準同型定理 (第三同型定理)) $(G/N)/(N'/N) \cong G/N'$.

証明 (1) $x \in G$,$y \in N$ なら,$N \subset N'$ なので,$xyN' = xN'$ である.よって,$\phi(xN) = xN'$ とおくと,ϕ は G/N から G/N' への well-defined な写像になる.ϕ が準同型であることは明らかである.

(2) $\mathrm{Ker}(\phi) = N'/N$ なので,準同型定理 (定理 5.2.39) より,(2) を得る. □

命題 5.2.42 の準同型 $G/N \to G/N'$ を自然な準同型という.
次の命題が一連の「準同型定理」の最後の主張である.

定理 5.2.43 (準同型の分解)

$\phi: G \to H$ を群の準同型とする. $N \subset G$ が正規部分群なら, $\pi: G \to G/N$ を自然な準同型とするとき, 右図が可換図式となるような準同型 $\psi: G/N \to H$ が存在するための必要十分条件は $N \subset \mathrm{Ker}(\phi)$ となることである.

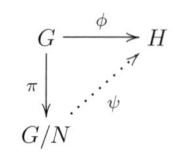

証明 定理の条件を満たす ψ が存在したとする. $\phi = \psi \circ \pi$ なので, $N = \mathrm{Ker}(\pi) \subset \mathrm{Ker}(\phi)$ である.

逆に $N \subset \mathrm{Ker}(\phi)$ とする. $N' = \mathrm{Ker}(\phi)$ とおくと, 命題 5.2.42 より $x \in G$ なら, $f(xN) = xN'$ となる準同型 $f: G/N \to G/N'$ がある.

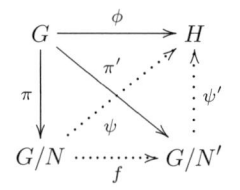

定理 5.2.39 により, 準同型 $\psi': G/N' \to H$ で, $\pi': G \to G/N'$ を自然な準同型とするとき, $\phi = \psi' \circ \pi'$ となるものがある. 明らかに $f \circ \pi = \pi'$ なので, $\phi = \psi' \circ f \circ \pi$ である. よって, $\psi = \psi' \circ f$ とおけばよい. □

例 5.2.44 (準同型定理の例 1) G を位数 n の巡回群, x を G の生成元とする. $\mathbb{Z}$ から G への写像 ϕ を $\mathbb{Z} \ni m \mapsto x^m \in G$ と定義すると, これは準同型写像になる (詳細は略). x が G の生成元なので, ϕ は全射である. 命題 5.2.10 より $\mathrm{Ker}(\phi) = n\mathbb{Z}$ である. よって, 定理 5.2.39 より $\mathbb{Z}/n\mathbb{Z}$ は G と同型である. ◇

例 5.2.45 (準同型定理の例 2) G_1, G_2 を群, $G = G_1 \times G_2$, $i = 1, 2$ に対し $j_i: G_i \to G$ を $j_1(g_1) = (g_1, 1)$, $j_2(g_2) = (1, g_2)$ で定義される写像, $p_i: G \to G_i$ を G_i の成分を対応させる写像とする. j_1, j_2 により $G_1, G_2 \subset G$ とみなす. p_1, p_2 は全射準同型で, $\mathrm{Ker}(p_1) = G_2$, $\mathrm{Ker}(p_2) = G_1$ である. したがって,

$G/G_1 \cong G_2$, $G/G_2 \cong G_1$ である. 例えば, $G = \mathbb{Z}/2\mathbb{Z} \times \mathbb{Z}/3\mathbb{Z}$, $N = \{(\overline{x},\overline{0}) \mid x = 0,1\}$ とすると, $G/N \cong \mathbb{Z}/3\mathbb{Z}$ である. ◇

例 5.2.46 (準同型定理の例 3) $G = \mathbb{Z} \times \mathbb{Z}$ の指数 2 の部分群の数を求める. G は可換群なので, すべての部分群が正規部分群である. $H \subset G$ を指数 2 の部分群とする. G/H は位数 2 の群なので, 任意の元の位数は 1,2 である. よって, $g = (g_1,g_2) \in G$ なら, $2g = (2g_1,2g_2) \in H$ である. $2G = \{(2n,2m) \mid n,m \in \mathbb{Z}\}$ とおくと, $H \supset 2G$ である. 定理 5.2.40 と命題 5.2.42 (2) より, H は $G/2G$ の指数 2 の部分群と 1 対 1 に対応する.

$G/2G \cong \mathbb{Z}/2\mathbb{Z} \times \mathbb{Z}/2\mathbb{Z}$ である (詳細は略). よって, $K = \mathbb{Z}/2\mathbb{Z} \times \mathbb{Z}/2\mathbb{Z}$ の指数 2 の部分群の数を求めればよい. K は位数 4 の群なので, その指数 2 の部分群は位数 2 の部分群と同じことである. 2 は素数なので, そのような部分群は位数 2 の元により生成される. また, $g,h \in K$ を位数 2 の元とするとき, $\langle g \rangle = \{1,g\} = \langle h \rangle = \{1,h\}$ であることと, $g = h$ であることは同値である. K の位数 2 の元は単位元以外のすべての元なので, その数は $4-1 = 3$ 個である. ◇

例 5.2.47 (準同型定理の例 4) $\mathbb{Z}$ の部分群 $6\mathbb{Z}, 3\mathbb{Z}$ を考えると, $3\mathbb{Z} \supset 6\mathbb{Z}$ なので, 命題 5.2.42 (1) より, $\mathbb{Z}/6\mathbb{Z} \ni x+6\mathbb{Z} \mapsto x+3\mathbb{Z} \in \mathbb{Z}/3\mathbb{Z}$ という写像は well-defined である. しかし $3\mathbb{Z} \not\supset 5\mathbb{Z}$ なので, $\mathbb{Z}/5\mathbb{Z} \ni x+5\mathbb{Z} \mapsto x+3\mathbb{Z} \in \mathbb{Z}/3\mathbb{Z}$ は well-defined でなく, 写像にならない. ◇

5.3 群の作用

次に群の作用について解説する. 群の作用により,「対称性」を作用の安定化群により定式化することができる.

定義 5.3.1 (群の作用) G を群, X を集合とする. G の X への**左作用**とは, 写像 $\phi: G \times X \ni (g,x) \mapsto \phi(g,x) \in X$ であり, 次の性質 (1), (2) を満たすものである.
(1) $\phi(1_G, x) = x$.
(2) $\phi(g, \phi(h,x)) = \phi(gh, x)$.
また, 写像 $\phi: G \times X \ni (g,x) \mapsto \phi(g,x) \in X$ が上の (1) と次の (2)′

(2)′ $\phi(g,\phi(h,x)) = \phi(hg,x)$

を満たすなら，ϕ を**右作用**という．　　　　　　　　　　　　　　◇

G の X への作用があるとき，G は X に**作用する**という．左作用なら，G は X に左から作用するという．右作用でも同様である．ϕ が左作用のときには，$\phi(g,x)$ の代わりに $g\cdot x$ と書くと，(2) の性質は $g\cdot(h\cdot x) = (gh)\cdot x$ となる．また，ϕ が右作用のときには，$\phi(g,x)$ の代わりに $x\cdot g$ と書くと，(2)′ の性質は $(x\cdot g)\cdot h = x\cdot(gh)$ となる．左作用・右作用ともに「$\cdot$」なしに gx, xg などと書くこともある．右作用の場合，$x\cdot g$ ではなく，x^g と書くことも多い．

なお，G が X に左から作用し，$x, y \in X$，$g \in G$，$gx = y$ なら，**g により x は y に移る**という．このとき，$g^{-1}y = g^{-1}gx = 1_G x = x$ となる．つまり，g により x が y に移るなら，g^{-1} により y は x に移る (あるいは x に戻る)．g^{-1} による作用が g による作用の逆写像になるので，次の命題を得る．

命題 5.3.2 群 G が集合 X に作用すると，$g \in G$ に対して定まる写像 $X \ni x \mapsto gx \in X$ は全単射である．

このように群の作用を考えると，逆元の存在が大きな意味を持つことがわかる．群の作用により $x \in X$ が $y \in X$ に移ると，x に関して成り立つ性質は，多くの場合 y に対しても成り立つ．これは逆元の存在なしには一般には成り立たないことである．

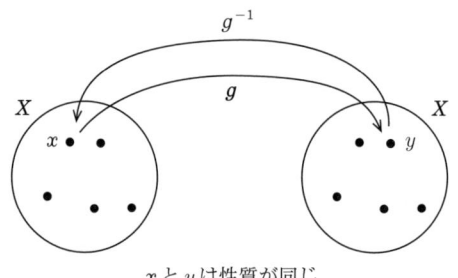

x と y は性質が同じ

例 5.3.3 (**群の作用の例 1**(**自明な作用**))　　G を群，X を集合とする．$g \in G$，$x \in X$ に対して $gx = x$ と定義すると，明らかにこれは左作用でも右作用でもある．この作用のことを**自明な作用**という．　　　　　　　　　　◇

例 **5.3.4** (群の作用の例 2)　$G = \mathfrak{S}_n$, $X = \{1,\cdots,n\}$ とする．G の元は X から X への全単射よりなる．$\sigma \in G$, $i \in X$ に対して，$\sigma(i)$ を写像としての値とすると，$\sigma,\tau \in \mathfrak{S}_n$ に対し $(\sigma\tau)(i) = \sigma(\tau(i))$ が G の積の定義だったので，$(\sigma,i) \mapsto \sigma(i)$ は左作用である．　　　　　　　　　　　　　　◇

群 G が有限集合 $X = \{x_1,\cdots,x_n\}$ に左から作用するとする．このとき，$gx_i = x_{\rho(g)(i)}$ $(i=1,\cdots,n)$ とおく．命題 5.3.2 で指摘したように，$\rho(g)$ は $\{1,\cdots,n\}$ の置換を引き起こし，写像 $\rho: G \to \mathfrak{S}_n$ を定める．

命題 5.3.5　$\rho: G \to \mathfrak{S}_n$ は群の準同型である．

証明　$g,h \in G$ なら，$i=1,\cdots,n$ に対し，
$$x_{\rho(gh)(i)} = (gh)x_i = g(hx_i) = gx_{\rho(h)(i)} = x_{\rho(g)\circ\rho(h)(i)}$$
である．したがって，$\rho(gh) = \rho(g)\circ\rho(h)$ である．　　　　　　　□

上の ρ を X への作用により定まる**置換表現**という．

例 **5.3.6** (群の作用の例 3(剰余類への作用))　H を群 G の部分群，$X = G/H$ とする．$g \in G$, $xH \in G/H$ に対して，$\boldsymbol{g \cdot (xH) = (gx)H}$ と定義すると，これは well-defined になり，G の G/H への左作用になる．これを $\boldsymbol{G}$ の $\boldsymbol{G/H}$ への**自然な作用**という．同様に G の $H\backslash G$ への右作用も定まる．これも自然な作用という．

例えば，$G = \mathfrak{S}_3$, $H = \langle(12)\rangle$ なら，G/H の完全代表系として $\{x_1 = 1, x_2 = (123), x_3 = (132)\}$ をとれる．$\rho: G \to \mathfrak{S}_3$ をこの場合の置換表現とする．

$(12)x_1 = (12) \in x_1H,$　　　　　$(123)x_1 = (123) \in x_2H,$

$(12)x_2 = (132)(12) \in x_3H,$　　$(123)x_2 = (132) \in x_3H,$

$(12)x_3 = (123)(12) \in x_2H,$　　$(123)x_3 = 1 \in x_1H$

なので，$\rho((12)) = (23)$, $\rho((123)) = (123)$ である．　　　　　　　◇

定理 5.3.7 (ケーリーの定理)　G が位数 n の有限群なら，G は $\mathfrak{S}_n$ の部分群となる．

証明 例 5.3.6 の作用を $H=\{1\}$ として考える．つまり，G は G の元に左からの積により作用する．$\rho: G \to \mathfrak{S}_n$ をこの作用により定まる置換表現とする．$g \in G$, $\rho(g) = 1$ なら，$g1 = 1$ である．よって，$g = 1$ となり，ρ は単射である．□

注 5.3.8 (準同型定理の意義) 準同型定理のところで約束したように，部分群の存在により群にあたりまえでない情報が得られる例について述べる．例えば，G が位数 60 の群で位数 15 の部分群 H を持ったとする．例 5.3.6 で考えた G の G/H への作用を考える．$|G/H| = 4$ なので，命題 5.3.5 より，G から $\mathfrak{S}_4$ への準同型 ϕ がある．$k \in G \setminus H$ なら，$(k, 1H) \mapsto kH$ であり，$k \notin H$ である $k \in G$ があるので，ϕ は自明な準同型ではない．したがって，$N = \mathrm{Ker}(\phi)$ とおくと，N は G の正規部分群で $N \neq G$ である．もし $N = \{1\}$ なら ϕ は単射になるので，$60 = |G| \leqq |\mathfrak{S}_4| = 24$ となり矛盾である．したがって，$N \neq \{1\}$ となり，N は自明でない正規部分群である．

群が自明でない正規部分群を持たないとき，**単純群**という．この概念についてはこれ以上解説しないが，方程式の可解性と関係したことである．上で説明したことは，位数 60 の群が位数 15 の部分群を持てば，単純群とはならないことを示している．これは，自明でない部分群の存在から群にあたりまえでない情報が得られる例である． ◇

例 5.3.9 (群の作用の例 4 (共役による作用)) G を群，$X = G$ とする．$g \in G, h \in X$ とするとき，$\mathrm{Ad}(g)(h) = ghg^{-1}$ と定義する．$g_1, g_2, h \in G$ なら

$$\mathrm{Ad}(g_1 g_2)(h) = (g_1 g_2) h (g_1 g_2)^{-1} = g_1 (g_2 h g_2^{-1}) g_1^{-1} = \mathrm{Ad}(g_1)(\mathrm{Ad}(g_2)(h))$$

である．$G \times X$ から X への写像を $(g, x) \mapsto \mathrm{Ad}(g)(x)$ と定義すると，上の考察よりこれは左作用になる．この作用のことを**共役による作用**という．また，$x, y \in X$, $g \in G$ なら，$x = gyg^{-1}$ となるとき，x, y は**共役**であるという．G が可換群なら，共役による作用は自明である．

$G = \mathfrak{S}_3$ とすると，$\sigma = (12)$ なら，

$\mathrm{Ad}(\sigma)(1) = 1, \quad \mathrm{Ad}(\sigma)((12)) = (12), \quad \mathrm{Ad}(\sigma)((13)) = (23),$

$\mathrm{Ad}(\sigma)((23)) = (13), \quad \mathrm{Ad}(\sigma)((123)) = (132), \quad \mathrm{Ad}(\sigma)((132)) = (123)$

なので，$1, (12), (13), (23), (123), (132)$ の順番に番号をつけると，置換表現 ρ により，$\rho(\sigma) = (34)(56)$ となる．

$H \subset G$ が部分群なら，$g \in G$ に対し，gHg^{-1} も G の部分群である．これは $h_1, h_2 \in H$ なら $gh_1g^{-1}gh_2g^{-1} = gh_1h_2g^{-1}$ となることなどから従う．S を G の部分群全体の集合とすると，G は S に作用する．この作用も共役による作用という． ◇

例 5.3.10 (**線形な作用**) $\mathbb{R}^2$ を実数を成分に持つ 2 次元列ベクトルのなす $\mathbb{R}$ 上のベクトル空間とする．列ベクトルは $[x_1, x_2]$ などと書く．G を群，$\rho: G \to \mathrm{GL}_2(\mathbb{R})$ を準同型とする．$g \in G$ なら $\rho(g)$ は 2×2 行列なので，$\boldsymbol{x} \in \mathbb{R}^2$ に対して積 $\rho(g)\boldsymbol{x}$ が定義できる．ρ は準同型なので，$\rho(1_G) = I_2$ である．したがって，$\rho(1_G)\boldsymbol{x} = \boldsymbol{x}$ となる．また $g, h \in G$ なら，行列に関しては結合法則が成り立つので，$\rho(g)(\rho(h)\boldsymbol{x}) = (\rho(g)\rho(h))\boldsymbol{x} = \rho(gh)\boldsymbol{x}$ となる．したがって，$(g, \boldsymbol{x}) \mapsto \rho(g)\boldsymbol{x}$ は左作用である．各 $\rho(g)$ は線形写像なので，このような作用のことを**線形な作用**という．

詳しくは書かないが，準同型 $G \to \mathrm{GL}_n(\mathbb{R})$ があるとき，G の $\mathbb{R}^n$ への作用があることも同様である．また，準同型 $G \to \mathrm{GL}_n(\mathbb{C})$ があれば，G は $\mathbb{C}^n$ に左から作用する．この場合も線形な作用という． ◇

G が $\mathrm{GL}_2(\mathbb{R})$ の部分群なら，包含写像 $G \to \mathrm{GL}_2(\mathbb{R})$ は準同型である．よって，G は $\mathbb{R}^2$ に作用する．特に，直交群 $\mathrm{O}(2)$ について考察する (例 5.2.19 参照)．$\theta \in \mathbb{R}$ に対し，

$$(5.3.11) \qquad R_\theta = \begin{pmatrix} \cos\theta & -\sin\theta \\ \sin\theta & \cos\theta \end{pmatrix}$$

とおく．

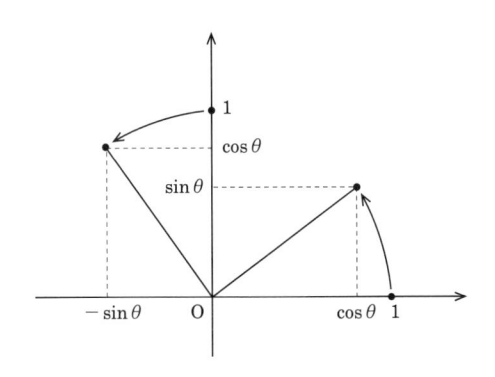

$R_\theta \in \mathrm{SO}(2)$ であることは計算でわかる. R_θ により, ベクトル $[1,0], [0,1]$ はそれぞれ $[\cos\theta, \sin\theta], [-\sin\theta, \cos\theta]$ に移る. したがって, R_θ は角度 θ の回転である.

補題 5.3.12 $\mathrm{SO}(2) = \{R_\theta \mid \theta \in \mathbb{R}\}$.

証明 $g = \begin{pmatrix} a & b \\ c & d \end{pmatrix} \in \mathrm{SO}(2)$ なら, $a^2 + c^2 = 1$, $b^2 + d^2 = 1$, $ab + cd = 0$. よって, $a = \cos\theta$, $c = \sin\theta$ となる $\theta \in \mathbb{R}$ がある. $ab + cd = 0$ なので, $b = -t\sin\theta$, $d = t\cos\theta$ となる $t \in \mathbb{R}$ がある. $\det g = 1$ なので, $t = 1$ となり, $g = R_\theta$ である. □

補題 5.3.12 により, $\mathrm{SO}(2)$ は回転により $\mathbb{R}^2$ (平面) に作用する.

$g \in \mathrm{O}(2)$ なら, ${}^t g g = I_2$ の行列式を考え, $(\det g)^2 = 1$ である. よって, $\det g = \pm 1$ となる.

(5.3.13) $$r = \begin{pmatrix} 1 & 0 \\ 0 & -1 \end{pmatrix} \in \mathrm{O}(2)$$

であることはすぐにわかるので, $\det : \mathrm{O}(2) \to \{\pm 1\}$ は全射準同型である. $\mathrm{Ker}(\det) = \mathrm{SO}(2)$ なので, 準同型定理 (定理 5.2.39) より $\mathrm{O}(2)/\mathrm{SO}(2) \cong \{\pm 1\}$. したがって, $(\mathrm{O}(2) : \mathrm{SO}(2)) = 2$ である. r はベクトル $[x,y]$ を $[x,-y]$ に移す. つまり, x 軸に関して対称な点に移す作用である.

例 5.3.10 では簡単のために 2 次元の場合を考えたが, $G \to \mathrm{GL}_n(\mathbb{R})$ が準同型である場合も同様で, G は $\mathbb{R}^n$ に作用する. したがって, $\mathrm{O}(n), \mathrm{SO}(n)$ も $\mathbb{R}^n$ に作用する.

直交群に関しては, 一般次元の場合も次の命題が成り立つ. 証明は 2 次元の場合と同様なので省略する.

命題 5.3.14 (1) $g \in \mathrm{O}(n)$ なら, $\det g = \pm 1$.
(2) $(\mathbf{O}(n) : \mathbf{SO}(n)) = \mathbf{2}$.

例 5.3.10 に関連して, 二面体群について解説する. 整数 $n > 0$ を固定する. P_n を単位円 $x^2 + y^2 = 1$ に内接し, $[1,0]$ を一つの頂点とする正 n 角形とする.

$$D_n = \{g \in \mathrm{O}(2) \mid gP_n = P_n\}$$

とおき，**二面体群**という．

なお，$gP_n = P_n$ とは g が集合 P_n を P_n に移すという意味であり，すべての $x \in P_n$ に対して $gx = x$ となるという意味ではない．

R_θ, r を (5.3.11), (5.3.13) で定義された元とする．$t = R_{2\pi/n}$ とおく．また I_2 のことを 1 と書く．

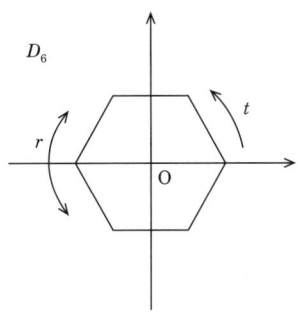

命題 5.3.15 (1) 関係式 $t^n = 1$, $r^2 = 1$, $rtr = t^{-1}$ が成り立つ．
(2) $|D_n| = 2n$, $D_n = \{1, t, \cdots, t^{n-1}, r, rt, \cdots, rt^{n-1}\}$ である．
(3) rt^i $(i = 0, \cdots, n-1)$ の位数は 2 である．

証明 (1) 最初の二つの関係式は明らかである．$\theta \in \mathbb{R}$ なら

$$\begin{pmatrix} 1 & 0 \\ 0 & -1 \end{pmatrix} \begin{pmatrix} \cos\theta & -\sin\theta \\ \sin\theta & \cos\theta \end{pmatrix} \begin{pmatrix} 1 & 0 \\ 0 & -1 \end{pmatrix} = \begin{pmatrix} \cos\theta & \sin\theta \\ -\sin\theta & \cos\theta \end{pmatrix} = R_\theta^{-1}$$

なので，$\theta = 2\pi/n$ とすれば $rtr = t^{-1}$ となる．

(2) まず $D_n = \{1, t, \cdots, t^{n-1}, r, rt, \cdots, rt^{n-1}\}$ であることを示す．P_n の頂点を $[1, 0]$ から反時計回りに $A_1 = [1, 0], \cdots, A_n$ とする．t は角度 $2\pi/n$ の回転なので，$A_1 \to A_2 \to A_3 \to \cdots \to A_n \to A_1$ と移す．したがって，$tP_n = P_n$ である．r は平面の点を x 軸に関して対称な点に移すので，$rP_n = P_n$ である．

$g \in D_n$ で $\det g = -1$ なら，$r \in D_n$, $\det(rg) = 1$ なので $rg \in \mathrm{SO}(2) \cap D_n$ である．$h = rg$ とおくと，$r^2 = 1$ なので，$g = rh$ である．$R_\theta \in \mathrm{SO}(2) \cap D_n$ なら $R_\theta A_1$ は P_n の頂点でなければならないので，$0 \leqq k \leqq n-1$ があり，$R_\theta A_1 = A_{k+1} = R_{2k\pi/n} A_1$ となる．すると，$\cos\theta = \cos\dfrac{2k\pi}{n}$, $\sin\theta = \sin\dfrac{2k\pi}{n}$ なので，$R_\theta = R_{2k\pi/n} = t^k$ である．よって，$D_n = \{1, t, \cdots, t^{n-1}, r, rt, \cdots, rt^{n-1}\}$ である．

$0 \leqq i < j \leqq n-1$ なら，$t^i A_1 = A_{i+1}$, $t^j A_1 = A_{j+1}$ で $A_{i+1} \neq A_{j+1}$ なので，

$t^i \neq t^j$ である．$t^i = t^j$ と $rt^i = rt^j$ は同値なので，$r,\cdots,rt^{n-1}$ はすべて異なる．$\det t^k = 1$, $\det(rt^k) = -1$ なので，$\{1,\cdots,t^{n-1},r,\cdots,rt^{n-1}\}$ はすべて異なる．したがって，$|D_n| = 2n$ である．

任意の i に対し $rt^i rt^i = r^2 t^{-i} t^i = 1$ となるので，(3) が従う． □

定義 5.3.16 群 G が集合 X に作用するとする．
(1) $x \in X$ なら $G \cdot x = \{gx \mid g \in G\}$ と書き，x の G による**軌道**という．
(2) $x \in X$ があり，$G \cdot x = X$ となるとき，この作用は**推移的**であるという．また，X は G の**等質空間**であるという．
(3) $x \in X$ なら $G_x = \{g \in G \mid gx = x\}$ と書き，x の**安定化群**という． ◊

例 5.3.17 (軌道・安定化群の例)
$$G = \mathrm{SO}(2) = \left\{ R_\theta = \begin{pmatrix} \cos\theta & -\sin\theta \\ \sin\theta & \cos\theta \end{pmatrix} \middle| \theta \in \mathbb{R} \right\}, \quad X = \mathbb{R}^2$$
とおくと，G は X に線形に作用する．

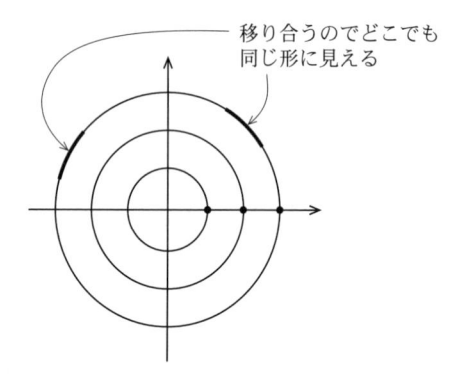

正の実数 a に対し，$R_\theta[a,0] = [a\cos\theta, a\sin\theta]$ である．よって，点 $[a,0]$ の軌道は半径 a の円である（上図参照）．$R_\theta[a,0] = [a,0]$ なら，$\cos\theta = 1$, $\sin\theta = 0$ なので，θ は 2π の整数倍である．よって，$R_\theta = I_2$ となり，$[a,0]$ の安定化群は自明である．また，$a > 0$ を固定すれば，G は
$$C_a = \{[x,y] \in \mathbb{R}^2 \mid x^2 + y^2 = a^2\}$$
に作用し，C_a は等質空間である．

命題 5.3.2 の後でも述べたように，群の作用で点が別の点に移るなら，それらの点は群に関して同じ性質を持つ．よって，作用が推移的なら，少し曖昧だ

が，どの点も「同じように見える」といってよい．例えば，この例の軌道は円であり，円はどの点の周りでも同じように見える．これは作用が推移的だからである．この意味で，作用が推移的である集合を「等質空間」とよぶのがふさわしいといえる．   ◇

ここで「対称性」ということについて解説する．$G = \mathrm{SO}(3)$ は $\mathbb{R}^3$ に作用する (例 5.3.6)．$S \subset \mathbb{R}^3$ なら，$\boldsymbol{gS = \{gx \mid x \in S\}}$ と定義する．このように，G は $\mathbb{R}^3$ の部分集合全体の集合に作用する．$S \subset \mathbb{R}^3$ の安定化群 G_S は S を集合として不変にする．例えば S が正四面体なら，この節の最初で述べた頂点の周りの回転などは G_S の元である．このように，「$S \subset \mathbb{R}^3$ の**対称性**」とは，厳密には $\mathrm{SO}(3)$ における S の安定化群，あるいはその元と解釈することができるのである．

定義 5.3.18 H を群 G の部分群とする．
(1) $\mathrm{N}_G(H) = \{g \in G \mid gHg^{-1} = H\}$,
(2) $\mathrm{Z}_G(H) = \{g \in G \mid {}^\forall h \in H,\ gh = hg\}$,
(3) $\mathrm{Z}(G) = \mathrm{Z}_G(G)$

と定義し，$\mathrm{N}_G(H), \mathrm{Z}_G(H)$ をそれぞれ H の**正規化群**，**中心化群**という (これらが部分群であることの証明は略)．また，$\mathrm{Z}(G)$ を G の**中心**という．$x \in G$ で $H = \langle x \rangle$ のとき，$\mathrm{Z}_G(H)$ の代わりに $\mathrm{Z}_G(x)$ とも書き，x の中心化群という．◇

命題 5.3.19 有限群 G が集合 X に作用するとする．このとき $x \in X$ なら，$|G \cdot x| = (G : G_x)$ である．特に，$|G \cdot x|$ は $|G|$ の約数である．

証明 G から $G \cdot x$ への写像を $f : G \ni g \mapsto gx \in G \cdot x$ と定義する．f は明らかに全射である．$g, h \in G$ なら，

$$f(g) = f(h) \iff gx = hx \iff h^{-1}gx = x \iff h^{-1}g \in G_x \iff g \in hG_x$$

となるので，軌道 $G \cdot x$ は剰余類 G/G_x と 1 対 1 に対応する．したがって，$|G \cdot x| = |G/G_x| = (G : G_x)$ である．   □

系 5.3.20 H が群 G の部分群であるとき，H と共役な部分群の個数

は $(G : \mathrm{N}_G(H))$ である．特に，この個数は $(G : H)$ の約数である．

証明 G の部分群全体の集合への共役による作用 (例 5.3.9) を考えると，H の安定化群は $\mathrm{N}_G(H)$ である．よって，命題 5.3.19 より，H の軌道，つまり H と共役な部分群の個数は $(G : \mathrm{N}_G(H))$ である．$H \subset \mathrm{N}_G(H)$ なので，$(G : \mathrm{N}_G(H))$ は $(G : H)$ の約数である．後半の主張はこれより従う．　□

定義 5.3.21 p を素数とする．G が有限群で $|G|$ が p べき，つまり p^e (e は正の整数) という形であるとき，G を **p 群**という．　◇

例 5.3.22 $\mathbb{Z}/p^n\mathbb{Z}$ ($n > 0$ は整数) は p 群である．このような形の群の有限個の直積も p 群である．$|D_4| = 8 = 2^3$ なので，D_4 は p 群である．　◇

本書では，シローの定理はほとんど使わないので，証明なしに述べるだけにする．

定理 5.3.23 (シローの定理) G を有限群，p を素数，$|G| = p^a m$ ($a > 0$, $\gcd(p, m) = 1$) とする．このとき，次の (1)–(4) が成り立つ．

(1) G の部分群 H で $|H| = p^a$ となるものがある．このような部分群 H を**シロー p 部分群**という．

(2) シロー p 部分群 H を一つ固定する．$K \subset G$ が部分群で $|K|$ が p べきなら，$g \in G$ があり，$K \subset gHg^{-1}$ となる．特に，K を含む G のシロー p 部分群がある．

(3) G のすべてのシロー p 部分群は共役である．

(4) シロー p 部分群の数 s は $s = |G|/|\mathrm{N}_G(H)| \equiv 1 \mod p$ という条件を満たす．

例 5.3.24 (シローの定理の応用例) シローの定理の応用を一つだけ考える．G が群，$|G| = pq$, p, q が異なる素数で $p \not\equiv 1 \mod q$, $q \not\equiv 1 \mod p$ なら，$G \cong \mathbb{Z}/pq\mathbb{Z}$ であることを示す．

H_1, H_2 をシロー p 部分群，シロー q 部分群とする．$H_1 \cong \mathbb{Z}/p\mathbb{Z}$, $H_2 \cong \mathbb{Z}/q\mathbb{Z}$ である．r, s をそれぞれシロー p 部分群，シロー q 部分群の数とすると，$r \equiv 1 \mod p$, $s \equiv 1 \mod q$ である．シロー p 部分群はすべて H_1 と共役なので，その

個数は系 5.3.20 より $(G:H_1)=q$ の約数である．q は素数で $q \not\equiv 1 \mod p$ なので，H_1 の共役は H_1 だけである．これより $H_1 \triangleleft G$ である．同様に $H_2 \triangleleft G$ である．$|H_1 \cap H_2|$ は $|H_1|=p$, $|H_2|=q$ の約数なので，$|H_1 \cap H_2|=1$ である．よって，$H_1 \cap H_2 = \{1\}$ である．命題 5.2.38 より $G \cong H_1 \times H_2$ である．また，$\mathbb{Z}/pq\mathbb{Z} \cong \mathbb{Z}/p\mathbb{Z} \times \mathbb{Z}/q\mathbb{Z}$ でもあるので，$G \cong \mathbb{Z}/pq\mathbb{Z}$ である．

なお，$H_1 \times H_2 \cong \mathbb{Z}/pq\mathbb{Z}$ は中国式剰余定理 (定理 6.4.2) から従う． ◇

5 章の演習問題

5.1.1 (関係)　$X=\mathbb{R}$ で $R=\{(x,y) \mid x^2+y^2 \geqq 4\}$ で定まる関係を考える．このとき，(1) 1,1　(2) 1,2 にはこの関係はあるか？

5.2.1　$G=\mathbb{R}$ は演算 $x \circ y = xy$ に関して群となるか？

5.2.2　x,y,z が群 G の元で $y^{-1}zxy^2z=yz^2$ であるとき，x を y,z で表せ．

5.2.3　x,y,z,w が群 G の元であるとき，$(xy)(zw)=(x(yz))w$ であることを結合法則を使って証明せよ．

5.2.4　$\sigma=(1\,2\,3), \tau=(3\,4\,5) \in \mathfrak{S}_5$ とするとき，$\sigma\tau, \tau\sigma\tau^{-1}$ を求めよ．

5.2.5　G が群で $g \in G$ とする．
(1)　g の位数が 60 のとき，g^{50} の位数を求めよ．
(2)　g の位数が 48 のとき，g^{42} の位数を求めよ．
(3)　g の位数が 35 のとき，g^{12} の位数を求めよ．

5.2.6　H が群 G の空でない部分集合で，任意の $x,y \in H$ に対し $xy^{-1} \in H$ であるとき，H は G の部分群であることを証明せよ．

5.2.7 (シンプレクティック群)　$n>0$ に対し $J_n = \begin{pmatrix} 0 & I_n \\ -I_n & 0 \end{pmatrix}$ とおく．$G=\mathrm{GL}_{2n}(\mathbb{R})$, $H=\{g \in G \mid {}^t g J_n g = J_n\}$ とすると，H は G の部分群であることを証明せよ．(この H を $\mathrm{Sp}(2n,\mathbb{R})$ と書く．)

5.2.8 次の H が G の部分群であるかどうか判定せよ．

(1) $H = \{1, (1\,2\,3)\} \subset G = \mathfrak{S}_3$

(2) $H = \{1, (1\,2)\} \subset G = \mathfrak{S}_3$

(3) $H = \{A = (a_{ij}) \in \mathrm{GL}_2(\mathbb{R}) \mid a_{ij} \in \mathbb{Z}\} \subset G = \mathrm{GL}_2(\mathbb{R})$

(4) $G = \mathrm{GL}_2(\mathbb{R})$，$H$ は G の元で対角行列であるもの全体よりなる部分集合．

5.2.9 $G = \mathbb{C}^\times = \mathbb{C} \setminus \{0\}$ を通常の乗法による群とする．$n > 0$, $H = \{z \in G \mid z^n = 1\}$ とするとき，H が G の位数 n の巡回部分群であることを証明せよ．

5.2.10 次の群が巡回群かどうか判定せよ．

(1) $G = \mathfrak{S}_3$

(2) $G = \langle (1\,2), (3\,4\,5) \rangle \subset \mathfrak{S}_5$

(3) $G = \langle (1\,2), (3\,4) \rangle \subset \mathfrak{S}_4$

(4) $G = \mathbb{Q}$

5.2.11 (1) $\mathfrak{S}_n$ は $\sigma_1 = (1\,2), \cdots, \sigma_{n-1} = (n-1\,n)$ によって生成されることを証明せよ．

(2) $\mathfrak{S}_n$ は $\sigma = (1\,2\cdots n)$ と $\tau = (1\,2)$ によって生成されることを証明せよ．

5.2.12 $A = \begin{pmatrix} 0 & 1 \\ -1 & 0 \end{pmatrix}$, $B = \begin{pmatrix} 1 & 0 \\ 0 & -1 \end{pmatrix}$, $C = \begin{pmatrix} \sqrt{-1} & 0 \\ 0 & -\sqrt{-1} \end{pmatrix}$, $G = \mathrm{GL}_2(\mathbb{C})$ とおく．

(1) G の中で $\{A, B\}$ で生成された部分群を H_1 とするとき，H_1 の位数を求めよ．

(2) G の中で $\{A, C\}$ で生成された部分群を H_2 とするとき，H_2 の位数を求めよ．

(3) H_1, H_2 が同型でないことを証明せよ．

5.2.13 G が群，$H \subset G$ が部分群で $(G : H) = 2$ なら H が G の正規部分群であることを証明せよ．

5.2.14 N_1, N_2 が群 G の正規部分群なら，$N_1 N_2$ ((5.2.21) 参照) も G の正規部分群であることを証明せよ．

5.2.15 (1) G のすべての元 g に対し $g^2 = 1$ なら，G は可換群であること

を証明せよ．

(2) G が位数 4 の群なら，G は可換群であることを証明せよ．

5.2.16 $G = \mathfrak{S}_3$ の自明でない部分群をすべて決定せよ．その中で G の正規部分群であるものはどれか？

5.2.17 次の部分群が正規部分群かどうか判定せよ．
(1) $H = \langle (12) \rangle \subset G = \mathfrak{S}_3$
(2) $H = \{1, (12)(34), (13)(24), (14)(23)\} \subset G = \mathfrak{S}_4$
(3) $H = \left\{ \begin{pmatrix} a & 0 \\ b & c \end{pmatrix} \middle| a,c \in \mathbb{C} \backslash \{0\},\ b \in \mathbb{C} \right\} \subset \mathrm{GL}_2(\mathbb{C})$

5.2.18 $G = \mathbb{R}$, $H = \{x \in \mathbb{R} \mid x > 0\}$ をそれぞれ，通常の加法と乗法により群とみなす．このとき，写像 $\phi : G \ni x \mapsto e^x \in H$ は群の準同型か？

5.2.19 $\mathbb{R} \ni a > 0$ とするとき，$\mathbb{R}/a\mathbb{Z} \cong \mathbb{R}/\mathbb{Z}$ であることを準同型定理を使って証明せよ．

5.2.20 $\mathbb{C}, \mathbb{Z}$ の通常の加法と $\mathbb{C} \backslash \{0\}$ の通常の乗法を考えるとき，$\mathbb{C}/\mathbb{Z} \cong \mathbb{C} \backslash \{0\}$ であることを準同型定理を使って証明せよ．

5.2.21
$$G = \left\{ \begin{pmatrix} a & b \\ 0 & c \end{pmatrix} \middle| a,c \in \mathbb{R} \backslash \{0\},\ b \in \mathbb{R} \right\},\ N = \left\{ \begin{pmatrix} a & b \\ 0 & 1 \end{pmatrix} \middle| a \in \mathbb{R} \backslash \{0\},\ b \in \mathbb{R} \right\}$$
とする．
(1) G の元に対して，その $(2,2)$ 成分を対応させる写像 ϕ は G から $\mathbb{R} \backslash \{0\}$ (演算は乗法) への全射準同型であることを証明せよ．
(2) 準同型定理により，$G/N \cong \mathbb{R} \backslash \{0\}$ となることを証明せよ．

5.2.22 $\mathbb{Z} \times \mathbb{Z}$ の指数 3 の部分群の数を求めよ．

5.3.1 x, y は群 G の元とする．
(1) x の位数が 5 で $yxy^{-1} = x^2$ とするとき，$y^{99} x y^{-99}$ を求めよ．
(2) x の位数が 7 で $yxy^{-1} = x^5$ とするとき，$y^{9999} x y^{-9999}$ を求めよ．

5.3.2 例 5.3.6 の状況において，$\rho((13))$ を求めよ．

5.3.3 $G = D_4$ を二面体群，t, r を命題 5.3.15 のようにとる．$H = \langle r \rangle$ とし，G の G/H への作用を考える (例 5.3.6)．G/H の元に適当に番号をつけ，置換表現を $\rho : G \to \mathfrak{S}_4$ とするとき，$\rho(t), \rho(r)$ を求めよ．

5.3.4 $G = \mathfrak{S}_3$ とする．
(1) $X = \{(1\,2), (1\,3), (2\,3)\}$ とするとき，共役により G は X に作用することを証明せよ．
(2) (1) により定まる置換表現を ρ とするとき，ρ は同型であることを証明せよ．

5.3.5 $G = \mathfrak{S}_4$, $X = \{x_1 = (1\,2)(3\,4),\ x_2 = (1\,3)(2\,4),\ x_3 = (1\,4)(2\,3)\}$ とする．
(1) 共役により G は X に作用することを証明せよ．
(2) (1) により定まる置換表現を ρ とするとき，ρ は全射であることを証明し，$\mathrm{Ker}(\rho)$ を求めよ．

5.3.6 $\mathfrak{S}_3$ の中心が $\{1\}$ であることを証明せよ．

5.3.7 D_4 の中心が $\{1, t^2\}$ であることを証明せよ．

5.3.8 $G = \left\{ \begin{pmatrix} 1 & 0 & 0 \\ a & 1 & 0 \\ b & c & 1 \end{pmatrix} \;\middle|\; a, b, c \in \mathbb{R} \right\}$ とする．これが $\mathrm{GL}_3(\mathbb{R})$ の部分群であることは認める．G の中心を求めよ．

5.3.9 $G = \mathrm{GL}_2(\mathbb{R})$ は $\mathbb{R}^2$ へ作用する (例 5.3.6)．$\boldsymbol{x} = [1, 0]$ とするとき，次の (1), (2) に答えよ．
(1) $\boldsymbol{x}$ の安定化群を求めよ．
(2) $\boldsymbol{x}$ の軌道を記述せよ．

5.3.10 $G = \mathrm{SL}_2(\mathbb{R})$, $\mathbb{H} = \{z \in \mathbb{C} \mid \mathrm{Im}(z) > 0\}$ とおく．$g = \begin{pmatrix} a & b \\ c & d \end{pmatrix}$ と $z \in \mathbb{H}$ に対し，$gz = (az+b)(cz+d)^{-1}$ と定義する．
(1) $cz + d \neq 0$ で $gz \in \mathbb{H}$ であることを証明せよ．したがって，$\mathbb{H} \ni z \mapsto gz \in \mathbb{H}$ は well-defined な写像である．
(2) $z \mapsto gz$ により，$\mathrm{SL}_2(\mathbb{R})$ は $\mathbb{H}$ に左から作用することを証明せよ．

(3) (2) の作用は推移的であることを証明せよ．

(4) $z = \sqrt{-1}$ での安定化群を求めよ．

5.3.11 G を群，X を G 上の実数値関数全体の集合とする．

(1) $g, h \in G$, $f \in X$ に対し，$(\rho(g)f)(h) = f(gh)$ と定義する．$X \ni f \mapsto \rho(g)f \in X$ は G の X への右作用になることを証明せよ．

(2) $g, h \in G$, $f \in X$ に対し，$(\rho(g)f)(h) = f(g^{-1}hg)$ と定義する．$X \ni f \mapsto \rho(g)f \in X$ は G の X への左作用になることを証明せよ．

5.3.12 $\mathfrak{S}_n$ において，すべての互換は共役であることを証明せよ．

5.3.13 G を群，$H \subset G$ を指数有限の部分群とする．このとき，G の指数有限の正規部分群 N で H に含まれるものがあることを G の G/H への作用を考えることにより証明せよ．

5.3.14 G を位数 21 の群とするとき，シロー 3 部分群かシロー 7 部分群のどちらかは正規部分群であることを証明せよ．

第 6 章
環と加群

$\mathbb{Z}$ は加法と乗法が定義されていて,加法に関しては可換群になっている.このような対象を環という.$\mathbb{Z}$ の部分群 $n\mathbb{Z}$ は単に部分群になっているだけでなく,イデアルというものになっている.イデアルは環上の加群の重要な例である.整数論では,代数体の整数環が環であり,この環およびそのイデアルの考察が不定方程式の考察などでも重要な役割を果たす.この章では,環と環上の加群について解説する.

6.1 環の基本

この節では環やイデアルの定義や基本性質について解説する.

定義 6.1.1 集合 A に二つの演算 $+$ と $\times$ (**加法・乗法**,あるいは**和・積**,$a \times b$ は ab とも書く) が定義されていて,次の性質を満たすとき,A を**環**という.

(1) A は $+$ に関して可換群になる.(以下,$+$ に関する単位元を 0 と書く.)
(2) すべての $a, b, c \in A$ に対し,$(ab)c = a(bc)$. (**積の結合法則**)
(3) すべての $a, b, c \in A$ に対し,
$$a(b+c) = ab+ac, \quad (a+b)c = ac+bc. \quad \text{(分配法則)}$$
(4) 乗法についての単位元 1 がある.つまり,$1a = a1 = a$ がすべての $a \in A$ に対して成り立つ. ◇

定義 6.1.1 (1), (4) で環を明示したいときには,$\mathbf{0}_A, \mathbf{1}_A$ などと書く.a, b が環 A の元で $ab = ba$ なら,a, b は**可換**であるという.A の任意の元 a, b が可換な

ら，A を**可換環**という．また $a \in A$ に対し，$b \in A$ で $ab = ba = 1$ となる元があれば，b を a の**逆元**といい a^{-1} と書く．a^{-1} が存在するとき，a を**可逆元**，**単元**，または**単数**という．多項式環などを考えるときには，単数などとよぶのには抵抗があるが，8.1 節で定義する代数的整数環の元は「数」とよぶのがふさわしいので，本書では整数環を扱うときには「単数」という用語を使うことにする．a^{-1} が a によって一意的に定まることや，a,b が可逆なら ab も可逆であることは命題 5.2.4 (2), (3) の証明と同様な議論によりわかる．A の単元全体の集合を $A^\times$ と書く．$A^\times$ は A の乗法に関して群になる．これを A の**乗法群**，**単元群**，あるいは**単数群**という．整数論的な状況では単数群という用語を使う．

例 6.1.2（**自明な環**） $A = \{0\}$, $0+0 = 0$, $0 \cdot 0 = 0$ と定義すると，A は環である．この環を**零環**，あるいは**自明な環**という． ◇

環 A において $1 = 0$ なら，
$$a = 1a = 0a = (0+0)a = 0a + 0a = 1a + 1a = a + a$$
なので，$a = 0$ である．よって，$1 = 0$ なら，A は零環である．**本書では，ことわらないかぎり自明でない環だけを考えることにする．**つまり，$1 \neq 0$ を仮定する．

例 6.1.3（**環の例 1**） $\mathbb{Z}, \mathbb{Q}, \mathbb{R}, \mathbb{C}$ は通常の加法と乗法で可換環である． ◇

例 6.1.4（**環の例 2**） 成分が実数である $n \times n$ 行列の集合を $\mathrm{M}_n(\mathbb{R})$ とし，行列の和と積を考えると，$\mathrm{M}_n(\mathbb{R})$ は環である．$n \geq 2$ なら，$\mathrm{M}_n(\mathbb{R})$ は可換ではない．$\mathbb{Z}^\times = \{\pm 1\}$, $\mathbb{R}^\times = \mathbb{R} \setminus \{0\}$, $\mathbb{C}^\times = \mathbb{C} \setminus \{0\}$ である．$\mathrm{M}_n(\mathbb{R})$ の乗法群は $n \times n$ 正則行列よりなり，例 5.2.2 で定義した $\mathrm{GL}_n(\mathbb{R})$ である． ◇

定義 6.1.5 集合 K に二つの演算 $+$ と $\times$（**加法・乗法**，あるいは**和・積**，$\times$ は $\cdot$ とも書く）が定義されていて，次の条件を満たすとき K を**可除環**という．

(1) 演算 $+, \times$ により K は環になる．
(2) 任意の $K \ni a \neq 0$ が乗法に関して逆元を持つ． ◇

K が可除環であるとき，環として可換なら**体**という．非可換な可除環を**斜体**という．流儀によっては可除環と斜体の定義が同じなので，注意が必要である．

体でも加法,乗法に関する単位元を $0, 1$ と書く.本書では環は自明な環でないと仮定するので,体でも $1 \neq 0$ である.集合 X が環や体になるとき,「X には環 (あるいは体) の構造が入る」というのは,群の場合と同様である.

これ以降,本書ではことわらないかぎり可換環のみを考える.

例 6.1.6 $\mathbb{Z}$ は通常の加法と乗法により環だが,$1/2 \notin \mathbb{Z}$ なので体ではない. ◇

例 6.1.7 $\mathbb{Q}, \mathbb{R}, \mathbb{C}$ は通常の加法と乗法により体であり,それぞれ**有理数体**,**実数体**,**複素数体**という. ◇

定義 6.1.8 (環の準同型・同型) A, B を環,$\phi : A \to B$ を写像とする.

(1) $\phi(x+y) = \phi(x) + \phi(y)$, $\phi(xy) = \phi(x)\phi(y)$ がすべての $x, y \in A$ に対し成り立ち,$\phi(1_A) = 1_B$ であるとき,ϕ を**準同型**という.

(2) ϕ が準同型で逆写像を持ち,逆写像も準同型であるとき,ϕ は**同型**であるという.また,このとき,A, B は同型であるといい,$A \cong B$ と書く.

(3) A, B が体であるとき,写像 $\phi : A \to B$ が環としての準同型・同型であるとき,**体の準同型・同型**という. ◇

群の場合と同様に,環の準同型は写像として全単射なら同型である.
$A = B$ なら準同型・同型を**自己準同型・自己同型**という.
次の命題の証明は省略する.

命題 6.1.9 (準同型・同型の合成) A, B, C を環,$\phi : A \to B$, $\psi : B \to C$ を準同型とするとき,その合成 $\psi \circ \phi : A \to C$ も準同型である.ϕ, ψ が同型なら,$\psi \circ \phi$ も同型である.

命題 6.1.10 $\phi : A \to B$ が環準同型なら,$\phi(A^\times) \subset B^\times$ となり,ϕ は群の準同型 $A^\times \to B^\times$ を引き起こす.

証明 $a \in A^\times$ なら $b \in A$ があり $ab = 1$ となる.すると,$1 = \phi(ab) = \phi(a)\phi(b)$ となるので,$\phi(a) \in B^\times$ である.ϕ は積を保つので,$A^\times \to B^\times$ は群の準同型である. □

環 A の自己同型全体の集合を $\mathrm{Aut}^{\mathrm{al}} A$ と書く．群の場合と同様に，写像の合成により $\mathrm{Aut}^{\mathrm{al}} A$ は群になる．この群 $\mathrm{Aut}^{\mathrm{al}} A$ を A の **自己同型群** という．A が他の環上の加群 (定義 6.8.1) とみなせ，加群としての同型と区別する必要がある場合を考え $\mathrm{Aut}^{\mathrm{al}} A$ と書くが，状況が明らかな場合には，$\mathrm{Aut}\, A$ とも書くことにする．

例 6.1.11 (準同型の例 1) A を任意の環とするとき，n が正の整数なら，

$$n\cdot 1_A = \overbrace{1_A + \cdots + 1_A}^{n}$$

と書く．$n=0$ なら，$0\cdot 1_A = 0$, $n<0$ なら，$n\cdot 1_A$ を $-(-n)\cdot 1_A$ と定義する．$\phi: \mathbb{Z} \to A$ を $\phi(n) = n\cdot 1_A$ と定義すると，ϕ は環の準同型である (証明は略)．また，$\psi: \mathbb{Z} \to A$ が準同型なら，$\psi(1) = 1_A$ なので，$n>0$ なら帰納法により $\psi(n) = n\cdot 1_A$ となる．$n<0$ なら $\psi(n) = -\psi(-n)$ となるので，ϕ は $\mathbb{Z}$ から A へのただ一つの準同型である．この ϕ のことを $\mathbb{Z}$ から A への **自然な準同型** という． ◇

定義 6.1.12 A を環とする．部分集合 $I \subset A$ が次の条件 (1), (2) を満たすとき，A の **イデアル** という．
(1) I は A の加法に関して部分群である．
(2) 任意の $a \in A, x \in I$ に対し，$ax \in I$ である． ◇

なお，I が空集合でなく，和について閉じていて，(2) が成り立てば，$x \in I$ なら，$-x = (-1)x \in I$, $x+(-x) = (1+(-1))x = 0x = 0 \in I$ となるので，(1) が成り立つ．

例 6.1.13 (イデアルの例 1) A が環なら，$I = \{0\}, A$ は A のイデアルである．これらを A の **自明なイデアル** という．また，$\{0\}$ を A の **零イデアル** という．A のイデアルで A と異なるものを **真のイデアル** という． ◇

例 6.1.14 (イデアルの例 2) $n \in \mathbb{Z}$, $n\mathbb{Z} = \{nx \mid x \in \mathbb{Z}\}$ とする．$n\mathbb{Z}$ は加法に関して $\mathbb{Z}$ の部分群である (例 5.2.16)．$a, x \in \mathbb{Z}$ なら，$a(nx) = n(ax) \in n\mathbb{Z}$ なので，$n\mathbb{Z}$ は $\mathbb{Z}$ のイデアルである． ◇

自明でないイデアルの例は 8 章で多く考察することになる.

$S = \{s_1, \cdots, s_n\}$ を環 A の有限部分集合とするとき,$a_1, \cdots, a_n \in A$ により

$$(6.1.15) \qquad a_1 s_1 + \cdots + a_n s_n$$

という形をした元全体の集合 I は A のイデアルになる (証明は略).このイデアル I を $(s_1, \cdots, s_n)$,$s_1 A + \cdots + s_n A$,あるいは $As_1 + \cdots + As_n$ と書き,S で**生成されたイデアル**という.S が無限集合なら,S の有限部分集合で生成されたイデアル全体の和集合 I はイデアルになる.これも S で生成されたイデアルという.いずれの場合も S は I を生成する,あるいは,S は I の**生成系**であるという.また,S の元を I の**生成元**という.有限集合で生成されたイデアルを**有限生成なイデアル**という.一つの元で生成されたイデアルを**単項イデアル**という.

後で必要になるので,イデアルに関するいくつかの操作を定義しておく.

定義 6.1.16 A を環,$I, J \subset A$ をイデアルとする.
(1) $I + J = \{x + y \mid x \in I, y \in J\}$ と定義し,イデアル I, J の**和**という.
(2) IJ を xy $(x \in I, y \in J)$ という形の元全体の集合で生成されたイデアルと定義し,イデアル I, J の**積**という. ◇

次の命題の証明は省略する.

命題 6.1.17 (**イデアルの和と積**) 定義 6.1.16 の状況で $I \cap J$,$I + J$,IJ は A のイデアルである.

例 6.1.18 (**イデアルの和と積の例**) $A = \mathbb{Z}$,$I = 6\mathbb{Z}$,$J = 8\mathbb{Z}$ なら $8 - 6 = 2 \in I + J$ なので,$2\mathbb{Z} \subset I + J$ である.$I + J$ の元はすべて偶数なので,$I + J = 2\mathbb{Z}$ である.$IJ = 48\mathbb{Z}$ であることは明らかである.

一般に $a, b \in \mathbb{Z}$ で $d = \gcd(a, b)$ なら,定理 1.5.3 より $a\mathbb{Z} + b\mathbb{Z} = d\mathbb{Z}$ となるが詳細は省略する. ◇

3 個以上のイデアルの和や積も同様である.イデアル I の n 個の積を I^n と書く.例えば,$\mathbb{Z}$ において,$I = (3)$ なら,$I^3 = (27)$ である.イデアルの場合,直積を考えることはあまりないので,この記号 I^n でも問題ないだろう.

定義 6.1.19 A を環とする．A の部分集合 B が A の加法と乗法により環になり，$1_A \in B$ なら，B を A の**部分環**，A を B の**拡大環**という． ◇

部分群の場合 (命題 5.2.14) と同様に，次の命題が成り立つ (証明は略)．

命題 6.1.20 A を環，$B \subset A$ を部分集合とするとき，B が部分環であるための必要十分条件は，次の (1)–(3) が成り立つことである．
(1) B は加法に関して部分群である．
(2) $a, b \in B$ なら，$ab \in B$．
(3) $1_A \in B$．

部分環についても命題 5.2.20 と同様な性質が成り立つが，詳細は省略する．

例 6.1.21 (部分環の例) $\mathbb{Z} \subset \mathbb{Q} \subset \mathbb{R} \subset \mathbb{C}$ はすべて部分環である． ◇

定義 6.1.22 A が環 B の部分環で $I \subset A$ がイデアルであるとき，I で生成された B のイデアルを IB と書く． ◇

命題 6.1.23 A が環 B の部分環で $I \subset B$ をイデアルとする．このとき，$I \cap A$ は A のイデアルである．$I \neq B$ なら，$I \cap A \neq A$ である．

証明 前半の主張は明らかである．$I \neq B$ なら，$1 \notin I$ である．よって，$1 \notin I \cap A$ である．したがって，$I \cap A \neq A$ である． □

定義 6.1.24 $\phi : A \to B$ を環準同型とする．
(1) $\mathrm{Ker}(\phi) = \{x \in A \mid \phi(x) = 0_B\}$ とおき，ϕ の**核**という．
(2) $\mathrm{Im}(\phi) = \{\phi(x) \mid x \in A\}$ とおき，ϕ の**像**という． ◇

上の ϕ は加法群の準同型でもあるので，$\mathrm{Im}(\phi)$ は B の加法群としての部分群である．$1_B = \phi(1_A) \in \mathrm{Im}(\phi)$ であり，$\mathrm{Im}(\phi)$ の任意の二つの元は $a, b \in A$ により $\phi(a), \phi(b)$ という形をしているので，$\phi(a)\phi(b) = \phi(ab) \in \mathrm{Im}(\phi)$ となる．よって，$\mathrm{Im}(\phi)$ は B の部分環である．

> **命題 6.1.25** $\phi: A \to B$ が環の準同型なら，$\mathrm{Ker}(\phi)$ は A のイデアルで，$\mathrm{Ker}(\phi) \neq A$ である．

証明 $a \in A$, $x \in \mathrm{Ker}(\phi)$ とする．$\phi(ax) = \phi(a)\phi(x) = \phi(a)0 = 0$ なので，$ax \in \mathrm{Ker}(\phi)$ である．ϕ は加法群の準同型でもあるので，$\mathrm{Ker}(\phi)$ は加法に関して部分群である．よって $\mathrm{Ker}(\phi)$ はイデアルである．$\phi(1_A) = 1_B \neq 0_B$ なので，$\mathrm{Ker}(\phi) \neq A$ である． $\square$

$\mathrm{Ker}(\phi)$ は加法群の準同型 $A \to B$ の核でもある．ϕ の単射性は環として考えても加法群として考えても同じなので，次の命題を得る．

> **命題 6.1.26** 準同型 $\phi: A \to B$ が単射であることと，$\mathrm{Ker}(\phi) = (0)$ は同値である．

次の命題で述べるように，体には自明でないイデアルはない．

> **命題 6.1.27** A を環とするとき，次の (1), (2) は同値である．
> (1) A は体である．
> (2) A は自明でないイデアルを持たない．

証明 A を体，$I \subset A$ をイデアルとする．もし I が 0 でない元 x を含めば，$y \in A$ とすると，$y = yx^{-1}x \in I$ なので，$I = A$ となる．したがって，A は自明でないイデアルを持たない．

逆に A が自明でないイデアルを持たないとする．$A \ni x \neq 0$ なら，x で生成されたイデアル (x) は A になるしかない．よって，$(x) = A \ni 1$ なので，$y \in A$ があり，$yx = 1$ となる．これは $y = x^{-1}$ を意味するので，A は体である． $\square$

> **系 6.1.28** 体から環への準同型は単射である．

証明 K が体，A が環，$\phi: K \to A$ が準同型なら，命題 6.1.25 より $\mathrm{Ker}(\phi)$ は K の真のイデアルである．命題 6.1.27 より $\mathrm{Ker}(\phi) = (0_K)$ である．よって，命題 6.1.26 より ϕ は単射である． $\square$

A を環, $I \subsetneq A$ を真のイデアルとする. I は加法に関して A の部分群であり, A は加法に関し可換群なので, I は加法に関し正規部分群である. よって, 加法に関する剰余類の集合 A/I は可換群となる.

$x, y \in A$ とするとき,

$$(6.1.29) \qquad (x+I)(y+I) = xy+I$$

と定義する. この定義が well-defined であることを示す. $x' \in x+I$, $y' \in y+I$ とすれば, $z, w \in I$ があり $x' = x+z$, $y' = y+w$ である. すると,

$$x'y' = (x+z)(y+w) = xy + xw + yz + zw.$$

I はイデアルなので, $xw, yz, zw \in I$. したがって, $x'y' + I = xy + I$ となり, 上の演算が $x+I, y+I$ の代表元の取りかたによらないことがわかる. したがって, (6.1.29) は well-defined である.

A において積の結合法則・交換法則や積と和との分配法則が成り立つので, A/I においても同様である. I が真のイデアルなので, $A/I \neq \{0\}$ である. よって, A/I は**可換環**になる. また, 自然な写像 $\pi: A \ni x \mapsto x+I \in A/I$ は環の準同型である. π の核は $\mathrm{Ker}(\pi) = \{x \in A \mid x+I = I\} = I$ である.

定義 6.1.30 A を環, $I \subsetneq A$ をイデアルとするとき, 上のように定義した環 A/I を A の I による**剰余環**, 準同型

$$A \ni x \mapsto x+I \in A/I$$

を**自然な準同型**という. $x \in A$ なら, $x+I$ を $x \bmod I$ とも書く. ◇

$x \in A$ に対し $\pi(x)$ を考えることを **I を法として考える**という. $x, y \in A$ で $x - y \in I$ なら, x, y は **I を法として合同**, あるいは **I を法として等しい**といい, $x \equiv y \bmod I$ と書く. $I = (a)$ なら, $x \equiv y \bmod a$ とも書く.

例 6.1.31 m が ± 1 と異なる整数なら, $m\mathbb{Z}$ は $\mathbb{Z}$ の真のイデアルである. よって, 剰余環 $\mathbb{Z}/m\mathbb{Z}$ が定義できる. この場合, 上の $x \equiv y \bmod m$ の定義は定義 1.4.12 と一致する. また, 命題 1.4.18 は剰余環 $\mathbb{Z}/m\mathbb{Z}$ が環の構造を持つということを初等的に述べていると解釈できる. ◇

群の場合と同様に, 次の準同型定理が成り立つ (証明は略).

定理 6.1.32 (環の準同型定理)

$\phi : A \to B$ を環の準同型とする. $\pi : A \to A/\mathrm{Ker}(\phi)$ を自然な準同型とするとき, $\phi = \psi \circ \pi$ となるような同型 $\psi : A/\mathrm{Ker}(\phi) \cong \mathrm{Im}(\phi)$ がただ一つ存在する.

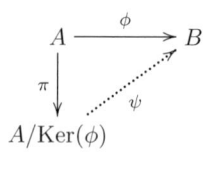

部分群の対応 (定理 5.2.40) に対応する主張も成り立つ (証明は略).

定理 6.1.33 (準同型定理 (イデアルの対応))

I を環 A の真のイデアル, $\pi : A \to A/I$ を自然な準同型とする. A/I のイデアルの集合を $\mathbb{X}$, I を含む A のイデアルの集合を $\mathbb{Y}$ とするとき, 写像

$$\phi : \mathbb{X} \ni \overline{J} \mapsto \pi^{-1}(\overline{J}) \in \mathbb{Y}, \quad \psi : \mathbb{Y} \ni J \mapsto \pi(J) \in \mathbb{X}$$

は互いの逆写像である. したがって, 集合 $\mathbb{X}, \mathbb{Y}$ は 1 対 1 に対応する.

A が環, $I \subset A$ が真のイデアルで $B \subset A$ が部分環なら, $\pi : A \to A/I$ を自然な準同型とするとき, B の像の逆像は $B+I$ であり, これは部分環である. 第二同型定理 (命題 5.2.41) と同様の議論により $(B+I)/I \cong B/B \cap I$ となるが, この主張はあまり使わない.

命題 5.2.42, 定理 5.2.43 と同様に次の命題が成り立つ (証明は略). (2) は第三同型定理の類似である.

命題 6.1.34

A を環, $I \subset J \subsetneq A$ をイデアルとするとき, 次の (1), (2) が成り立つ.

(1) 準同型 $\phi : A/I \to A/J$ で $\phi(x+I) = x+J$ となるものがある.
(2) $(A/I)/(J/I) \cong A/J$.

命題 6.1.34 の準同型 $A/I \to A/J$ を**自然な準同型**という. 例えば, $A = \mathbb{Z}$ なら, $6\mathbb{Z} \subset 3\mathbb{Z}$ なので, 準同型 $\mathbb{Z}/6\mathbb{Z} \ni n+6\mathbb{Z} \mapsto n+3\mathbb{Z} \in \mathbb{Z}/3\mathbb{Z}$ は well-defined である.

定理 6.1.35 (準同型の対応)

$\phi: A \to B$ を環の準同型とする．$I \subsetneq A$ がイデアルなら，$\pi: A \to A/I$ を自然な準同型とするとき，$\phi = \psi \circ \pi$ となるような準同型 $\psi: A/I \to B$ が存在するための必要十分条件は $I \subset \mathrm{Ker}(\phi)$ となることである．

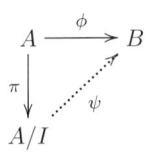

この定理の証明も割愛する．

$n \in \mathbb{Z}$, $n \neq \pm 1$ とするとき，環 $\mathbb{Z}/n\mathbb{Z}$ では，次のような基本的な性質が成り立つ．

命題 6.1.36 $n \neq \pm 1$ が整数なら，次の (1)–(4) が成り立つ．
(1) 写像 $\mathbb{Z} \ni x \mapsto x + n\mathbb{Z} \in \mathbb{Z}/n\mathbb{Z}$ は環の準同型である．
(2) $a \in \mathbb{Z}$ なら，$a + n\mathbb{Z}$ が $(\mathbb{Z}/n\mathbb{Z})^\times$ の元であることと，a, n が互いに素であることは同値である．
(3) $|(\mathbb{Z}/n\mathbb{Z})^\times| = \phi(n)$.
(4) $x \in \mathbb{Z}$ が n と互いに素なら，$x^{\phi(n)} \equiv 1 \mod n$.

証明 (1) は $\mathbb{Z}/n\mathbb{Z}$ の定義より成り立つが，命題 1.4.18 より従うとも解釈できる．

(2) a が n と互いに素なら，系 1.5.4 より $ab + nc = 1$ となる $b, c \in \mathbb{Z}$ がある．よって，$a + n\mathbb{Z} \in (\mathbb{Z}/n\mathbb{Z})^\times$ である．逆に $a + n\mathbb{Z} \in (\mathbb{Z}/n\mathbb{Z})^\times$ なら，$ab + n\mathbb{Z} = 1 + n\mathbb{Z}$ となる $b \in \mathbb{Z}$ がある．よって，$ab + nc = 1$ となる $c \in \mathbb{Z}$ がある．これは a, n が互いに素であることを意味する．

(3) これは $\phi(n)$ の定義 (定義 1.9.1 (3)) より従う．

(4) これは (3) とラグランジュの定理の系 (系 5.2.23) より従う．この主張はフェルマーの小定理 (定理 1.9.4) の主張である． $\square$

p が素数なら，$1, \cdots, p-1$ はすべて p と互いに素なので，次の定理を得る．

定理 6.1.37 p が素数なら，$\mathbb{Z}/p\mathbb{Z}$ は体である．

$\mathbb{Z}/p\mathbb{Z}$ のことを $\mathbb{F}_p$ と書く．位数が有限である体のことを**有限体**という．$\mathbb{F}_p$ は位数が p の体であり，有限体の典型的な例である．

6.2 多項式環

次に多項式の定義と性質について解説する．

定義 6.2.1 A を環とする．A 係数の，あるいは A 上の**多項式**とは，$\mathbb{N}$ から A への写像で，有限個の $i \in \mathbb{N}$ を除いて値が 0 になるものと変数 x の組のことである．この写像の $i \in \mathbb{N}$ での値が a_i で $i > n$ での値が 0 なら，この多項式を $a_0 + a_1 x + \cdots + a_n x^n$ と書く．すべての a_n が 0 である多項式を 0 と書く． ◇

多項式 $f(x) = a_0 + a_1 x + \cdots + a_n x^n$ に対し，$a_0, \cdots, a_n x^n$ を $f(x)$ の**項**という．特に，a_0 のことを**定数項**という．A 係数の変数 x の多項式全体の集合を $A[x]$ と書く．A の元は定数項以外の項がない多項式として，$A[x]$ の部分集合とみなす．二つの多項式に対して，係数ごとに和・差を考えることにより，和・差を定義する．上の形の $f(x), g(x)$ に対して，その積を

$$(6.2.2) \qquad f(x)g(x) = \sum_{i=0}^{n} \sum_{j=0}^{m} a_i b_j x^{i+j} = \sum_{\ell=0}^{n+m} \left(\sum_{i+j=\ell} a_i b_j \right) x^\ell$$

と定義する．これらの和と積により，$A[x]$ は (可換) 環になる (証明は略)．$a \in A$ なら，$f(a) \stackrel{\text{def}}{=} a_0 + a_1 a + \cdots + a_n a^n \in A$ を考えることを，**代入**という．

定義 6.2.3 (**多項式の次数 (1 変数)**) $f(x) = a_0 + a_1 x + \cdots + a_n x^n \in A[x]$, $a_n \neq 0$ なら，$\deg f(x) = n$ と定義し，$f(x)$ の**次数**という．$a_i x^i$ を $f(x)$ の次数 i の項という．$f(x) = 0$ なら，$\deg f(x) = -\infty$ と定義する． ◇

例 6.2.4 例えば，$A = \mathbb{Z}$ なら，$\deg(3x^2 - x + 1) = 2$ である． ◇

多項式の次数に関する考察をするときには，係数に上のように番号をつけることが便利だが，方程式などを考えるときには，$f(x) = x^n + a_1 x^{n-1} + \cdots + a_n$ と書くのが一般的なので，目的に応じて両方の表記を使うことにする．

定義 6.2.5 A を環とする．
(1) 任意の $a, b \in A \setminus \{0\}$ に対し $ab \neq 0$ となるとき，A を**整域**という．

(2) $a \in A$ に対し，$b \in A \setminus \{0\}$ があり $ab = 0$ となるとき，a を**零因子**という． ◇

定義より，A が整域であるとは，零因子が 0 だけということである．

例 6.2.6 (整域の例) a が環 A の単元，$b \in A$ で $ab = 0$ なら，$a^{-1}ab = b = 0$ となるので，a は零因子ではない．よって，任意の体は整域である．例えば，$\mathbb{Q}, \mathbb{R}, \mathbb{C}$ などは整域である． ◇

例 6.2.7 (整域でない例) $\mathbb{Z}/4\mathbb{Z}$ では $\overline{2} \neq \overline{0}$ だが，$\overline{2} \times \overline{2} = \overline{0}$ である．よって，$\overline{2}$ は零因子であり，$\mathbb{Z}/4\mathbb{Z}$ は整域ではない． ◇

命題 6.2.8 A が整域，B が A の部分環なら，B も整域である．

証明 $a, b \in B \setminus \{0\}$ なら，a, b は A の元としても 0 ではないので，A の元として $ab \neq 0$ である．A, B の演算は一致するので，B の元として $ab \neq 0$ である．よって，B は整域である． □

例 6.2.9 体は整域なので，体の部分環はすべて整域である．例えば，$\mathbb{Z} \subset \mathbb{Q}$ は整域である． ◇

次の命題は次数に関する基本的な性質である．

命題 6.2.10 A を環，$f(x), g(x) \in A[x] \setminus \{0\}$ とするとき，次の (1)–(3) が成り立つ．

(1) $\deg(f(x) + g(x)) \leqq \max\{\deg f(x), \deg g(x)\}$．
(2) $f(x)$ または $g(x)$ の最高次の係数が零因子でなければ $f(x)g(x) \neq 0$ で，$\deg(f(x)g(x)) = \deg f(x) + \deg g(x)$．
(3) A が整域なら，$A[x]$ も整域である．

証明 (2) $f(x) = a_0 + \cdots + a_n x^n$, $g(x) = b_0 + \cdots + b_m x^m$ $(a_0, \cdots, b_m \in A)$ で $a_n, b_m \neq 0$ とする．$f(x)g(x) = \sum_{i,j} a_i b_j x^{i+j}$ である．$i \leqq n$, $j \leqq m$ なら，$i + j \leqq n + m$ で，どちらかが真の不等号なら，$i + j < n + m$ である．よって，$i = n$,

$j=m$ でなければ，$i+j<n+m$ である．仮定より a_n, b_m のどちらかは零因子でないので，$\boldsymbol{a_n b_m \neq 0}$ である．よって，$f(x)g(x) \neq 0$ で $\deg(f(x)g(x)) = n+m$ である．

(1) は明らか．(3) は (2) より従う． $\square$

系 6.2.11 A が整域なら，$A[x]^\times = A^\times$ である．

証明 $A^\times \subset A[x]^\times$ は明らかである．仮定より A は 0 以外の零因子を持たないので，$f(x), g(x) \in A[x] \setminus \{0\}$ で $f(x)g(x) = 1$ なら，命題 6.2.10 (2) より $\deg f(x) = \deg g(x) = 0$，つまり $f(x), g(x) \in A$．よって，$A^\times \supset A[x]^\times$． $\square$

1 変数の多項式の場合は，割り算が重要な役割を果たす．そのためにモニックという概念を定義する．

定義 6.2.12 A を環，$f(x)$ を A 上の 1 変数 x の多項式とする．$f(x)$ の最高次の係数が 1 であるとき，つまり，

$$f(x) = x^n + a_1 x^{n-1} + \cdots + a_n, \quad a_1, \cdots, a_n \in A$$

という形をしているとき，$f(x)$ を**モニック**という． $\diamond$

命題 6.2.13 (多項式の割り算) A を環，$f(x) \in A[x]$ をモニック，$u \in A^\times$ とする．$g(x) \in A(x)$ なら，$q(x), r(x) \in A[x]$ が存在し，

$$\boldsymbol{g(x) = q(x)(uf(x)) + r(x), \quad \deg r(x) < \deg f(x)}$$

となる．また，上の条件を満たす $q(x), r(x)$ はただ一つである．

証明 $q(x), r(x)$ の存在を示す．$g(x) = 0$ なら，$q(x) = 0$, $r(x) = 0$ とすればよいので，$g(x) \neq 0$ と仮定し，$\deg g(x)$ に関する帰納法で証明する．

$\deg g(x) < \deg f(x)$ なら，$q(x) = 0$, $r(x) = g(x)$ とすればよい．$\deg f(x) = n$, $\deg g(x) = m \geqq n$ とする．$a_1, \cdots, a_n, b_0, \cdots, b_m \in A$ により，

$$f(x) = x^n + a_1 x^{n-1} + \cdots + a_n, \quad g(x) = b_0 x^m + b_1 x^{m-1} + \cdots + b_m$$

と表す．$q_1(x) = u^{-1} b_0 x^{m-n}$, $g_1(x) = g(x) - q_1(x)(uf(x))$ とおく．$g_1(x) = 0$ な

ら，$q(x) = q_1(x)$, $r(x) = 0$ とすればよい．$g_1(x) \neq 0$ なら $\deg g_1(x) < \deg g(x)$ なので，帰納法により $q_2(x), r_2(x) \in A[x]$ があり，$g_1(x) = q_2(x)(uf(x)) + r_2(x)$ で $\deg r_2(x) < \deg f(x)$ となる．$g(x) = (q_1(x) + q_2(x))(uf(x)) + r_2(x)$ なので，$q(x) = q_1(x) + q_2(x)$, $r(x) = r_2(x)$ とおけばよい．

$$g(x) = q_1(x)(uf(x)) + r_1(x) = q_2(x)(uf(x)) + r_2(x)$$

が両方とも命題の主張を満たせば，$(q_1(x) - q_2(x))(uf(x)) = r_2(x) - r_1(x)$ である．命題 6.2.10 (2) より，$q_1(x) - q_2(x) \neq 0$ なら，左辺の次数は $\deg f(x)$ 以上となり矛盾である．よって，$q_1(x) = q_2(x)$. すると $r_2(x) - r_1(x) = 0$ ともなるので，$q(x), r(x)$ がただ一つに定まる． □

例 6.2.14 (割り算の例) $f(x) = x^3 - 2x^2 + x - 5$, $g(x) = x^2 + x - 1$ とする．$f(x)$ を $g(x)$ で割り算すると，

$$\begin{array}{r}
x - 3 \\
x^2 + x - 1 \overline{\smash{\big)}\, x^3 - 2x^2 + x - 5}\\
\underline{x^3 + x^2 - x }\\
-3x^2 + 2x - 5\\
\underline{-3x^2 - 3x + 3}\\
5x - 8
\end{array}$$

となるので，$f(x) = (x-3)g(x) + (5x-8)$ である．なお，Maple では，

> quo(x^3-2*x^2+x-5,x^2+x-1,x);

> rem(x^3-2*x^2+x-5,x^2+x-1,x);

でこの計算を実行できる． ◇

命題 6.2.15 A を整域，$\alpha_1, \cdots, \alpha_n \in A$ を相異なる元とする．$f(x) \in A[x]$ で $f(\alpha_1) = \cdots = f(\alpha_n) = 0$ なら，$f(x) = (x - \alpha_1) \cdots (x - \alpha_n) g(x)$ となる $g(x) \in A[x]$ がある．

証明 $f(x) = (x - \alpha_1) \cdots (x - \alpha_i) g_i(x)$ $(g(x) \in A[x],\ i < n)$ と書けたとする．$x = \alpha_{i+1}$ を代入すると，$(\alpha_{i+1} - \alpha_1) \cdots (\alpha_{i+1} - \alpha_i) g_i(\alpha_{i+1}) = 0$ である．$\alpha_{i+1} - \alpha_1, \cdots, \alpha_{i+1} - \alpha_i \neq 0$ で A が整域なので，$g_i(\alpha_{i+1}) = 0$ である．命題 6.2.13 より $g_i(x) = g_{i+1}(x)(x - \alpha_{i+1}) + c$ $(c \in A)$ と書ける．$x = \alpha_{i+1}$ を代入し，

$c = 0$ である. 帰納法により命題が従う. □

体は整域なので, 命題 6.2.10 (2) より, 次の系が従う.

> **系 6.2.16** K が体で $f(x) \in K[x]$ の次数が n なら, $f(x)$ の根は高々 n 個である.

次に, 多変数の多項式環について解説する. A を環, $x = (x_1, x_2, \cdots, x_n)$ を n 個の文字とする. A 係数の, あるいは A 上の **n 変数 $x = (x_1, \cdots, x_n)$ の多項式**とは, $\mathbb{N}^n$ から A への写像で有限個の $(i_1, \cdots, i_n) \in \mathbb{N}^n$ を除いて値が 0 であるものと変数 $x = (x_1, \cdots, x_n)$ の組のことである. この写像の $(i_1, \cdots, i_n) \in \mathbb{N}^n$ での値が $a_{i_1, \cdots, i_n}$ なら, この多項式を

$$(6.2.17) \quad f(x) = f(x_1, \cdots, x_n) = \sum_{i_1, \cdots, i_n \geqq 0} a_{i_1, \cdots, i_n} x_1^{i_1} \cdots x_n^{i_n} \quad (a_{i_1, \cdots, i_n} \in A)$$

と書く. $x = (x_1, \cdots, x_n)$ の A 係数の多項式全体の集合を $A[x] = A[x_1, \cdots, x_n]$ と書く.

すべての $a_{i_1, \cdots, i_n}$ が 0 である多項式を 0 と書く. 各 $a_{i_1, \cdots, i_n} x_1^{i_1} \cdots x_n^{i_n}$ を $f(x)$ の**項**, $a_{i_1, \cdots, i_n}$ を**係数**という. このような添字を**多重添字**, あるいは**マルチインデックス**という. A の元を $i_1 = \cdots = i_n = 0$ である項よりなる多項式と同一視する. (6.2.17) で $a_{0, \cdots, 0}$ を $f(x)$ の**定数項**という. $x_1^{i_1} \cdots x_n^{i_n}$ という形の多項式を**単項式**という. 例えば, $x_1 x_2, x_1^2 x_2 x_3^3$ などは単項式であり, $2x_1 x_2, x_1 + x_2^2$ は単項式ではない. なお, $2x_1 x_2$ なども単項式とする流儀もあるので注意が必要である.

二つの多項式に対して, その和・差を係数ごとの和・差により定義する. 多項式の積を

$$(6.2.18) \quad \left(\sum_{i_1, \cdots, i_n} a_{i_1, \cdots, i_n} x_1^{i_1} \cdots x_n^{i_n} \right) \left(\sum_{j_1, \cdots, j_n} b_{j_1, \cdots, j_n} x_1^{j_1} \cdots x_n^{j_n} \right)$$
$$= \sum_{i_1, \cdots, j_n} a_{i_1, \cdots, i_n} b_{j_1, \cdots, j_n} x_1^{i_1 + j_1} \cdots x_n^{i_n + j_n}$$

と定義する. $A[x]$ は上で定義した和と積により可換環になる (証明は略). この環を A 係数の **n 変数多項式環**, あるいは単に A 係数の多項式環という. 変数が $x_1, \cdots, x_n$ でない多項式も同様に定義する.

次の補題の証明は省略する.

補題 6.2.19 A, B を環, $\phi: A \to B$ を環準同型とするとき, 多項式環の間の写像 $\psi: A[x_1, \cdots, x_n] \to B[x_1, \cdots, x_n]$ を

$$\psi\left(\sum_{i_1, \cdots, i_n} a_{i_1, \cdots, i_n} x_1^{i_1} \cdots x_n^{i_n}\right) = \sum_{i_1, \cdots, i_n} \phi(a_{i_1, \cdots, i_n}) x_1^{i_1} \cdots x_n^{i_n}$$

と定めると, ψ は環準同型である.

$A[x]$ は $B = A[x_1, \cdots, x_{n-1}]$ とすると, $B[x_n]$ とみなせる. よって, A が整域なら, 命題 6.2.10 (3) を帰納的に使い, 次の命題が成り立つ.

命題 6.2.20 A が整域なら, n 変数多項式環 $A[x_1, \cdots, x_n]$ も整域である.

A の n 個の直積を, A^n と書くことにする.

$$f(x) = \sum_{i_1, \cdots, i_n} c_{i_1, \cdots, i_n} x_1^{i_1} \cdots x_n^{i_n} \in A[x]$$

で $a = (a_1, \cdots, a_n) \in A^n$ とする. このとき,

(6.2.21) $\qquad f(a) = f(a_1, \cdots, a_n) \stackrel{\text{def}}{=} \sum_{i_1, \cdots, i_n} c_{i_1, \cdots, i_n} a_1^{i_1} \cdots a_n^{i_n} \in A$

である. この値を考えることを**代入**という.

例 6.2.22 (代入の例) $f(x, y) = x^2 + y^3 \in \mathbb{Z}[x, y]$ とするとき, $f(3, 2) = 9 + 8 = 17$ である. ◇

定義 6.2.23 (多項式の次数) $f(x) \in A[x] = A[x_1, \cdots, x_n]$ を (6.2.17) で定義される多項式とする.

(1) $f(x) \neq 0$ なら, $f(x)$ の**次数** $\deg f(x)$ を

$$\deg f(x) = \max\{i_1 + \cdots + i_n \mid a_{i_1, \cdots, i_n} \neq 0\}$$

と定義する. $f(x) = 0$ なら $\deg f(x) = -\infty$ と定義する.

(2) 多項式 $f(x)$ に現れる 0 でない項の次数がすべて等しいとき, $f(x)$ を**斉次式**という. n 次斉次式のことを **n 次形式**ともいう. 0 も n 次形式とみなす. ◇

多変数の多項式に対しても, 6.2.10 (2) の類似の命題を証明する.

命題 6.2.24 A を整域, $x = (x_1, \cdots, x_n)$ を変数, $f(x), g(x) \in A[x]$ とするとき, 次の (1), (2) が成り立つ.
(1) $\deg(f(x)+g(x)) \leqq \max\{\deg f(x), \deg g(x)\}$.
(2) $\deg(f(x)g(x)) = \deg f(x) + \deg g(x)$.

証明 (1) は明らかなので, (2) を証明する. $d_1 = \deg f(x)$, $d_2 = \deg g(x)$ とする. $f(x) = 0$ または $g(x) = 0$ なら, $d_2 - \infty = -\infty$ などとみなし (2) が成り立つ. $f(x), g(x) \neq 0$ とする. $f(x) = \sum_{i_1, \cdots, i_n} a_{i_1, \cdots, i_n} x_1^{i_1} \cdots x_n^{i_n}$ なら $\ell \geqq 0$ に対し,

$$f_\ell(x) = \sum_{i_1 + \cdots + i_n = \ell} a_{i_1, \cdots, i_n} x_1^{i_1} \cdots x_n^{i_n}$$

とおくと, $f(x) = f_0(x) + \cdots + f_{d_1}(x)$ で $f_{d_1}(x) \neq 0$. 同様に $g(x) = g_0(x) + \cdots + g_{d_2}(x)$ で, $g_\ell(x)$ は 0 であるか次数が ℓ であり, $g_{d_2}(x) \neq 0$ である.

$f_\ell(x) g_m(x)$ は 0 であるか, 次数が $\ell + m$ である. $\ell < d_1$ または $m < d_2$ なら, $\ell + m < d_1 + d_2$ である. 命題 6.2.20 より $f_{d_1}(x) g_{d_2}(x) \neq 0$ である. $f(x)g(x) = \sum_{\ell + m < d_1 + d_2} f_\ell(x) g_m(x) + f_{d_1}(x) g_{d_2}(x)$ なので (ここがポイント), $\deg(f(x)g(x)) = d_1 + d_2$ である. □

定義 6.2.25 (1) k, A を環とする. k から A への準同型があるとき, A を $\boldsymbol{k}$ **代数**, あるいは $\boldsymbol{k}$ **上の代数**という.

(2) k, A, B を環, $\phi: k \to A$, $\psi: k \to B$ を準同型とし, ϕ, ψ により A, B を k 代数とみなす. このとき, 環準同型 $f: A \to B$ が, $f \circ \phi = \psi$ という条件を満たすとき, f を $\boldsymbol{k}$ **代数の準同型**, あるいは $\boldsymbol{k}$ **準同型**という. k 準同型が環の同型であるとき, $\boldsymbol{k}$ **代数の同型**, あるいは $\boldsymbol{k}$ **同型**という. A, B が k 代数として同型なら, $\boldsymbol{A} \cong \boldsymbol{B}$ と書く. A から B への k 準同型全体の集合を $\mathrm{Hom}_k^{\mathrm{al}}(A, B)$ と書く.

(2) $\phi: A \to B$ を k 代数の準同型で単射であるとする. このとき, A を B の部分集合とみなしたものを**部分 $\boldsymbol{k}$ 代数**という. ◇

状況が明らかな場合は, 単に準同型, 部分代数という. 系 6.1.28 が成り立つので, k が体なら k 代数は k を含むとみなす. そうでないときも, A が k 代数なら, $a \in k$ の A における像も a と書くことも多い.

A が k 代数であるとき，A から A への k 同型全体の集合は写像の合成により群になる．これを k **自己同型群**といい，$\mathrm{Aut}_k^{\mathrm{al}} A$ と書く．例 6.1.11 で解説したように，任意の環は $\mathbb{Z}$ 代数である．また，A, B が環で，$\phi: A \to B$ が環準同型なら，$\mathbb{Z}$ 準同型でもある．よって，$\mathrm{Aut}_\mathbb{Z}^{\mathrm{al}} A = \mathrm{Aut}^{\mathrm{al}} A$ である．

k を環，A を k 代数，$S = \{a_1, \cdots, a_n\} \subset A$ を部分集合とする．このとき，$f(x_1, \cdots, x_n) \in k[x_1, \cdots, x_n]$ により $f(a_1, \cdots, a_n)$ と表される A の元全体の集合を $k[S]$ とする．$S \subset A$ が無限集合なら，すべての有限部分集合 $S' \subset S$ に対する $k[S']$ の和集合を $k[S]$ とする．多項式の和・差・積も多項式である．有限個の変数の組を合わせても有限個の変数になる．よって，$k[S]$ は A の部分環である．$k[S]$ が $k \to A$ の像を含むことは明らかなので，$k[S]$ は A の部分 k 代数である．よって，次の命題を得る．

命題 6.2.26 上の状況で，$k[S]$ は A の部分 k 代数である．

$k[S]$ を **部分集合 S で生成された部分 k 代数**という．また，S を $k[S]$ の**生成系**，S の元を**生成元**という．任意の環は $\mathbb{Z}$ 代数とみなせるので，A が環で $S \subset A$ が部分集合なら，S を含む最小の部分環が存在する．これも S で生成された部分環という．

$S = \{a_1, \cdots, a_n\}$ なら，$k[S]$ を $k[a_1, \cdots, a_n]$ とも書く．もし A が k 上有限集合 S で生成されるなら，A は **k 代数として有限生成**という．6.8 節で環上の加群について解説するが，k 上の多項式環 $k[x]$ は k 代数としては一つの元 x で生成されるが，k 加群としての生成系は $\{1, x, x^2, \cdots\}$ のように無限個の元が必要である．

例 6.2.27 k を環とするとき，多項式環 $k[x] = k[x_1, \cdots, x_n]$ は k 代数の典型的な例である．$I \subset k[x]$ の真のイデアルなら，$k[x]/I$ も k 代数である． ◇

命題 6.2.28 k を環，A を k 代数，$a_1, \cdots, a_n \in A$ とするとき，k 準同型 $\phi: k[x] \to A$ で，$\phi(x_1) = a_1, \cdots, \phi(x_n) = a_n$ であるものがただ一つある．

証明 $k[x]$ の元は $f(x) = \sum_{i_1, \cdots, i_n} c_{i_1, \cdots, i_n} x_1^{i_1} \cdots x_n^{i_n}$ と表される．写像 $\phi: k[x] \to$

A を

$$\phi(f(x)) = \sum_{i_1,\cdots,i_n} c_{i_1,\cdots,i_n} a_1^{i_1} \cdots a_n^{i_n} \in A$$

と定義する．$t \in k$ なら，$\phi(t) = t$．また，$\phi(x_1) = a_1, \cdots, \phi(x_n) = a_n$ である．$f(x), g(x) \in k[x]$ とする．ϕ は，要するに多項式の変数 $x_1, \cdots, x_n$ に $a_1, \cdots, a_n$ を代入するというものなので，$f(x) + g(x)$ に代入するのは，代入してから和をとるのと同じである．積についても同様なので，ϕ は k 準同型である．

もし $\phi : k[x] \to A$ が k 準同型なら，ϕ は和と積を保つので，(6.2.17) の $f(x)$ に対して，$\phi(f(x)) = \sum c_{i_1,\cdots,i_n} \phi(x_1)^{i_1} \cdots \phi(x_n)^{i_n}$．したがって，$\phi(x_1) = a_1, \cdots, \phi(x_n) = a_n$ となる k 準同型は一つしかない． □

命題 6.2.28 の像が $k[a_1, \cdots, a_n]$ である．

命題 5.2.28 と同様に，次の命題が成り立つ (証明は略)．

命題 6.2.29 A, B は k 代数で A は k 上部分集合 S で生成されているとする．$f_1, f_2 : A \to B$ が k 準同型で $x \in S$ なら $f_1(x) = f_2(x)$ とする．このとき，すべての $a \in A$ に対し，$f_1(a) = f_2(a)$ である．つまり，**k 準同型は生成元での値で決定される**．

例 6.2.30 (1) 命題 6.2.28 より，$\mathbb{C}[x,y,z]$ から $\mathbb{C}[t]$ への $\mathbb{C}$ 準同型 ϕ で $\phi(x) = t^3$, $\phi(y) = t+1$, $\phi(z) = t^2 + 2t$ となるものがある．

(2) $\mathbb{Z}$ 準同型 $\phi : \mathbb{Z}[x] \to \mathbb{C}$ で $\phi(x) = \sqrt{-1} + 2$ となるものがある． ◇

例題 6.2.31 $\mathbb{Z}$ 準同型 $\phi : \mathbb{Z}[x,y] \to \mathbb{Z}[t]$ で $\phi(x) = t^2$, $\phi(y) = t^3$ となるものを考える．このとき，$\mathrm{Ker}(\phi)$ の生成元を求めよ．

解答 $\mathrm{Ker}(\phi) = (x^3 - y^2)$ であることを示す．

明らかに $x^3 - y^2 \in \mathrm{Ker}(\phi)$ である．$f(x,y) \in \mathrm{Ker}(\phi)$ とする．$x^3 - y^2$ は y の多項式としては 2 次式で，最高次の係数は単元なので，命題 6.2.13 により

$$f(x,y) = g(x,y)(x^3 - y^2) + h_1(x)y + h_2(x)$$

という形に書ける．ここで，$h_1(x), h_2(x)$ は x の多項式である．$f(t^2, t^3) = 0$ なので，$h_1(t^2)t^3 + h_2(t^2) = 0$ である．$\boldsymbol{h_1(t^2)t^3}$ はすべての項が奇数次で，

$h_2(t^2)$ はすべての項が偶数次である．よって，$h_1(x) = h_2(x) = 0$ である．よって，$f(x,y) = g(x,y)(x^3 - y^2)$ となり，$f \in (x^3 - y^2)$ である．したがって，$x^3 - y^2$ が $\mathrm{Ker}(\phi)$ の生成元である． □

なお，上の例題の ϕ の像は $\mathbb{Z}[t^2, t^3]$ なので，準同型定理 (定理 6.1.32) より $\mathbb{Z}[x,y]/(x^3 - y^2) \cong \mathbb{Z}[t^2, t^3]$ である．

6.3　素イデアルと極大イデアル

定義 6.3.1　A を環とする．
(1) $\mathfrak{p} \subsetneq A$ がイデアルで，$a, b \notin \mathfrak{p}$ なら $ab \notin \mathfrak{p}$ という条件が成り立つとき，$\mathfrak{p}$ を A の**素イデアル**という．
(2) $\mathfrak{m} \subsetneq A$ がイデアルで，I が $\mathfrak{m}$ を含む A の真のイデアルなら $I = \mathfrak{m}$ という条件が成り立つとき，$\mathfrak{m}$ を A の**極大イデアル**という．　◇

例 6.3.2　$A = \mathbb{Z}$ とする．p が素数で $a, b \notin p\mathbb{Z}$ なら，$p \nmid a, b$ なので，系 1.5.6 (2) より $p \nmid ab$ である．よって，$p\mathbb{Z}$ は素イデアルである．$n > 1$ が素数でなければ，$\ell, m > 1$ があり，$n = \ell m$ となる．$n \nmid \ell, m$ だが $n \mid \ell m = n$ である．よって，$n\mathbb{Z}$ は素イデアルではない．したがって，$n > 1$ なら，$n\mathbb{Z}$ が素イデアルであることと，n が素数であることは同値である．　◇

環 A の元が素イデアルを生成するということは $\mathbb{Z}$ の素数のような元であることを意味する．しかし，一般の環では素因数分解のようなことは成り立たない．8 章で代数体の整数環について解説するが，代数体の整数環では，イデアルは素イデアルの積に一意的に表すことができ，素イデアルが素数のような役割をある程度果たすのである．

以下，素イデアルと極大イデアルの性質について解説する．定義より，イデアル $\mathfrak{p}$ が素イデアルであることと，$A/\mathfrak{p}$ が整域であることは同値である．

命題 6.3.3　環 A が環 B の部分環で $P \subset B$ が素イデアルなら，$P \cap A$ も A の素イデアルである．

158　第6章　環と加群

証明　命題 6.1.23 より，$\mathfrak{p} \stackrel{\text{def}}{=} P \cap A$ は A の真のイデアルである．準同型 $A \to B \to B/P$ の核は $\mathfrak{p}$ なので，準同型定理 (定理 6.1.32) より $A/\mathfrak{p}$ は B/P の部分環とみなせ，B/P は整域なので，$A/\mathfrak{p}$ も整域である．よって，$\mathfrak{p}$ も素イデアルである．　　　□

命題 6.3.4　環 A のイデアル $\mathfrak{m}$ に対し，次の (1), (2) は同値である．
(1) $\mathfrak{m}$ は極大イデアルである．
(2) $A/\mathfrak{m}$ が体である．

証明　**(1) ⇒ (2)**　$\mathfrak{m}$ を極大イデアル，$\pi : A \to A/\mathfrak{m}$ を自然な準同型とする．定理 6.1.33 により，$\mathfrak{m}$ を含むイデアルと $A/\mathfrak{m}$ のイデアルは 1 対 1 に対応する．もし $J \subset A/\mathfrak{m}$ が零イデアルでなければ，$J \ni x \neq 0$ とすると $(x) \subset J$ である．π は全射なので，$y \in \pi^{-1}(x)$ となる元をとると $y \in \pi^{-1}(J) \setminus \mathfrak{m}$ である．よって，$\pi^{-1}(J)$ は $\mathfrak{m}$ を真に含む A のイデアルである．したがって，$\pi^{-1}(J) = A$ であり，定理 6.1.33 より $J = \pi(A) = A/\mathfrak{m}$ である．$A/\mathfrak{m}$ は自明でないイデアルを持たないことがわかったので，命題 6.1.27 より $A/\mathfrak{m}$ は体である．

(2) ⇒ (1)　逆に $A/\mathfrak{m}$ が体とする．もし $\mathfrak{m}$ が極大イデアルでなければイデアル $\mathfrak{m} \subsetneq I \neq A$ が存在する．$\pi(I) = J$ とすれば，定理 6.1.33 より J は $A/\mathfrak{m}$ の自明でないイデアルである．$A/\mathfrak{m}$ が体なので，これは命題 6.1.27 と矛盾する．　　　□

体は整域なので，次の系を得る．

系 6.3.5　環の極大イデアルは素イデアルである．

例 6.3.6 (**極大イデアルの例 1**)　p が素数なら，$\mathbb{F}_p = \mathbb{Z}/p\mathbb{Z}$ は体である (定理 6.1.37)．よって，$p\mathbb{Z} \subset \mathbb{Z}$ は極大イデアルである．　　　◇

例 6.3.7 (**極大イデアルの例 2**)　k を体，$a \in k$ とする．命題 6.2.28 より k 準同型 $\phi : k[x] \to k$ で $\phi(x) = a$ となるものがある．$x - a \in \mathrm{Ker}(\phi)$ は明らかである．$f(x) \in \mathrm{Ker}(\phi)$ なら，$f(x)$ を $x-a$ で割り算すると，$f(x) = g(x)(x-a) + c$ となる $g(x) \in k[x]$，$c \in k$ がある．$f(a) = c = 0$ となるので，$f(x) \in (x-a)$

である．よって $\mathrm{Ker}(\phi) = (x-a)$ である．$k \to k[x] \to k$ は恒等写像なので，$k[x]/(x-a) \cong k$ である．k は体なので，$(x-a)$ は極大イデアルである． ◇

例題 6.3.8 $\mathbb{C}[x]/(x(x-1)^2)$ から $\mathbb{C}$ への $\mathbb{C}$ 準同型をすべて求めよ．

解答 $I = (x(x-1)^2) \subset \mathbb{C}[x]$, $A = \mathbb{C}[x]/I$ とおく．$\mathbb{C} \subset A$ である．$\phi: A \to \mathbb{C}$ を $\mathbb{C}$ 準同型とする．$\mathfrak{m}$ を合成 $\mathbb{C}[x] \to A \to \mathbb{C}$ の核とすると，$\mathfrak{m}$ は $(x(x-1)^2)$ を含むイデアルである．$\mathbb{C}[x]/\mathfrak{m}$ は $\mathbb{C}$ の部分環とみなせ，$\mathbb{C} \to \mathbb{C}[x] \to \mathbb{C}$ は恒等写像なので，$\mathbb{C}[x]/\mathfrak{m} \cong \mathbb{C}$ である．よって，$\mathfrak{m}$ は極大イデアルであり，素イデアルでもある．$x(x-1)^2 \in \mathfrak{m}$ なので，$x, x-1$ のどちらかは $\mathfrak{m}$ の元である．$(x), (x-1)$ のどちらかは $\mathfrak{m}$ に含まれるが，例 6.3.7 より，両方とも極大イデアルである．よって，$\mathfrak{m} = (x)$ または $(x-1)$ である．

$\mathfrak{m} = (x)$ とする．$a \in \mathbb{C}$ なら，ϕ が $\mathbb{C}$ 準同型なので，$\phi(a) = a$ である．$f(x) \in \mathbb{C}[x]$ なら，$f(x) - f(0) \in (x)$ なので，$\phi(f(x)+I) = \phi(f(0)+I) = f(0)$ である．したがって，ϕ は $f(x) \mapsto f(0)$ により定まる $\mathbb{C}$ 準同型である．同様にして $\mathfrak{m} = (x-1)$ なら，ϕ は $f(x) \mapsto f(1)$ により定まる $\mathbb{C}$ 準同型である．逆に $\mathbb{C}[x] \ni f(x) \mapsto f(0), f(1) \in \mathbb{C}$ は $\mathbb{C}$ 準同型で核は I を含む．よって，定理 6.1.35 より，A から $\mathbb{C}$ への準同型を引き起こす．したがって，これら二つが A から $\mathbb{C}$ へのすべての $\mathbb{C}$ 準同型である． □

命題 6.3.9 I が環 A の真のイデアルなら，I を含む極大イデアルが存在する．

証明 I を含む真のイデアル全体の集合を X とし，X に包含関係により順序を入れる．A は零環ではないので，X は空集合ではない．$\{J_i\}$ が X の全順序部分集合なら，$J = \bigcup_i J_i$ は A のイデアルで I を含む．もし $J = A$ なら，$1 \in J_i$ となる i がある．$J_i = A$ となるので，矛盾である．よって，$J \in X$ である．したがって，ツォルンの補題より X には極大元 $\mathfrak{m}$ があり，$\mathfrak{m}$ は極大イデアルである． □

6.4 環の直積と中国式剰余定理

この節では環の直積を定義し，中国式剰余定理について解説する．

定義 6.4.1 $A_1,\cdots,A_n$ を環とする．集合としての直積 $A_1\times\cdots\times A_n$ に加法と乗法を
$$(a_1,\cdots,a_n)\pm(b_1,\cdots,b_n)=(a_1\pm b_1,\cdots,a_n\pm b_n),$$
$$(a_1,\cdots,a_n)(b_1,\cdots,b_n)=(a_1b_1,\cdots,a_nb_n)$$
と定義する．これらの演算により A は環になる (証明は略)．この環のことを $A_1,\cdots,A_n$ の**直積**といい，$A_1\times\cdots\times A_n$ と書く．また，$A_1,\cdots,A_n$ を**直積因子**という． ◇

例えば A_1 は写像 $A_1 \ni a_1 \mapsto (a_1,0,\cdots,0)\in A$ により，$A_1\times\cdots\times A_n$ の部分集合とみなせる．しかしこのとき，$1\in A_1$ は $(1,0,\cdots,0)$ に対応するので，A_1 は $A_1\times\cdots\times A_n$ の部分環ではない．

定理 6.4.2 (中国式剰余定理) A を環，$I_1,\cdots,I_n \subsetneq A$ をイデアルで，$i\neq j$ なら $I_i+I_j=A$ であるとする．このとき，次の (1)–(3) が成り立つ．
(1) $i=1,\cdots,n$ に対し，$I_i+\prod_{j\neq i} I_j=A$.
(2) $I_1\cap\cdots\cap I_n = I_1\cdots I_n$.
(3) $A/(I_1\cap\cdots\cap I_n) \cong A/I_1\times\cdots\times A/I_n$.

証明 (1) 議論は同様なので，$i=1$ と仮定する．$j=2,\cdots,n$ に対し，$x_j+y_j=1$ となる $x_j\in I_1$, $y_j\in I_j$ をとる．すると，$(x_2+y_2)\cdots(x_n+y_n)=1$ である．左辺を展開すると，$y_2\cdots y_n$ 以外の項は I_1 の元となる．$y_2\cdots y_n \in I_2\cdots I_n$ なので，$I_1+(I_2\cdots I_n)=A$ である．

(2) まず $n=2$ のときに証明する．$I_1I_2\subset I_1\cap I_2$ は明らかである．$x\in I_1$, $y\in I_2$ で $x+y=1$ となるものをとる．$a\in I_1\cap I_2$ なら，$a=ax+ay$ だが，$a\in I_2$ と考え $ax\in I_2I_1$ であり，$a\in I_1$ と考え $ay\in I_1I_2$．よって，$a\in I_1I_2$ となる．

n に関する帰納法で $n-1$ まで成り立てば，$I_1\cap\cdots\cap I_{n-1}=I_1\cdots I_{n-1}$ となる．(1) より $I_1\cdots I_{n-1}+I_n=A$ なので，$n=2$ の場合より

$$I_1\cap\cdots\cap I_n = (I_1\cap\cdots\cap I_{n-1})\cap I_n = (I_1\cdots I_{n-1})\cap I_n = I_1\cdots I_n.$$

(3) まず $n=2$ のときに証明する．A から $A/I_1\times A/I_2$ への準同型 ϕ を $A\ni a\mapsto (a+I_1,a+I_2)\in A/I_1\times A/I_2$ で定める．ϕ の核が $I_1\cap I_2$ であることは明らかである．$x\in I_1$, $y\in I_2$, $x+y=1$ とすると，$a,b\in A$ に対し，

$$ay+bx = a+(b-a)x = b+(a-b)y$$

なので，

$$ay+bx+I_1 = a+I_1, \quad ay+bx+I_2 = b+I_2.$$

よって，ϕ は全射である．したがって，ϕ は同型 $A/(I_1\cap I_2)\cong A/I_1\times A/I_2$ を引き起こす．

$n>2$ なら，$J=I_1\cdots I_{n-1}$ とおくと，(2) を $I_1,\cdots,I_{n-1}$ に適用して $J=I_1\cap\cdots\cap I_{n-1}$ である．(1) と $n=2$ の場合より

$$A/(I_1\cap\cdots\cap I_n) = A/(J\cap I_n) \cong A/J\times A/I_n.$$

帰納法により，$A/J\cong A/I_1\times\cdots\times A/I_{n-1}$ なので，(3) を得る． □

上の定理を $A=\mathbb{Z}$ に適用すれば，次の系を得る．

系 6.4.3 $m_1,\cdots,m_t\in\mathbb{Z}\setminus\{0\}$ で $i\neq j$ なら m_i,m_j は互いに素とする．このとき，

$$\mathbb{Z}/m_1\cdots m_t\mathbb{Z} \cong \mathbb{Z}/m_1\mathbb{Z}\times\cdots\times\mathbb{Z}/m_t\mathbb{Z}.$$

なお，$I+J=A$ で $a,b>0$ が整数なら，$I^a+J^b=A$ である．これは $x\in I$, $y\in J$ で $x+y=1$ となるものをとると，$(x+y)^{a+b}=1$ の左辺のすべての項は I^a または J^b に属すからである．したがって，定理 6.4.2 の仮定が満たされれば，任意の正の整数 $a_1,\cdots,a_n$ に対し，

$$A/(I_1^{a_1}\cap\cdots\cap I_n^{a_n}) \cong A/I_1^{a_1}\times\cdots\times A/I_n^{a_n}.$$

例 6.4.4 (1) $4,5,9$ のどの二つも互いに素である．a,b が互いに素な整数なら，定理 1.5.3 より $a\mathbb{Z}+b\mathbb{Z}=\mathbb{Z}$ である．よって，中国式剰余定理より $\mathbb{Z}/180\mathbb{Z}\cong\mathbb{Z}/4\mathbb{Z}\times\mathbb{Z}/9\mathbb{Z}\times\mathbb{Z}/5\mathbb{Z}$ である．

(2) $x+(1-x)=1$ なので，$(x)+(1-x)=\mathbb{C}[x]$ である．よって，中国式剰余定理より $\mathbb{C}[x]/(x^2(1-x)^3)\cong\mathbb{C}[x]/(x^2)\times\mathbb{C}[x]/((1-x)^3)$ である． ◇

次の命題の証明は省略する．

> **命題 6.4.5** $A_1, \cdots, A_n$ が環で $A = A_1 \times \cdots \times A_n$ なら，$A^\times = A_1^\times \times \cdots \times A_n^\times$ である．

> **命題 6.4.6** $n, m > 1$ が整数で $m \mid n$ なら，命題 6.1.10 により得られる群準同型 $(\mathbb{Z}/n\mathbb{Z})^\times \to (\mathbb{Z}/m\mathbb{Z})^\times$ は全射である．

証明 $p_1, \cdots, p_t, q_1, \cdots, q_s$ を相異なる素数，$a_1, \cdots, a_t, b_1, \cdots, b_t, c_1, \cdots, c_s > 0$, $a_i \leqq b_i$ ($i = 1, \cdots, t$), $m = p_1^{a_1} \cdots p_t^{a_t}$, $n = p_1^{b_1} \cdots p_t^{b_t} q_1^{c_1} \cdots q_s^{c_s}$ としてよい．$n_1 = p_1^{b_1} \cdots p_t^{b_t}$, $n_2 = q_1^{c_1} \cdots q_s^{c_s}$ とおくと ($s = 0$ なら $n_2 = 1$ と解釈)，$n = n_1 n_2$, n_1, n_2 は互いに素で $m \mid n_1$ である．よって，中国式剰余定理より

$$(6.4.7) \qquad (\mathbb{Z}/n\mathbb{Z})^\times \cong (\mathbb{Z}/n_1\mathbb{Z})^\times \times (\mathbb{Z}/n_2\mathbb{Z})^\times$$

であり，$(\mathbb{Z}/n\mathbb{Z})^\times \to (\mathbb{Z}/m\mathbb{Z})^\times$ は合成 $(\mathbb{Z}/n\mathbb{Z})^\times \to (\mathbb{Z}/n_1\mathbb{Z})^\times \to (\mathbb{Z}/m\mathbb{Z})^\times$ とみなせる．ただし，$s = 0$ なら，$(\mathbb{Z}/n_2\mathbb{Z})^\times = \{1\}$ とみなす．$(\mathbb{Z}/n\mathbb{Z})^\times \to (\mathbb{Z}/n_1\mathbb{Z})^\times$ は同型 (6.4.7) より全射である．よって，n, m の素因子の集合が同じと仮定してよい．

可換図式

$$\begin{array}{ccc} (\mathbb{Z}/n\mathbb{Z})^\times & \longrightarrow & (\mathbb{Z}/p_1^{b_1}\mathbb{Z})^\times \times \cdots \times (\mathbb{Z}/p_t^{b_t}\mathbb{Z})^\times \\ \downarrow & & \downarrow \\ (\mathbb{Z}/m\mathbb{Z})^\times & \longrightarrow & (\mathbb{Z}/p_1^{a_1}\mathbb{Z})^\times \times \cdots \times (\mathbb{Z}/p_t^{a_t}\mathbb{Z})^\times \end{array}$$

より，各 $(\mathbb{Z}/p_i^{b_i}\mathbb{Z})^\times \to (\mathbb{Z}/p_i^{a_i}\mathbb{Z})^\times$ が全射であればよい．$\ell \in \mathbb{Z}$ なら，

$$\ell + p^{a_i}\mathbb{Z} \in (\mathbb{Z}/p_i^{a_i}\mathbb{Z})^\times \iff p_i \nmid \ell \iff \ell + p^{b_i}\mathbb{Z} \in (\mathbb{Z}/p_i^{b_i}\mathbb{Z})^\times$$

なので，$(\mathbb{Z}/p_i^{b_i}\mathbb{Z})^\times \to (\mathbb{Z}/p_i^{a_i}\mathbb{Z})^\times$ は全射である． $\square$

6.5 局所化

環に関するもう一つの重要な概念である局所化について解説する．局所化は，環に関する考察を極大イデアルが一つしかないような状況に帰着させるなど，

「局所的な」考察をするのに必要であり，8 章で，代数体の整数環において素イデアル分解が成り立つことを証明するのに使われる．

定義 6.5.1 環 A の部分集合 S が次の条件 (1), (2) を満たすとき，**乗法的集合**という．
(1) $1 \in S$, $0 \notin S$.
(2) $a, b \in S$ なら $ab \in S$. ◇

以下，S を環 A の乗法的集合とする．$(a_1, s_1), (a_2, s_2) \in A \times S$ に対し，$s \in S$ が存在して
$$s(a_1 s_2 - a_2 s_1) = 0$$
となるとき，$(a_1, s_1) \sim (a_2, s_2)$ と定義する．明らかに $(a, s) \sim (a, s)$ である．$(a_1, s_1) \sim (a_2, s_2)$ なら $(a_2, s_2) \sim (a_1, s_1)$ であることも明らかである．$(a_1, s_1) \sim (a_2, s_2)$, $(a_2, s_2) \sim (a_3, s_3)$ とする．$s(a_1 s_2 - a_2 s_1) = s'(a_2 s_3 - a_3 s_2) = 0$ となる $s, s' \in S$ がある．すると，
$$ss' s_3(a_1 s_2 - a_2 s_1) + ss' s_1(a_2 s_3 - a_3 s_2) = ss' s_2(a_1 s_3 - a_3 s_1) = 0$$
となる．乗法的集合の定義より $ss' s_2 \in S$ なので，$(a_1, s_1) \sim (a_3, s_3)$ である．よって $\sim$ は同値関係である．

この同値関係による商を $S^{-1}A$, (a, s) の同値類を a/s, $s^{-1}a$, または $\frac{a}{s}$ と書く．$a_1, a_2 \in A$, $s_2, s_2 \in S$ に対し，
$$\frac{a_1}{s_1} + \frac{a_2}{s_2} = \frac{a_1 s_2 + a_2 s_1}{s_1 s_2}, \quad \frac{a_1}{s_1} \times \frac{a_2}{s_2} = \frac{a_1 a_2}{s_1 s_2}$$
と定義する．これが代表元の取りかたによらず well-defined であることの証明は省略する．$S^{-1}A$ においてこれらの演算により $S^{-1}A$ は環になる．この環 $S^{-1}A$ を A の S による**局所化**という．なお，$1/1 = 0/1$ なら，$s(1-0) = s = 0$ となる $s \in S$ がある．これは乗法的集合の定義に反するので，$S^{-1}A$ は零環ではない．

補題 6.5.2 (1) A から $S^{-1}A$ への写像 $a \mapsto a/1$ は準同型である．
(2) S が零因子を含まなければ，準同型 $A \to S^{-1}A$ は単射である．
(3) A の零因子でない元全体の集合は乗法的集合である．

証明 (1) は明らかである.

(2) $a \in A$ で $a/1 = 0/1$ なら, $s \in S$ があり $sa = 0$ となる. s は零因子でないので, $a = 0$ である. 命題 6.1.26 より $A \to S^{-1}A$ は単射である.

(3) $s_1, s_2 \in A$ が零因子でないとする. $a \in A$, $s_1 s_2 a = 0$ なら, s_1 が零因子でないので, $s_2 a = 0$ である. s_2 が零因子でないので, $a = 0$ である. よって, $s_1 s_2$ は零因子ではない. A が零環ではないので, 1 は零因子ではない. 0 は零因子なので, (3) の主張が従う. □

準同型 $A \to S^{-1}A$ を**自然な準同型**という. 以降, $0/1, 1/1$ を, 記号の乱用だが, $0, 1$ と書くことにする.

定義 6.5.3 S を A の零因子でない元全体の集合とするとき, $S^{-1}A$ を A の**全商環**という.

A が整域なら, 零因子でない元全体の集合は $A \setminus \{0\}$ である. $a, b \in A \setminus \{0\}$ なら $(a/b)(b/a) = 1$ となるので, A の全商環は体である. これを A の**商体**という.

例 6.5.4 (1) $\mathbb{Z}$ の商体を $\mathbb{Q}$ とする, というのが, $\mathbb{Q}$ の厳密な定義である.

(2) K を体とするとき, 多項式環 $K[x_1, \cdots, x_n]$ の商体を $K(x_1, \cdots, x_n)$ と書き, **有理関数体**という. ◇

$s \in S$ なら, $(s/1)(1/s) = 1$ なので, S の元は $S^{-1}A$ では単元である. $S^{-1}A$ はある意味ではこの条件を満たす普遍的な環であることを次の命題で示す.

命題 6.5.5 (局所化の普遍性) A, B を環, $S \subset A$ を乗法的な集合, $\phi : A \to B$ を準同型とする. もしすべての元 $s \in S$ に対し $\phi(s) \in B$ が単元なら, 準同型 $\psi : S^{-1}A \to B$ で $\psi(a/1) = \phi(a)$ ($\forall a \in A$) となるものがただ一つ存在する.

証明 $S \times A \ni (s, a)$ に対し, $f(s, a) = \phi(a)/\phi(s)$ と定義する. $\phi(s)$ が単元なので, この定義が可能である. $a_1, a_2 \in A$, $s_1, s_2, s \in S$ で $s(a_1 s_2 - a_2 s_1) = 0$ なら, $\phi(s)(\phi(a_1)\phi(s_2) - \phi(a_2)\phi(s_1)) = 0$ である. $\phi(s)$ は単元なので, $\phi(a_1)\phi(s_2) -

$\phi(a_2)\phi(s_1) = 0$ となる. $\phi(s_1)^{-1}\phi(s_2)^{-1}$ をかけ
$$\frac{\phi(a_1)}{\phi(s_1)} = \frac{\phi(a_2)}{\phi(s_2)}$$
となる. よって, $\psi(a/s) = \phi(a)/\phi(s)$ となる写像 $\psi : S^{-1}A \to B$ が存在する.

ψ が環の準同型になることはやさしい. $\psi(a/1) = \phi(a)/\phi(1) = \phi(a)$ なので, ψ は命題の主張の条件を満たす. 逆に ψ が命題の主張の条件を満たす準同型なら, $a \in A$, $s \in S$ に対し, $\phi(a) = \psi(a) = \psi(a/s)\psi(s) = \psi(a/s)\phi(s)$ なので, $\psi(a/s) = \phi(a)/\phi(s)$ となるしかない. したがって, ψ は一つしかない. □

A を整域, $S \subset A$ を乗法的集合, K を A の商体とする. S の元は K で単元なので, 命題 6.5.5 より, 写像 $S^{-1}A \to K$ が定まる. $a \in A, s \in S$ で a/s が K で 0 なら, K において $a = s(a/s) = 0$ である. $A \subset K$ なので, $a = 0$, よって $S^{-1}A$ においても $a/s = 0$ である. よって, $S^{-1}A \to K$ は単射である. したがって, A が整域なら, **局所化はすべて商体の部分環とみなせる**.

A を環, $f \in A$ は零因子でないとする. $f^n = 0$ ならそのような正の整数 n として最小のものをとると, $f^{n-1} \neq 0$ である. $f \cdot f^{n-1} = 0$ なので, f が零因子となり, 矛盾である. よって, $S = \{1, f, f^2, \cdots\}$ とすると, $0 \notin S$ である. よって, S は乗法的集合である. このときの $S^{-1}A$ を A_f または $A[1/f]$ と書き, A の f による**局所化**という.

$\mathfrak{p} \subset A$ を素イデアルとする. $1 \notin \mathfrak{p}$, $0 \in \mathfrak{p}$ なので, $S = A \setminus \mathfrak{p}$ とおくと, $1 \in S$, $0 \notin S$ である. よって, S は乗法的集合である. このときの $S^{-1}A$ を A の**素イデアル $\mathfrak{p}$ による局所化**といい, $A_\mathfrak{p}$ と書く. f による局所化のときは f が $A[1/f]$ で単元となるが, $\mathfrak{p}$ による局所化のときは $A \setminus \mathfrak{p}$ の元が $A_\mathfrak{p}$ で単元になるので, 注意が必要である.

例 6.5.6 (1) $\mathbb{Z}[1/2]$ は $a/2^n$ ($a \in \mathbb{Z}$) という形をした元全体の集合である.
(2) $\mathbb{Z}_{(2)}$ は a/b ($a, b \in \mathbb{Z}$, b は奇数) という形をした元全体の集合である. ◇

環の素イデアルによる局所化が, 局所環というものになることについて述べる. まず局所環を定義する.

定義 6.5.7 (1) A が環で $\mathfrak{m} \subset A$ が A のただ一つの極大イデアルであるとき, $(A, \mathfrak{m})$ を**局所環**という.

(2) $(A,\mathfrak{m})$, $(B,\mathfrak{n})$ が局所環, $\phi: A \to B$ が準同型で $\phi(\mathfrak{m}) \subset \mathfrak{n}$ となるとき, ϕ は**局所的な準同型**であるという. ◇

(1) で $\mathfrak{m}$ が明らかなときは, 単に A を局所環ということもある. (2) の状況では $1 \notin \phi^{-1}(\mathfrak{n})$ なので, $\phi^{-1}(\mathfrak{n}) = \mathfrak{m}$ である.

命題 6.5.8 A を環, $\mathfrak{m} \subsetneq A$ をイデアルとする. このとき, 次の (1), (2) は同値である.
 (1) $(A,\mathfrak{m})$ は局所環である.
 (2) $A \backslash \mathfrak{m}$ の元は A の単元である.

証明 (1) ⇒ (2) $a \in A$ が単元でなければ, 命題 6.3.9 により, a を含む極大イデアルがある. A の極大イデアルは $\mathfrak{m}$ だけなので, $a \in \mathfrak{m}$ である. したがって, $a \notin \mathfrak{m}$ なら a は単元である.

(2) ⇒ (1) $\mathfrak{m} \subsetneq I$ がイデアルなら, I は $S = A \backslash \mathfrak{m}$ の元を含む. S の元は A の単元なので, $I = A$ である. よって, $\mathfrak{m}$ は極大イデアルである. I が $\mathfrak{m}$ と異なる極大イデアルなら S の元を含む. (2) より $I = A$ となり矛盾である. □

上の命題より, A が局所環であることと,「A の単元でない元の集合が A のイデアルになる」という条件が満たされることが同値であることがわかる.

命題 6.5.9 A を整域, $\mathfrak{p} \subset A$ を素イデアルとする. このとき, 次の (1), (2) が成り立つ.
 (1) $A_\mathfrak{p}$ は $\mathfrak{p}A_\mathfrak{p}$ (定義 6.1.22) を極大イデアルとする局所環である.
 (2) $\mathfrak{p}A_\mathfrak{p} \cap A = \mathfrak{p}$.
 (3) 自然な写像 $A/\mathfrak{p} \to A_\mathfrak{p}/\mathfrak{p}A_\mathfrak{p}$ は $A/\mathfrak{p}$ の商体と $A_\mathfrak{p}/\mathfrak{p}A_\mathfrak{p}$ の同型を引き起こす. 特に, $\mathfrak{p}$ が極大イデアルなら, 自然な写像により $A/\mathfrak{p} \cong A_\mathfrak{p}/\mathfrak{p}A_\mathfrak{p}$ である.
 (4) $\mathfrak{p}$ が極大イデアルなら, すべての $n > 0$ に対し $\mathfrak{p}^n A_\mathfrak{p} \cap A = \mathfrak{p}^n$.

証明 (1) $S = A \backslash \mathfrak{p}$ とおく. a/s ($a \in A$, $s \in S$) を $A_\mathfrak{p} \backslash \mathfrak{p}A_\mathfrak{p}$ の元とすると, $a \notin \mathfrak{p}$ である. すると, $a \in S$ なので, a/s は $A_\mathfrak{p}$ で単元である. したがって,

命題 6.5.8 より $A_\mathfrak{p}$ は $\mathfrak{p}A_\mathfrak{p}$ を極大イデアルとする局所環である．

(2) $a \in \mathfrak{p}A_\mathfrak{p} \cap A$ とすると，$s \in A \setminus \mathfrak{p}$ と $b \in \mathfrak{p}$ があり，$a = b/s$ である．$sa = b \in \mathfrak{p}$ だが，$s \notin \mathfrak{p}$ なので，素イデアルの定義より $a \in \mathfrak{p}$ である．

(3) A から $A_\mathfrak{p}$ への自然な写像は $A/\mathfrak{p}$ から $A_\mathfrak{p}/\mathfrak{p}A_\mathfrak{p}$ への準同型を引き起こす．$A/\mathfrak{p}$ の商体を k とする．$A/\mathfrak{p}$ の 0 でない元は S の元で代表されていて，その行き先は $A_\mathfrak{p}$ で単元なので，$A_\mathfrak{p}/\mathfrak{p}A_\mathfrak{p}$ でも単元である．よって，命題 6.5.5 を $A/\mathfrak{p}$ に適用すると，k から $A_\mathfrak{p}/\mathfrak{p}A_\mathfrak{p}$ への準同型 ϕ が引き起こされる．k は体なので，ϕ は単射である．$a \in A$, $s \in S$ なら $\phi((a+\mathfrak{p})(s+\mathfrak{p})^{-1}) = a/s \mod \mathfrak{p}A_\mathfrak{p}$ なので，ϕ は全射である．

(4) $\mathfrak{p}^n \subset \mathfrak{p}^n A_\mathfrak{p} \cap A$ は明らかである．$a \in \mathfrak{p}^n$, $s \notin \mathfrak{p}$ で $b \stackrel{\mathrm{def}}{=} a/s \in A$ とする．$\mathfrak{p}$ が極大イデアルで $s \notin \mathfrak{p}$ なので，$\mathfrak{p} + (s) = A$ である．$c \in \mathfrak{p}$, $d \in A$ で $c + ds = 1$ とする．$1 = (c+ds)^s = c^n + es$ となる $e \in A$ があり，$bs = a$ なので，$b = bc^n + bes = bc^n + ae \in \mathfrak{p}^n$ である． □

6.6 一意分解環

整数論的な状況では，$\mathbb{Z}$ のように素因数分解の一意性が成り立つかどうかは重要な問題である．この節では，こういった問題に関連する，一意分解環・単項イデアル整域といった概念について解説する．

定義 6.6.1 (約元・倍元)　A を整域，$a, b \in A$, $a \neq 0$ とする．$c \in A$ があり $b = ac$ となるなら，b は a の**倍元**，a は b の**約元**，あるいは**因子**という．このとき，$a \mid b$ と書き，また，a は b を**割り切る**ともいう． ◇

$A \subset \mathbb{C}$ などの場合には，**倍数・約数**といった用語も使うことにする．8 章以降と第 2, 3 巻では，倍数・約数ということが多い．

例 6.6.2　$A = \mathbb{Z}[\sqrt{-1}]$ において $(1+\sqrt{-1})^2 = 2\sqrt{-1}$ なので，$2 = -\sqrt{-1}(1+\sqrt{-1})^2$．よって，$1+\sqrt{-1}$ は 2 の約数である． ◇

上の定義で $a \neq 0$ と仮定したのは，0 は約元とはなりえないからである．$a, b \in A$, $a \neq 0$ なら，a が b の約元であることと，$(b) \subset (a)$ は同値である．

定義 6.6.3　A を整域，$A \ni a \neq 0$ とする．

(1) a で生成されるイデアル (a) が素イデアルのとき，a を**素元**という．

(2) a が単元ではなく，$b,c \in A$ で $a = bc$ なら b または c が A の単元になるとき，a を**既約元**という．既約でない元は**可約**であるという．

(3) $a,b \in A$ が既約元で単元 $u \in A$ が存在し $a = bu$ となるとき，a,b は**同伴**であるという． ◇

素元などの例は 8 章でたくさん考察することになるので，ここでは割愛する．

命題 6.6.4 A が整域なら，A の素元は既約元である．

証明 $A \ni a \neq 0$ を素元とする．$(a) \neq A$ なので，a は単元ではない．$b,c \in A$ で $a = bc$ とする．$bc = a \in (a)$ で (a) は素イデアルなので，b または c が (a) の元である．同じことなので，$b \in (a)$ とする．$b = ad$ となる $d \in A$ がある．$bc = a$ なので $adc = a$ である．A は整域で $a(dc-1) = 0$ なので，$dc-1 = 0$，つまり $dc = 1$ である．したがって，c は単元である．よって，a は既約元である． □

定義 6.6.5 次の条件 (1), (2) を満たす整域 A を，**一意分解環 (UFD)** という．

(1) 任意の A の元 $a \neq 0$ は単元であるか，有限個の素元 $p_1, \cdots, p_n$ が存在して $a = p_1 \cdots p_n$ となる．

(2) $p_1, \cdots, p_n, q_1, \cdots, q_m$ が素元で $p_1 \cdots p_n = q_1 \cdots q_m$ なら，$n = m$ であり，置換 $\sigma \in \mathfrak{S}_n$ があり，$i = 1, \cdots, n$ に対し $q_{\sigma(i)}$ と p_i が同伴となる． ◇

なお，(2) で $n = 0$ なら $p_1 \cdots p_n = 1$ と解釈する．1 の約元は単元なので，$n = 0 \iff m = 0$ となる．よって，(2) を考える場合，$n, m > 0$ としてよい．

A が一意分解環，$p_1, \cdots, p_n$ が素元で $a = p_1 \cdots p_n$ であるとき，これを a の**素元分解**，$p_1, \cdots, p_n$ を a の**素因子**という．

命題 6.6.6 整域 A が定義 6.6.5 の条件 (1) を満たせば，条件 (2) を満たし，A は一意分解環である．

証明 整域 A が定義 6.6.5 の条件 (1) を満たすとし，定義 6.6.5 (2) の性質を満たすことを証明する．$n, m > 0$，$p_1, \cdots, p_n, q_1, \cdots, q_m$ が素元で $p_1 \cdots p_n =$

$q_1\cdots q_m$ と仮定する．$q_1\cdots q_m \in (p_1\cdots p_n) \subset (p_1)$ で (p_1) は素イデアルなので，$q_1,\cdots,q_m$ のどれかは (p_1) の元である．$q_1,\cdots,q_m$ の順序を変え，$q_1 \in (p_1)$ としてよい．q_1 も既約元である．$q_1 = p_1 u_1$ $(u_1 \in A)$ としたとき，u_1 が単元でないなら，q_1 が既約元であることに矛盾する．よって，u_1 は単元である．$p_1\cdots p_n = p_1 u_1 q_2 \cdots q_m$ となるが，A は整域なので，$p_2\cdots p_n = u_1 q_2 \cdots q_m$ となる．

$q_2' = u_1 q_2$ とおけば q_2' も既約元である．帰納法により $n-1 = m-1$ となるので，$n = m$ である．また，$p_2,\cdots,p_m$ の順序を変えれば，単元 $u_2,\cdots,u_{n-2}$ があり，$q_2' = p_2 u_2$, $q_3 = p_3 u_3, \cdots, q_n = p_n u_n$ となる．$q_2 = q_2' u_1^{-1}$ なので，$u_1^{-1} u_2$ をあらためて u_2 とすればよい． □

命題 6.6.7 A が一意分解環なら，既約元は素元である．

証明 $p \in A$ を既約元，$p = p_1\cdots p_n$ を p の素元分解とする．p は可逆ではないので，$n \geqq 1$ である．もし $n \geqq 2$ なら，$q = p_2\cdots p_n$ とおくと，$p = p_1 q$ である．p_1 は単元ではないので，q は単元である．$(q) \subset (p_2) \subsetneq A$ なので矛盾である．よって，$n = 1$ であり p は素元である． □

A が一意分解環，$a,b \in A\setminus\{0\}$ とする．$c \mid a,b$ なら，c は a,b の**公約元**という．$a,b \mid c$ なら，c は a,b の**公倍元**という．c が a,b の公約元で，d も a,b の公約元なら $d \mid c$ となるとき，c を a,b の**最大公約元**という．また，c が a,b の公倍元で，d も a,b の公倍元なら $c \mid d$ となるとき，c を a,b の**最小公倍元**という．命題 1.5.12 と同様にして，a,b の最大公約元と最小公倍元を a,b の素元分解を使って表すことができるが，詳細は省略する．c,d が両方とも a,b の最大公約元なら，c,d は同伴である．最小公倍元についても同様である．a,b の最大公約元・最小公倍元を $\gcd(a,b), \mathrm{lcm}(a,b)$ と書く．これらは一意的ではないが，同伴による曖昧さを除いて定まる．なお，$A \subset \mathbb{C}$ などの場合は，最大公約数，最小公倍数などともいう．$a,b \in A\setminus\{0\}$ の公約元がつねに単元となるとき，a,b は**互いに素**という．A が次に解説する単項イデアル整域の場合，これは $(a)+(b) = A$ と同値になるが，$A = \mathbb{C}[x,y]$ なら，x,y は互いに素だが，$(x)+(y) = A$ とはならない．

第6章 環と加群

定義 6.6.8 整域 A の任意のイデアルが単項イデアル，つまり $a \in A$ により (a) となるとき，A を**単項イデアル整域 (PID)** という． ◇

定義 6.6.9 (ユークリッド環) 整域 A が次の条件を満たすときユークリッド環という．

写像 $d: A \setminus \{0\} \to \mathbb{N}$ があり，$a, b \in A$ で $b \neq 0$ なら $q, r \in A$ があり，$a = qb + r$ で $r = 0$ または $d(r) < d(b)$ となる． ◇

要するにユークリッド環とは割り算の余りの概念がある環である．以下，

$$\text{ユークリッド環} \implies \text{単項イデアル整域} \implies \text{一意分解環}$$

となることを示す．

定理 6.6.10 ユークリッド環は単項イデアル整域である．

証明 A をユークリッド環，$d: A \setminus \{0\} \to \mathbb{N}$ を定義 6.6.9 の条件を満たす写像とする．$I \subset A$ をイデアルとする．$I = (0)$ なら明らかなので，$I \neq (0)$ とする．$I \ni x \neq 0$, $d(x) = \min\{d(y) \mid I \ni y \neq 0\}$ とする．$z \in I$ なら，$q, r \in A$ があり，$z = qx + r$ で $r = 0$ または $d(r) < d(x)$ となる．$z, qx \in I$ なので $r = z - qx \in I$. x の取りかたより $r = 0$. よって $z = qx \in (x)$ となるので，$I = (x)$ である． □

定理 6.6.11 単項イデアル整域は一意分解環である．

証明 A を単項イデアル整域とする．まず既約元が素元であることを示す．$A \ni r \neq 0$ を既約元とする．$a, b \in A$, $a \notin (r)$ で $ab \in (r)$ とする．

$(a) + (r) = (c)$ (定義 6.1.16 参照) となる $c \in A$ があるが，$a \notin (r)$ なので，$(r) \subsetneq (c)$ である．$r = r'c$ となる $r' \in A$ があるが，r は既約元なので，r' または c が単元である．もし r' が単元なら $(r) = (c)$ となり，矛盾である．したがって，c が単元である．これは $(a) + (r) = A$ を意味する．よって，$ax + ry = 1$ となる $x, y \in A$ がある．両辺に b をかけると $b = abx + bry$ だが，$ab \in (r)$ なので，$b \in (r)$ となる．これで r が素元であることが証明できた．

$A \ni r \neq 0$ が単元でなく，有限個の既約元の積で書けないとして矛盾を導く．r は既約元ではないので，単元でない $a_1, r_1 \in A$ があり，$r = a_1 r_1$ となる．

a_1, r_1 のどちらも既約元の有限個の積で書けるなら，r も既約元の有限個の積で書けるので矛盾である．よって，必要なら a_1, r_1 を交換して，r_1 が既約元の有限個の積で書けないとしてよい．a_1 は単元ではないので，$(r) \subsetneq (r_1)$ である．これを繰り返すと，A の元の無限列 $r_0 = r, r_1, r_2, \cdots$ で $(r_0) \subsetneq (r_1) \subsetneq (r_2) \subsetneq (r_3) \subsetneq \cdots$ となるものがある．

$I = \bigcup_{i=0}^{\infty} (r_i)$ とおく．I はイデアルであることを示す．$x, y \in I$ なら十分大きい i, j があり，$x \in (r_i)$, $y \in (r_j)$ となる．$i \leq j$ としてよく，$(r_i) \subset (r_j)$ である．すると，$x \pm y \in (r_j) \subset I$. 同様に $x \in I$, $r \in A$ なら，$rx \in I$ であることもわかる．よって，I はイデアルである．A は単項イデアル整域なので，$I = (a)$ となる $a \in A$ がある．$a \in I$ なので十分大きい i があり，$a \in (r_i)$ である．すると $I = (a) \subset (r_i) \subsetneq (r_{i+1}) \subset I$ となり矛盾である．これで A の任意の単元でない元が有限個の既約元の積で書けることが示せた．既約元は素元であることは既に示したので，A の任意の単元でない元は有限個の素元の積で書けることが示せた．命題 6.6.6 より，A は一意分解環である． □

また，次の性質も成り立つ．これは $\mathbb{Z}/p\mathbb{Z}$ が体であることの一般化である．

命題 6.6.12 A が単項イデアル整域なら，(0) でない任意の素イデアルは極大イデアルである．したがって，p が素元なら，$A/(p)$ は体である．

証明 $\mathfrak{p}$ が (0) でない素イデアルなら，$\mathfrak{p} = (p)$ とすると，p は素元である．$(p) \subset (q) \neq A$ と仮定する．すると，$p = qu$ となる $u \in A$ があるが，$(q) \neq A$ なので，q は単元ではない．p は素元なので既約元である．よって，u が単元である．したがって，$(p) = (q)$ となるので，(p) は極大イデアルである．よって，$A/(p)$ は体である． □

$n \in \mathbb{Z}$ に対して $d(n) = |n|$ とおくと，$\mathbb{Z}$ はこの関数 d により，定義 6.6.9 の条件を満たす (つまり割り算の概念がある)．また，k が体のとき，$f(x) \in k[x] \setminus \{0\}$ に対して $d(f) = \deg f$ とおくと，体上の零でない多項式はすべてモニックの単元倍なので，命題 6.2.13 より $k[x]$ はこの関数 d により，定義 6.6.9 の条件を満たす．したがって，次の命題が成り立つ．

172　第 6 章　環と加群

> **命題 6.6.13**　体上の 1 変数多項式環と $\mathbb{Z}$ はユークリッド環である．したがって，単項イデアル整域でもあり，一意分解環でもある．

k が体で $f(x) \in k[x] \setminus \{0\}$ とする．系 6.2.11 より $k[x]^\times = k^\times = k \setminus \{0\}$ である．$f(x)$ が $k[x]$ の元として可約ということは，単元でない $g(x), h(x) \in k[x]$ があり，$f(x) = g(x)h(x)$ となることである．$g(x), h(x) \neq 0$ なので，$\deg g(x), \deg h(x) > 0$ である．逆に $\deg g(x), \deg h(x) > 0$ である $g(x), h(x)$ があり $f(x) = g(x)h(x)$ となるとき $f(x)$ は可約である．$k[x]$ の元として既約な多項式を**既約多項式**と定義すると，既約多項式とは，真に小さい次数の多項式の積とはならない定数でない多項式のことになる．命題 6.6.12, 6.6.13 より，次の系を得る．

> **系 6.6.14**　k が体で $f(x) \in k[x]$ が既約多項式なら，$k[x]/(f(x))$ は体である．

> **例題 6.6.15**　(1)　$\mathbb{Z}[\sqrt{-1}] \cong \mathbb{Z}[x]/(x^2+1)$ であることを証明せよ．
> (2)　$\mathbb{Z}[\sqrt{-1}]/(7)$ は体であることを証明せよ．

解答　(1)　$\phi : \mathbb{Z}[x] \to \mathbb{Z}[\sqrt{-1}]$ を準同型で $\phi(x) = \sqrt{-1}$ となるものとすると，$x^2+1 \in \operatorname{Ker}(\phi)$ である．$f(x) \in \operatorname{Ker}(\phi)$ なら，$f(x) = g(x)(x^2+1) + ax + b$ となる $g(x) \in \mathbb{Z}[x]$, $a, b \in \mathbb{Z}$ があるので，$x = \sqrt{-1}$ を代入して $a = b = 0$ である．よって，準同型定理より $\mathbb{Z}[\sqrt{-1}] \cong \mathbb{Z}[x]/(x^2+1)$ である．

(2)　(1) と命題 6.1.34 (2) より
$$\mathbb{Z}[\sqrt{-1}]/(7) \cong \mathbb{Z}[x]/(x^2+1, 7) \cong \mathbb{F}_7[x]/(x^2+1).$$
$x = 0, \cdots, 6$ を代入しても x^2+1 は $\mathbb{F}_7$ で 0 にならないので，x^2+1 は既約である．よって，系 6.6.14 より $\mathbb{Z}[\sqrt{-1}]/(7)$ は体である．　□

ここで，一意分解環上の多項式環が一意分解環であることを証明しておく．目標は定理 6.6.23 である．準備として，原始多項式の概念を定義し，その性質について解説する．

定義 6.6.16 A を一意分解環, $f(x) = a_0 x^n + \cdots + a_n \in A[x]$ で $a_0, \cdots, a_n$ の最大公約元が可逆元であるとき, $f(x)$ を**原始多項式**という. ◇

例 6.6.17 $6x^3 + 21x^2 + 14 \in \mathbb{Z}[x]$ は原始多項式である. ◇

以下, 補題を四つ証明する.

補題 6.6.18 A を一意分解環, $f(x) \in A[x]$ とする. このとき, 次の (1), (2) は同値である.
(1) $f(x)$ は原始多項式である.
(2) $p \in A$ を任意の素元とするとき, $f(x)$ を p を法として考えた多項式 $\overline{f}(x) \in (A/(p))[x]$ は零でない.

上の補題は明らかなので, 証明は省略する.

補題 6.6.19 A を一意分解環, A の商体を K とする. $f(x) \in K[x]$ に対し原始多項式 $g(x) \in A[x]$ と $a \in K \setminus \{0\}$ が存在し, $f(x) = ag(x)$ となる. また $h(x)$ も原始多項式, $b \in K \setminus \{0\}$ で $f(x) = bh(x)$ なら, $a/b \in A^\times$ である. もし $f(x) \in A[x]$ なら, $a \in A$ である.

証明 まず $a, g(x)$ の存在を示す. $f(x) = a_0 x^n + \cdots + a_n$ $(a_0, \cdots, a_n \in K, a_0 \neq 0)$ とする. $a_i = b_i/c_i$ $(b_i, c_i \in A)$ とすれば $c_0 \cdots c_n f(x) \in A[x]$ である. よって $f(x) \in A[x]$ と仮定してよい. $d = \gcd(a_0, \cdots, a_n)$, $a_i = db_i$ $(b_0, \cdots, b_n \in A)$, $g(x) = b_0 x^n + \cdots + b_n$ とおけば $g(x)$ は原始多項式で $f(x) = dg(x)$ である. この構成より, $d \in A$ である.

$ag(x) = bh(x)$ で $g(x), h(x)$ が原始多項式とする. 両辺に A の元をかけることにより, $a, b \in A$ としてよい. $ag(x)$ の係数の最大公約元は a で $bh(x)$ の係数の最大公約元は b である. よって, a/b は単元である. □

補題 6.6.20 (ガウスの補題) A を一意分解環, $f(x), g(x) \in A[x]$ を原始多項式とすると, $f(x)g(x)$ も原始多項式である.

証明 p を任意の素元とする. $f(x)$ などの係数を p を法として考えた多項式を $\overline{f}(x)$ などとする. 仮定より $\overline{f}(x), \overline{g}(x)$ は $(A/(p))[x]$ の零でない多項式で

ある．$A/(p)$ は整域なので，$(A/(p))[x]$ も整域である．よって，$\overline{f}(x)\overline{g}(x) \neq 0$. 自然な準同型 $A \to A/(p)$ は準同型 $A[x] \to (A/(p))[x]$ を引き起こすので (補題 6.2.19)，$h(x) = f(x)g(x)$ とすると，$\overline{h}(x) = \overline{f}(x)\overline{g}(x) \neq 0$. これがすべての素元 p に対して成り立つので，$f(x)g(x)$ は原始多項式である． $\square$

なお，「ガウスの補題」は一つだけではない (補題 1.11.7 参照)．

補題 6.6.21 A を一意分解環，A の商体を K，$f(x), g(x) \in A[x]$ で $g(x)$ は原始多項式とする．このとき，$f(x)$ が $K[x]$ で $g(x)$ で割り切れれば $A[x]$ でも $g(x)$ で割り切れる．

証明 $h(x) \in K[x]$ で $f(x) = g(x)h(x)$ とする．$f(x) = ap(x)$，$h(x) = bq(x)$ で $a \in A$，$b \in K^\times$，$p(x), q(x)$ を原始多項式とすると，$p(x) = a^{-1}bg(x)q(x)$ である．$g(x)q(x)$ は補題 6.6.20 より原始多項式である．補題 6.6.19 より $a^{-1}b \in A^\times$ である．したがって，$a^{-1}bq(x) = r(x)$ とおけば，$r(x) \in A[x]$ で $p(x) = g(x)r(x)$ である．$f(x) = g(x)(ar(x))$ なので，$f(x)$ は $A[x]$ でも $g(x)$ で割り切れる． $\square$

命題 6.6.22 A を一意分解環，$f(x) \in A[x]$ を原始多項式とするとき，次の (1), (2) は同値である．
(1) $f(x)$ は $A[x]$ で既約である．
(2) $f(x)$ は $K[x]$ で既約である．

証明 **(1) $\Rightarrow$ (2)** $f(x)$ が $A[x]$ で既約で $K[x]$ で可約なら，$g(x), h(x) \in K[x]$ があり，$f(x) = g(x)h(x)$, $\deg g(x), \deg h(x) > 0$ である．補題 6.6.19 より，$g(x)$ は原始多項式としてよい．すると，補題 6.6.21 より $f(x)$ は $A[x]$ において $g(x)$ で割り切れることになり矛盾である．

(2) $\Rightarrow$ (1) $f(x)$ が $K[x]$ で既約で $A[x]$ で可約なら，$f(x) = g(x)h(x)$ となる単元でない $g(x), h(x) \in A[x]$ がある．もし $g(x) \in A$ なら，$g(x)$ は単元ではないので，$g(x)$ を割る素元 p がある．すると，$f(x)$ のすべての係数が p で割り切れ，$f(x)$ が原始多項式であることに矛盾する．したがって，$\deg g(x), \deg h(x) > 0$ となるので，$f(x)$ は $K[x]$ で可約となり，矛盾である． $\square$

これで準備ができたので，目標である次の定理を証明する．

> **定理 6.6.23** A が一意分解環なら，A 上の多項式環 $A[x_1,\cdots,x_n]$ は一意分解環である．

証明 n に関する帰納法を使えば，$n=1$ のときに証明すれば十分である．よって，x を変数とし，多項式環 $A[x]$ を考える．

K を A の商体とする．$K[x]$ は一意分解環なので，任意の元は $K[x]$ の元として素元の積になる．$f(x) \in K[x]$ を素元とする．$\deg f(x) > 0$ である．$f(x) = ag(x)$ ($a \in K^\times$, $g(x)$ は原始多項式) とするとき，$g(x)$ は $A[x]$ の素元であることを示す．もし $p(x), q(x) \in A[x]$ で $p(x)q(x) \in (g(x))$ なら，$g(x)$ は $K[x]$ では素元なので，$p(x) \in g(x)K[x]$ または $q(x) \in g(x)K[x]$ である．$p(x) \in g(x)K[x]$ なら $p(x)$ は $K[x]$ の元として $g(x)$ で割り切れるが，$g(x)$ は原始多項式なので，補題 6.6.21 より $p(x) \in g(x)A[x]$ である．$q(x) \in g(x)K[x]$ の場合も同様なので，$g(x)$ は素元である．

$A[x]$ の可逆でない元が素元の積で表せることを示す．$p \in A$ が素元なら $A[x] \to (A/(p))[x]$ の核は係数が p で割り切れる多項式全体の集合なので，$pA[x]$ である．よって $A[x]/pA[x] \cong (A/(p))[x]$ となり，これは整域なので，p は $A[x]$ でも素元である．$f(x) \in A[x]$ が単元でないとする．$f(x) \in A$ なら，$f(x)$ を A の元として素元分解すれば，それが $A[x]$ の元としての素元分解である．よって，$\deg f(x) > 0$ とする．$f(x)$ を $K[x]$ の元として素元分解し $f(x) = g_1(x)\cdots g_\ell(x)$ とする．$K^\times$ の元は $K[x]$ で可逆なので，$g_1(x),\cdots,g_\ell(x)$ は $K^\times$ の元ではない．$g_i(x) = a_i h_i(x)$ で $a_i \in K^\times$, $h_i(x)$ を原始多項式とすると，$f(x) = a_1\cdots a_\ell g_1(x)\cdots g_\ell(x)$ である．補題 6.6.20 より $g_1(x)\cdots g_\ell(x)$ は原始多項式なので，$a_1\cdots a_\ell \in A$ である．この元を A の元として素元分解し $a_1\cdots a_\ell = p_1\cdots p_m$ とすると，$f(x) = p_1\cdots p_m g_1(x)\cdots g_\ell(x)$ となり，$p_1,\cdots,p_m$, $g_1(x),\cdots,g_\ell(x)$ は素元である． □

例 6.6.24 定理 6.6.23 より，$\mathbb{Z}$ や体 k 上の n 変数多項式環 $\mathbb{Z}[x_1,\cdots,x_n]$, $k[x_1,\cdots,x_n]$ は一意分解環である． ◇

6.7 行列と行列式

次節で環上の加群について解説するが，その前に環の元を成分とする行列についてまとめておく．

R を可換環とする．R の元を成分に持つ $m \times n$ **行列**，あるいは R 上の $m \times n$ **行列**とは，mn 個の R の元 $A = (a_{ij})_{\substack{1 \leq i \leq m \\ 1 \leq j \leq n}}$ のことである．これを以下のように並べて書く．

$$A = \begin{pmatrix} a_{11} & \cdots & a_{1j} & \cdots & a_{1n} \\ \vdots & \vdots & \vdots & \vdots & \vdots \\ a_{i1} & \cdots & a_{ij} & \cdots & a_{in} \\ \vdots & \vdots & \vdots & \vdots & \vdots \\ a_{m1} & \cdots & a_{mj} & \cdots & a_{mn} \end{pmatrix} \; (\triangle)$$

(□) は第 j 列の上

$m \times n$ $\cdots$ サイズ
a_{ij} $\cdots$ (i,j)-成分
$(\triangle)$ $\cdots$ 第 i 行
$(\square)$ $\cdots$ 第 j 列

m 行 n 列の行列，あるいは行や列の数を問題にしなければ単に行列ともいう．a_{ij} のことを A の (i,j)-**成分**という．また，$m \times n$ のことを行列 A の**サイズ**という．多くの場合，単に $A = (a_{ij})$ と書く．行列 A の行と列のサイズが等しいとき，A を n 次**正方行列**，n **次行列**，あるいは単に**正方行列**という．R 上の $m \times n$ 行列の集合を $\mathbf{M}_{m,n}(R)$ と書く．$m = n$ のときは，$\mathbf{M}_n(R)$ とも書く．$A = (a_{ij})$ が n 次正方行列なら，$a_{11}, \cdots, a_{nn}$ のことを**対角成分**とよぶ．対角行列，上三角行列，下三角行列なども，$\mathbb{R}, \mathbb{C}$ の場合と同様に定義する．$m = 1$ の場合行列は**行ベクトル**といい，$n = 1$ の場合**列ベクトル**という．$(\triangle)$ を A の第 i 行，$(\square)$ を A の第 j 列という．$(\triangle)$ はそれ自身行ベクトルで，$(\square)$ はそれ自身列ベクトルである．

$\mathbf{M}_{n,1}(R)$ のこと，つまり n 個の R の元よりなる列ベクトルの集合のことを R^n と書く．R^n の元のことを n 次元列ベクトル，あるいは単に n 次元ベクトルという．R^n の元はスペースの関係上 $[x_1, \cdots, x_n]$ とも書くことにする．

以下，行列はすべて R の元を成分に持つとする．$A = (a_{ij})$, $B = (b_{ij})$ が同じサイズの行列なら，$A \pm B$ は A, B の成分ごとに和・差を取った行列である．また，$r \in R$ と行列 A に対し，rA は r を A のすべての成分にかけて得られる行列とする．つまり，

(6.7.1) $$A \pm B = (a_{ij} \pm b_{ij}), \quad rA = (ra_{ij}).$$

$A \pm B$ を行列 A, B の和・差, rA を行列 A の**スカラー倍**, r のことを**スカラー**という. ベクトルは行列の特別な場合なので, ベクトルにも和とスカラー倍の概念が定義される. $M_{m,n}(R)$ は和に関して可換群になる.

次に, 行列の積を定義する. $A = (a_{ij})$ を $\ell \times m$ 行列, $B = (b_{jk})$ を $m \times n$ 行列とする. このとき, A, B の積 $C = (c_{ik}) = AB$ をその (i, k)-成分が

(6.7.2) $$c_{ik} = \sum_{j=1}^{m} a_{ij} b_{jk} = a_{i1} b_{1k} + \cdots + a_{im} b_{mk}$$

で与えられる $\ell \times n$ 行列と定義する. 行列の和, スカラー倍, 積を行列の**演算**という. R において, 結合法則などが成り立つことにより, 行列の和・積やスカラー倍に関しては, 結合法則・分配法則などが成り立つ.

$A = (a_{ij})$ を $m \times n$ 行列とするとき, $n \times m$ 行列でその (j, i)-成分が a_{ij} であるものを A の**転置行列**といい ${}^t\!A$ と書く. 正方行列 A が ${}^t\!A = A$ という性質を満たすとき, **対称行列**という. 次の命題の証明は省略する.

命題 6.7.3 R は可換と仮定する. A, B を $m \times n$ 行列とするとき, 次の (1)–(4) が成り立つ.

(1) ${}^t\!(A+B) = {}^t\!A + {}^t\!B$.

(2) ${}^t\!(rA) = r\,{}^t\!A \ (r \in R)$.

(3) ${}^t\!({}^t\!A) = A$.

(4) $m = n$ なら, ${}^t\!(AB) = {}^t\!B\,{}^t\!A$.

すべての成分が 0 である行列を**零行列**といい, サイズに関係なく $\mathbf{0}$ と書く. サイズを明示的に示すときには, $\mathbf{0}_{m,n}$ などと書く. 当然のことだが, すべての行列 A に対し, $A + \mathbf{0} = \mathbf{0} + A = A$ である.

(6.7.4) $$I_n = \begin{pmatrix} 1 & & \\ & \ddots & \\ & & 1 \end{pmatrix}, \quad \mathrm{e}_1 = \begin{pmatrix} 1 \\ 0 \\ \vdots \\ 0 \end{pmatrix}, \cdots, \mathrm{e}_n = \begin{pmatrix} 0 \\ \vdots \\ 0 \\ 1 \end{pmatrix}$$

とおき, I_n を**単位行列**, $\mathrm{e}_1, \cdots, \mathrm{e}_n$ のことを**基本ベクトル**という. ただし, I_n のサイズは $n \times n$ である. 単位行列 I_n は他の行列 A, B との積が定義できる限り, $AI_n = A$, $I_n B = B$ となる.

定義 6.7.5 $A \in \mathrm{M}_n(R)$ に対して,$B \in \mathrm{M}_n(R)$ で $AB = BA = I_n$ となるものがあるとき,B を A の**逆行列**といい,A^{-1} と書く.このとき,A を**可逆行列**という.$\mathrm{M}_n(R)$ の可逆行列全体の集合を $\mathrm{GL}_n(R)$ と書く. ◇

$\mathrm{GL}_n(R)$ は行列の積に関して群になる.R が体なら,可逆行列という用語より**正則行列**という用語のほうが一般的である.$(AB)^{-1} = B^{-1}A^{-1}$,$({}^tA)^{-1} = {}^t(A^{-1})$ などの性質も群の一般論から成り立つ (詳細は略).

$\mathfrak{S}_n$ を n 次対称群とする.$\sigma \in \mathfrak{S}_n$ なら,σ を互換の積に表すことができ,その個数の偶・奇は σ により定まる.その個数が偶数のとき $\mathrm{sgn}(\sigma) = 1$,そうでないとき,$\mathrm{sgn}(\sigma) = -1$ である (線形代数の教科書参照).また $\sigma, \tau \in \mathfrak{S}_n$ なら,$\mathrm{sgn}(\sigma\tau) = \mathrm{sgn}(\sigma)\mathrm{sgn}(\tau)$,つまり,$\mathrm{sgn} : \mathfrak{S}_n \to \{\pm 1\}$ は群の準同型である.

定義 6.7.6 $A = (a_{ij})$ を $n \times n$ 行列とするとき,
$$\det A = \sum_{\sigma \in \mathfrak{S}_n} \mathrm{sgn}(\sigma) a_{1\sigma(1)} a_{2\sigma(2)} \cdots a_{n\sigma(n)}$$
とおき,これを A の**行列式**という. ◇

以下,$\boldsymbol{v}_1, \cdots, \boldsymbol{v}_n$ が A の列ベクトルであるとき,$\det(\boldsymbol{v}_1, \cdots, \boldsymbol{v}_n)$ で $\det A$ を表す.

次の定理は,R が体の場合と同様に証明できるので,証明は省略する.

定理 6.7.7 (1) 行列式は行列の各列ベクトルに関して線形である.
(2) $\det(AB) = \det A \det B$.
(3) $\det I_n = 1$.
(4) A の第 i 列と第 j 列 $(i \neq j)$ が等しければ $\det A = 0$ である.
(5) $\det A = \det {}^tA$.

---

(4) より,二つの列を交換すると,行列式の値が (-1) 倍されることがわかる.例えば,$n = 2$ なら,
$$\det(\boldsymbol{v}_1 + \boldsymbol{v}_2, \boldsymbol{v}_1 + \boldsymbol{v}_2) = \det(\boldsymbol{v}_1, \boldsymbol{v}_1) + \det(\boldsymbol{v}_2, \boldsymbol{v}_2) + \det(\boldsymbol{v}_1, \boldsymbol{v}_2) + \det(\boldsymbol{v}_2, \boldsymbol{v}_1)$$
$$= \det(\boldsymbol{v}_1, \boldsymbol{v}_2) + \det(\boldsymbol{v}_2, \boldsymbol{v}_1)$$

となるが，左辺は 0 なので，$\det(\boldsymbol{v}_1,\boldsymbol{v}_2) = -\det(\boldsymbol{v}_2,\boldsymbol{v}_1)$ となる．(5) より，行に関しても同様である．

詳しくは述べないが，余因子展開も成り立つ．A から，i 行と j 列を除いた行列を A_{ij} とする．(i,j) 成分が $(-1)^{i+j}\det A_{ji}$ (添字の順序に注意) である行列を B とし，A の**随伴行列**という．すると，

$$AB = BA = (\det A)I_n \tag{6.7.8}$$

である．よって，$\det A \in R^\times$ なら，$(\det A)^{-1}B$ が A の逆行列である．逆に $A,B \in \mathrm{M}_n(R)$ で $AB = I_n$ なら，定理 6.7.7 より $\det A \det B = 1$ なので，$\det A \in R^\times$ である．よって，次の系が従う．

系 6.7.9 (1) $A \in \mathrm{M}_n(R)$ なら，$A \in \mathrm{GL}_n(R)$ であることと，$\det A \in R^\times$ は同値である．

(2) $\det : \mathrm{GL}_n(R) \ni A \mapsto \det A \in R^\times$ は群の準同型である．

6.8 環上の加群の基本

定義 6.8.1 A を環とするとき，**A 加群**とは，可換群 M (+ をその演算とする) と写像 $A \times M \ni (a,x) \mapsto a \cdot x \in M$ で，次の性質を満たすものである．以下，x,x_1,x_2 は M の任意の元を，a,b は A の任意の元を表す．

(1) $a \cdot (b \cdot x) = (ab) \cdot x$.

(2) $(a+b) \cdot x = a \cdot x + b \cdot x$.

(3) $a \cdot (x_1 + x_2) = a \cdot x_1 + a \cdot x_2$.

(4) $1 \cdot x = x$. ◇

「・」は書かずに，ax と書くことも多い．なお，本書では可換環しか考えないので，「左加群・右加群」といった概念は定義しない．M が A 加群であるとき，$a \in A$ による写像 $M \ni x \mapsto ax \in M$ を a の**作用**ともいう．A が体であるとき，A 加群のことをベクトル空間という．

例 6.8.2 (**加群の例 1**) A が環で $n,m > 0$ なら，$\mathrm{M}_{m,n}(A)$ はスカラー倍により，A 加群となる．特に，A^n は A 加群である．

例 6.8.3 (加群の例 2(環の準同型による加群)) A, B を環, $\phi: A \to B$ を環の準同型, M を B 加群とする. このとき, $a \in A$, $x \in M$ に対し, ax を $\phi(a)x$ と定義する. ϕ が準同型で M が B 加群なので, M は A 加群となる. 特に, B は A 加群となる. 例えば, $\mathbb{C}$ は $\mathbb{Z}$ 加群である.

以下,1 次独立性や基底などの概念について解説する.

定義 6.8.4 M を環 A 上の加群, $S = \{x_1, \cdots, x_n\} \subset M$ とする.
(1) S が **1 次従属**, あるいは**線形従属**であるとは, すべては 0 でない A の元 $a_1, \cdots, a_n$ があり,
$$a_1 x_1 + \cdots + a_n x_n = 0$$
が成り立つことである. S が 1 次従属でないとき, S は **1 次独立**, あるいは**線形独立**であるという. 空集合 $\emptyset$ は 1 次独立であるとみなす.
(2) $a_1 x_1 + \cdots + a_n x_n$ という形の元は S の **1 次結合**, あるいは**線形結合**であるという. 0 は $\emptyset$ の 1 次結合であるとみなす. ◇

上の (1) のような等式を S の元の線形関係という. $a_1 = \cdots = a_n = 0$ なら, (1) の等式は明らかに満たされる. このような関係を**自明な線形関係**という. S が有限集合でない場合には 1 次独立性などを次のように定義する.

定義 6.8.5 M を環 A 上の加群, $S \subset M$ を部分集合とする.
(1) S の任意の有限部分集合が, 定義 6.8.4 の意味で 1 次独立であるとき, S は 1 次独立であるという.
(2) M の任意の元が S の有限部分集合の 1 次結合になるとき, S は M を**張る**, あるいは**生成する**という.
(3) S が 1 次独立であり, M を生成するとき, S を M の**基底**という[1]. ◇

なお, どの環上の加群としての基底であるか明示するときには, ***A* 基底**などという.

次の定理の証明については線形代数の教科書を参照せよ.

---

[1] 基底による座標を考える際には, 基底は順序に依存するものとする. S が無限集合の場合には, 順序を考えないことのほうが多い.

定理 6.8.6 体 K 上のベクトル空間が基底 $S = \{v_1, \cdots, v_n\}$ を持つなら，V の任意の基底は n 個の元よりなる．

定義 6.8.7 A を環，M を A 加群とする．部分集合 $N \subset M$ が M の演算と A の作用により A 加群となるとき，N を M の**部分 A 加群**，あるいは単に部分加群という．A が体なら，N を**部分空間**ともいう． ◇

命題 6.8.8 A を環，M を A 加群とする．部分集合 $N \subset M$ が部分加群であることと，次の条件が成り立つことは同値である．
(1) N は $+$ (M の加法) に関して M の部分群である．
(2) $a \in A$, $n \in N$ なら $an \in N$ (つまり，作用に関して閉じている)．

上の命題の証明は省略する．

M を環 A 上の加群，$S \subset M$ を部分集合とするとき，S の有限個の元の 1 次結合全体の集合を $\langle S \rangle$ とおく．次の命題の証明は省略する．

命題 6.8.9 上の状況で，$\langle S \rangle$ は M の部分 A 加群となる．

上の状況で，$\langle S \rangle$ を S により**生成された**，あるいは**張られた部分 A 加群**という．また，S を $\langle S \rangle$ の**生成系**，S の元を**生成元**という．

$\langle S \rangle$ のことを $\sum_{x \in S} Ax$ とも書く．$S = \{x_1, \cdots, x_n\}$，つまり S が有限集合なら，$\langle x_1, \cdots, x_n \rangle$ あるいは $Ax_1 + \cdots + Ax_n$ とも書く．

例 6.8.10 (部分加群の例 1)　A を環，$M = A^3$ を A の元を成分に持つ 3 次元列ベクトルの集合とする．A の元の左からの積を考えることにより，M は左 A 加群である．$\mathbb{e}_1 = [1,0,0]$, $\mathbb{e}_2 = [0,1,0]$, $S = \{\mathbb{e}_1, \mathbb{e}_2\}$ とすれば，$\langle S \rangle$ は M の部分加群であり，$\langle S \rangle = \{[x_1, x_2, 0] \mid x_1, x_2 \in A\}$ である． ◇

例 6.8.11 (部分加群の例 2)　環 A のイデアルは，A の部分 A 加群である．例えば，$3\mathbb{Z}$ は $\mathbb{Z}$ の部分加群である．

M を環 A 上の加群，$N_1, N_2 \subset M$ を部分加群とするとき，$N_1 \cap N_2$ は部分加

群である．また，$N_1+N_2 = \{x+y \mid x \in N_1, y \in N_2\}$ も部分加群である．

定義 6.8.12 環 A 上の加群 M が有限集合で生成されるとき，A 上**有限生成な加群**，あるいは**有限加群**という． ◇

定義 6.8.13 M, N を環 A 上の加群とする．

(1) 写像 $f: M \to N$ が **A 加群の準同型**であるとは，f が可換群としての準同型であり，$a \in A, x \in M$ に対し $f(ax) = af(x)$ が成り立つことである．A 加群の準同型全体の集合を $\mathrm{Hom}_A(M, N)$ と書く．

(2) $f: M \to N$ が A 加群の準同型であり，逆写像が存在して A 加群の準同型であるとき，f を **A 加群の同型**という．このとき，$M \cong N$ と書く． ◇

$n > 0$ が整数なら，A^n は A 上有限生成加群である．$M \to N$ が A 加群の全射準同型で M が有限生成な加群なら，N も有限生成な加群である．k が環で k 代数 A が k 加群として有限生成なら，k 代数としても有限生成である．しかし，環 k 上の多項式環 $k[x]$ は k 代数としては有限生成だが，k 加群としては有限生成ではない．

A 加群の準同型・同型を A 準同型・A 同型ともいう．群や環の場合と同様に，A 加群の準同型は写像として全単射なら同型である．

また，次の命題が成り立つ．

命題 6.8.14 (1) A 加群の準同型・同型の合成は準同型・同型になる．

(2) M, N が A 加群で M が部分集合 S で生成され，$f_1, f_2 : M \to N$ が A 加群の準同型で，$x \in S$ に対しては $f_1(x) = f_2(x)$ なら，$f_1 = f_2$ である．

A 加群の準同型を単に準同型ということもある．A が体なら，加群の準同型を**線形写像**という．$f, g \in \mathrm{Hom}_A(M, N)$ に対し，

$$(f+g)(x) = f(x) + g(x) \ (x \in M)$$

と定義することにより，$\mathrm{Hom}_A(M, N)$ は可換群となる．なお，恒等的に 0 である準同型 (零写像) がその単位元である．$a \in A, f \in \mathrm{Hom}_A(M, N)$ に対し $(af)(x) = af(x) \ (x \in M)$ と定義すると，$b \in A$ なら，

$$(af)(bx) = af(bx) = abf(x) = baf(x) \ (A \text{ が可換なので}) = b(af)(x)$$

となるので, $af \in \text{Hom}_A(M,N)$ である. これらの演算により, $\text{Hom}_A(M,N)$ は A 加群となる.

M を A 加群, $N \subset M$ を部分加群とする. M は $+$ に関して可換群なので, N は $+$ に関して正規部分群. よって, 剰余群 M/N が定義できる. $a \in A$, $x \in M$ なら, $\boldsymbol{a(x+N) = ax+N}$ と定義する. $y \in N$ なら, $a(x+y) = ax+ay \in ax+N$ なので, 上の定義は well-defined である. この演算により, M/N は A 加群になる. また, 写像 $M \ni x \mapsto x+N \in M/N$ は A 加群の準同型である.

定義 6.8.15 上のように定義した A 加群 M/N を A 加群としての**剰余加群**という. 上の準同型 $M \to M/N$ を**自然な準同型**という. A が体なら, M/N を剰余空間ともいう. ◇

例 6.8.16 I が環 A のイデアルなら, A/I は A 加群となる. ◇

定義 6.8.17 $f : M \to N$ を A 加群の準同型とする. このとき,

(1) $\text{Ker}(f) = \{x \in M \mid f(x) = 0\}$,

(2) $\text{Im}(f) = \{f(x) \mid x \in M\}$,

(3) $\text{Coker}(f) = N/\text{Im}(f)$

と定義し $\text{Ker}(f), \text{Im}(f), \text{Coker}(f)$ をそれぞれ f の**核**, **像**, **余核**という. ◇

$\text{Ker}(f) \subset M$, $\text{Im}(f) \subset N$ は部分 A 加群となる (証明は略). したがって, $\text{Coker}(f)$ も A 加群となる.

例 6.8.18 (加群の準同型の例 1) A が環, $I \subset A$ がイデアルなら, A から A/I への自然な写像 π は A 加群としての準同型である. $\text{Ker}(\pi) = I$, $\text{Coker}(\pi) = \{0\}$ である. ◇

例 6.8.19 (加群の準同型の例 2) A を環, $m, n > 0$, $M = (m_{ij})$ を A を成分とする $m \times n$ 行列とする. このとき, $T : A^n \to A^m$ を $x = [x_1, \cdots, x_n] \in A^n$ に対し $T(x) = Mx$ と定めれば, T は A 加群の準同型である. ◇

上の例で A が体なら, この準同型は行列の標準形によりよくわかるが, 一般の環の場合には, そのようなことができるとはかぎらない. A が単項イデア

ル整域なら，単因子論により T の核や余核はよくわかる．単因子論については，ねじれがない場合にはこの節の終わりで，行列の標準形については，第2巻 1.6 節 (命題 II–1.6.1 など) で解説する．

群の場合の準同型定理と同様に次の二つの定理が成り立つ (証明は略)．

定理 6.8.20 A を環とするとき，次の (1)–(3) が成り立つ．

(1) (準同型定理) M, N を A 加群，$f : M \to N$ を A 加群の準同型とする．このとき，A 加群として $M/\mathrm{Ker}(f) \cong \mathrm{Im}(f)$ である．

(2) (1) の状況でさらに $L \subset M$ を部分 A 加群，$\pi : M \to M/L$ を自然な準同型とするとき，準同型 $g : M/L \to N$ で $f = g \circ \pi$ となるものがあることと，$L \subset \mathrm{Ker}(f)$ であることは同値である．

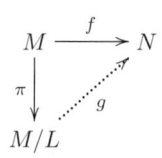

(3) M を A 加群，$N \subset N' \subset M$ を部分加群とするとき，$M/N \ni x + N \mapsto x + N' \in M/N'$ となる準同型がある．

定理 6.8.21 A を環，M を A 加群，$L \subset M$ を部分 A 加群とする．このとき，M/L の部分 A 加群と M の部分 A 加群 N で $N \supset L$ であるものは $N \mapsto N/L \subset M/L$ という対応により，1 対 1 に対応する．

また，群の場合 (命題 5.2.41, 5.2.42) と同様に，次の命題も成り立つ．

命題 6.8.22 M を A 加群とするとき，次の (1), (2) が成り立つ．

(1) $L, N \subset M$ が部分加群なら，$(\boldsymbol{L+N})/\boldsymbol{N} \cong \boldsymbol{L}/\boldsymbol{L} \cap \boldsymbol{N}$．

(2) $N \subset N' \subset M$ が部分加群なら，$(\boldsymbol{M/N})/(\boldsymbol{N'/N}) \cong \boldsymbol{M/N'}$．

以下，直積と直和について解説する．

A を環，I を任意の集合とし，各 $i \in I$ に対し A 加群 M_i が与えられているとする．$\prod_{i \in I} M_i$ を $\{M_i\}$ の集合としての直積とするとき，成分ごとに和・差・A の作用を定める．つまり，$x = (x_i), y = (y_i) \in \prod_{i \in I} M_i, a \in A$ なら，

$$x + y = (x_i + y_i), \quad ax = (ax_i)$$

である.これにより $\prod_{i \in I} M_i$ は A 加群になる (証明は略).また,$\bigoplus_{i \in I} M_i$ を $\prod_{i \in I} M_i$ の元 $x = (x_i)_{i \in I}$ で有限個の $i \in I$ を除いて $x_i = 0$ となるもの全体の集合とする.$\bigoplus_{i \in I} M_i$ は $\prod_{i \in I} M_i$ の部分 A 加群である.

定義 6.8.23 $\prod_{i \in I} M_i$, $\bigoplus_{i \in I} M_i$ をそれぞれ $\{M_i\}$ の**直積**,**直和**という.また,M_i を**直積因子**,**直和因子**という. ◇

I が有限集合のときは直積と直和は同じである.$|I| = n < \infty$ のときは,$M_1 \times \cdots \times M_n$, $M_1 \oplus \cdots \oplus M_n$ といった記号も使う.命題 5.2.38 と同様に,M が A 加群,$N_1, N_2 \subset M$ が部分 A 加群で $M = N_1 + N_2$, $N_1 \cap N_2 = \{0\}$ なら,$M \cong N_1 \oplus N_2$ である.

例 6.8.24 加群の直和を定義したので,例 6.8.19 の特殊な場合を考える.例えば,例 6.8.19 の状況で $A = \mathbb{C}[x, y]$, $m = 3$, $n = 2$,

$$M = \begin{pmatrix} x & 0 \\ 0 & y \\ 0 & 0 \end{pmatrix}$$

とする.このとき,

$$\mathrm{Ker}(T) = \{[f, g] \mid xf = 0,\ yg = 0\} = \{[0, 0]\},$$
$$\mathrm{Im}(T) = \{[xf, yg, 0] \mid f, g \in A\}.$$

である.A^3 から $A/(x) \oplus A/(y) \oplus A$ への写像 ϕ を

$$\phi : A^3 \ni [a, b, c] \mapsto [a \bmod (x), b \bmod (y), c] \in A/(x) \oplus A/(y) \oplus A$$

と定義すると,これは全射 A 準同型になる.$\mathrm{Ker}(\phi) = \{[xf, yg, 0] \mid f, g \in A\} = \mathrm{Im}(T)$ となるので,定理 6.8.20 (1) より,

$$\mathrm{Coker}(T) = A^3 / \{[xf, yg, 0] \mid f, g \in A\} \cong A/(x) \oplus A/(y) \oplus A$$

である. ◇

すべての $i \in I$ に対し $M_i = M$ であるような直積,直和を $\prod_I M$, $\bigoplus_I M$ と書く.$\bigoplus_I A$ という形をした A 加群のことを**自由 A 加群**という.$|I| = n < \infty$ なら,$\bigoplus_I A$ は A^n と同型である.$\bigoplus_I A$ の元を $\sum_{i \in I} a_i i$ (ただし $a_i \in A$ は有限個を

除いて 0) と書き, I の元の A を係数とする**形式的な有限和**ということもある.

命題 6.8.25 M が環 A 上の自由加群で $M \cong \bigoplus_I A \cong \bigoplus_J A$ なら, $|I| = |J|$ である.

証明 命題 6.3.9 より, A には極大イデアルが存在する. $\mathfrak{m}$ を極大イデアルとすると, $k = A/\mathfrak{m}$ は体である. $M/\mathfrak{m}M \cong \bigoplus_I k \cong \bigoplus_J k$ となるので, ベクトル空間の場合に帰着する. 定理 6.8.6 より $|I|, |J|$ のどちらかが有限ならもう一方も有限であり, $|I| = |J|$ である. それ以外の場合は $|I| = |J| = \infty$ である. 本書では, 無限集合の濃度を区別しない ($|I|, |J| = \infty$ の濃度を区別する場合については, [25, 第 2 巻, p.103, 命題 2.4.47] を参照). □

上の命題より, 環 A 上の自由加群 $M \cong \bigoplus_I A$ の添字集合 I の濃度は M により定まる. $|I|$ を M の**階数**といい $\mathrm{rk}\, M$ あるいは $\mathrm{rk}_A M$ と書く.

命題 6.8.26 A 加群 M が基底 S を持てば, $M \cong \bigoplus_S A$ である.

証明 自由加群 $\bigoplus_S A$ の元で $s \in S$ に対応する成分が 1 で他の成分が 0 であるものを $\mathfrak{e}_s$ と書く. $f : \bigoplus_S A \to M$ を $\sum_s a_s \mathfrak{e}_s \to \sum_s a_s s$ と定めると, f は準同型であり, S が基底なので, 全単射である. □

命題 6.8.27 (中国式剰余定理 (加群)) M を A 加群, $I_1, \cdots, I_n \subset A$ をイデアルで, $i \neq j$ なら $I_i + I_j = A$ であるとする. このとき, 自然な準同型により,

$$M/(I_1 \cdots I_n)M \cong M/I_1 M \oplus \cdots \oplus M/I_n M, \quad (I_1 \cdots I_n)M = \bigcap_i (I_i M).$$

証明 環の場合には零環になるかどうか問題になるが, 加群の場合にはそういった問題はないので, $I_1, \cdots, I_n$ は真のイデアルとは仮定していない.

自然な準同型 $M/(I_1 \cdots I_n)M \to M/I_i M$ により上の準同型を得る. 上の準同型が同型であり $(I_1 \cdots I_n)M = \bigcap_i (I_i M)$ であることを帰納法で示す.

$n = 1$ なら明らかなので, まず $n = 2$ の場合に証明する. $a \in I_1$, $b \in I_2$ があ

り，$a+b=1$ となる．$m_1, m_2 \in M$ なら，$m = bm_1 + am_2$ とすれば，
$$m = m_1 + a(m_2 - m_1)$$
なので，$m + I_1 M = m_1 + I_1 M$ である．同様に $m + I_2 M = m_2 + I_2 M$．よって，$M/(I_1 I_2)M \to M/I_1 M \oplus M/I_2 M$ は全射である．あとは $(I_1 I_2)M = (I_1 M) \cap (I_2 M)$ を示せば単射であることもわかる．

$(I_1 I_2)M \subset (I_1 M) \cap (I_2 M)$ は明らかである．$m \in (I_1 M) \cap (I_2 M)$ なら，
$$m = (a+b)m = am + bm$$
であり，$m \in I_2 M$ なので，$am \in (I_1 I_2)M$ である．$bm \in (I_1 I_2)M$ も同様なので，$m \in (I_1 I_2)M$ である．したがって，$M/(I_1 I_2)M \cong M/I_1 M \oplus M/I_2 M$ である．

$(I_1 + I_2) \cdots (I_1 + I_n)$ を考え，$I_1 + I_2 \cdots I_n = A$ である．帰納法より
$$M/(I_1 \cdots I_n)M \cong M/(I_1 M) \oplus M/(I_2 \cdots I_n)M$$
$$\cong M/I_1 M \oplus \cdots \oplus M/I_n M,$$
$$(I_1 \cdots I_n)M = (I_1 M) \cap (I_2 \cdots I_n)M$$
$$= (I_1 M) \cap \cdots \cap (I_n M)$$
である． □

例 6.8.28 $\mathbb{Z}$ 加群として，$\mathbb{Z}/120\mathbb{Z} \cong \mathbb{Z}/8\mathbb{Z} \times \mathbb{Z}/3\mathbb{Z} \times \mathbb{Z}/5\mathbb{Z}$ である． ◇

定義 6.8.29 A を整域，M を A 加群，$x \in M$ とする．$A \ni a \neq 0$ があり $ax = 0$ となるなら，x を**ねじれ元**という．M_{tor} を M のねじれ元全体の集合とする．$M_{\text{tor}} = \{0\}$ であるとき M にはねじれがないという． ◇

命題 6.8.30 定義 6.8.29 の状況で次の (1), (2) が成り立つ．
(1) M_{tor} は M の部分加群である．また，M/M_{tor} にはねじれがない．
(2) M が自由 A 加群なら，$M_{\text{tor}} = \{0\}$．

証明 (1) 明らかに $0 \in M_{\text{tor}}$ である．$x, y \in M_{\text{tor}}$ なら，$A \ni a, b \neq 0$ があり $ax = by = 0$ となる．よって，$ab(x+y) = bax + aby = 0 + 0 = 0$（ここで A の可換性を使っている）．A は整域なので，$ab \neq 0$ である．したがって，$x + y \in M_{\text{tor}}$ となる．$-x \in M_{\text{tor}}$ も同様である．$a \in A$ が任意の元で $x \in M_{\text{tor}}$ なら $A \ni b \neq$

0 があり, $bx = 0$ なので, $b(ax) = a(bx) = 0$ である. よって, $ax \in M_{\text{tor}}$ である. したがって, M_{tor} は部分加群である.

$x \in M$, $A \ni a \neq 0$ で $ax \in M_{\text{tor}}$ とする. M_{tor} の定義より, $A \ni b \neq 0$ があり, $bax = 0$ である. $ba \neq 0$ なので, $x \in M_{\text{tor}}$ である. したがって, M/M_{tor} にはねじれがない.

(2) は明らかである. □

例 6.8.31 $A = \mathbb{Z}$, $M = \mathbb{Z} \oplus \mathbb{Z}/2\mathbb{Z} \oplus \mathbb{Z}/3\mathbb{Z}$ なら, $M_{\text{tor}} = \mathbb{Z}/2\mathbb{Z} \oplus \mathbb{Z}/3\mathbb{Z}$, $M/M_{\text{tor}} \cong \mathbb{Z}$ である. $M_{\text{tor}} \neq \{0\}$ なので, M は自由加群ではない. ◇

A が環, $x \in A$ なら, A/xA という形をした A 加群を**巡回加群**という. 以下, A を単項イデアル整域とし, 単因子論の特別な場合を証明する. 単因子論は A 上の有限生成加群が巡回加群の直和として一意的に表されるというものだが, ここではねじれがない場合に限って考察する.

後で必要になるので, ネーター環の概念を定義し, 単項イデアル整域がネーター環であることを証明する.

定義 6.8.32 A を環とする. $I_1, I_2, \cdots$ が A のイデアルで $I_1 \subset I_2 \subset \cdots$ なら, 自然数 N があり, $I_N = I_{N+1} = \cdots$ となるとき, A は**ネーター環**という. ◇

次の命題は上の定義より明らかである.

命題 6.8.33 A をネーター環, $X \neq \emptyset$ を A のイデアルよりなる集合とするとき, X には包含関係に関して極大元がある.

証明 X に極大元がないとして矛盾を導く. $I_1 \in X$ とすると, I_1 が極大元ではないので, $I_1 \subsetneq I_2$ となる $I_2 \in X$ がある. これを繰り返せば, イデアルの無限に続く増加列 $I_1 \subsetneq I_2 \subsetneq \cdots$ が得られ, 矛盾である. □

命題 6.8.34 A を環とするとき, 次の (1), (2) は同値である.
(1) A はネーター環である.
(2) A の任意のイデアルは有限生成である.

証明 **(1) ⇒ (2)** A がネーター環で,$I \subset A$ がイデアルとする.$I = (0)$ なら I は有限生成である.I が有限生成でないと仮定する.$I \neq (0)$ なので,$x_1 \in I \setminus \{0\}$ をとる.I は有限生成ではないので,$I \neq (x_1)$ である.よって,$x_2 \in I \setminus (x_1)$ をとると,$(x_1, x_2) \subset I$ である.I が有限生成でないので,これを繰り返し,$x_1, \cdots, x_n, \cdots$ を $x_1, \cdots, x_n, \cdots \in I$ で,$x_i \notin (x_1, \cdots, x_{i-1})$ となるようにできる.すると $I_1 \subsetneq I_2 \subsetneq I_3 \subsetneq \cdots$ となり,矛盾である.

(2) ⇒ (1) 逆に A の任意のイデアルが有限生成であると仮定する.$I_1 \subset I_2 \subset \cdots$ を A のイデアルの増加列とする.$I = \bigcup_{n=1}^{\infty} I_n$ とおく.明らかに $0 \in I$ である.$a, b \in I$ なら十分大きい i, j があり $a \in I_i$,$b \in I_j$ である.$i \leqq j$ なら $I_i \subset I_j$ なので,$a, b \in I_j$ である.I_j はイデアルなので,$a \pm b \in I_j \subset I$ である.$r \in A$ なら $ra \in I_j \subset I$ である.$i \geqq j$ でも同様である.よって I はイデアルである.I は有限生成なので,$x_1, \cdots, x_m \in I$ があり $I = (x_1, \cdots, x_m)$ である.$x_j \in I_{i_j}$ である i_j が存在する.$i_1, \cdots, i_m$ のなかで最大のものを N とすれば $x_j \in I_N$ なので,$i \geqq N$ なら $I_i \subset I = (x_1, \cdots, x_m) \subset I_N$ となる. □

例 6.8.35 体 k のイデアルは $(0), (1) = k$ だけなので,k はネーター環である.単項イデアル整域はすべてのイデアルが一つの元で生成されるので,ネーター環である. ◇

> **命題 6.8.36** A をネーター環,M を有限生成 A 加群,N を M の部分 A 加群とする.このとき,N も有限生成 A 加群となる.

証明 $M = Ax_1 + \cdots + Ax_n$ とする.n に関する帰納法により証明する.

$n = 1$ なら $M = Ax_1$ である.$a \in A$ に対し $f(a) = ax_1 \in M$ と定義する.$I = \mathrm{Ker}(f)$ とおくと,I は A の部分加群であり,A 加群として $A/I \cong M$ である.I は A のイデアルである.M の部分加群は A/I の部分加群と対応するが,定理 6.8.21 により,A/I の部分加群は A のイデアルで I を含むものと対応する.$J \supset I$ がイデアルなら J は有限生成なので,J/I も有限生成である.よって $n = 1$ のときは証明できた.

$n > 1$ とする.$M_1 = Ax_1 + \cdots + Ax_{n-1}$ とおくと,$M_1 = M$ なら N が有限生成であることは帰納法より従う.よって,$M_1 \neq M$ と仮定する.$\phi : M \to$

M/M_1 を自然な全射とする．$N_1 = N \cap M_1$, $N_2 = \phi(N)$ とおく．N_1 は M_1 の部分加群なので，有限生成である．よって $y_1,\cdots,y_\ell \in N$ があり $N_1 = Ay_1 + \cdots + Ay_\ell$ である．N_2 は M/M_1 の部分加群で M/M_1 は一つの元で生成されているので，N_2 も有限生成であり，$N_2 = A\phi(z_1) + \cdots + A\phi(z_m)$ となる $z_1,\cdots,z_m \in N$ がある．

$N_3 = Ay_1 + \cdots + Ay_\ell + Az_1 + \cdots + Az_m \subset N$ とおく．$w \in N$ なら $a_1,\cdots,a_m \in A$ があり，$\phi(w) = a_1\phi(z_1) + \cdots + a_m\phi(z_m)$．よって，$w - \sum a_i z_i \in N \cap \mathrm{Ker}(\phi) = N_1$．これより，$b_1,\cdots,b_\ell \in A$ があり，$w - \sum a_i z_i = \sum b_j y_j$ となる．これは $w \in N_3$ を意味する．したがって，$N = N_3$ であり，N は有限生成である． □

命題 6.8.37 A がネーター整域，$S \subset A$ が乗法的集合なら，$S^{-1}A$ もネーター環である．

証明 $I \subset S^{-1}A$ がイデアルなら $I = (I \cap A)S^{-1}A$ であることを示す．$I \supset (I \cap A)S^{-1}A$ は明らかである．$a/s \in I$ ($a \in A$, $s \in S$) とする．$s(a/s) = a \in I \cap A$ なので，$a/s \in (I \cap A)S^{-1}A$ である．よって，$I, J \subset S^{-1}A$ がイデアルで $I \cap A = J \cap A$ なら $I = J$ である．$I_1 \subsetneq I_2 \subsetneq \cdots$ が $S^{-1}A$ のイデアルなら，$I_1 \cap A \subsetneq I_2 \cap A \subsetneq \cdots$ が A のイデアルの列になるので，矛盾である．したがって，$S^{-1}A$ もネーター環である． □

次の定理は「単因子論」とよばれるものの一部である．

定理 6.8.38 A が単項イデアル整域，M がねじれのない有限生成 A 加群なら，M は自由加群である．

証明 M の A 加群としての生成系で元の個数が最小のものは n 個の元からなるとする．そのような生成系 $\{x_1,\cdots,x_n\}$ と，すべては 0 でない $a_1,\cdots,a_n \in A$ で，$a_1 x_1 + \cdots + a_n x_n = 0$ となるものがあったとして矛盾を導く．命題 6.8.33 より，このような $x_1,\cdots,x_n, a_1,\cdots,a_n$ のうち (a_1) が極大であるものをとる（命題 6.8.33 の X として，生成系 $\{x_1,\cdots,x_n\}$ の関係式の最初の係数で生成されるイデアル全体の集合をとる）．

$$(a_1) + \cdots + (a_n) = I$$

としたとき，もし $I \neq A$ なら，$I = (d)$ とすると，$d \mid a_1, \cdots, a_n$ である．$a_i = db_i$ とすると，$d(b_1x_1 + \cdots + b_nx_n) = 0$ である．M にはねじれがないので，$b_1x_1 + \cdots + b_nx_n = 0$ である．よって，$d \notin A^\times$ で $a_1 = db_1$ なので，$(a_1) \subsetneq (b_1)$ であり矛盾である．したがって，$I = A$ である．

$(a_i) \subsetneq (a_1)$ となる $2 \leqq i \leqq n$ があるとして矛盾を導く．$i = 2$ としてよい．$(d) = (a_1, a_2)$ とする．$d \neq 0$ である．このとき，$a_1s + a_2t = d$, $a_1 = db_1$, $a_2 = db_2$ となる $s, t, b_1, b_2 \in A$ があり，$b_1s + b_2t = 1$ となる．$y_1 = b_1x_1 + b_2x_2$, $y_2 = tx_1 - sx_2$ とおくと，$x_1 = sy_1 + b_2y_2$, $x_2 = ty_1 - b_1y_2$ であるので，M は $y_1, y_2, x_3, \cdots, x_n$ で生成される．また，$dy_1 + a_3x_3 + \cdots + a_nx_n = a_1x_1 + a_2x_2 + a_3x_3 + \cdots + a_nx_n = 0$ である．以上から，$x_1, x_2, x_3, \cdots, x_n$ を $y_1, y_2, x_3, \cdots, x_n$ に，$a_1, a_2, a_3, \cdots, a_n$ を $d, 0, a_3, \cdots, a_n$ に取りかえても条件はみたされるが，$(a_1) \subsetneq (d)$ であり (a_1) の極大性に反する．したがって，$(a_1) = A$，つまり $a_1 \in A^\times$ である．

$$x_1 = -a_1^{-1}(a_2x_2 + \cdots + a_nx_n)$$

となるので，$\{x_2, \cdots, x_n\}$ は M を生成する．これは n の取りかたに反するので，矛盾である．結局，$a_1x_1 + \cdots + a_nx_n = 0$ なら，$a_1 = \cdots = a_n = 0$ である．これは $\{x_1, \cdots, x_n\}$ が基底であることを意味するので，$M \cong A^n$ である． □

6 章の演習問題

6.1.1 $I = 12\mathbb{Z}$, $J = 42\mathbb{Z}$ に対して $I + J = a\mathbb{Z}$, $IJ = b\mathbb{Z}$ となる $a, b \in \mathbb{Z}$ を求めよ．

6.1.2 次の n に対して $(\mathbb{Z}/n\mathbb{Z})^\times$ の元をすべて求めよ．
(1) 6   (2) 8   (3) 9   (4) 12

6.2.1 (1) $\mathbb{Z}[x]$ において，$g(x) = 3x^3 - x^2 + x - 1$ を $f(x) = x^2 - 3x + 1$ で割り算せよ．
(2) $f(x, y) = x^2 + 3xy^3 - y^2 - 3$, $g(x, y) = x^3y^2 + 3xy^3 - 2x^2y + x - 3 \in \mathbb{Z}[x, y]$ とするとき，$g(x, y)$ を x の多項式とみなして，$f(x, y)$ で割り算せよ．

6.2.2 $f(x,y,z) = x^2+yz$ に $x = t^2+1$, $y = 1-t$, $z = 3t+2$ を代入して整理せよ．

6.2.3 次の多項式について，(a) 次数，(b) 斉次式であるかどうか，(c) 単項式であるかどうか，を述べよ．
(1) $f(x,y) = x^3+y^3-3xy^2$
(2) $f(x,y) = x^4-xy^2+16y^4$
(3) $f(x_1,x_2,x_3) = x_1^3 x_2^5 x_3$
(4) $f(x,y,z) = 2x^3y^5z^2$

6.2.4 環 $\mathbb{Z}$ の自己同型は恒等写像だけであることを証明せよ．

6.2.5 (1)
$$A = \mathbb{C}[x,y], \quad B = \left\{ f(x,y) = \sum_{\substack{i,j \geqq 0, \\ 4i-3j \geqq 0}} a_{ij} x^i y^j \,\middle|\, a_{ij} \in \mathbb{C} \right\}$$
とおくと，B は A の部分 $\mathbb{C}$ 代数であることを証明せよ．

(2)
$$A = \mathbb{C}[x,y], \quad B = \left\{ f(x,y) = \sum_{\substack{i,j \geqq 0, \\ 4i-3j \geqq -1}} a_{ij} x^i y^j \,\middle|\, a_{ij} \in \mathbb{C} \right\}$$
とおくと，B は A の部分 $\mathbb{C}$ 代数ではないことを証明せよ．

6.2.6 $3x^2-x+2$ は $\mathbb{Z}[x]$ のイデアル $(2x-1, 3)$ の元であることを証明せよ．

6.2.7 d が平方でない整数なら，$\mathbb{Z}[\sqrt{d}] \cong \mathbb{Z}[x]/(x^2-d)$ であることを証明せよ．

6.2.8 2 変数多項式環 $\mathbb{Z}[t,s]$ の部分環 $\mathbb{Z}[t^2,ts,s^2]$ は $\mathbb{Z}[x,y,z]/(y^2-xz)$ と同型であることを証明せよ．

6.2.9 A が整域で $a \in A$ なら，A 準同型 $\phi: A[x] \to A$ で $\phi(x) = a$ であるものの核は $(x-a)$ であることを証明せよ．

6.2.10 (1) 多項式 $f(x) = x^3-2$ は $\mathbb{Q}$ 上既約であることを証明せよ．
(2) $\mathbb{C}$ の部分環 $\mathbb{Z}[\sqrt[3]{2}]$ は $\mathbb{Z}[x]/(x^3-2)$ と同型であることを証明せよ．

6.3.1 $A = \mathbb{C}[x]/(x(x-1)(x+2)^2)$ とするとき,$\mathbb{C}$ 準同型 $A \to \mathbb{C}$ をすべて求めよ.

6.3.2 $A = \mathbb{C}[x,y]/(x^2-y, y(y-1))$ とするとき,$\mathbb{C}$ 準同型 $A \to \mathbb{C}$ をすべて求めよ.

6.4.1 $A = \mathbb{C}[x,y]$, $I_1 = (x^2, y^2)$, $I_2 = ((x-1)(y-1))$ とするとき,$a \equiv 1 \mod I_1$, $a \equiv x \mod I_2$ となる $a \in A$ を一つ求めよ.

6.4.2 A, B を環とするとき,$A \times B$ の素イデアルは,素イデアル $\mathfrak{p} \subset A$ により $\mathfrak{p} \times B$ という形をしているか,素イデアル $\mathfrak{q} \subset B$ により $A \times \mathfrak{q}$ という形をしていることを証明せよ.

6.5.1 $\mathbb{Z}[x]$ の部分環 $\mathbb{Z}[2x^2, x^3]$ の商体は $\mathbb{Q}(x)$ であることを証明せよ.

6.5.2 A が整域,$f \in A \setminus \{0\}$ なら,$A[1/f] \cong A[x]/(fx-1)$ であることを証明せよ.

6.5.3 次の (1), (2) を証明せよ.
(1) $a, b \neq 0$ が互いに素な整数なら,$\mathbb{Z}[a/b] = \mathbb{Z}[1/b]$ である.
(2) $A \subset \mathbb{Q}$ が部分環なら,$\mathbb{Z}$ の乗法的集合 S があり,$A = S^{-1}\mathbb{Z}$ となる.

6.5.4 $S = \{2^n \mid n \geqq 0\} \subset \mathbb{Z}$, $I = 30\mathbb{Z} \subset \mathbb{Z}$ とするとき,$(IS^{-1}\mathbb{Z}) \cap \mathbb{Z}$ は何か?

6.6.1 (1) $\mathbb{Z}[\sqrt{-1}]$ において,$2+3\sqrt{-1}$ は 13 の約数か?
(2) $\mathbb{Z}[(\sqrt{-3}+1)/2]$ において,$1+\sqrt{-3}$ は $1+3\sqrt{-3}$ の約数か?

6.6.2 $\mathbb{C}[x]$ において,$x^3(x-1)(x+2)^2$ と $(x-1)^2(x+2)(x-3)^3$ の最大公約元と最小公倍元を求めよ.

6.6.3 A を一意分解環,$a, b \in A$ を互いに素な素元,$\phi: A[x,y] \to A[t]$ を $\phi(x) = at$, $\phi(y) = bt$ である A 準同型とするとき,$\mathrm{Ker}(\phi) = (bx-ay)$ であることを証明せよ.

6.6.4 (1) $(7, \sqrt{-5}-3)$ が環 $\mathbb{Z}[\sqrt{-5}]$ の極大イデアルであることを証明せよ.
(2) イデアル (3) は環 $\mathbb{Z}[\sqrt{-5}]$ の素イデアルか?

6.7.1 $R = \mathbb{C}[x]$ 上の行列 $\begin{pmatrix} x^2 & x^2+x+1 \\ x-1 & x \end{pmatrix}$ の逆行列を求めよ．

6.8.1 $R = \mathbb{Z}$, $A = \begin{pmatrix} 12 & 16 & 0 & 0 \\ 0 & 0 & 6 & 9 \end{pmatrix}$ とする．$T: \mathbb{Z}^4 \to \mathbb{Z}^2$ を行列 A により定まる $\mathbb{Z}$ 加群の準同型 (例 6.8.19) とするとき，$\mathrm{Coker}(T)$ を求めよ．

6.8.2 $R = \mathbb{C}[x,y]$, $A = \begin{pmatrix} x & y & 0 & 0 \\ 0 & 0 & x & x-1 \end{pmatrix}$ とする．$T: R^4 \to R^2$ を行列 A により定まる R 加群の準同型 (例 6.8.19) とするとき，$\mathrm{Coker}(T)$ を求めよ．

6.8.3 $a,b \in \mathbb{Z}$ とする．$[a,b]$ が $\mathbb{Z}^2$ の基底の一部となることと a,b が互いに素であることが同値であることを証明せよ．

6.8.4 R を環，$m,n > 0$, $A, B \in \mathrm{M}_{m,n}(R)$, $P \in \mathrm{GL}_m(R)$, $Q \in \mathrm{GL}_n(R)$, $B = PAQ$, $T_1, T_2: R^n \to R^m$ をそれぞれ A, B で定まる R 準同型とする．このとき，$\mathrm{Ker}(T_1) \cong \mathrm{Ker}(T_2)$, $\mathrm{Coker}(T_1) \cong \mathrm{Coker}(T_2)$ であることを証明せよ．

6.8.5 $A = \mathbb{Z}[\sqrt{-5}]$, $I = (2, \sqrt{-5})$ (イデアル) とし，A 準同型 $\phi: A^2 \to I$ を $\phi(a,b) = 2a + \sqrt{-5}b$ と定める．このとき，$\mathrm{Ker}(\phi)$ の生成元を求めよ．

6.8.6 $A = \mathbb{Z}[x]$, p を素数，$I = (p,x)$ (イデアル) とし，A 準同型 $\phi: A^2 \to I$ を $\phi(a,b) = ap + bx$ と定める．このとき，$\mathrm{Ker}(\phi)$ の生成元を求めよ．

6.8.7 $a,b \in \mathbb{Z}$ が互いに素であるとき，$\mathbb{Z}/a\mathbb{Z}$ から $\mathbb{Z}/b\mathbb{Z}$ への $\mathbb{Z}$ 準同型は 0 しかないことを証明せよ．

6.8.8 $\mathbb{Q}$ は自由 $\mathbb{Z}$ 加群ではないことを証明せよ．

6.8.9 A を環，P を自由 A 加群，M を A 加群で $\phi: M \to P$ を A 加群の全射準同型とする．このとき，A 加群の準同型 $\psi: P \to M$ で $\phi \circ \psi = \mathrm{id}_P$ であるものが存在することを証明せよ．

第7章
体とガロア理論

この章では，体論の基本とガロア理論について解説する．不定方程式を考えるときも，$\mathbb{Q}$ に代数方程式の解を添加した体を考える必要が生じるなど，体の拡大は代数的整数論の基本である．ただし，本書で扱う体は標数 0 の体か有限体くらいなので，そういった体に限定して解説する．

7.1 体の代数拡大と拡大次数

K を体とする．$\mathbb{Z}$ から K への自然な環準同型 $\mathbb{Z} \ni n \mapsto n\cdot 1 \in K$ (例 6.1.11) を ϕ とする．$\mathrm{Im}(\phi)$ は K の部分環なので整域である．準同型定理より $\mathbb{Z}/\mathrm{Ker}(\phi) \cong \mathrm{Im}(\phi)$ なので，$\mathrm{Ker}(\phi) \subset \mathbb{Z}$ は素イデアルである．例 6.3.2 より，$\mathrm{Ker}(\phi) = (0)$ または，素数 p があり $\mathrm{Ker}(\phi) = (p)$ である．

定義 7.1.1 上の状況で，$\mathrm{Ker}(\phi) = (0)$ なら K の**標数**は 0，$\mathrm{Ker}(\phi)$ が素数 p で生成されるなら K の標数は p であるという．体 K の標数を $\mathrm{ch}\,K$ と書く．◇

補題 7.1.2 K が標数 $p > 0$ の体，n が正の整数，$q = p^n$ なら，$x, y \in K$ に対し $(x+y)^q = x^q + y^q$ である．

証明 n に関する帰納法により，$n = 1$ の場合を示せばよい．二項定理により，
$$(x+y)^p = x^p + y^p + \sum_{i=1}^{p-1}\binom{p}{i}x^i y^{p-i}.$$
二項係数は
$$\binom{p}{i} = \frac{p(p-1)\cdots(p-i+1)}{i!} = \prod_{j=1}^{i}\frac{p-j+1}{j}$$

と表せる．$i<p$ なら，分母は p で割り切れない．$i>0$ なら，最初の因子は $p/1$ である．したがって，二項係数 $\binom{p}{i}$ は $0<i<p$ なら p で割り切れる．K では $p=0$ なので，$(x+y)^p = x^p + y^p$ である． □

上の補題より次の定理が従う．

定理 7.1.3 K が標数 p の体，n が正の整数で $q=p^n$ なら，$\mathrm{Frob}_q : K \ni x \mapsto x^q \in K$ で定義される写像は体の準同型である．

証明 Frob_q が和を保つことは上の補題である．$x, y \in K$ なら，
$$\mathrm{Frob}_q(xy) = (xy)^q = x^q y^q = \mathrm{Frob}_q(x)\mathrm{Frob}_q(y)$$
となる．$\mathrm{Frob}_q(1) = 1$ は明らかである． □

Frob_q のことを**フロベニウス準同型**という．これは整数論的な状況では非常に重要になる概念である．

定義 6.1.8 (3) で述べたように，環としての準同型・同型を体の準同型・同型という．系 6.1.28 より，体の準同型は常に単射である．以下，拡大体・中間体の概念を定義する．

定義 7.1.4 (1) 体 L の部分環 K が体であるとき，K は L の**部分体**，L は K の**拡大体**という．L/K は拡大体，あるいは体の拡大であるなどともいう．

(2) L/K を体の拡大とするとき，部分体 $M \subset L$ で K を含むものを L/K の**中間体**という． ◇

L が K の拡大体のとき，L は K 上のベクトル空間とみなせる．そこで L の K 上のベクトル空間としての次元を $[L:K]$ と書き，L の K 上の**拡大次数**という．もし $[L:K]$ が有限なら，L は K の**有限次拡大**，そうでなければ**無限次拡大**という．$d = [L:K] < \infty$ なら，L/K は $\boldsymbol{d}$ **次拡大**であるという．

L_1, L_2 が体 K の拡大体なら，L_1, L_2 は K 代数とみなせる．L_1 から L_2 への K 代数としての準同型・同型を，体の場合にも $\boldsymbol{K}$ **準同型**・$\boldsymbol{K}$ **同型**という．L_1 から L_2 への K 準同型全体の集合を K 代数の場合と同様に $\mathrm{Hom}_K^{\mathrm{al}}(L_1, L_2)$ と書く．ただし，K ベクトル空間としての線形写像との混同がないような状況では，$\mathrm{Hom}_K(L_1, L_2)$ と書くこともある．L/K が体の拡大なら，L の K 自己

同型群を $\mathrm{Aut}_K^{\mathrm{al}} L$ と書く. これも単に $\mathrm{Aut}_K L$ と書くこともある.

上の状況で $\mathrm{Hom}_K^{\mathrm{al}}(L_1, L_2)$ の任意の元 ϕ は単射なので, ϕ を L_2 の中への **K 同型**ともいう. K が明らかなときには, L_2 の中への同型ともいう.

命題 7.1.5 (1) K が標数 0 の体なら, $\mathbb{Q}$ を含む.
(2) K が標数 $p > 0$ の体なら, $\mathbb{F}_p$ を含む.

証明 (1) K の標数が 0 なら $\mathbb{Z} \subset K$ である. K は体なので, $\mathbb{Z} \setminus \{0\}$ の元は K で単元である. よって, $\mathbb{Q} \subset K$ となる.

(2) K の標数が $p > 0$ なら $\mathbb{Z}/p\mathbb{Z} \subset K$ だが, $\mathbb{Z}/p\mathbb{Z}$ が体 $\mathbb{F}_p$ である. □

上の命題が成り立つので, $\mathbb{Q}, \mathbb{F}_p$ のことを**素体**という.

L/K を体の拡大, $S \subset L$ を部分集合とする. S が有限集合 $\{\alpha_1, \cdots, \alpha_n\}$ なら, K 係数の n 変数有理式 $f(x_1, \cdots, x_n)/g(x_1, \cdots, x_n)$ に $x_1 = \alpha_1, \cdots, x_n = \alpha_n$ を代入したもの (ただし $g(\alpha_1, \cdots, \alpha_n) \neq 0$) 全体の集合を $K(S)$, あるいは $K(\alpha_1, \cdots, \alpha_n)$ と定義する. S が無限集合のときには, S のすべての有限部分集合 S' に対しての $K(S')$ の和集合を $K(S)$ と定義する. $K(S)$ は体である. $K(S)$ を **K に S を添加した体**, あるいは **K 上 S で生成された体**という. S が有限集合なら, $K(S)$ は K 上有限生成の体という. 群などの場合と同様に, $L_1 = K(S)$, L_2 が K の拡大体, $f: L_1 \to L_2$ が K 準同型なら, f は S の元での値で定まる.

L が体で M_1, M_2 が L の部分体なら, L に含まれる素体 K 上 M_1, M_2 で生成された L の部分体を $M_1 \cdot M_2$ と書き, M_1, M_2 の**合成体**という. 合成体 $M_1 \cdot M_2$ を $M_1(M_2), M_2(M_1)$ と書くこともある. $S_1, S_2 \subset L$ なら, $K(S_1 \cup S_2) = K(S_1)(S_2)$ である.

命題 7.1.6 L/K が拡大体, $S \subset L$, $T \subset K(S)$ なら, $K(T) \subset K(S)$ である. 特に, $T \subset S$ なら, $K(T) \subset K(S)$ である.

詳細は省略するが, この命題は $\alpha_1, \cdots, \alpha_n \in S$, $f_1, \cdots, f_m$ が $\alpha_1, \cdots, \alpha_n$ の有理式なら, $f_1, \cdots, f_m$ の有理式も $\alpha_1, \cdots, \alpha_n$ の有理式になることより従う.

L/K が体の有限次拡大とすると，$\{x_1,\cdots,x_n\}$ が K ベクトル空間としての基底なら，当然，体としても L を生成する．よって，次の命題が成り立つ．

命題 7.1.7 L/K が体の有限次拡大なら，L は K 上有限生成である．

定義 7.1.8 L/K を体の拡大，$x \in L$ とする．$a_1,\cdots,a_n \in K$ が存在して $x^n + a_1 x^{n-1} + \cdots + a_n = 0$ であるとき，x は **K 上代数的**であるという．x が K 上代数的でなければ，x は **K 上超越的**であるという．L のすべての元が K 上代数的なら，L/K は**代数拡大**という．そうでなければ，**超越拡大**という． ◇

L/K が代数拡大で M が中間体なら，K 上の多項式は M 上の多項式とみなせるので，L/M は代数拡大である．有理関数体 $K(x)$ の変数 x は K 上超越的なので，$K(x)/K$ は超越拡大である．本シリーズでは超越拡大はほとんど考察しない．

L/K が体の拡大で $x \in L$ が K 上代数的であるとき，$K(x)$ の元はすべて K 上代数的になるが，それは系 7.1.13 で証明する．

命題 7.1.9 L/M, M/K を体の有限次拡大とする．このとき，L/K も有限次拡大で $[L:K] = [L:M][M:K]$ となる．

証明 $\ell = [L:M]$, $m = [M:K]$ とする．$x_1,\cdots,x_\ell \in L$, $y_1,\cdots,y_m \in M$ があり，$\{x_1,\cdots,x_\ell\}$ は L の M 上の基底，$\{y_1,\cdots,y_m\}$ は M の K 上の基底となる．$B = \{x_i y_j \mid i = 1,\cdots,\ell,\ j = 1,\cdots,m\}$ が L の K 上の基底となることを示す．

$z \in L$ なら，$a_1,\cdots,a_\ell \in M$ があり，$z = \sum_i a_i x_i$ となる．$b_{ij} \in K$ があり，$a_i = \sum_j b_{ij} y_j$ となるので，$z = \sum_{i,j} b_{ij} x_i y_j$ となる．よって，B は K 上 L を張る．

次に B が K 上 1 次独立であることを証明する．$b_{ij} \in K$ で $\sum_{i,j} b_{ij} x_i y_j = 0$ とする．$a_i = \sum_j b_{ij} y_j$ とおくと，$\sum_i a_i x_i = 0$ である．$y_j \in M$ なので，$a_i \in M$ である．$\{x_1,\cdots,x_\ell\}$ は M 上 1 次独立なので，$a_1,\cdots,a_\ell = 0$ である．$\{y_1,\cdots,y_m\}$ は K 上 1 次独立なので，$b_{ij} = 0$．よって，B は K 上 1 次独立となり，L の K 上の基底である．したがって，$[L:K] = \ell m < \infty$ である． □

この命題は，ラグランジュの定理と似た効果がある．例えば L/K が体の拡大で $[L:K]=3$ のとき，中間体 M で $[M:K]=2$ となるものがあれば，$3=[L:K]=[L:M][M:K]=2[L:M]$ となり 3 が 2 で割り切れてしまい矛盾である．

補題 7.1.10 L/K が体の有限次拡大なら，代数拡大である．

証明 $x \in L$ なら $n>0$ があり，$1,x,\cdots,x^n$ は 1 次従属である（なお $\{1,x,x^2,\cdots\}$ が有限集合なら，$0 \leqq m < n$ があり，$x^m = x^n$ となるので，$\{1,x,x^2,\cdots x^n\}$ は 1 次従属である）．よって，すべては 0 でない $a_0,\cdots,a_n \in K$ があり，$a_0+\cdots+a_nx^n=0$．したがって，x は K 上代数的である． □

命題 7.1.11 L/K が体の拡大で $\alpha \in L$ が K 上代数的とするとき，次の (1)–(3) が成り立つ．

(1) $K(\alpha) = K[\alpha]$．

(2) $f(x) \in K[x]$ が零でない $f(\alpha)=0$ となる多項式で次数が最小なものとすると，$f(x)$ は既約であり，$g(x) \in K[x]$, $g(\alpha)=0$ なら，$f(x) \mid g(x)$ である．

(3) $f(x)$ を (2) の多項式，$\deg f(x) = n$ とすると，$[K(\alpha):K] = n$ である．また，$K(\alpha)$ の K 上の基底として $\{1,\alpha,\cdots,\alpha^{n-1}\}$ をとれる．

証明 (1) $K[x]$ を 1 変数多項式環とすると，命題 6.2.28 より K 準同型 $\phi: K[x] \to K[\alpha]$ で

$$\phi(a_0+a_1x+\cdots+a_nx^n) = a_0+a_1\alpha+\cdots+a_n\alpha^n$$

($a_0,\cdots,a_n \in K$ は任意) となるものがある．ϕ は明らかに全射である．$\mathfrak{p} = \mathrm{Ker}(\phi)$ とすると，$K[x]/\mathfrak{p}$ は整域である L の部分環となるので，$\mathfrak{p}$ は素イデアルである．α は K 上代数的なので $\mathfrak{p} \neq (0)$ である．$K[x]$ は単項イデアル整域なので (命題 6.6.13)，命題 6.6.12 より $K[x]/\mathfrak{p}$ は体である．よって，その像である $K[\alpha]$ も体である．したがって，$K(\alpha) = K[\alpha]$ である．

(2) $\mathfrak{p}$ は (1) のイデアルとし，$\mathfrak{p} = (f(x))$ となる $f(x) \in \mathfrak{p}$ をとる．$f(x)$ は素元なので，既約である．$g(x) \in K[x]$, $g(\alpha) = 0$ なら，$g(x) \in \mathfrak{p}$ なので，$f(x) \mid$

$g(x)$ である.よって,$f(x)$ は $\mathfrak{p} \setminus \{0\}$ の元のなかで次数が最小である.$h(x) \in \mathfrak{p} \setminus \{0\}$ も次数が最小なら,$f(x) \mid h(x)$ なので,$h(x)$ は $f(x)$ の定数倍である.よって,$(f(x)) = (h(x))$ である.したがって,(2) の主張は $h(x)$ に対しても成り立つ.

(3) $f(x) = x^n + a_1 x^{n-1} + \cdots + a_n$ とする.$m \geqq n$ なら,
$$\alpha^m = -(a_1 \alpha^{m-1} + \cdots + a_n \alpha^{m-n})$$
となるので,これを繰り返せば,$K(\alpha) = K[\alpha]$ の元は $c_0, \cdots, c_{n-1} \in K$ により $c_0 + c_1 \alpha + \cdots + c_{n-1} \alpha^{n-1}$ と表せる.もし $c_0 + c_1 \alpha + \cdots + c_{n-1} \alpha^{n-1} = 0$ なら,$g(x) = c_0 + \cdots + c_{n-1} x^{n-1}$ とおくと,$g(\alpha) = 0$ である.$g(x) \neq 0$ なら,$f(x)$ の取りかたに矛盾する.よって,$c_0 = \cdots = c_{n-1} = 0$ である.したがって,$1, \alpha, \cdots, \alpha^{n-1}$ は $K(\alpha)$ の K 上の基底となり,$n = [K(\alpha) : K]$ である. □

$f_1(x)$ も上の命題の (2) を満たす多項式なら,$f(x) \mid f_1(x)$,$f_1(x) \mid f(x)$ なので,$f(x), f_1(x)$ は互いの定数倍である.よって,上の命題の条件を満たす $f(x)$ でモニックであるものは一意的に定まる.この $f(x)$ を α の **K 上の最小多項式**という.K が明らかなら単に最小多項式という.

系 7.1.12 L/K が拡大体,$f(x) \in K[x]$ が既約でモニックな多項式,$\alpha \in L$,$f(\alpha) = 0$ とする.このとき,f は α の K 上の最小多項式である.

証明 $g(x)$ を α の最小多項式とすると,命題 7.1.11 (2) より $g(x)$ は $f(x)$ を割り,$f(x)$ は仮定より既約なので,$f(x)$ は $g(x)$ の定数倍である.両方ともモニックなので,$f(x) = g(x)$ である. □

系 7.1.13 L/K が体の拡大で $\alpha \in L$ が K 上代数的なら,$K(\alpha)/K$ は代数拡大である.

証明 命題 7.1.11 (3) より $K(\alpha)/K$ は有限次拡大である.補題 7.1.10 より $K(\alpha)/K$ は代数拡大である. □

系 7.1.14 L/K が体の代数拡大,$S \subset L$ なら,$K[S]$ は体である.

証明 $x \in L \setminus \{0\}$ なら，x は K 上代数的なので，命題 7.1.11 より $K[x] = K(x)$ は体である．$y \in K[S] \setminus \{0\}$ なら $K[y] \subset K[S]$ なので，$y^{-1} \in K[y] \subset K[S]$ である．したがって，$K[S]$ は体である． $\square$

次のアイゼンシュタインの既約性判定法は，体の拡大次数を決定するのに役立つ．

定理 7.1.15 (アイゼンシュタインの判定法)　A を一意分解環，K を A の商体，$p \in A$ を素元とする．
$$f(x) = a_0 x^n + a_1 x^{n-1} + \cdots + a_n \in A[x],$$
$p \nmid a_0$, $p \mid a_1, \cdots, a_n$ で $p^2 \nmid a_n$ なら，$f(x)$ は K 上既約な多項式である．

証明　$a_0, \cdots, a_n$ の最大公約元を N とすれば，$p \nmid N$ である．$N^{-1} f(x)$ も $f(x)$ と同じ条件を満たすので，$f(x)$ は原始多項式と仮定してよい．$g(x), h(x) \in K[x]$, $\deg g(x) = m > 0$, $\deg h(x) = n - m > 0$ で，$f(x) = g(x) h(x)$ とする．

$g(x) = a g_1(x)$, $h(x) = b h_1(x)$, $a, b \in K^\times$, $g_1(x), h_1(x) \in A[x]$ を原始多項式とすると，$f(x) = ab g_1(x) h_1(x)$ で $g_1(x) h_1(x)$ も原始多項式である．よって，補題 6.6.19 より $ab \in A^\times$ である．したがって，$g(x), h(x)$ は $A[x]$ の原始多項式としてよい．

$$g(x) = b_0 x^m + \cdots + b_m, \quad h(x) = c_0 x^{n-m} + \cdots + c_{n-m} \quad (b_0, \cdots, c_{n-m} \in A)$$

とすると，$a_0 = b_0 c_0$ なので，$b_0, c_0 \notin (p)$ である．

$A[x]$ の元の係数を p を法として考えるときには，$\overline{f}(x)$ などと書く．

$$\overline{f}(x) = \overline{g}(x) \overline{h}(x) \equiv \overline{a}_0 x^n \mod p$$

である．k を $A/(p)$ の商体とすると，$k[x]$ も一意分解環で x は素元なので (例 6.3.7)，$\overline{g}(x) = d_1 x^m$, $\overline{h}(x) = d_2 x^{n-m}$ となる $d_1, d_2 \in k^\times$ がある．$(A/(p))[x] \subset k[x]$ なので，$b_m, c_{n-m} \in (p)$ である．$a_n = b_m c_{n-m}$ なので，a_n が p^2 で割り切れることになり，矛盾である． $\square$

上の定理の条件を満たす多項式を**アイゼンシュタイン多項式**という．アイゼンシュタイン多項式は単に既約であるだけでなく，第 2 巻 1 章で解説する「分岐」に関しても情報を与える重要な概念である (例えば，命題 II–1.10.7)．

例 7.1.16 定理 7.1.15 で $p=2$ とすると，$f(x) = x^3 - 4x^2 + 2x - 2$ は $\mathbb{Q}$ 上既約な多項式である． ◇

例 7.1.17 $n > 0$, d が整数で $p \mid d$, $p^2 \nmid d$ となる素数 p があるとき，$x^n - d$ は $\mathbb{Q}$ 上既約な多項式である．例えば，$x^3 - 2, x^4 - 12$ などは $\mathbb{Q}$ 上既約である． ◇

例 7.1.18 p を素数とする．$f(x) = x^{p-1} + \cdots + 1 = (x^p - 1)/(x - 1)$ とおくと，
$$f(x+1) = \frac{(x+1)^p - 1}{x}$$
である．$(x+1)^p \equiv x^p + 1 \mod p$ (定理 7.1.3) なので，$(x+1)^p - 1$ は最高次以外の係数は p で割り切れ，x の係数は p である．よって，$f(x+1)$ の定数項は p である．したがって，アイゼンシュタインの判定法より $f(x+1)$ は $\mathbb{Q}$ 上既約である．$f(x)$ が可約で $f(x) = g(x)h(x)$, $\deg g(x), \deg h(x) > 0$ なら $f(x+1) = g(x+1)h(x+1)$ も可約となり，矛盾である．よって $f(x)$ は $\mathbb{Q}$ 上既約である．$f(\zeta_p) = 0$ なので，系 7.1.12 より $x^{p-1} + \cdots + 1$ が ζ_p の $\mathbb{Q}$ 上の最小多項式である．$f(x)$ は円分多項式とよばれるものの一つである．一般の円分多項式については，8.11 節で解説する． ◇

例 7.1.19 (最小多項式の例) (1) あたりまえの例だが，K が体で $a \in K$ なら，a の K 上の最小多項式は $x - a$ である．

(2) $d \neq 1$ を平方因子を持たない整数とする．$d = -1$ なら，$\sqrt{-1} \notin \mathbb{Q}$ なので，$x^2 + 1$ が $\sqrt{-1}$ の $\mathbb{Q}$ 上の最小多項式である．なお，(1) より $\sqrt{-1}$ の $\mathbb{Q}(\sqrt{-1})$ 上の最小多項式は $x - \sqrt{-1}$ である．$d \neq -1$ なら，d を割る素数がある．その一つを p とすると，d は p^2 では割れない．よって，アイゼンシュタインの判定法より，$x^2 - d$ は $\mathbb{Q}$ 上既約である．したがって，$x^2 - d$ は $\sqrt{d}$ の $\mathbb{Q}$ 上の最小多項式である．例えば，$x^2 - 2$ は $\mathbb{Q}$ 上既約で $[\mathbb{Q}(\sqrt{2}) : \mathbb{Q}] = 2$ である．

(3) p が素数，$n > 1$ なら，$x^n - p$ は $\mathbb{Q}$ 上既約な多項式である．よって，$[\mathbb{Q}(\sqrt[n]{p}) : \mathbb{Q}] = n$ である．例えば，$[\mathbb{Q}(\sqrt[3]{2}) : \mathbb{Q}] = 3$ である．

(4) $a, b \in \mathbb{Q}$ で $(a + b\sqrt{2})^2 = a^2 + 2b^2 + 2\sqrt{2}ab = 3$ とする．$2\sqrt{2}ab \in \mathbb{Q}$ となるが，$\sqrt{2} \notin \mathbb{Q}$ なので，$ab = 0$ である．$b = 0$ なら $a^2 = 3$, つまり $\sqrt{3}$ が有理数となり，矛盾である．$a = 0$ なら，$b = c/d$ と既約分数で表すと，$2c^2 = 3d^2$ より c は 3 で割り切れる．$c = 3e$ とすると，$6e^2 = d^2$ となり，d が 3 で割り切れ，c/d が既約分数であることに矛盾する．よって，$\sqrt{3} \notin \mathbb{Q}(\sqrt{2})$ である．$\sqrt{3}$

は $x^2-3=0$ の解なので，$[\mathbb{Q}(\sqrt{2},\sqrt{3}):\mathbb{Q}(\sqrt{2})]=2$ である．したがって，
$$[\mathbb{Q}(\sqrt{2},\sqrt{3}):\mathbb{Q}]=[\mathbb{Q}(\sqrt{2},\sqrt{3}):\mathbb{Q}(\sqrt{2})][\mathbb{Q}(\sqrt{2}):\mathbb{Q}]=4$$
$\alpha=\sqrt{2}+\sqrt{3}$ とおくと，$\alpha^2=5+2\sqrt{6}$，よって $(\alpha^2-5)/2=\sqrt{6}$．したがって，$\sqrt{6}\in\mathbb{Q}(\alpha)$ である．$\alpha\sqrt{6}=2\sqrt{3}+3\sqrt{2}\in\mathbb{Q}(\alpha)$ なので，$2\sqrt{3}+3\sqrt{2}-2\alpha=\sqrt{2}\in\mathbb{Q}(\alpha)$ となる．$\alpha-\sqrt{2}=\sqrt{3}\in\mathbb{Q}(\alpha)$ なので，$\mathbb{Q}(\alpha)=\mathbb{Q}(\sqrt{2},\sqrt{3})$ である．したがって，α の最小多項式の次数は 4 である．$(\alpha^2-5)^2=24$ なので，
$$(x^2-5)^2-24=x^4-10x^2+1$$
が α の最小多項式である． ◇

命題 7.1.20 $L/M, M/K$ が体の代数拡大なら，L/K も体の代数拡大である．

証明 $\alpha\in L$, $f(x)=x^n+a_1x^{n-1}+\cdots+a_n\in M[x]$ $(a_1,\cdots,a_n\in M)$ を α の M 上の最小多項式とする．
$$M_0=K, \quad M_1=K(a_1), \quad M_2=K(a_1,a_2), \quad \cdots, \quad M_n=K(a_1,\cdots,a_n)$$
とおく．a_i は K 上代数的なので，M_{i-1} 上代数的である．よって，命題 7.1.11 より $[M_i:M_{i-1}]<\infty$ $(i=1,\cdots,n)$．命題 7.1.9 より $[M_n:K]<\infty$ である．α は M_n 上代数的なので，$[M_n(\alpha):M_n]<\infty$ である．よって，$[M_n(\alpha):K]<\infty$ である．したがって，補題 7.1.10 より α は K 上代数的である． □

系 7.1.21 L/K が拡大体で $x,y\in L$ が K 上代数的なら，$K(x,y)/K$ は代数拡大である．特に，$x+y, xy$ は K 上代数的である．よって，$\{\alpha\in L\mid \alpha \text{ は } K \text{ 上代数的}\}$ は L/K の中間体である．

証明 系 7.1.13 より $K(x), K(y)$ は K の代数拡大である．$K(y)$ は $K(x)$ 上も代数的である．よって，命題 7.1.20 より $K(x,y)=K(x)(y)$ は K 上代数的である． □

系 7.1.21 の証明は構成的ではない．$K(x,y)$ の元の最小多項式を具体的に求めるには，後で述べる命題 8.1.3 (3) を使うのが効率的である．

命題 7.1.11 では，代数的な元の性質について述べたが，既約な多項式に対して，代数拡大があり，その多項式を最小多項式とする元が存在することを示す．

> **命題 7.1.22** K を体，$f(x)$ を K 上既約でモニックな多項式で $\deg f(x) = n$ とするとき，次の (1)–(3) が成り立つ．
> (1) $L = K[x]/(f(x))$ は体で $[L:K] = n$ である．
> (2) $\alpha = x + (f(x)) \in L$ とおくと $f(x)$ は α の K 上の最小多項式である．
> (3) L の K 上の基底として $B = \{1, \alpha, \alpha^2, \cdots, \alpha^{n-1}\}$ をとれる．

証明 (1), (2) 命題 6.6.7 より，$K[x]$ では既約元は素元である．よって，命題 6.6.12 より L は体である．$f(\alpha) = f(x) + (f(x)) = 0 + (f(x))$ なので，L において $f(\alpha) = 0$ である．系 7.1.12 より $f(x)$ は α の最小多項式である．よって，命題 7.1.11 (2) より $[L:K] = n$ である．

(3) は命題 7.1.11 (3) より従う． □

つまり，n 次の既約多項式に対し，n 次拡大体でその根を含むものがある．これは次のように拡張することができる．

> **命題 7.1.23** $f(x) \in K[x]$, $\deg f(x) = n > 0$ なら，有限次拡大 L/K と $\alpha_1, \cdots, \alpha_n \in L$ があり，$f(x) = (x - \alpha_1) \cdots (x - \alpha_n)$ となる．

証明 次数に関する帰納法により証明する．$n = 1$ なら明らかなので，$n > 1$ とする．$f(x)$ を割る既約多項式の一つを $g(x)$ とする ($K[x]$ は一意分解環である)．命題 7.1.22 (2) より K の有限次拡大体 M と $\alpha_1 \in M$ があり，$g(\alpha_1) = 0$ となる．すると，$f(x) = (x - \alpha_1)h(x)$ ($h(x) \in M[x]$) と書ける．帰納法により，有限次拡大体 L/M と $\alpha_2, \cdots, \alpha_n \in L$ で $h(x) = (x - \alpha_2) \cdots (x - \alpha_n)$ となるものがある．L/K は有限次拡大になるので，主張が従う． □

定義 7.1.24 L, M を体 K の拡大体，$\alpha \in L$ とする．α の K 上の最小多項式を $f(x)$ とするとき，$f(x)$ の M における根を α の M における K 上の**共役**，あるいは単に K 上の共役という． ◇

補題 7.1.25 L, M を体 K の拡大体，$\phi \in \mathrm{Hom}_K^{\mathrm{al}}(L, M)$, $\alpha \in L$, $f(x) \in K[x]$

で $f(\alpha) = 0$ とする．このとき，$f(\phi(\alpha)) = 0$ である．よって，$\phi(\alpha)$ は α の M における共役である．

証明 $f(x)$ の係数は K の元なので，$0 = \phi(f(\alpha)) = f(\phi(\alpha))$ となる． □

命題 7.1.26 L/K が体の代数拡大とし，$\alpha \in L$ の K 上の最小多項式を $f(x) = x^n + a_1 x^{n-1} + \cdots + a_n$ とする．このとき，$\beta \in L$ が $f(x)$ の根なら，$f(x)$ は β の最小多項式でもあり，K 上の同型 $K(\alpha) \cong K(\beta)$ で α が β に対応するものが存在する．

証明 全射 K 準同型 $\psi : K[x] \to K[\beta]$ で $\psi(x) = \beta$ となるものが存在する．$f(\beta) = 0$ なので，$f(x) \in \mathrm{Ker}(\psi)$ である．よって，定理 6.1.35 より，全射 K 準同型 $\phi : K[x]/(f(x)) \to K[\beta]$ で $\phi(x + (f(x))) = \beta$ となるものがある．命題 6.6.12 より $K[x]/(f(x))$ は体なので，系 6.1.28 より，ϕ は単射である．したがって，$K[x]/(f(x)) \cong K[\beta] = K(\beta)$ である．これは α に対しても成り立つので，$K(\alpha) \cong K[x]/(f(x)) \cong K(\beta)$ である．この同型により，$\alpha \mapsto x + (f(x)) \mapsto \beta$ と対応する．系 7.1.12 より，$f(x)$ は β の最小多項式でもある． □

7.2 代数閉包

この節では，代数閉体を定義し，体の代数閉包の存在について解説する．ただし，代数閉包の存在を認めて使ってもそれほど支障はないので，証明は割愛する．この証明については代数の教科書を参照されたい (例えば [25, 第 2 巻, 定理 3.2.3])．

定義 7.2.1 (1) K が体で $f(x) \in K[x] \setminus K$ なら，$f(x)$ が K に根を持つとき，K を**代数閉体**という．

(2) L/K が体の代数拡大であり L が代数閉体であるとき，L を K の**代数閉包**という． ◇

命題 7.2.2 K が体，F/K が K の拡大体で，F は代数閉体とする．F の元で K 上代数的であるもの全体の集合を L とすると，L は代数閉体で

ある．

証明 系 7.1.14, 7.1.21 より，L は F/K の中間体である．$f(x) \in L[x] \setminus L$ がモニックなら，$\alpha_1, \cdots, \alpha_n \in F$ があり $f(x) = (x-\alpha_1) \cdots (x-\alpha_n)$ となる．すると，$\alpha_1, \cdots, \alpha_n$ は L 上代数的だが，L/K は代数拡大なので，$\alpha_1, \cdots, \alpha_n$ は K 上も代数的である．L の定義より $\alpha_1, \cdots, \alpha_n \in L$ である．したがって，L は代数閉体である． □

次の定理はシュタイニッツにより証明された．

定理 7.2.3 K を体とするとき，次の (1), (2) が成り立つ．

(1) K の代数拡大 L で，代数閉体であるもの (代数閉包) が存在する．

(2) $L_1 \supset M_1 \supset K$, $L_2 \supset M_2 \supset K$ が K の代数拡大で，L_1, L_2 は代数閉体，$\phi: M_1 \to M_2$ は K 上の同型とする．このとき，K 上の同型 $\psi: L_1 \to L_2$ で ϕ を拡張するものがある．

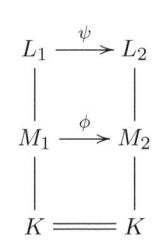

$$\begin{array}{ccc} L_1 & \xrightarrow{\psi} & L_2 \\ | & & | \\ M_1 & \xrightarrow{\phi} & M_2 \\ | & & | \\ K & = & K \end{array}$$

上の定理の証明は [25, 第 2 巻, 定理 3.2.3] を参照せよ．濃度に関する考察とツォルンの補題を使った別証明は [35, II, p.466, Theorem 8.1] を参照せよ．

定理 7.2.3 (2) により，体 K の代数閉包は K 上の同型を除いて一意的に定まる．K の代数閉包を $\overline{K}$ と書く．次の系は明らかである．

系 7.2.4 L が体 K の代数拡大なら，$\overline{L} = \overline{K}$．

命題 7.2.5 K が代数閉体で $f(x) \in K[x] \setminus K$ なら，$f(x)$ は K 上の 1 次式の積になる．

証明 $f(\alpha) = 0$ とすれば，$f(x)$ は $x - \alpha$ で割り切れる．$f(x) = (x - \alpha)f_1(x)$ ($f_1(x) \in K[x]$) とすれば，$\deg f_1(x) = \deg f(x) - 1$ なので，$f(x)$ の次数に関する帰納法で $f(x)$ は 1 次式の積になる． □

次の定理はガウスにより証明された．証明については例えば [14, pp.87, 88, 228] などを参照せよ．

> **定理 7.2.6** (代数学の基本定理)　$\mathbb{C}$ は代数閉体である．

代数閉包の存在，補題 7.1.25 と命題 7.1.26 より次の命題が成り立つ．

> **命題 7.2.7**　L/K を体の代数拡大，$\alpha \in L$ とする．このとき，次の (1), (2) は同値である．
> (1) $\beta \in \overline{K}$ は α の K 上の共役である．
> (2) $\phi \in \mathrm{Hom}_K^{\mathrm{al}}(L, \overline{K})$ があり，$\phi(\alpha) = \beta$.

7.3　分離拡大と正規拡大

これから最終的にはガロアの基本定理について解説するが，そこで重要となるのは，L/K を有限次拡大とするとき，拡大次数 $[L:K]$ と $|\mathrm{Aut}_K^{\mathrm{al}} L|$ の関係である．それには，以下解説する「分離性」を考察する必要がある．

定義 7.3.1　K を体，$\overline{K}$ をその代数閉包とする．
(1) $\alpha \in \overline{K}$ であり，$f(x)$ が $\overline{K}[x]$ で $(x-\alpha)^2$ で割り切れるとき，α を $f(x)$ の**重根**という．
(2) $f(x) \in K[x]$ が $\overline{K}$ で重根を持たないとき，**分離多項式**という．
(3) α が K の代数拡大体の元で，その K 上の最小多項式が分離多項式であるとき，α は K 上**分離的**，そうでなければ**非分離的**であるという．
(4) L が K の代数拡大であり，L のすべての元が K 上分離的なら，L を K の**分離拡大**，そうでなければ，**非分離拡大**という．
(5) K の任意の代数拡大が K の分離拡大なら，K を**完全体**という．　　◇

本書では，体の拡大は分離拡大になるものしか考えない．
L/K が分離拡大で M が中間体とする．$\alpha \in L$ の K 上の最小多項式は M 上の最小多項式で割り切れるので，L/M も分離拡大である．また，M/K は明らかに分離拡大である．

分離性の判定には，微分が有効である．多項式の微分は (1.10.4) で定義した．

> **命題 7.3.2** 定義 7.3.1 の状況で，次の (1), (2) は同値である．
> (1) α は $f(x)$ の重根である．
> (2) $f(\alpha) = f'(\alpha) = 0$ である．

証明 **(1) $\Rightarrow$ (2)** 仮定より，$g(x) \in \overline{K}[x]$ があり $f(x) = (x-\alpha)^2 g(x)$ となる．このとき，$f'(x) = 2(x-\alpha)g(x) + (x-\alpha)^2 g'(x)$ となるので，$f'(\alpha) = 0$ である．

(2) $\Rightarrow$ (1) α が重根でなければ，$f(x) = (x-\alpha)g(x)$ $(g(x) \in \overline{K}[x])$ としたとき，$g(\alpha) \neq 0$ となる．すると，$f'(x) = g(x) + (x-\alpha)g'(x)$ となるので，$f'(\alpha) = g(\alpha) \neq 0$ である．これは仮定に矛盾するので，α は重根である． □

> **系 7.3.3** 定義 7.3.1 の状況で，次の (1), (2) は同値である．
> (1) $f(x)$ は分離多項式である．
> (2) $f(x)$ と $f'(x)$ は互いに素である．

証明 **(1) $\Rightarrow$ (2)** もし $f(x), f'(x)$ が互いに素でなければ，$f(x), f'(x)$ を割る定数でない多項式 $g(x)$ がある．$g(\alpha) = 0$ となる $\alpha \in \overline{K}$ があるが，$f(\alpha) = f'(\alpha) = 0$ となるので，命題 7.3.2 より α は $f(x)$ の重根となり，矛盾である．

(2) $\Rightarrow$ (1) $f(x)$ と $f'(x)$ が互いに素なら，$a(x)f(x) + b(x)f'(x) = 1$ となる $a(x), b(x) \in K[x]$ がある．もし $\alpha \in \overline{K}$ が $f(x)$ の重根なら，命題 7.3.2 より $f'(\alpha) = 0$ となるが，$a(\alpha)f(\alpha) + b(\alpha)f'(\alpha) = 0$ となり，矛盾である． □

> **命題 7.3.4** $f(x) \in K[x]$ を K 上既約な多項式とする．このとき，次の条件 (1)–(3) は同値である．
> (1) $f(x)$ は分離多項式ではない．
> (2) $f'(x) = 0$.
> (3) ch $K = p > 0$ であり，K 上既約な分離多項式 $g(x)$ と $n > 0$ があり，$f(x) = g(x^{p^n})$ となる．

証明 **(1) $\Rightarrow$ (2)** 仮定より $f(x), f'(x)$ は互いに素ではない．$a(x) \in K[x]$ が定数でなく $f(x), f'(x)$ を割り切るなら，$f(x)$ が既約なので，$f(x)$ は $a(x)$ の定

数倍である．よって，$f(x)$ は $f'(x)$ を割り切る．$f'(x) \neq 0$ なら，$\deg f'(x) < \deg f(x)$ なので，矛盾である．**(2) ⇒ (1)** は明らかである．

(2) ⇒ (3) $f(x) = a_n x^n + \cdots + a_0$ とするとき，$f'(x) = na_n x^{n-1} + \cdots$ なので，$f'(x) = 0$ となるためには $a_i \neq 0$ なら $i = 0$ となることが必要十分である．これが起きるのは正標数の場合のみで，$p = \mathrm{ch}\, K$ なら $a_i \neq 0$ である項は i が p の倍数になっているものである．よって，$f(x)$ は x^p の多項式になっている．したがって，多項式 $g(x)$ があり，$f(x) = g(x^p)$ となるが，$g(x)$ が可約なら，$f(x)$ も可約になるので矛盾である．もし $g(x) = 0$ が重根を持てば，多項式 $h(x)$ により $g(x) = h(x^p)$ などと繰り返し，重根を持たないようになるまで続けることができる．

(3) ⇒ (2) $f'(x) = p^n x^{p^n - 1} g'(x^{p^n}) = 0$ である． □

命題 7.3.5 K が体で，$\mathrm{ch}\, K = 0$ であるか，$\mathrm{ch}\, K = p > 0$ で任意の $a \in K$ に対し $b^p = a$ となる $b \in K$ があるとき，K は完全体である．

証明 $\mathrm{ch}\, K = 0$ なら，命題 7.3.4 より K は完全体である．$\mathrm{ch}\, K = p > 0$，$f(x) \in K[x]$ を既約な多項式とする．n に関する帰納法で，任意の $a \in K$ と $n > 0$ に対し $a = b^{p^n}$ となる $b \in K$ がとれる．$g(x) = x^m + a_1 x^{m-1} + \cdots + a_m \in K[x]$ を K 上既約な分離多項式で $f(x) = g(x^{p^n})$ ($n \geq 0$) であるようにとる．もし $n > 0$ なら，$a_i = b_i^{p^n}$ ($i = 1, \cdots, m$) となる $b_i \in K$ をとると，定理 7.1.3 より $f(x) = (x^m + b_1 x^{m-1} + \cdots + b_m)^{p^n}$ となり，$f(x)$ が既約であることに矛盾する．よって，$f(x)$ は分離多項式である．K の任意の代数拡大体の元の最小多項式が分離多項式となるので，K は完全体である． □

系 7.3.6 標数 0 の体と有限体は完全体である．

証明 標数 0 の体の場合は命題 7.3.5 で示した．K を標数 p の有限体とする．フロベニウス準同型 $\phi = \mathrm{Frob}_p : K \to K$ (定理 7.1.3 参照) は体の準同型で単射である．$|\phi(K)| = |K|$，$\phi(K) \subset K$ で $|K| < \infty$ なので，$\phi(K) \neq K$ なら矛盾である．よって，ϕ は全射でもある．したがって，命題 7.3.5 の条件が満たされるので，K は完全体である． □

本書で扱うのは，標数 0 の体と有限体，あるいは有限体の代数閉包に含まれる体である．よって，**本書で扱う体はすべて完全体である**．一般には，L/K が体の拡大で $\alpha, \beta \in L$ が K 上分離的なら，$\alpha+\beta, \alpha\beta$ も分離的かなどの考察が必要になるが，本書では，そういった考察は割愛する．

次の命題は，ガロアの基本定理 (定理 7.4.16) の証明に大きな役目を果たす非常に重要な命題である．

命題 7.3.7 L/K が有限次分離拡大なら，次の (1), (2) が成り立つ．

(1) $|\mathrm{Hom}_K^{\mathrm{al}}(L, \overline{K})| = [L : K]$ である．

(2) M が L/K の中間体で $\phi : M \to \overline{K}$ が体の K 準同型なら，ϕ の $\mathrm{Hom}_K^{\mathrm{al}}(L, \overline{K})$ の元への延長がちょうど $[L : M]$ 個ある．

証明 (2) が成り立てば，$M = K$ とすれば，$\mathrm{Hom}_K^{\mathrm{al}}(K, \overline{K})$ は K から $\overline{K}$ への包含写像だけなので，(1) が従う．

以下，(2) を証明する．L/K は有限次拡大なので，$L = K(\alpha_1, \cdots, \alpha_n)$ となる $\alpha_1, \cdots, \alpha_n \in L$ がある．

$M_0 = M, \quad M_1 = M(\alpha_1), \quad M_2 = M(\alpha_1, \alpha_2), \quad \cdots, \quad M_n = M(\alpha_1, \cdots, \alpha_n) = L$

とおく．$i = 1, \cdots, n$ に対し，任意の $\psi \in \mathrm{Hom}_K^{\mathrm{al}}(M_{i-1}, \overline{K})$ の $\mathrm{Hom}_K^{\mathrm{al}}(M_i, \overline{K})$ への延長がちょうど $[M_i : M_{i-1}]$ 個あることを示す．これが成り立てば，ϕ の $\mathrm{Hom}_K^{\mathrm{al}}(L, \overline{K})$ への延長の個数が

$$[M_1 : M][M_2 : M_1] \cdots [L : M_{n-1}] = [L : M]$$

となる．

$\psi \in \mathrm{Hom}_K^{\mathrm{al}}(M_{i-1}, \overline{K})$ とする．$g_i(x) \in M_{i-1}[x], f_i(x) \in K[x]$ をそれぞれ α_i の M_{i-1}, K 上の最小多項式とする．仮定より $f_i(x)$ は分離多項式である．$g_i(x)$ の係数に ψ を適用した多項式を $\psi(g_i)(x)$ と書く．もし ψ が $\xi \in \mathrm{Hom}_K^{\mathrm{al}}(M_i, \overline{K})$ に延長できれば，

$$0 = \xi(g_i(\alpha_i)) = \psi(g_i)(\xi(\alpha_i))$$

である．よって，$\xi(\alpha_i)$ は $\psi(g_i)(x)$ の $\overline{K}$ における根である．

逆に $\beta \in \overline{K}$ を $\psi(g_i)(x)$ の根とする．ψ は M_{i-1} から $\psi(M_{i-1})$ への同型なので，$\psi(g_i)(x)$ は $\psi(M_{i-1})[x]$ の元として既約である．$\psi(f_i)(x) = f_i(x)$ なので，

$\psi(g_i)(x)$ は $f_i(x)$ を割る．よって，$\psi(g_i)(x)$ も分離多項式である．$\overline{\psi(M_{i-1})} = \overline{K}$ なので，$\psi(g_i)(x)$ は $\overline{K}[x]$ で 1 次式の積になる．$\psi(g_i)(x)$ が分離多項式なので，$\psi(g_i)(x)$ の $\overline{K}$ における根の個数は $\deg \psi(g_i)(x) = \deg g_i(x) = [M_i : M_{i-1}]$ である．

M_{i-1} 代数として，$M_i \cong M_{i-1}[x]/(g_i(x))$ である．M_i から $\psi(M_{i-1})(\beta)$ への写像を

$$M_i \to M_{i-1}[x]/(g_i(x)) \ni f(x)+(g_i(x)) \mapsto \psi(f)(x)+(\psi(g_i)(x))$$
$$\mapsto \psi(f)(\beta) \in \psi(M_{i-1})(\beta)$$

と定義する．β が $\psi(g_i)(x)$ の根なので，これは well-defined な K 準同型で，M_{i-1} 上では ψ と一致する．

したがって，ψ の M_i への延長の個数は β の個数，つまり $[M_i : M_{i-1}]$ と一致する． □

次に正規拡大について解説する．

定義 7.3.8 L/K を体の代数拡大とする．$\alpha \in L$ なら α の K 上の最小多項式が L 上では 1 次式の積になるとき，L/K を**正規拡大**という． ◇

上の定義を言い換えると，L/K が正規拡大とは，L の任意の元の K 上の共役が L の元になるということである．

定理 7.3.9 L/K を体の有限次拡大，$\overline{K} \supset L$ を K の代数閉包とする．このとき，次の条件 (1), (2) は同値である．

(1) L/K は正規拡大である．
(2) $\phi \in \mathrm{Hom}_K^{\mathrm{al}}(L, \overline{K})$ なら，$\phi(L) \subset L$ である．

証明 $\overline{K}$ は L の代数閉包でもあることに注意する．

(1) ⇒ (2) $\phi \in \mathrm{Hom}_K^{\mathrm{al}}(L, \overline{K})$，$\alpha \in L$ なら，補題 7.1.25 より $\phi(\alpha)$ は α の K 上の共役である．仮定より $\phi(\alpha) \in L$ である．$\alpha \in L$ は任意なので，$\phi(L) \subset L$.

(2) ⇒ (1) $\alpha \in L$ を任意の元，$\beta \in \overline{K}$ を α の K 上の共役とする．命題 7.2.7 より，$\phi \in \mathrm{Hom}_K^{\mathrm{al}}(L, \overline{K})$ があり，$\phi(\alpha) = \beta$ となる．$\phi(L) \subset L$ なので，$\beta \in L$ である．$\alpha \in L$ は任意だったので，L/K は正規拡大である． □

系 7.3.10 体 K の代数拡大 $L = K(\alpha_1, \cdots, \alpha_n)$ が $\alpha_1, \cdots, \alpha_n$ の K 上の共役をすべて含むなら, L/K は正規拡大である.

証明 $\phi \in \mathrm{Hom}_K^{\mathrm{al}}(L, \overline{K})$ とすると, 仮定より $\phi(\alpha_1), \cdots, \phi(\alpha_n) \in L$ である. K 準同型は K 上の生成元で定まるので, $\phi(L) = K(\phi(\alpha_1), \cdots, \phi(\alpha_n)) \subset L$. □

命題 7.3.11 L/K が体の有限次拡大なら, $\mathrm{Hom}_K^{\mathrm{al}}(L, L) = \mathrm{Aut}_K^{\mathrm{al}} L$.

証明 $\mathrm{Hom}_K^{\mathrm{al}}(L, L) \supset \mathrm{Aut}_K^{\mathrm{al}} L$ は明らかである. $\phi \in \mathrm{Hom}_K^{\mathrm{al}}(L, L)$ なら, ϕ は単射である. ϕ は K 上同じ次元の有限次元ベクトル空間の間の単射線形写像である. よって, ϕ は同型である. □

例 7.3.12 (正規拡大の例) $d \neq 1$ を平方因子を持たない整数とすると $\sqrt{d} \notin \mathbb{Q}$ である. $\sqrt{d}$ は $f(x) = x^2 - d$ の根で $f(x)$ の根は $\pm\sqrt{d}$ である. $-\sqrt{d} \in \mathbb{Q}(\sqrt{d})$ なので, $\mathbb{Q}(\sqrt{d})/\mathbb{Q}$ は正規拡大である. ◇

例 7.3.13 (正規拡大でない例) $\sqrt[3]{2}$ は $f(x) = x^3 - 2$ の根である. $\omega = (-1 + \sqrt{-3})/2$ とおくと, $f(x)$ の根は $\sqrt[3]{2}, \omega\sqrt[3]{2}, \omega^2\sqrt[3]{2}$ である. もし $\omega\sqrt[3]{2} \in \mathbb{Q}(\sqrt[3]{2})$ なら, $\omega = (\omega\sqrt[3]{2})/\sqrt[3]{2} \in \mathbb{Q}(\sqrt[3]{2})$ となる. $\mathbb{Q}(\sqrt[3]{2}) \subset \mathbb{R}$ なので, 矛盾である. よって, $\omega\sqrt[3]{2} \notin \mathbb{Q}(\sqrt[3]{2})$ となり, $\mathbb{Q}(\sqrt[3]{2})/\mathbb{Q}$ は正規拡大ではない. ◇

定義 7.3.14 K を体, $f(x) \in K[x]$ を 1 変数多項式とする. $\overline{K}$ を K の代数閉包, $f(x) = a_0(x - \alpha_1) \cdots (x - \alpha_n)$ $(a_0 \in K^\times, \alpha_1, \cdots, \alpha_n \in \overline{K})$ とするとき, $L = K(\alpha_1, \cdots, \alpha_n)$ のことを f の K 上の**最小分解体**という. ◇

上の定義で $f(x)$ の根の共役は L の元である. したがって, L/K は正規拡大である. もし, F が K の別の代数閉包なら, 定理 7.2.3 より, K 同型 $\phi : \overline{K} \to F$ がある. $f(x) = a_0(x - \alpha_1) \cdots (x - \alpha_n)$ $(a_0 \in K^\times, \alpha_1, \cdots, \alpha_n \in \overline{K})$ なら, $f(x) = a_0(x - \phi(\alpha_1)) \cdots (x - \phi(\alpha_n))$ となる. よって, F により構成した最小分解体を L' とすると, $L' = K(\phi(\alpha_1), \cdots, \phi(\alpha_n))$ なので, ϕ は K 同型 $L \to L'$ を引き起こす. したがって, f の最小分解体は K 上の同型を除いて定まる.

例 7.3.15 次の (1)–(3) は $\mathbb{Q}$ 上で考える.

(1) $f(x) = (x^2-2)(x^2-3)$ の最小分解体は $\mathbb{Q}(\sqrt{2}, \sqrt{3})$.

(2) $\sqrt[3]{2}$ は $f(x) = x^3 - 2$ の根である．この多項式が既約であることは例 7.1.19 (3) で示した．$\omega = (-1+\sqrt{-3})/2$ とおくと，$\sqrt[3]{2}, \omega\sqrt[3]{2}, \omega^2\sqrt[3]{2}$ が $f(x)$ の根である．よって，$L = \mathbb{Q}(\sqrt[3]{2}, \sqrt{-3})$ が $f(x)$ の $\mathbb{Q}$ 上の最小分解体である．

(3) $f(x) = x^4 - 2x^2 + 2$ の最小分解体は $\mathbb{Q}(\sqrt{1+\sqrt{-1}}, \sqrt{1-\sqrt{-1}})$ である．◊

7.4 ガロア理論

本書では，代数体の整数論に限定して解説するので，これ以降次を仮定する．

仮定 7.4.1 体は標数 0 の体か有限体，および有限体の代数閉包に含まれる体であると仮定する．

上の仮定より，これから考える体はすべて完全体である．

定義 7.4.2 (1) 上の状況で，代数拡大 L/K が正規拡大であるとき，**ガロア拡大**という．このとき，$\mathrm{Aut}_K^{\mathrm{al}} L$ を $\mathrm{Gal}(L/K)$ と書き，L/K の**ガロア群**という．

(2) L/K が体のガロア拡大で $\mathrm{Gal}(L/K)$ がアーベル群なら，L/K を**アーベル拡大**という．

(3) L/K が体の有限次ガロア拡大で $\mathrm{Gal}(L/K)$ が巡回群なら，L/K を**巡回拡大**という． ◊

L/K が代数拡大なら，$\overline{K}$ において L のすべての元の K 上の共役を L に添加した体を $\widetilde{L}$ とすると，$\widetilde{L}$ は K のガロア拡大である．$\widetilde{L}$ のことを L の K 上の**ガロア閉包**という．$\widetilde{L}$ は L を含む K の最小のガロア拡大である．$L = K(\alpha_1, \cdots, \alpha_n)$ なら，L に $\alpha_1, \cdots, \alpha_n$ の K 上の共役を添加した体を F とすれば，系 7.3.10 より F/K はガロア拡大である．よって，$F \supset \widetilde{L}$ である．$F \subset \widetilde{L}$ は明らかなので，$F = \widetilde{L}$ である．つまり，ガロア閉包を得るには生成元の共役を添加すれば十分である．

L/K が有限次拡大なら，L/K がガロア拡大であることを $|\mathrm{Aut}_K^{\mathrm{al}} L|$ により，次のように特徴付けることができる．

命題 7.4.3 L/K が体の有限次拡大なら，次の (1), (2) が成り立つ．

(1) $|\mathrm{Aut}_K^{\mathrm{al}} L| \leqq [L:K]$.

(2) L/K がガロア拡大であることと,$|\mathrm{Aut}_K^{\mathrm{al}} L| = [L:K]$ であることは同値である.また,これは $\mathrm{Hom}_K^{\mathrm{al}}(L,\overline{K}) = \mathrm{Aut}_K^{\mathrm{al}} L$ とも同値である.

証明 (1) 命題 7.3.11 より

$$\mathrm{Aut}_K^{\mathrm{al}} L = \mathrm{Hom}_K^{\mathrm{al}}(L,L) \subset \mathrm{Hom}_K^{\mathrm{al}}(L,\overline{K})$$

である.主張はこれより従う.

(2) (1) と命題 7.3.7 (1) より

$$|\mathrm{Aut}_K^{\mathrm{al}} L| = [L:K] \iff \mathrm{Aut}_K^{\mathrm{al}} L = \mathrm{Hom}_K^{\mathrm{al}}(L,\overline{K}).$$

$\mathrm{Aut}_K^{\mathrm{al}} L = \mathrm{Hom}_K^{\mathrm{al}}(L,\overline{K})$ が成り立つとする.$\alpha \in L$, $\beta \in \overline{K}$ を α の K 上の共役とすると,K 同型 $\phi: K(\alpha) \to K(\beta)$ がある.命題 7.3.7 (2) より,ϕ は $\mathrm{Hom}_K^{\mathrm{al}}(L,\overline{K})$ の元に延長できるが,$\mathrm{Hom}_K^{\mathrm{al}}(L,\overline{K}) = \mathrm{Aut}_K^{\mathrm{al}} L$ である.よって,$\beta \in L$ である.したがって,L/K は正規拡大となり,ガロア拡大である.

逆に L/K がガロア拡大とする.L/K は正規拡大なので,$\phi \in \mathrm{Hom}_K^{\mathrm{al}}(L,\overline{K})$ なら,$\phi(L) \subset L$ なので $\phi \in \mathrm{Hom}_K^{\mathrm{al}}(L,L) = \mathrm{Aut}_K^{\mathrm{al}} L$ である.よって,

$$|\mathrm{Aut}_K^{\mathrm{al}} L| = |\mathrm{Hom}_K^{\mathrm{al}}(L,\overline{K})| = [L:K]$$

である. $\square$

系 7.4.4 L/K が有限次ガロア拡大で M が中間体なら,L/M もガロア拡大で,$\mathrm{Gal}(L/M) \subset \mathrm{Gal}(L/K)$ である.

証明 $L = K(\alpha_1,\cdots,\alpha_n)$ なら,L/K が正規拡大なので,L は $\alpha_1,\cdots,\alpha_n$ の K 上の共役をすべて含む.$\alpha_1,\cdots,\alpha_n$ の M 上の共役は K 上の共役でもあるので,系 7.3.10 より L/M はガロア拡大である.$K \subset M$ なので,$\mathrm{Gal}(L/M)$ の元は K の元も不変にする.よって,$\mathrm{Gal}(L/M) \subset \mathrm{Gal}(L/K)$ である. $\square$

L/K が有限次ガロア拡大なら,$\mathrm{Gal}(L/K) = \mathrm{Hom}_K^{\mathrm{al}}(L,\overline{K})$ なので,命題 7.2.7 より,次の系が従う.

系 7.4.5 L/K を有限次ガロア拡大,$\alpha,\beta \in L$ とするとき,次の (1),

(2) は同値である.
(1) α, β は K 上共役である.
(2) $\sigma \in \mathrm{Gal}(L/K)$ があり, $\sigma(\alpha) = \beta$ となる.

例 7.4.6 (ガロア拡大の例) (1) $\sqrt{2}, \sqrt{3} \notin \mathbb{Q}$ なので, x^2-2, x^2-3 が $\sqrt{2}, \sqrt{3}$ の $\mathbb{Q}$ 上の最小多項式である. よって, $\sqrt{2}, \sqrt{3}$ の $\mathbb{Q}$ 上の共役は $\pm\sqrt{2}, \pm\sqrt{3}$ である. したがって, $\mathbb{Q}(\sqrt{2}), \mathbb{Q}(\sqrt{2}, \sqrt{3})$ は $\mathbb{Q}$ のガロア拡大である. 例 7.1.19 より

$$[\mathbb{Q}(\sqrt{2}) : \mathbb{Q}] = 2, \quad [\mathbb{Q}(\sqrt{2}, \sqrt{3}) : \mathbb{Q}] = 4$$

である. 系 7.4.5 より $\nu \in \mathrm{Gal}(\mathbb{Q}(\sqrt{2})/\mathbb{Q})$ で $\nu(\sqrt{2}) = -\sqrt{2}$ となるものがある. $|\mathrm{Gal}(\mathbb{Q}(\sqrt{2})/\mathbb{Q})| = 2$ なので,

$$\mathrm{Gal}(\mathbb{Q}(\sqrt{2})/\mathbb{Q}) = \{1, \nu\} \cong \mathbb{Z}/2\mathbb{Z}$$

である.

$L = \mathbb{Q}(\sqrt{2}, \sqrt{3})$ とおく. $[L : \mathbb{Q}(\sqrt{2})] = 2$ である. $L/\mathbb{Q}(\sqrt{2})$ もガロア拡大なので, $|\mathrm{Gal}(L/\mathbb{Q}(\sqrt{2}))| = 2$ である. $\sigma \in \mathrm{Gal}(L/\mathbb{Q}(\sqrt{2}))$, $\sigma \neq 1$ とする. L は $\mathbb{Q}(\sqrt{2})$ 上 $\sqrt{3}$ で生成されるので, σ は $\sigma(\sqrt{3})$ で定まる. $\sigma(\sqrt{3})$ は $\sqrt{3}$ の $\mathbb{Q}(\sqrt{2})$ の共役なので, $\mathbb{Q}$ 上の共役でもある. よって, $\sigma(\sqrt{3}) = \pm\sqrt{3}$ である. $\sigma(\sqrt{3}) = \sqrt{3}$ なら $\sigma = 1$ となるので, $\sigma(\sqrt{3}) = -\sqrt{3}$ でなければならない.

同様に $\tau \in \mathrm{Gal}(L/\mathbb{Q}(\sqrt{3}))$ があり, $\tau(\sqrt{2}) = -\sqrt{2}$ となる. これより $\mathrm{Gal}(L/\mathbb{Q})$ は σ, τ により生成され,

$$\mathrm{Gal}(L/\mathbb{Q}) \cong \mathbb{Z}/2\mathbb{Z} \times \mathbb{Z}/2\mathbb{Z}$$

である.

(2) 例 7.3.15 (2) より $L = \mathbb{Q}(\sqrt[3]{2}, \sqrt{-3})$ は $\mathbb{Q}$ のガロア拡大である. $f(x) = x^3 - 2$ は $\mathbb{Q}$ 上既約なので, $[\mathbb{Q}(\sqrt[3]{2}) : \mathbb{Q}] = \deg f(x) = 3$ である. $\sqrt{-3} \notin \mathbb{R}$ なので, $[L : \mathbb{Q}(\sqrt[3]{2})] = 2$ である. したがって, $[L : \mathbb{Q}] = [L : \mathbb{Q}(\sqrt[3]{2})][\mathbb{Q}(\sqrt[3]{2}) : \mathbb{Q}] = 6$ である. $f(x)$ の三つの根 $\alpha_1, \alpha_2, \alpha_3$ は最小多項式が同じなので, $\mathrm{Gal}(L/\mathbb{Q})$ の元は $\alpha_1, \alpha_2, \alpha_3$ の置換を引き起こす. よって, 置換表現により, 準同型 $\phi : \mathrm{Gal}(L/\mathbb{Q}) \to \mathfrak{S}_3$ が定まる. $\alpha_1, \alpha_2, \alpha_3$ は $\mathbb{Q}$ 上 L を生成するので, ϕ は単射である. $|\mathrm{Gal}(L/\mathbb{Q})| = [L : \mathbb{Q}] = 6$ なので, ϕ は同型で

$$\mathrm{Gal}(L/\mathbb{Q}) \cong \mathfrak{S}_3$$

である. ◇

216　第 7 章　体とガロア理論

　ガロアの基本定理について解説する前に，それに必要な原始根の存在について述べる．有限体の場合には扱いが違うので，まず有限体の性質について解説する．

命題 7.4.7　K が有限体なら $|K|$ は素数べきである．

証明　$\mathrm{ch}\, K = 0$ なら K は $\mathbb{Q}$ を含むので無限集合である．よって，K の標数は素数である．それを p とおくと，K は $\mathbb{F}_p$ を含む．K は $\mathbb{F}_p$ 上のベクトル空間で $|K| < \infty$ なので，$n = \dim_{\mathbb{F}_p} K < \infty$ である．よって，$|K| = p^n$ となる． □

命題 7.4.8　K が位数 $q = p^n$ の有限体なら，任意の元 $x \in K$ に対し，$x^q = x$ である．

証明　$K^\times$ は位数 $q-1$ の群なので，ラグランジュの定理より $x \in K^\times$ なら $x^{q-1} = 1$．よって $x^q = x$ である．$0^q = 0$ は明らかなので，命題が従う． □

定理 7.4.9　(1) $q = p^n$ を p べきとするとき，位数 q の有限体が存在し，$\mathbb{F}_p$ 上の同型を除き一意的である．位数 q の体を $\mathbb{F}_q$ とすると，体 F が $\mathbb{F}_q$ を含めば，$\mathbb{F}_q = \{x \in F \mid x^q = x\}$ である．
　(2) $\mathbb{F}_{p^n} \subset \mathbb{F}_{p^m}$ であることと，$n \mid m$ は同値である．

証明　(1) $f(x) = x^q - x$ とおき，$f(x)$ の $\mathbb{F}_p$ 上の最小分解体を L とする．$f'(x) = -1$ は単元なので，$f(x)$ は重根を持たない．よって，$K = \{\alpha \in L \mid f(\alpha) = 0\}$ とおくと $|K| = q$ である．K が体であることを示す．

　$\alpha, \beta \in K$ なら，$\alpha^q = \alpha$，$\beta^q = \beta$ なので，補題 7.1.2 より，$(\alpha \pm \beta)^q = \alpha^q \pm \beta^q = \alpha \pm \beta$．よって，$\alpha \pm \beta \in K$ である．$(\alpha\beta)^q = \alpha^q \beta^q = \alpha\beta$ なので，$\alpha\beta \in K$．また $\mathbb{F}_p$ の元はすべて K の元である．したがって，K は L の $\mathbb{F}_p$ を含む部分環である．$x \in K \setminus \{0\}$ なら $x^{-1} = x^{q-2} \in K$ なので，K は体である．K は $f(x)$ の根をすべて含む体なので，$K = L$ である．よって，位数 p^n の体が存在する．$f(x)$ の $\mathbb{F}_p$ 上の最小分解体は $\mathbb{F}_p$ 上の同型を除き一意的なので，位数 p^n の体は $\mathbb{F}_p$ 上の同型を除いて一意的に定まる．

$\mathbb{F}_q$ は $\mathbb{F}_p$ 上の多項式 x^q-x の最小分解体として特徴付けられたが,$\mathbb{F}_q$ は x^q-x の根で生成された体であるだけではなく,x^q-x の根の集合自身だった. よって,$F \supset \mathbb{F}_q$ なら,$\mathbb{F}_q = \{x \in F \mid x^q = x\}$ である.

(2) $\mathbb{F}_{p^n} \subset \mathbb{F}_{p^m}$ なら,$\mathbb{F}_{p^m}$ は $\mathbb{F}_{p^n}$ 上の有限次元ベクトル空間なので,その次元を ℓ とすると,$p^m = (p^n)^\ell = p^{n\ell}$ である.よって,$n \mid m$.逆に $m = n\ell$ ($\ell \in \mathbb{Z}$) とする.すると,

$$\frac{p^m-1}{p^n-1} = p^{n(\ell-1)} + p^{n(\ell-2)} + \cdots + 1 \in \mathbb{Z}$$

である.$x \in \mathbb{F}_{p^n}^\times$ なら,$x^{p^n-1} = 1$ である.よって,$x^{p^m-1} = 1$ である.したがって,$x^{p^m} = x$ である.$x = 0$ なら $x^{p^m} = x$ なので,$\mathbb{F}_{p^n} \subset \mathbb{F}_{p^m}$ である.□

定理 7.4.10 K が体なら,$K^\times$ の有限部分群は巡回群である.特に,有限体の乗法群は巡回群である.

証明 $G \subset K^\times$ を位数 n の部分群とする.

G の元の位数は n の約数である.$d \mid n$ に対して $\psi(d)$ を位数 d の G の元の数とする.命題 6.2.15 より $x^d = 1$ となる $x \in G$ の個数は高々 d 個である.もし $\psi(d) > 0$ なら,$g \in G$ を位数 d の元とすると,g で生成される部分群 H の位数は d である.H の任意の元 h は $h^d = 1$ を満たし,また $x^d = 1$ となる $x \in G$ は高々 d 個なので,$x^d = 1$ を満たす元はすべて H の元である.したがって,G の位数 d の元は H の元である.

$a = 1, \cdots, d-1$ なら,命題 5.2.11 より,g^a の位数が d であることと,a, d が互いに素であることは同値である.したがって,$\psi(d) > 0$ なら G の位数 d の元の個数は $\phi(d)$ (オイラー関数) である.したがって,命題 3.3.6 より

$$\sum_{d \mid n, d < n} \psi(d) \leqq \sum_{d \mid n, d < n} \phi(d) = n - \phi(n)$$

である.よって,

$$\psi(n) = n - \sum_{d \mid n, d < n} \psi(d) \geqq n - (n - \phi(n)) = \phi(n) > 0$$

となるので,G には位数 n の元がある.$g \in G$ の位数が n なら,$1, g, , \cdots, g^{n-1}$ はすべて異なる.よって,$G = \{1, \cdots, g^{n-1}\}$ となり,G は巡回群である.□

p が素数なら，$\mathbb{F}_p^\times = (\mathbb{Z}/p\mathbb{Z})^\times$ は巡回群である．よって，$a \in \mathbb{Z}$ で p を法として $\mathbb{F}_p^\times$ を生成する元がある．そのような a のことを p を法とする**原始根**という．$a \bmod p\mathbb{Z} \in \mathbb{F}_p^\times$ のことも原始根という．

円分体については 8.11 節で解説するが，$\zeta_p = \exp(2\pi\sqrt{-1}/p)$ とするとき，$\mathbb{F}_p^\times = (\mathbb{Z}/p\mathbb{Z})^\times$ は $\mathbb{Q}(\zeta_p)/\mathbb{Q}$ のガロア群である．この群が巡回群であるということは大きな意味を持つ．本書では解説しないが，作図問題や角の三等分問題に対する完全な解答が得られるのも $(\mathbb{Z}/p\mathbb{Z})^\times$ が巡回群であることによる．

例 7.4.11 以下 $a \bmod p$ を $\bar{a}$ と書く．

(1) 2 は 3 を法とする原始根である．

(2) $\mathbb{F}_5$ で $\bar{2}^2 = \bar{4} \neq \bar{1}$，$\bar{2}^3 = \bar{3} \neq \bar{1}$ なので 2 は 5 を法とする原始根である．$\bar{2} \in \mathbb{F}_5^\times$ の位数は 4 なので，$\bar{2}^a$ の位数が 4 であることと，a が 4 と互いに素であることは同値である (命題 5.2.11)．よって，$\mathbb{F}_5^\times$ を生成するのは $\bar{2}, \bar{2}^3 = \bar{3}$ である．

(3) $\bar{3}^2 = \bar{2} \neq \bar{1}$，$\bar{3}^3 = \bar{6} \neq \bar{1}$，$\bar{3}^4 = \bar{4} \neq \bar{1}$，$\bar{3}^5 = \bar{5} \neq \bar{1}$ なので，3 は 7 を法とする原始根である．$\bar{3} \in \mathbb{F}_7^\times$ の位数は 6 なので，$\bar{3}^a$ の位数が 6 であることと，a が 6 と互いに素であることは同値．よって，$\mathbb{F}_7^\times$ を生成するのは $\bar{3}, \bar{3}^5 = \bar{5}$ である． ◇

定義 7.4.12 L/K が体の代数拡大とする．$\alpha \in L$ があり，$L = K(\alpha)$ となるとき，L を K の**単拡大**という[1]． ◇

命題 7.4.13 L/K を体の有限次拡大，$\alpha \in L$ とする．すべての $\phi \neq \psi \in \mathrm{Hom}_K^{\mathrm{al}}(L, \overline{K})$ に対し $\phi(\alpha) \neq \psi(\alpha)$ となるとき，$L = K(\alpha)$ である．そのような α は存在し，**有限次 (分離) 拡大は単拡大である**．

証明 なお，本書では分離拡大しか考えないが，この定理のためには，分離性が必要である．

α が定理の条件を満たすとする．$M = K(\alpha)$ とおき，$\phi \in \mathrm{Hom}_K^{\mathrm{al}}(M, \overline{K})$ を包含写像とする．もし $M \neq L$ なら，命題 7.3.7 より ϕ は $\mathrm{Hom}_K^{\mathrm{al}}(L, \overline{K})$ への異な

---

[1] この α を原始元ということもあるが，有限体の乗法群の生成元を原始根とよぶので，この原始元という用語は使わないことにする．

る延長を持つが，それは仮定に反する．したがって，$L=M=K(\alpha)$ である．以下，α の存在を示す．

K が有限体なら，L も有限体である．定理 7.4.10 より $L^\times$ は巡回群なので，α をその生成元とすると，$L=K(\alpha)$ である．

K は無限体で $L=K(a_1,\cdots,a_n)$ とする．$n=2$ の場合に証明できれば，$K(a_{n-1},a_n)=K(\alpha)$ となる $\alpha\in K(a_{n-1},a_n)$ があるので，$L=K(a_1,\cdots,a_{n-2},\alpha)$ となる．よって，帰納法により L は単拡大になる．

$L=K(a_1,a_2)$ と仮定する．α を $c\in K$ として，$\boldsymbol{\alpha=a_1+ca_2}$ という形をしたものから選びたい．$\mathrm{Hom}_K^{\mathrm{al}}(L,\overline{K})=\{\phi_1,\cdots,\phi_n\}$，$\gamma_i=\phi_i(a_1)$，$\delta_i=\phi_i(a_2)$ とおくと $\phi_i(\alpha)=\gamma_i+c\delta_i$ である．これらがすべて異なるようにとりたいので，

$$f(x)=\prod_{i\neq j}((\gamma_i+x\delta_i)-(\gamma_j+x\delta_j))\in \overline{K}[x]$$

とおく．$f(x)$ が多項式として零なら，

$$(\gamma_i+x\delta_i)-(\gamma_j+x\delta_j)=(\gamma_i-\gamma_j)+x(\delta_i-\delta_j)$$

なので，$i\neq j$ があり，$\gamma_i-\gamma_j=\delta_i-\delta_j=0$ となる．これは $\phi_i(a_1)=\phi_j(a_1)$，$\phi_i(a_2)=\phi_j(a_2)$ を意味する．$L=K(a_1,a_2)$ なので，$\phi_i=\phi_j$ となり矛盾である．よって，$f(x)$ は多項式として零ではない．

零でない多項式の根は有限個である．K は無限体なので，$f(c)\neq 0$ となる $c\in K$ がある．すると，$i\neq j$ なら $\phi_i(\alpha)\neq \phi_j(\alpha)$ である．よって，$\phi_1,\cdots,\phi_n$ の $K(\alpha)$ への制限はすべて異なる． □

例 7.4.14 $K=\mathbb{Q}(\sqrt{2},\sqrt{3})$ とおく．例 7.1.19 (4) で $[K:\mathbb{Q}]=4$ であることを示した．$\alpha=\sqrt{2}+\sqrt{3}$ とおくと，$K=\mathbb{Q}(\alpha)$ であることは既に例 7.1.19 (4) で証明したが，命題 7.4.13 を使って証明してみよう．

$\sqrt{2},\sqrt{3}$ の $\mathbb{Q}$ 上の共役はそれぞれ $\pm\sqrt{2},\pm\sqrt{3}$ である．$\sigma\in\mathrm{Hom}_\mathbb{Q}^{\mathrm{al}}(K,\overline{\mathbb{Q}})$ なら，$\sigma(\sqrt{2})=\pm\sqrt{2}$, $\sigma(\sqrt{3})=\pm\sqrt{3}$ であり，σ は $\sigma(\sqrt{2}),\sigma(\sqrt{3})$ で定まる．$\sigma(\alpha)=\pm\sqrt{2}\pm\sqrt{3}$ となるが，これらの値はすべて異なる．よって，$K=\mathbb{Q}(\alpha)$ である． ◇

定義 7.4.15 L/K を有限次ガロア拡大とする．

(1) M が L/K の中間体なら，$H(M)=\{g\in\mathrm{Gal}(L/K)\mid {}^\forall x\in M,\ gx=x\}$ と定義する．

(2) $H \subset \mathrm{Gal}(L/K)$ が部分群なら，$M_H = \{x \in L \mid {}^\forall g \in H,\ gx = x\}$ と定義し，H の**不変体**という． ◇

系 7.4.4 で述べたように，定義 7.4.15 (1) の状況で L/M はガロア拡大である．また，ガロア群の定義より $H(M) = \mathrm{Gal}(L/M)$ である．

次の定理はガロアの基本定理とよばれる，非常に有名かつ重要な定理である．

定理 7.4.16 (ガロアの基本定理) L/K を有限次ガロア拡大とする．$\mathbb{M}$ を L/K の中間体の集合，$\mathbb{H}$ を $\mathrm{Gal}(L/K)$ の部分群の集合とするとき，次の (1)–(3) が成り立つ．

(1) $\mathbb{M} \ni M \mapsto H(M) \in \mathbb{H}$, $\mathbb{M} \ni M_H \mapsfrom H \in \mathbb{H}$ は互いの逆写像である．

(2) $M_1, M_2 \in \mathbb{M}$ がそれぞれ $H_1, H_2 \in \mathbb{H}$ と対応するとき，
$$M_1 \subset M_2 \iff H_1 \supset H_2,$$
$$M_1 \cdot M_2 \longleftrightarrow H_1 \cap H_2,$$
$$M_1 \cap M_2 \longleftrightarrow \langle H_1, H_2 \rangle.$$

なお，$\longleftrightarrow$ は (1) の対応，$\langle H_1, H_2 \rangle$ は H_1, H_2 で生成される部分群．

(3) $M \in \mathbb{M}$ が $H \in \mathbb{H}$ と対応し，$\sigma \in \mathrm{Gal}(L/K)$ なら，
$$\sigma(M) \longleftrightarrow \sigma H \sigma^{-1},$$
$$M/K \text{ がガロア拡大} \iff H \triangleleft \mathrm{Gal}(L/K).$$

また，$H \triangleleft \mathrm{Gal}(L/K)$ なら，$\mathrm{Gal}(L/K)$ の元を M に制限することにより，$\mathrm{Gal}(M/K) \cong \mathrm{Gal}(L/K)/H$ である．

証明 (1) M を中間体とする．$M \subset M_{H(M)}$ は明らかである．もし $M \neq M_{H(M)}$ なら，$\alpha \in M_{H(M)} \setminus M$ をとると，$[M(\alpha) : M] > 1$ なので，α と異なる α の M 上の共役がある．L/M はガロア拡大なので，それらはすべて L の元である．$\beta \neq \alpha$ を α の共役とすると，命題 7.1.26 より，M 同型 $\phi : M(\alpha) \to M(\beta)$ がある．命題 7.3.7 (2) より ϕ は $H(M) = \mathrm{Gal}(L/M)$ の元に延長できる．それを ψ とすると，$\psi(\alpha) \neq \alpha$ なので，$\alpha \in M_{H(M)}$ であることに矛盾する．したがって，$M_{H(M)} = M$ である．

$H \subset \mathrm{Gal}(L/K)$ を部分群，$M = M_H$, $n = |H|$ とする．$[L:M] \leqq [L:K]$ なので，L/M も有限次ガロア拡大である．命題 7.4.13 より，$L = M(\alpha)$ となる

$\alpha \in L$ が存在する．
$$f(x) = \prod_{\sigma \in H}(x - \sigma(\alpha))$$
とおく．$\tau \in \mathrm{Gal}(L/K)$ の引き起こす $L[x]$ の自己同型も τ と書くと，
$$\tau(f(x)) = \prod_{\sigma \in H}(x - \tau(\sigma(\alpha)))$$
である．$\tau \in H$ のとき，$\{\tau\sigma \mid \sigma \in H\} = H$ なので，$\tau(f(x)) = f(x)$ である．よって，$f(x)$ の係数はすべて H の元で不変となり，$f(x) \in M[x]$ である．$f(\alpha) = 0$ なので，$[L:M] \leq n$ である．$H \subset H(M)$ は明らかである．
$$n = |H| \leq |H(M)| = [L:M] \leq n$$
なので，$H = H(M)$ となる．

(2) $M_1 \subset M_2$ なら，H_2 の元は M_2 の各元を不変にするので，特に M_1 の各元を不変にする．よって，$H_1 \supset H_2$ である．$H_1 \subset H_2$ なら $M_1 \supset M_2$ であることも同様である．

$g \in \mathrm{Gal}(L/K)$ が M_1, M_2 の各元を不変にすれば，g は体の準同型なので，M_1, M_2 で生成された部分体 $M_1 \cdot M_2$ の各元を不変にする．$M_1 \cdot M_2 \supset M_1, M_2$ なので，逆は明らか．したがって，$H(M_1 \cdot M_2) = H(M_1) \cap H(M_2) = H_1 \cap H_2$．

$H' = \langle H_1, H_2 \rangle$ とおく．$x \in L$ の $\mathrm{Gal}(L/K)$ における安定化群は部分群なので，x が H_1, H_2 で不変なら，H' で不変．逆は明らかなので，$M_{H'} = M_1 \cap M_2$．

(3) $\sigma(M)$ の各元が $\tau \in \mathrm{Gal}(L/K)$ で不変 $\iff$ $\forall \alpha \in M$, $\tau(\sigma(\alpha)) = \sigma(\alpha)$ $\iff$ $\forall \alpha \in M$, $\sigma^{-1} \circ \tau \circ \sigma(\alpha) = \alpha$ $\iff$ $\sigma^{-1}\tau\sigma \in H(M) = H$．よって $H(\sigma(M)) = \sigma H \sigma^{-1}$．

L/K はガロア拡大なので，M の元の K 上の共役をすべて含む．よって，定理 7.3.9 より，M/K がガロア拡大であることと，$\sigma \in \mathrm{Hom}_K^{\mathrm{al}}(M, \overline{K})$ なら $\sigma(M) \subset M$ であることと同値である．L/K は正規拡大なので，$\sigma \in \mathrm{Hom}_K^{\mathrm{al}}(M, \overline{K})$ は $\mathrm{Gal}(L/K)$ の元に延長できる．よって M/K がガロア拡大であることと $\sigma \in \mathrm{Gal}(L/K)$ なら $\sigma(M) \subset M$ であることは同値である．$[M:K] < \infty$ なので，$\sigma(M) \subset M$ は $\sigma(M) = M$ と同値である．これは $H(\sigma(M)) = H(M) = H$，つまり $\sigma H \sigma^{-1} = H$ と同値である．したがって，M/K がガロア拡大であることは，$H \triangleleft \mathrm{Gal}(L/K)$ と同値である．

M/K がガロア拡大なら，制限写像 $\pi : \mathrm{Gal}(L/K) \to \mathrm{Gal}(M/K)$ が well-defined である．命題 7.3.7 (2) より π は全射であり，$\mathrm{Ker}(\pi)$ は定義より

$\mathrm{Gal}(L/M) = H$. したがって, $\mathrm{Gal}(L/K)/H \cong \mathrm{Gal}(M/K)$. □

例 7.4.17 (中間体の例 1) $L = \mathbb{Q}(\sqrt{2}, \sqrt{3})$ とおく. 例 7.4.6 (1) より $L/\mathbb{Q}$ はガロア拡大で $G = \mathrm{Gal}(L/\mathbb{Q}) \cong \mathbb{Z}/2\mathbb{Z} \times \mathbb{Z}/2\mathbb{Z}$ である. また, この同型で $(\overline{1}, \overline{0}), (\overline{0}, \overline{1})$ に対応する $\sigma, \tau \in \mathrm{Gal}(L/\mathbb{Q})$ は

$$\sigma(\sqrt{2}) = -\sqrt{2},\ \sigma(\sqrt{3}) = \sqrt{3},\quad \tau(\sqrt{2}) = \sqrt{2},\ \tau(\sqrt{3}) = -\sqrt{3}$$

であるとしてよい.

$\mathbb{Z}/2\mathbb{Z} \times \mathbb{Z}/2\mathbb{Z}$ の自明でない部分群 H の位数は 2 である. 2 は素数なので, H は単位元以外の位数 2 の元で生成される. 逆に, $\mathbb{Z}/2\mathbb{Z} \times \mathbb{Z}/2\mathbb{Z}$ の $(\overline{0}, \overline{0})$ 以外の元は位数 2 であり, 位数 2 の部分群を生成する. したがって, $\mathbb{Z}/2\mathbb{Z} \times \mathbb{Z}/2\mathbb{Z}$ の自明でない部分群は $\langle (\overline{0}, \overline{1}) \rangle, \langle (\overline{1}, \overline{1}) \rangle, \langle (\overline{1}, \overline{0}) \rangle$ である. これらに対応する $\mathrm{Gal}(L/K)$ の部分群は

$$\mathbf{H_1} = \langle \tau \rangle, \quad \mathbf{H_2} = \langle \sigma\tau \rangle, \quad \mathbf{H_3} = \langle \sigma \rangle.$$

$M_1 = M_{H_1}, M_2 = M_{H_2}, M_3 = M_{H_3}$ とおく. 明らかに $\mathbb{Q}(\sqrt{2}) \subset M_1$ である. 定理 7.4.16 (1) より $[L : M_1] = 2$ である. $[\mathbb{Q}(\sqrt{2}) : \mathbb{Q}] = 2$ なので,

$$2 = [L : M_1] \leq [L : \mathbb{Q}(\sqrt{2})] = 2.$$

よって, $M_1 = \mathbb{Q}(\sqrt{2})$. 同様に, $M_2 = \mathbb{Q}(\sqrt{6})$, $M_3 = \mathbb{Q}(\sqrt{3})$.

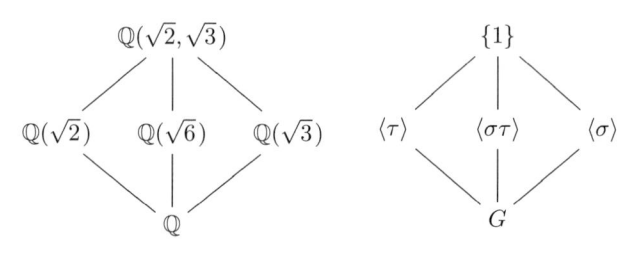

```
        ℚ(√2,√3)                    {1}
       /    |    \                /   |   \
   ℚ(√2) ℚ(√6) ℚ(√3)          ⟨τ⟩ ⟨στ⟩ ⟨σ⟩
       \    |    /                \   |   /
            ℚ                         G
```
◇

例 7.4.18 (中間体の例 2) $\omega = (-1 + \sqrt{-3})/2$, $L = \mathbb{Q}(\sqrt[3]{2}, \sqrt{-3})$ とすると, $L = \mathbb{Q}(\sqrt[3]{2}, \omega\sqrt[3]{2}, \omega^2\sqrt[3]{2})$ は $\mathbb{Q}$ のガロア拡大で $\mathrm{Gal}(L/\mathbb{Q}) \cong \mathfrak{S}_3$ である. 例 7.4.6 (2) のように $\alpha_1 = \sqrt[3]{2}$, $\alpha_2 = \omega\sqrt[3]{2}$, $\alpha_3 = \omega^2\sqrt[3]{2}$ とおくと, 上の同型は $\mathrm{Gal}(L/\mathbb{Q})$ の $\{\alpha_1, \alpha_2, \alpha_3\}$ への作用による置換表現により引き起こされる.

$H \subset \mathfrak{S}_3$ が自明でない部分群なら, ラグランジュの定理より, $|H| = 2, 3$ である. 素数位数の群は巡回群なので, H はそれぞれ位数 2, 3 の元で生成される. $\mathfrak{S}_3$ に位数 2 の元は $(1\,2), (1\,3), (2\,3)$ しかない. よって, $\mathfrak{S}_3$ の位数 2 の部分群は

$$K_1 = \langle (2\,3) \rangle, \quad K_2 = \langle (1\,3) \rangle, \quad K_3 = \langle (1\,2) \rangle$$

である．$\mathfrak{S}_3$ の位数 3 の元は $(1\,2\,3), (1\,3\,2) = (1\,2\,3)^{-1}$ なので，

$$H = \langle (1\,2\,3) \rangle$$

がただ一つの位数 3 の部分群である．

$\alpha_1 = \sqrt[3]{2}$ は置換 $(2\,3)$ で不変なので，$M_1 = \mathbb{Q}(\sqrt[3]{2})$ とおくと，$M_1 \subset M_{K_1}$ である．$[M_1 : \mathbb{Q}] = 3$ なので，$[L : M_1] = 2$ である．$[L : M_{K_1}] = |K_1| = 2$, $M_1 \subset M_{K_1}$ なので，$M_1 = M_{K_1}$ である．同様にして，K_2, K_3 に対応する中間体は $M_2 = \mathbb{Q}(\alpha_2), M_3 = \mathbb{Q}(\alpha_3)$ である．

$M = \mathbb{Q}(\sqrt{-3})$ は自明でない中間体で，$\mathbb{Q}$ 上の次数が 2 である．よって，$[L : M] = 3$ である．M に対応する部分群の位数は 3 で，そのような部分群は H しかない．したがって，H に対応する中間体は $\mathbb{Q}(\sqrt{-3})$ である．

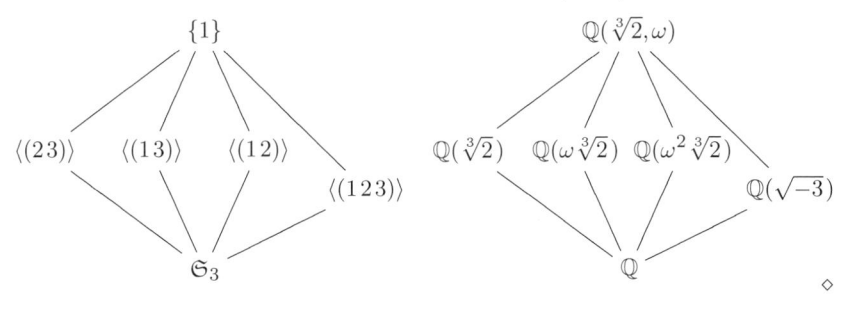

$\diamond$

命題 7.4.19 p を素数，$K = \mathbb{F}_q$ を位数 $q = p^n$ の有限体，$L = \mathbb{F}_{q^m}$ とする．このとき，L/K はガロア拡大で，$\mathrm{Gal}(L/K)$ はフロベニウス準同型 Frob_q (定理 7.1.3 参照) で生成され，巡回群である．

証明 L は $\mathbb{F}_p$ 上 $x^{q^m} - x$ の最小分解体なので，$\mathbb{F}_p$ 上のガロア拡大である．よって，K 上もガロア拡大である．H を Frob_q で生成された部分群とする．定理 7.4.9 より $M_H = K$ である．よって，ガロアの基本定理より $H = \mathrm{Gal}(L/K)$ である． $\square$

必要な代数学の定理をすべて解説したわけではないが，今後は必要が生じたときに解説することにする．

7 章の演習問題

7.1.1 K を体，L, F を K の拡大体とするとき，$[L:K]=3$, $[F:K]=7$ なら，$L \subset F$ とはならないことを証明せよ．

7.1.2 (1) $\mathbb{Q}(\sqrt[7]{25}) = \mathbb{Q}(\sqrt[7]{5})$ であることを証明せよ．
(2) $\sqrt{5} \notin \mathbb{Q}(\sqrt[7]{25})$ であることを証明せよ．

7.1.3 L/K を体の拡大で $[L:K]=7$ とする．このとき，$f(x) \in K[x]$ が 2 次の既約多項式なら，$f(x)$ は L 上でも既約であることを証明せよ．

7.1.4 L/K を体の拡大で $L = K(\alpha)$, $[L:K]=3$ とする．このとき，$L = K(\alpha^2)$ であることを証明せよ．

7.1.5 $\mathbb{Z}$ 上のアイゼンシュタイン多項式の例を五つあげよ．

7.1.6 $L = K(x_1, x_2)$ を体 K 上の 2 変数有理関数体，$A = \begin{pmatrix} a & b \\ c & d \end{pmatrix} \in \mathrm{GL}_2(K)$ とするとき，$\phi(x_1) = ax_1 + cx_2$, $\phi(x_2) = bx_1 + dx_2$ となる $\phi \in \mathrm{Aut}_K^{\mathrm{al}} L$ があることを証明せよ．

7.1.7 (1) 体 K 上の 1 変数多項式環 $K[x]$ には極大イデアルが無限個あることを証明せよ．
(2) 1 変数有理関数体 $K(x)$ は K 代数としては有限生成ではないことを証明せよ．

7.3.1 次の多項式の $\mathbb{Q}$ 上の最小分解体を求めよ．
(1) $x^4 - 2$ (2) $x^4 - x^2 + 1$ (3) $x^4 - x^2 - 3$

7.4.1 次の素数 p に対し，$\mathbb{F}_p^\times$ を生成する $x \in \mathbb{F}_p^\times$ をすべて求めよ．
(1) $p = 11$ (2) $p = 13$ (3) $p = 17$ (4) $p = 19$

7.4.2 (1) $x \in \mathbb{F}_{13}^\times$ で $x^3 = 1$ となるものをすべて求めよ．
(2) $x \in \mathbb{F}_{17}^\times$ で $x^4 = 1$ となるものをすべて求めよ．

7.4.3 p を素数とするとき，$\overline{\mathbb{F}}_p$ の部分体は完全体であることを証明せよ．

7.4.4 p を素数とするとき，$\overline{\mathbb{F}_p}$ の部分体 L で $L \neq \overline{\mathbb{F}_p}$, $[L : \mathbb{F}_p] = \infty$ であるものを一つ構成せよ．

7.4.5 体 $L = \mathbb{Q}(\sqrt[3]{3})$ の $\mathbb{Q}$ 上のガロア閉包 F を求め，$\mathrm{Gal}(F/\mathbb{Q})$ を決定せよ．

7.4.6 $\alpha = \sqrt{2+\sqrt{5}}$, $\beta = \sqrt{2-\sqrt{5}}$, $L = \mathbb{Q}(\alpha)$, F を L の $\mathbb{Q}$ 上のガロア閉包とする．
(1) $[L : \mathbb{Q}] = 4$ で α の $\mathbb{Q}$ 上の共役は $\pm\alpha, \pm\beta$ であることを証明せよ．
(2) $F = L(\sqrt{-1})$, $[F : \mathbb{Q}] = 8$ であることを証明せよ．
(3) $\mathbb{C}$ の複素共役の F への制限を σ とする．$\alpha_1 = \alpha$, $\alpha_2 = \beta$, $\alpha_3 = -\alpha$, $\alpha_4 = -\beta$ と番号つける．$\mathrm{Gal}(F/\mathbb{Q})$ の元を $\{\alpha_1, \cdots, \alpha_4\}$ への作用により $\mathfrak{S}_4$ の元とみなす．このとき，σ は置換 (24) に対応することを証明せよ．
(4) $\mathrm{Gal}(F/\mathbb{Q}) \cong D_4$ であることを証明せよ．

7.4.7 $L = \mathbb{Q}(\sqrt[4]{2})$, F を L の $\mathbb{Q}$ 上のガロア閉包とする．このとき，$\mathrm{Gal}(F/\mathbb{Q}) \cong D_4$ であることを証明せよ．

7.4.8 $\alpha = \sqrt{5+\sqrt{5}}$, $\beta = \sqrt{5-\sqrt{5}}$, $\gamma = \sqrt{5+2\sqrt{5}}$ とおく．
(1) α の $\mathbb{Q}$ 上の最小多項式を求めよ．
(2) $\beta \in \mathbb{Q}(\alpha)$ を示して，$\mathbb{Q}(\alpha)/\mathbb{Q}$ がガロア拡大であることを証明せよ．
(3) $\mathrm{Gal}(\mathbb{Q}(\alpha)/\mathbb{Q})$ を求めよ．
(4) $\mathbb{Q}(\gamma)/\mathbb{Q}$ もガロア拡大で $\mathrm{Gal}(\mathbb{Q}(\gamma)/\mathbb{Q}) \cong \mathrm{Gal}(\mathbb{Q}(\alpha)/\mathbb{Q})$ だが，$\mathbb{Q}(\alpha), \mathbb{Q}(\gamma)$ は $\mathbb{Q}$ 上同型ではないことを証明せよ．

7.4.9 $\alpha = \sqrt{13+2\sqrt{13}}$, $\beta = \sqrt{13-2\sqrt{13}}$, $\gamma = \sqrt{13+3\sqrt{13}}$ に対して，7.4.8 と同じ問に答えよ．

7.4.10 $\alpha = \sqrt{3+\sqrt{2}}$, $\beta = \sqrt{3-\sqrt{2}}$, L を $\mathbb{Q}(\alpha)$ の $\mathbb{Q}$ 上のガロア閉包とする．$\mathrm{Gal}(L/\mathbb{Q}) \cong D_4$ であることを証明せよ．

7.4.11 L を $\mathbb{Q}(\sqrt[3]{3})$ の $\mathbb{Q}$ 上のガロア閉包とするとき，$L/\mathbb{Q}$ の中間体をすべて求めよ．そのうち $\mathbb{Q}$ 上ガロア拡大であるものはどれか？

7.4.12 $\mathbb{Q}(\sqrt{3}, \sqrt{5})/\mathbb{Q}$ の中間体をすべて求めよ．

7.4.13 $\mathbb{Q}(\sqrt{5+\sqrt{5}})/\mathbb{Q}$ の中間体をすべて求めよ.

7.4.14 L を $\mathbb{Q}(\sqrt{2+\sqrt{5}})$ の $\mathbb{Q}$ 上のガロア閉包とするとき,$L/\mathbb{Q}$ の中間体をすべて求めよ.また,そのなかで $\mathbb{Q}$ 上ガロア拡大であるものはどれか?

7.4.15 演習問題 7.4.10 の L と $\mathbb{Q}$ の中間体をすべて求めよ.また,そのなかで $\mathbb{Q}$ 上ガロア拡大であるものはどれか?

7.4.16 L/K が体の拡大,$[L:K]=2$,$L=K(\alpha)$ で α の K 上の最小多項式を $f(x)$ とする.$f(x)$ の根を α,β とするとき,$\beta\in K(\alpha)$ であることを証明せよ.

7.4.17 次の $L/\mathbb{Q}$ に対して,$L=\mathbb{Q}(\alpha)$ となる α を一つ求めよ.
(1) $L=\mathbb{Q}(\sqrt{3},\sqrt{5})$ (2) $L=\mathbb{Q}(\sqrt[3]{2},\sqrt{-3})$

7.4.18 $\mathrm{Aut}_{\mathbb{Q}}^{\mathrm{al}}\mathbb{R}=\{1\}$ であることを証明せよ.

第 8 章
代数的整数

　この章では，代数的整数を定義し，その性質について解説する．環はことわらない限り自明でない可換環，**体は標数 0 の体か有限体の代数閉包に含まれる体しか考えない**．

　ある種の不定方程式を考えると，自然と代数的整数を考えることになる．そういった不定方程式として，フェルマー予想の $n=3$ の場合がある．これについては，8.7 節で解説する．暗号理論は情報の伝達において重要な役割を果たす．1.9 節では RSA 暗号について解説したが，RSA 暗号は大きい整数の素因数分解の難しさに依存していた．8.12 節では代数的整数環を使って素因数分解を行おうとするアルゴリズム「数体ふるい法」について解説する．こういったことも代数的整数の興味深い応用である．

　その他，2.3 節で解説した不定方程式 $p=x^2+y^2$ を代数的整数環の立場から 8.6 節で解説し，また証明なしに代数体の類数の有限性と 2 次体の場合の類数の計算法についても述べる．類数の有限性と 2 次形式論による 2 次体の類数の計算法の証明については，第 2 巻 3.2 節，6.2 節で解説する．8.1, 8.3 節では，代数的整数環がデデキント環になり，素イデアル分解の一意性が成り立つことなどについて解説する．8.5 節では 2 次体の整数環について，8.9 節では，実 2 次体の類数が 1 である場合に不定方程式 $p=\pm(x^2-dy^2)$ などの解が記述できることについて解説する．

　なお，代数体の整数環を決定するには，一般には第 2 巻 1.7–1.11 節で解説する判別式の概念を必要とする場合が多い．2 次体と素数次の円分体の整数環については，この後 8.6 節と 8.11 節で解説するが，それ以外の代数体の整数環の決定については，第 2 巻 2 章で多くの例を考察する．また，素イデアル分解も整数環の構造に依存するので，例 8.5.6 を除き，この章では必ずしも

十分な例を挙げることはできないが，第 2 巻では，例 II–1.4.9, 補題 II–3.2.16, II–3.2.19, 例 II–3.2.21, 演習問題 II–3.2.7, 定理 II–4.3.1 など，多くの例を考察する．

8.1　代数体の整数環

この節では，代数的整数の定義と代数的整数環の基本性質について解説する．

定義 8.1.1　A, B を環，$\phi: A \to B$ を環準同型とする．これにより B を A 代数とみなす．

(1) $x \in B$ が A 上整とは，$a_1, \cdots, a_n \in A$ があり $x^n + \phi(a_1)x^{n-1} + \cdots + \phi(a_n) = 0$ となることである．(モニックの根であるということがポイント．)

(2) B の元がすべて A 上整なら，B は A 上整という．さらに A が B の部分環なら，B は A の**整拡大**であるという．

次の補題は加群の有限性に関して基本的である．

補題 8.1.2　A を環，$f(x) = x^n + a_1 x^{n-1} + \cdots + a_n \in A[x]$, $B = A[x]/(f(x))$ とするとき，B は $\{1, x, \cdots, x^{n-1}\}$ を基底とする階数 n の自由加群である (x^i の類も x^i と書く)．

証明　$g(x) \in A[x]$ なら，$f(x)$ がモニックなので，$f(x)$ で割り算でき，$g(x) = q(x)f(x) + r(x)$ $(q(x), r(x) \in A[x],\ \deg r(x) < \deg f(x))$ となる．よって，B の元は次数が $n-1$ 以下の多項式で代表される．よって，B は A 加群として $\{1, \cdots, x^{n-1}\}$ で生成される．

$b_0, \cdots, b_{n-1} \in A$ で $b_0 + \cdots + b_{n-1} x^{n-1} \in (f(x))$ なら，$g(x) \in A[x]$ があり，$b_0 + \cdots + b_{n-1} x^{n-1} = g(x) f(x)$ である．$g(x) \neq 0$ なら，$f(x)$ の最高次の項の係数 1 は零因子ではないので，命題 6.2.10 (2) より $\deg g(x) f(x) \geqq n$ となる．これは矛盾なので，$g(x) = 0$ となる．よって，$b_0 = \cdots = b_{n-1} = 0$. したがって，$\{1, x, \cdots, x^{n-1}\}$ は B を A 加群として生成し 1 次独立なので，基底である． □

命題 8.1.3　環 B を環 A の拡大環とするとき，$x \in B$ について，次の (1), (2) は同値である．また，(1), (2) より (3) が従う．

(1) x は A 上整である．

(2) B の有限生成部分 A 加群 M があり，$xM \subset M$ であり，$f(t) \in A[t]$ ですべての $y \in M$ に対し $f(x)y = 0$ なら $f(x) = 0$ となる．

(3) $y_1 = 1, y_2, \cdots, y_\ell$ が (2) の M の A 加群としての生成元で $xy_i = \sum_j p_{ij}y_j$ なら，$P = (p_{ij})$ の特性多項式を $f(t)$ とすると $f(x) = 0$ である．また，$A[x]$ は有限生成 A 加群である．

証明 (1) $\Rightarrow$ (2) $x \in B$ が $f(t) = t^n + a_1 t^{n-1} + \cdots + a_n \in A[t]$ の根とする．準同型定理により $A[t]/(f(t))$ から $A[x]$ への全射準同型がある．補題 8.1.2 より $A[t]/(f(t))$ は有限生成加群なので，$A[x]$ も有限生成加群である．したがって，$C = A[x]$ とおけばよい．

(2) $\Rightarrow$ (1) $xM \subset M$ なら $g(x) \in A[x]$ にたいし $g(x)M \subset M$ である．M は有限生成 A 加群なので，有限個の生成元 $y_1, \cdots, y_\ell$ をとれる．$xM \subset M$ なので，$p_{ij} \in A$ $(i, j = 1, \cdots, \ell)$ があり，

$$xy_1 = p_{11}y_1 + \cdots + p_{1\ell}y_\ell, \qquad (p_{11}-x)y_1 + \cdots + p_{1\ell}y_\ell = 0,$$
$$\vdots \qquad \Longrightarrow \qquad \vdots$$
$$xy_\ell = p_{\ell 1}y_1 + \cdots + p_{\ell\ell}y_\ell \qquad p_{\ell 1}y_1 + \cdots + (p_{\ell\ell}-x)y_\ell = 0$$

となる．$P = (p_{ij})$ とすれば，P は A 上の $\ell \times \ell$ 行列である．$Q = (q_{ij}) = P - xI_\ell$ とおけば，すべての j に対し，$\sum_k q_{jk}y_k = 0$ である．$R = (r_{ij})$ を Q の随伴行列とすれば，$RQ = (\det(P-xI_\ell))I_\ell$ である ((6.7.8))．よって，この行列を列ベクトル $y = [y_1, \cdots, y_\ell]$ にかけ，第 i 成分は

$$0 = \sum_{j,k} r_{ij}q_{jk}y_k = \det(P-xI_\ell)\sum_k \delta_{ik}y_k = \det(P-xI_\ell)y_i.$$

ここで δ_{ik} はクロネッカーのデルタである．すべての i に対し $\det(P-xI_\ell)y_i = 0$ なので，仮定より $\det(P-xI_\ell) = 0$．$f(t) = \det(tI_\ell - P)$ とおくと，$f(t)$ はモニックで $f(x) = 0$ である．よって，x は A 上整である．(1) より $A[x]$ は有限生成 A 加群である．よって，(2) $\Rightarrow$ (3) が成り立つ． □

なお M が B の部分環であるか，B が整域なら (2) の仮定は満たされる．

命題 8.1.4 $A \subset B \subset C$ が拡大環なら，次の (1)–(5) が成り立つ．

(1) B が有限生成 A 加群で C が有限生成 B 加群なら，C は有限生成

A 加群である.

(2) $x \in C$ が A 上整なら, x は B 上整である.

(3) C が A 上整なら, B も A 上整である.

(4) $a_1, \cdots, a_n \in B$ が A 上整なら, $A[a_1, \cdots, a_n]$ は有限生成 A 加群である. とくに, B の元で A 上整であるもの全体の集合は B の部分環である.

(5) C が B 上整で B が A 上整なら, C も A 上整である.

証明 (1) $b_1, \cdots, b_n \in B$ が B を A 加群として生成し, $c_1, \cdots, c_m \in C$ が B 加群として C を生成するとする. このとき, $d \in C$ なら, $e_1, \cdots, e_m \in B$ があり, $d = \sum_{i=1}^{m} e_i c_i$ となる. $e_i \in B$ なので, $f_{ij} \in A$ $(j=1,\cdots,n)$ があり, $e_i = \sum_{j=1}^{n} f_{ij} b_j$ となる. よって, $d = \sum_{i=1}^{m}\sum_{j=1}^{n} f_{ij} c_i b_j$ である. したがって, $\{c_i b_j \mid i=1,\cdots,m, \ j=1,\cdots,n\}$ が A 加群として C を生成する.

(2), (3) は明らかである.

(4) $a_1, \cdots, a_n \in B$ が A 上整とする.

$$A_0 = A, \quad A_1 = A[a_1], \quad A_2 = A[a_1, a_2], \quad \cdots, \quad A_n = A[a_1, \cdots, a_n]$$

とおく. a_i は A 上整なので, (2) より A_{i-1} 上整である. よって, 命題 8.1.3 より A_i は有限生成 A_{i-1} 加群である. (1) より A_n は有限生成 A 加群である. よって, $A[a_1,\cdots,a_n]$ の元はすべて A 上整である. したがって, A 上整な元の和・差や積も A 上整である.

(5) 命題 7.1.20 の証明と同様だが証明する. $\alpha \in C$ なら, モニック $f(x) = x^n + a_1 x^{n-1} + \cdots + a_n \in B[x]$ があり, $f(\alpha) = 0$ となる. $a_1, \cdots, a_n$ は A 上整なので, $A[a_1,\cdots,a_n]$ は有限生成 A 加群である. α は $A[a_1,\cdots,a_n]$ 上整なので, 命題 8.1.3 と (1) より $A[a_1,\cdots,a_n,\alpha]$ は有限生成 A 加群である. したがって, 命題 8.1.3 より α は A 上整である. □

例 8.1.5 $\alpha = 3\sqrt[3]{2} - \sqrt[3]{4}$ とおく. 例 7.4.6 (2) より $\sqrt[3]{2}$ の $\mathbb{Q}$ 上の最小多項式は $x^3 - 2$ である. よって, $\{1, \sqrt[3]{2}, \sqrt[3]{4}\}$ は $\mathbb{Z}$ 加群として環 $\mathbb{Z}[\sqrt[3]{2}]$ を生成する.

$$\begin{cases} \alpha \cdot 1 = & 3\sqrt[3]{2} \ -\sqrt[3]{4}, \\ \alpha \cdot \sqrt[3]{2} = -2 & +3\sqrt[3]{4}, \\ \alpha \cdot \sqrt[3]{4} = \ \ 6 \ -2\sqrt[3]{2} \end{cases}$$

なので,
$$P = \begin{pmatrix} 0 & 3 & -1 \\ -2 & 0 & 3 \\ 6 & -2 & 0 \end{pmatrix}$$
とおくと, $\det(xI_3-P) = x^3+18x-50$ である. 命題 8.1.3 (3) より, α は $x^3+18x-50$ の根である. ◇

$\mathbb{Q}$ の有限次拡大体を**代数体**という. $[K:\mathbb{Q}]=d$ なら, K を **d 次体**という. 例えば, $\mathbb{Q}(\sqrt{2})$ は 2 次体である. 代数体は $\mathbb{Q}$ の代数閉包 $\overline{\mathbb{Q}} \subset \mathbb{C}$ の部分体とみなせる.

定義 8.1.6 A を整域, K をその商体とする.
(1) L を A を含む体とする. L の元で A 上整であるもの全体の集合 B を A の L における**整閉包**という.
(2) A の K における整閉包が A となるとき, A を**整閉整域**, あるいは**正規環**という. ◇

$\mathbb{C}$ の元が $\mathbb{Z}$ 上整なら, **代数的整数**という. 代数的整数全体の集合を Ω とおく. 命題 8.1.4 (4) より Ω は $\mathbb{C}$ の部分環である. Ω を**代数的整数環**という. Ω の元はすべて $\mathbb{Q}$ 上代数的なので, $\Omega \subset \overline{\mathbb{Q}}$ である. K が代数体なら, K における $\mathbb{Z}$ の整閉包を $\mathcal{O}_K$ と書き, **K の整数環**という. $\mathcal{O}_K = K \cap \Omega$ である.

例 8.1.7 $\sqrt{2}, \sqrt{3}, \sqrt[3]{2}$ などは代数的整数である. $\zeta_n = \exp(2\pi\sqrt{-1}/n)$ とおくと, $\zeta_n^n = 1$ なので, ζ_n は代数的整数である. $2\cos(2\pi/n) = \zeta_n + \zeta_n^{n-1}$ も代数的整数である. ◇

L/K が代数体なら, $\mathcal{O}_K$ の L における整閉包を A とすると, 命題 8.1.4 (5) より A は $\mathbb{Z}$ 上整である. よって, $A \subset \mathcal{O}_L$ である. $\mathcal{O}_L$ の元は $\mathbb{Z}$ 上整なので, $\mathcal{O}_K$ 上も整である. よって, $\mathcal{O}_L \subset A$ である. したがって, $A = \mathcal{O}_L$ となり, $\mathcal{O}_K$ の L における整閉包が $\mathcal{O}_L$ である.

命題 8.1.8 A が一意分解環なら, 正規環である.

証明 K を A の商体, $a \in K$ で a は A 上整とする. $b,c \in A$ により $a = b/c$

と書ける．$a \notin A$ と仮定して矛盾を導く．仮定より c は単元ではない．$b = p_1 \cdots p_\ell$, $c = q_1 \cdots q_m$ をそれぞれ b, c の素元分解とする．$q_1, \cdots, q_m$ のなかで $p_1, \cdots, p_\ell$ を割るものがあれば，分母と分子で打ち消し合うので，$q_1, \cdots, q_m$ のなかで $p_1, \cdots, p_\ell$ の約元となるものがないとしてよい．

仮定より a は A 上整なので，$d_1, \cdots, d_n \in A$ で
$$a^n + d_1 a^{n-1} + \cdots + d_n = 0$$
となるものがある．c^n をかけ，
$$b^n + c(d_1 b^{n-1} + \cdots + d_n c^{n-1}) = 0.$$
よって c は b^n の約元である．q_1 は c の約元なので，q_1 は b^n の約数である．q_1 は素元なので，q_1 は b の約元である．q_1 は $p_1, \cdots, p_\ell$ の約元でないので，矛盾である． □

例 8.1.9 $\mathbb{Z}$ は一意分解環なので，正規環である．したがって，$\mathbb{Q}$ の代数的整数は $\mathbb{Z}$ の元である ◇

A が正規環なら，A 上のモニック多項式の既約性はいくぶん扱いやすい．

命題 8.1.10 A を正規環，K を A の商体，$f(x) = x^n + a_1 x^{n-1} + \cdots + a_n \in A[x] \setminus A$ とする．もし $g(x), h(x) \in K[x]$, $\deg g(x), \deg h(x) < \deg f(x)$ で $f(x) = g(x)h(x)$ となるなら，$b, c \in K^\times$ があり，$bg(x), ch(x)$ が $A[x]$ のモニック多項式で $f(x) = (bg(x))(ch(x))$ となる．特に，$f(x)$ が K に根 α を持てば，$\alpha \in A$ で $\alpha | a_n$ である．

証明 L を $f(x)$ の K 上の最小分解体とする．$f(x) = (x - \alpha_1) \cdots (x - \alpha_n)$ とすると，$\alpha_1, \cdots, \alpha_n$ は A 上整である．上の状況では $g(x)$ の根は $f(x)$ の根である．$g(x)$ の最高次の項の係数を b とすると，$\{1, \cdots, n\}$ の部分集合 S があり，$g(x) = b \prod_{i \in S} (x - \alpha_i)$ となる．$b^{-1} g(x) \in K[x]$ である．$\prod_{i \in S} (x - \alpha_i)$ の係数は A 上整であり K の元である．A は正規環なので，$\prod_{i \in S} (x - \alpha_i) \in A[x]$ である．b^{-1} をあらためて b とおけば，$bg(x) \in A[x]$ はモニックである．同様に $c \in K^\times$ があり，$ch(x) \in A[x]$ がモニックとなる．$f(x)$ は $(bg(x))(ch(x))$ の定数倍だが，両方モニックなので，$f(x) = (bg(x))(ch(x))$ である．

$f(x)$ が K に根 α を持てば,$\alpha \in A$ である.上で証明したことにより,$f(x) = (x-\alpha)g(x)$ となるモニック $g(x) \in A[x]$ がある.$g(x)$ の定数項を β とすると,$-\alpha\beta = a_n$ である.したがって,$\alpha \mid a_n$ である. □

要するにモニックが可約なら次数の低いモニックの積になる.また,モニックが K に根を持てば,A の元であり,**定数項を割る** (例は次節参照).

系 8.1.11 A を正規環,K を A の商体,L を K の有限次ガロア拡大,$\alpha \in L$ を A 上整な元とする.このとき,α の K 上の最小多項式は $A[x]$ の元である.よって,α の共役もすべて A 上整である.$f(x) = x^n + a_1 x^{n-1} + \cdots + a_n \in A[x]$ を α の K 上の最小多項式とすれば,$A[\alpha] \cong A[x]/(f(x))$ で,$A[\alpha]$ は $1, \cdots, \alpha^{n-1}$ を生成元とする自由加群である.

証明 $g(x) \in A[x]$ をモニックで $g(\alpha) = 0$ となるものとする.$f(x) \in K[x]$ が α の K 上の最小多項式なら,$f(x) \mid g(x)$ である.命題 8.1.10 より $f(x)$ の定数倍が $A[x]$ のモニックである.しかし $f(x)$ もモニックなので,その定数は 1 であり,$f(x) \in A[x]$ である.α の共役は $f(x)$ の根なので,A 上整である.

A 準同型 $\phi: A[x]/(f(x)) \to A[\alpha]$ で $\phi(x) = \alpha$ となるものがある.$g(x) \in \mathrm{Ker}(\phi)$ なら,$f(x)$ が α の K 上の最小多項式であることと命題 8.1.10 より,$g(x)$ は $A[x]$ で $f(x)$ で割り切れる.よって,$A[x]/(f(x)) \cong A[\alpha]$ である.補題 8.1.2 より,$A[\alpha]$ は $\{1, \cdots, \alpha^{n-1}\}$ を基底とする自由 A 加群である. □

代数体の整数環が $\mathbb{Z}$ 加群として有限生成であることを証明するのに,いくつか準備をする.

命題 8.1.12 B は整域,$A \subset B$ は部分環で B は A 上整とする.このとき,B が体であることと,A が体であることは同値である.

証明 A が体とする.$0 \neq x \in B$ なら,$a_1, \cdots, a_n \in A$ があり
$$x^n + a_1 x^{n-1} + \cdots + a_n = 0$$
である.$a_n = 0$ なら $x(x^{n-1} + a_1 x^{n-2} + \cdots + a_{n-1}) = 0$ なので,$x^{n-1} + a_1 x^{n-2} + \cdots + a_{n-1} = 0$ である.これを繰り返し,$a_n \neq 0$ と仮定してよい.すると,

$x(x^{n-1}+a_1x^{n-2}+\cdots+a_{n-1}) = -a_n$ である．したがって，
$$x^{-1} = -a_n^{-1}(x^{n-1}+a_1x^{n-2}+\cdots+a_{n-1}) \in B$$
なので B は体である．

逆に B が体と仮定する．$0 \neq x \in A$ とする．$A \subset B$ で B は体なので，$x^{-1} \in B$ である．したがって，$a_1, \cdots, a_n \in A$ があり，$x^{-n}+a_1x^{-(n-1)}+\cdots+a_n = 0$ となる．よって，$x(a_nx^{n-1}+\cdots+a_1) = -1$ である．
$$x^{-1} = -(a_nx^{n-1}+\cdots+a_1) \in A$$
となるので，A は体である． □

補題 8.1.13 $A \subset B$ は整域，B は A の整拡大で，$S \subset A$ は乗法的集合とする．このとき，$S^{-1}B$ も $S^{-1}A$ の整拡大である．

証明 $S^{-1}B$ は環として，B と $\{s^{-1} \mid s \in S\}$ で生成される．$\{s^{-1} \mid s \in S\} \subset S^{-1}A$ なので，$S^{-1}B$ は $S^{-1}A$ 上整である． □

命題 8.1.14 A を整域，K を A の商体，L/K を有限次拡大体，B を A の L における整閉包，$S \subset A$ を乗法的集合とする．このとき，$S^{-1}A$ の L における整閉包は $S^{-1}B$ である．よって，A が正規環なら，$S^{-1}A$ も正規環である．また B の商体は L である．

証明 補題 8.1.13 より $S^{-1}B$ は $S^{-1}A$ 上整である．$x \in L$ が $S^{-1}A$ 上整なら，$a_1, \cdots, a_n \in A$ と $s_1, \cdots, s_n \in S$ があり，$x^n+s_1^{-1}a_1x^{n-1}+\cdots+s_n^{-1}a_n = 0$ となる．$s = s_1 \cdots s_n$, $b_1 = a_1s_2 \cdots s_n$ などとおけば，$x^n+s^{-1}(b_1x^{n-1}+\cdots+b_n) = 0$ となる．すると，
$$(sx)^n+b_1(sx)^{n-1}+sb_2(sx)^{n-2}+\cdots+s^{n-1}b_n = 0$$
となるので，sx は A 上整である．B の定義より $sx \in B$, したがって，$x \in S^{-1}B$ である．A が正規環なら，K における A の整閉包は A なので，$S^{-1}A$ の K における整閉包も $S^{-1}A$ である．

命題 8.1.14 で $S = A \backslash \{0\}$ とすれば，$S^{-1}A = K$ である．L の元はすべて K 上整なので，$S^{-1}B = L$ である．したがって，B の商体は L である． □

> **命題 8.1.15** $A \subset B$ は整域で B は A の整拡大とする.このとき,次の (1), (2) が成り立つ.
> (1) A の任意の素イデアル $\mathfrak{p}$ に対し,B の素イデアル P で $P \cap A = \mathfrak{p}$ となるものがある.
> (2) $P \subset B$ が極大イデアルなら,$P \cap A$ も極大イデアルである.

証明 (1) $S = A \setminus \mathfrak{p}$ とすると,補題 8.1.13 より $S^{-1}B$ は $S^{-1}A = A_\mathfrak{p}$ の整拡大である.定義 6.5.1 の後の議論により $S^{-1}B$ は零環ではない.よって,$S^{-1}B$ には極大イデアルが存在する.$\mathfrak{m} \subset S^{-1}B$ を極大イデアルとすると,命題 6.1.23 より $\mathfrak{m} \cap A_\mathfrak{p}$ は $A_\mathfrak{p}$ の真のイデアルである.よって,$A_\mathfrak{p}/(\mathfrak{m} \cap A_\mathfrak{p})$ は零環ではなく,$S^{-1}B/\mathfrak{m}$ の部分環とみなせる.$S^{-1}B$ の元は $A_\mathfrak{p}$ 上のモニック多項式の根である.それを $\mathfrak{m}, \mathfrak{m} \cap A_\mathfrak{p}$ を法として考えれば,$S^{-1}B/\mathfrak{m}$ は $A_\mathfrak{p}/(\mathfrak{m} \cap A_\mathfrak{p})$ 上整であることがわかる.$S^{-1}B/\mathfrak{m}$ は体なので,命題 8.1.12 より $A_\mathfrak{p}/(\mathfrak{m} \cap A_\mathfrak{p})$ も体である.したがって,$\mathfrak{m} \cap A_\mathfrak{p}$ は $A_\mathfrak{p}$ の極大イデアルである.$\mathfrak{p}A_\mathfrak{p}$ が $A_\mathfrak{p}$ のただ一つの極大イデアルなので,$\mathfrak{m} \cap A_\mathfrak{p} = \mathfrak{p}A_\mathfrak{p}$ である.

$P = \mathfrak{m} \cap B$ とおく.$\mathfrak{m}$ は素イデアルなので,命題 6.3.3 より P も B の素イデアルである.命題 6.5.9 (2) より

$$P \cap A = \mathfrak{m} \cap B \cap A = \mathfrak{m} \cap A = \mathfrak{m} \cap A_\mathfrak{p} \cap A = \mathfrak{p}A_\mathfrak{p} \cap A = \mathfrak{p}.$$

(2) $\mathfrak{p} = P \cap A$ とおく.B の任意の元は A 上のモニック多項式の根なので,$P, \mathfrak{p}$ を法として考え,B/P は $A/\mathfrak{p}$ 上整である.B/P は体なので,$A/\mathfrak{p}$ も体である.よって,$\mathfrak{p}$ も極大イデアルである. $\square$

環 A が環 B の部分環で,$P \subset B$ が素イデアル,$\mathfrak{p} = P \cap A$ であるとき,P は $\mathfrak{p}$ の**上にある**素イデアルという.

定義 8.1.16 L/K を有限次拡大,$\mathrm{Hom}_K^{\mathrm{al}}(L, \overline{K}) = \{\sigma_1, \cdots, \sigma_n\}$ $(n = [L:K])$ とする.$x \in L$ に対し,

$$\mathrm{Tr}_{L/K}(x) = \sum_{i=1}^n \sigma_i(x), \quad \mathrm{N}_{L/K}(x) = \prod_{i=1}^n \sigma_i(x)$$

とおき,それぞれ,**トレース**,**ノルム**という. $\diamond$

補題 8.1.17 上の状況で $x \in L$ に対し,$\mathrm{Tr}_{L/K}(x), \mathrm{N}_{L/K}(x) \in K$ である.また,$x \neq 0$ なら,$\mathrm{N}_{L/K}(x) \neq 0$ である.

証明 $\widetilde{L}$ を L の K 上のガロア閉包とする.$\sigma_i(L) \subset \widetilde{L}$ $(i=1,\cdots,n)$ となるので,$\sigma_1,\cdots,\sigma_n \in \mathrm{Hom}_K^{\mathrm{al}}(L, \widetilde{L})$ とみなせる.よって,$\mathrm{Tr}_{L/K}(x), \mathrm{N}_{L/K}(x) \in \widetilde{L}$ である.したがって,$\mathrm{Tr}_{L/K}(x), \mathrm{N}_{L/K}(x)$ が $\mathrm{Gal}(\widetilde{L}/K)$ の元で不変であることを示せば,ガロアの基本定理 (定理 7.4.16 (1)) より補題が示せる.

$\sigma \in \mathrm{Gal}(\widetilde{L}/K)$ なら,合成 $\sigma\sigma_i$ を考えることができ,$\sigma\sigma_i \in \mathrm{Hom}_K^{\mathrm{al}}(L, \widetilde{L})$ である.これは $\mathrm{Gal}(\widetilde{L}/K)$ の $\{\sigma_1,\cdots,\sigma_n\}$ への作用を引き起こすので,

$$\mathrm{Hom}_K^{\mathrm{al}}(L, \widetilde{L}) \ni \sigma_i \mapsto \sigma\sigma_i \in \mathrm{Hom}_K^{\mathrm{al}}(L, \widetilde{L})$$

は全単射写像である.したがって,$\sigma \in \mathrm{Gal}(\widetilde{L}/K)$ に対し,

$$\sigma(\mathrm{Tr}_{L/K}(x)) = \sum_{i=1}^n \sigma\sigma_i(x) = \sum_{i=1}^n \sigma_i(x) = \mathrm{Tr}_{L/K}(x).$$

これがすべての $\sigma \in \mathrm{Gal}(\widetilde{L}/K)$ に対して成り立つので,$\mathrm{Tr}_{L/K}(x) \in K$ である.$\mathrm{N}_{L/K}(x) \in K$ であることも同様である.$x \neq 0$ なら $\sigma_1(x),\cdots,\sigma_n(x) \neq 0$ なので,$\mathrm{N}_{L/K}(x) \neq 0$ である. □

例えば,代数体 K の整数環 $\mathcal{O}_K$ の元 a が既約元であるかどうか考えるとする.$a = bc$ $(b,c \in \mathcal{O}_K)$ となるなら,$\mathrm{N}_{K/\mathbb{Q}}(a) = \mathrm{N}_{K/\mathbb{Q}}(b)\mathrm{N}_{K/\mathbb{Q}}(c)$ (次の命題の (2)) という関係式が得られ,$\mathbb{Z}$ での考察が使える.こういったことがノルムの典型的な使い方である.トレースは第 2 巻 1.7–1.9 節で考察する判別式の定義に使われ,分岐の考察において重要な役割を果たす.

命題 8.1.18 L/K を体の有限次拡大とするとき,次の (1)–(4) が成り立つ.

(1) $x,y \in L$ に対し,$\mathrm{Tr}_{L/K}(x+y) = \mathrm{Tr}_{L/K}(x) + \mathrm{Tr}_{L/K}(y)$.

(2) $x,y \in L$ に対し,$\mathrm{N}_{L/K}(xy) = \mathrm{N}_{L/K}(x)\mathrm{N}_{L/K}(y)$.

(3) $x \in K$ に対し,$\mathrm{Tr}_{L/K}(x) = [L:K]x$.

(4) $x \in K$ に対し,$\mathrm{N}_{L/K}(x) = x^{[L:K]}$.

(5) M が L/K の中間体なら,$x \in L$ に対し

$$\mathrm{Tr}_{L/K}(x) = \mathrm{Tr}_{M/K}(\mathrm{Tr}_{L/M}(x)), \quad \mathrm{N}_{L/K}(x) = \mathrm{N}_{M/K}(\mathrm{N}_{L/M}(x)).$$

証明 (1), (2) $\mathrm{Hom}_K^{\mathrm{al}}(L, \overline{K}) = \{\sigma_1, \cdots, \sigma_n\}$ とすると,
$$\mathrm{Tr}_{L/K}(x+y) = \sum_{i=1}^n \sigma_i(x+y) = \sum_{i=1}^n (\sigma_i(x) + \sigma_i(y)) = \mathrm{Tr}_{L/K}(x) + \mathrm{Tr}_{L/K}(y),$$
$$\mathrm{N}_{L/K}(xy) = \prod_{i=1}^n \sigma_i(xy) = \prod_{i=1}^n (\sigma_i(x)\sigma_i(y)) = \mathrm{N}_{L/K}(x)\mathrm{N}_{L/K}(y).$$
(3), (4) は $x \in K$ ならすべての i に対し $\sigma_i(x) = x$ であることより従う.

(5) $\widetilde{L}$ を L の K 上のガロア閉包,
$$\mathrm{Hom}_K^{\mathrm{al}}(M, \overline{K}) = \{\sigma_1, \cdots, \sigma_n\}, \quad \mathrm{Hom}_M^{\mathrm{al}}(L, \overline{K}) = \{\tau_1, \cdots, \tau_m\}$$
とする. σ_i, τ_j は $\mathrm{Hom}_K^{\mathrm{al}}(\widetilde{L}, \overline{K})$, $\mathrm{Hom}_M^{\mathrm{al}}(\widetilde{L}, \overline{K})$ の元に延長しておく (命題 7.3.7 (2)). $i = 1, \cdots, n$ に対し, $\sigma_i\tau_1, \cdots, \sigma_i\tau_m$ は M 上では σ_i と一致する $\mathrm{Hom}_K^{\mathrm{al}}(\widetilde{L}, \overline{K})$ の元である. これらを L に制限すると, $\mathrm{Hom}_K^{\mathrm{al}}(L, \overline{K})$ の元を得る.

$\sigma_i\tau_{j_1}$ と $\sigma_i\tau_{j_2}$ が L 上で一致することと, $(\sigma_i\tau_{j_1})^{-1}(\sigma_i\tau_{j_2}) = \tau_{j_1}^{-1}\tau_{j_2}$ が L 上で恒等写像であることは同値である. これは τ_{j_1}, τ_{j_2} が (延長する前の) $\mathrm{Hom}_M^{\mathrm{al}}(L, \overline{K})$ の元として同じであることと同値である. よって, $\sigma_i\tau_1, \cdots, \sigma_i\tau_m$ は σ_i の L への異なる延長を与える. $m = [L : M]$ なので, 命題 7.3.7 (2) より, これらが σ_i の L への延長すべてである. $|\mathrm{Hom}_K^{\mathrm{al}}(L, \overline{K})| = [L : K] = nm$ なので,
$$\mathrm{Hom}_K^{\mathrm{al}}(L, \overline{K}) = \{\sigma_i\tau_j \mid i = 1, \cdots, n, \ j = 1, \cdots, m\}$$
である. したがって, $x \in L$ に対し
$$\mathrm{Tr}_{L/K}(x) = \sum_{i,j} \sigma_i(\tau_j(x)) = \sum_i \sigma_i\left(\sum_j \tau_j(x)\right)$$
$$= \sum_i \sigma_i\left(\mathrm{Tr}_{L/M}(x)\right)$$
$$= \mathrm{Tr}_{M/K}(\mathrm{Tr}_{L/M}(x))$$
である. ノルムについても同様である. □

トレースとノルムは整拡大とも次のように整合性がある.

命題 8.1.19 A を正規環, K をその商体, L/K を有限次拡大, B を L における A の整閉包とする. このとき, $x \in B$ なら, $\mathrm{Tr}_{L/K}(x), \mathrm{N}_{L/K}(x) \in A$ である.

証明 $\widetilde{L}$ を L の K 上のガロア閉包, $\widetilde{B}$ を B の $\widetilde{L}$ における整閉包とする. $x \in B$, $\sigma \in \mathrm{Hom}_K^{\mathrm{al}}(L, \overline{K})$ なら, $\sigma(L) \subset \widetilde{L}$ である. 系 8.1.11 より $\sigma(x) \in \widetilde{B}$ である. A は正規環なので,

$$\mathrm{Tr}_{L/K}(x), \mathrm{N}_{L/K}(x) \in \widetilde{B} \cap K = A$$

である. □

次に準同型の 1 次独立性について述べる.

定理 8.1.20 (**準同型の 1 次独立性**) K, L を体, $\chi_1, \cdots, \chi_n$ を K から L への相異なる体の準同型とする. このとき, $\chi_1, \cdots, \chi_n$ は K 上の L に値をとる関数として, L 上 1 次独立である.

証明 n に関する帰納法を使う. $n = 1$ なら, $\chi_1(1) = 1 \neq 0$ なので, $\{\chi_1\}$ は 1 次独立である.

すべては 0 でない $a_1, \cdots, a_n \in L$ があり,

(8.1.21) $\qquad a_1 \chi_1(x) + \cdots + a_n \chi_n(x) = 0 \quad \forall x \in K$

として矛盾を導く. a_i のなかで 0 でないものが一つだけしかなければ, $n = 1$ の場合に帰着するので, 順番を変えることにより, $a_1, a_2 \neq 0$ としてよい.

$\chi_1 \neq \chi_2$ なので, $\chi_1(\alpha) \neq \chi_2(\alpha)$ となる $\alpha \in K^\times$ がある. (8.1.21) に $\chi_1(\alpha)$ をかけたものから, (8.1.21) の x に $x\alpha$ を代入したものを引くと,

$$a_2(\chi_1(\alpha) - \chi_2(\alpha))\chi_2(x) + \cdots + a_n(\chi_1(\alpha) - \chi_n(\alpha))\chi_n(x) = 0 \quad \forall x \in K$$

となる. これは $\chi_2, \cdots, \chi_n$ の間の線形関係である. 帰納法により, 係数はすべて 0 になるはずだが, 仮定より $a_2(\chi_1(\alpha) - \chi_2(\alpha)) \neq 0$ なので矛盾である. □

定理 8.1.20 より, 次の系を得る.

系 8.1.22 L/K を体の有限次拡大, $\mathrm{Hom}_K^{\mathrm{al}}(L, \overline{K}) = \{\sigma_1, \cdots, \sigma_n\}$ ($n = [L:K]$), $\{x_1, \cdots, x_n\}$ を L の K ベクトル空間としての基底とする. このとき, M を $\sigma_i(x_j)$ を (i, j) 成分とする n 次行列とすると, $\det M \neq 0$ である.

証明 体の拡大は分離拡大と仮定しているので, $n = |\mathrm{Hom}_K^{\mathrm{al}}(L,\overline{K})|$ であることに注意する. $\widetilde{L}$ を L の K 上のガロア閉包とする. $\sigma_1,\cdots,\sigma_n$ は $\mathrm{Hom}_K^{\mathrm{al}}(\widetilde{L},\overline{K})$ の元に延長できる. $\widetilde{L}/K$ がガロア拡大なので, $\mathrm{Hom}_K^{\mathrm{al}}(\widetilde{L},\overline{K}) = \mathrm{Gal}(\widetilde{L}/K)$ である.

もし $\det M = 0$ なら, すべては 0 でない $a_1,\cdots,a_n \in \widetilde{L}$ があり, $\sum_i a_i \sigma_i(x_j) = 0$ がすべての j に対して成り立つ. $b_j \in K$ とすると, $\sum_i a_i \sigma_i \left(\sum_j b_j x_j \right) = 0$ である. L の任意の元は $\sum_j b_j x_j$ という形なので, L から $\widetilde{L}$ への関数として $\sum_i a_i \sigma_i = 0$ である. 定理 8.1.20 の K, L をここでの $L, \widetilde{L}$ とすれば矛盾である. したがって, $\det M \neq 0$ である. □

以下, 代数体の整数環がネーター環になることを証明するが, そのための基本となる命題を証明する.

命題 8.1.23 A を正規環, K をその商体, L/K を有限次拡大体, $n = [L:K]$, B を A の L における整閉包, $\mathrm{Hom}_K^{\mathrm{al}}(L,\overline{K}) = \{\sigma_1,\cdots,\sigma_n\}$, $\{x_1,\cdots,x_n\} \subset B$ を L の K ベクトル空間としての基底とする. M を $\sigma_i(x_j)$ を (i,j) 成分とする n 次行列, $d = \det M$ とするとき, 次の $(1), (2)$ が成り立つ.

(1) $d^2 \in A$.

(2) $a_1,\cdots,a_n \in K$ で $a_1 x_1 + \cdots + a_n x_n \in B$ なら, $d^2 a_i \in A$ $(i=1,\cdots,n)$.

証明 (1) $\widetilde{L}$ を L の K 上のガロア閉包, $\widetilde{B}$ を A の $\widetilde{L}$ における整閉包とする. $\sigma_1,\cdots,\sigma_n$ は $\mathrm{Hom}_K^{\mathrm{al}}(\widetilde{L},\overline{K})$ の元に延長できる. 系 8.1.22 より $d \neq 0$ である.

$\sigma \in \mathrm{Gal}(\widetilde{L}/K)$ なら $\sigma(d) = \det(\sigma(\sigma_i(x_j)))$ だが, この行列は M の行の置換により得られる. よって, $\sigma(d) = \pm d$ である. これより $\sigma(d^2) = d^2$ となる. これが任意の $\sigma \in \mathrm{Gal}(\widetilde{L}/K)$ に対して成り立つので, $d^2 \in K$ である.

系 8.1.11 より, $\sigma_i(x_j) \in \widetilde{B}$ である. よって, $d^2 \in \widetilde{B}$ である. A は正規環なので, $d^2 \in \widetilde{B} \cap K = A$ となる.

(2) $x = a_1 x_1 + \cdots + a_n x_n$, $y_i = \sigma_i(x) \in \widetilde{B}$ とおくと,

$$M\begin{pmatrix}a_1\\ \vdots\\ a_n\end{pmatrix}=\begin{pmatrix}y_1\\ \vdots\\ y_n\end{pmatrix} \implies \begin{pmatrix}a_1\\ \vdots\\ a_n\end{pmatrix}=M^{-1}\begin{pmatrix}y_1\\ \vdots\\ y_n\end{pmatrix}.$$

M の随伴行列を考え ((6.7.8) 参照), $a_i \in d^{-1}\widetilde{B} = d^{-2}d\widetilde{B} \subset d^{-2}\widetilde{B}$ である. $a_i = d^{-2}b_i$ と書くと, $b_i = d^2 a_i \in \widetilde{B} \cap K = A$ となる. □

命題 8.1.23 の d^2 は第 2 巻 1.7-1.9 節で定義する代数体の判別式の定義や性質において重要な役割を果たす. また, 命題 8.1.23 (2) は代数体の整数環の $\mathbb{Z}$ 基底を決定する際にも有用である. なお, 本書では体の拡大は分離拡大しか考えない. 命題 8.1.23 は, 一般には L/K が分離拡大という仮定が必要である (次の命題も同様).

命題 8.1.24 A をネーター正規環, K をその商体, L/K を有限次拡大, B を A の L における整閉包とする. このとき, 次の (1)–(3) が成り立つ.
(1) B は有限生成 A 加群である.
(2) B もネーター環である.
(3) A が単項イデアル整域なら B は階数 $[L:K]$ の自由 A 加群である.

証明 (1) $\{x_1,\cdots,x_n\} \subset B$ を L の K 基底とすれば, 命題 8.1.23 の d により
$$B \subset Ad^{-2}x_1 + \cdots + Ad^{-2}x_n$$
となる. A はネーター環で, B は有限生成 A 加群の部分加群となるので, 命題 6.8.36 より有限生成 A 加群である.

(2) $I \subset B$ をイデアルとする. B は A 加群として有限生成で $I \subset B$ は A 加群としても部分加群となるので, 命題 6.8.36 より I は A 加群として有限生成である. $\{x_1,\cdots,x_m\} \subset I$ が I を A 加群として生成するなら, 任意の $x \in I$ は $x = a_1 x_1 + \cdots + a_m x_m$ ($a_1,\cdots,a_m \in A$) と表せる. $A \subset B$ なので, I はイデアルとして $\{x_1,\cdots,x_m\}$ で生成される.

(3) L は体で整域なので, B は A 加群としてねじれがない. A が単項イデアル整域なので, 定理 6.8.38 より, B は有限階数の自由加群である. 命題 8.1.14 を $S = A \setminus \{0\}$ として適用すると, $S^{-1}B$ が $S^{-1}A = K$ の L における整

閉包である．K が体なので，命題 8.1.12 より $S^{-1}B$ は体である．B の商体が L なので，$S^{-1}B = L$ である．

$\{x_1, \cdots, x_m\}$ を B の A 加群としての基底とする．$y \in L$ なら，$s \in A \setminus \{0\}$ があり，$sy \in B$ となる．よって，$a_1, \cdots, a_m \in A$ があり，$sy = a_1 x_1 + \cdots + a_m x_m$ となる．すると，$y = (a_1/s)x_1 + \cdots + (a_m/s)x_m$ となるので，$\{x_1, \cdots, x_m\}$ は K ベクトル空間として，L を張る．

$a_1, \cdots, a_m \in A$, $s \in A \setminus \{0\}$ があり，$(a_1/s)x_1 + \cdots + (a_m/s)x_m = 0$ とする．s をかけ $a_1 x_1 + \cdots + a_m x_m = 0$ である．$\{x_1, \cdots, x_m\}$ は A 上 1 次独立なので，$a_1 = \cdots = a_m = 0$ である．したがって，$\{x_1, \cdots, x_m\}$ は L の K 上の基底になるので，$m = n = [L:K]$ である． □

命題 8.1.24 より，次の系を得る ((3) は命題 8.1.15 より従う)．

> **系 8.1.25** K が代数体なら，次の (1)–(3) が成り立つ．
> (1) 整数環 $\mathcal{O}_K$ は $\mathbb{Z}$ 加群として階数 $[K:\mathbb{Q}]$ の自由加群である．
> (2) $\mathcal{O}_K$ はネーター環である．
> (3) $\mathbb{Z}$ の素数 p に対し $\mathcal{O}_K$ の素イデアル P で $P \cap \mathbb{Z} = p\mathbb{Z}$ となるものがある．

8.2 既約多項式の例

多項式の既約性として，これまでにアイゼンシュタインの判定法 (定理 7.1.15) と命題 8.1.10 について解説した．代数体の例などについて述べるときに，多項式の既約性を示せないと，拡大次数が決定できないので都合が悪い．アイゼンシュタインの判定法の使い方はほぼ明らかなので，この節では，命題 8.1.10 と以下で証明する命題 8.2.1 を使った既約性の例について述べる．

次の命題は，**素イデアルを法として既約**なら，もともと既約であることを主張する．

> **命題 8.2.1** A を正規環，K を A の商体，$\mathfrak{p} \subset A$ を素イデアル，$f(x) \in A[x]$ をモニック，$\deg f(x) = n$ とする．このとき，$f(x)$ の係数を $\mathfrak{p}$ を法として考えた多項式 $\overline{f}(x)$ が $(A/\mathfrak{p})[x]$ で $m < n$ 次の因子を持たなければ，

$f(x)$ も m 次の因子を持たない.特に,$\overline{f}(x)$ が $A/\mathfrak{p}$ の商体上既約なら,$f(x)$ も既約である.

証明 もし $f(x) = g(x)h(x)$, $g(x), h(x) \in K[x]$, $\deg g(x) = m$ とすると,命題 8.1.10 より,$g(x), h(x) \in A[x]$ であり,両方ともモニックであるとしてよい.$\overline{f}(x) = \overline{g}(x)\overline{h}(x)$ となるが($\overline{g}(x)$ などの定義は命題の主張と同様),$g(x), h(x)$ はモニックなので,$\deg \overline{g}(x) = m$ である.これは仮定に矛盾する. □

A を正規環,K をその商体とする.$f(x)$ の既約性は $K^{\times}$ の元をかけても変わらないので,$f(x) \in A[x]$ の場合を考えればよい.$f(x) = a_0 x^n + \cdots + a_n$ とすると,
$$a_0^{n-1} f(x) = (a_0 x)^n + a_1 (a_0 x)^{n-1} + \cdots + a_0^{n-1} a_n$$
となるので,$f(x) \in A[x]$ がモニックの場合を考えればよい.

$f(x) = x^n + a_1 x^{n-1} + \cdots + a_n \in A[x]$ として,$f(x)$ が可約とすると,命題 8.1.10 よりモニック $g(x), h(x) \in A[x]$ で $f(x) = g(x)h(x)$, $\deg g(x), \deg h(x) < \deg f(x)$ となるものがある.$\ell = \deg g(x)$, $m = \deg h(x)$ とおくと,$n = \ell + m$ である.必要なら $g(x)$ と $h(x)$ を取り換えることにより,$\ell \leqq m$ としてよい.n が小さいと ℓ, m の可能性はかなり限定される.例えば,$n = 2$ なら,$(\ell, m) = (1, 1)$ の可能性しかない.$n = 2, 3, 4, 5$ の場合の (ℓ, m) の可能性をまとめると,次の表のようになる.

n	(ℓ, m) の可能性
2	$(1, 1)$
3	$(1, 2)$
4	$(1, 3), (2, 2)$
5	$(1, 4), (2, 3)$

この表から,$n = 2, 3$ の場合は $f(x)$ が可約なら,$f(x)$ は 1 次の因子を持つことがわかる.つまり,$f(x)$ は A に根を持つ.命題 8.1.10 より,その根は a_n の約元なので,例えば $A = \mathbb{Z}$ なら,その可能性は有限個である.だから,2 次と 3 次の多項式の既約性は比較的容易に判定できる.

$n = 4, 5$ の場合は,$f(x)$ が可約なら 1 次か 2 次の因子を持つ.1 次の因子を持つなら,上と同様に $f(x)$ は A に根を持ち,その根は a_n の約元である.2 次

の因子を持つかどうかは工夫して調べなければならない．それは命題 8.1.10 を使って調べられる場合もあれば，命題 8.2.1 を使ったほうが効率的なこともある．それは例で解説することにするが，例を始める前に，Maple は $\mathbb{Z}[x]$ の元は $\mathbb{Z}[x]$ の元としての因数分解を行うことを注意しておく．

例えば $f(x) = x^4 - x - 14$ なら，

> factor(x^4-x-14);

とすると，$f(x) = (x-2)(x^3 + 2x^2 + 4x + 7)$ であることがわかる．

例題 8.2.2 $f(x) = x^3 - 2x^2 + x + 3$ が $\mathbb{Q}$ 上既約であることを証明せよ．

解答 上の考察より，$f(x)$ が 3 の約数 $\pm 1, \pm 3$ を根に持たないことをいえれば，$f(x)$ が $\mathbb{Q}$ 上既約であることがわかる．$\pm 1, \pm 3$ を代入してみると，

$$f(1) = 3,\ f(-1) = -1,\ f(3) = 15,\ f(-3) = -45 \ne 0$$

となるので，$f(x)$ は $\mathbb{Q}$ 上既約である． □

4 次の多項式も考えてみよう．

例題 8.2.3 $f(x) = x^4 - x - 1$ が $\mathbb{Q}$ 上既約であることを証明せよ．

解答 上の考察より，$f(x)$ が 1 次因子と 2 次因子を持たないことを示せばよい．

-1 の約数は ± 1 であり，$f(1) = -1$, $f(-1) = 1 \ne 0$ なので，命題 8.1.10 より $f(x)$ は 1 次因子を持たない．$f(x)$ が 2 次の因子を持つなら，

$$x^4 - x - 1 = (x^2 + ax + b)(x^2 + cx + d)$$

となる $a, b, c, d \in \mathbb{Z}$ がある．すると，

$$a + c = 0, \quad b + d + ac = 0, \quad ad + bc = -1, \quad bd = -1$$

となる．最後の条件より $b, d = \pm 1$, よって，$(b, d) = (1, -1), (-1, 1)$ である．2 番目の条件より，どちらの場合でも $ac = 0$ となる．最初の条件と合わせて，$a = c = 0$．これは 3 番目の条件と矛盾する． □

命題 8.2.1 を使う例も考えてみよう．

例題 8.2.4 (1) $f(x) = x^4 + x + 1$ が $\mathbb{Q}$ 上既約であることを証明せよ．
(2) $f(x) = x^4 + x^2 - x + 2$ が $\mathbb{Q}$ 上既約であることを証明せよ．

解答 (1) $x^4 + x + 1$ を $\mathbb{F}_2[x]$ の元とみなしたものを $\overline{f}(x)$ とすると，$\overline{f}(0) = \overline{f}(1) = 1$ なので，$\overline{f}(x)$ は 1 次因子を持たない．もし $\overline{f}(x)$ が 2 次因子を持てば，$g(x)$ をその 2 次因子とすると g は $\mathbb{F}_2$ 上既約である．$\mathbb{F}_2[x]/(g(x)) \cong \mathbb{F}_4$ なので $\overline{f}(x)$ は $\mathbb{F}_4$ に根を持つ．それを $\alpha \in \mathbb{F}_4$ とすると，$|\mathbb{F}_4^\times| = 3$ なので，$\alpha^3 = 1$ である．よって，

$$\alpha^4 + \alpha + 1 = 2\alpha + 1 = 1 \neq 0$$

となるので，矛盾である．したがって，$\overline{f}(x)$ は既約となり，命題 8.2.1 より $f(x)$ も $\mathbb{Q}$ 上既約である．

(2) x が 2 の約数 $\pm 1, \pm 2$ なら $x^4 + x^2 - x > 0$ なので，$f(x)$ は 1 次因子を持たない．$f(x)$ を 2 を法として考えた多項式を $\overline{f}(x)$ とすると，

$$\overline{f}(x) = x^4 + x^2 + x = x(x^3 + x + 1)$$

である．$x^3 + x + 1$ に $x = 0, 1$ を代入すると 0 でないので，$x^3 + x + 1$ は $\mathbb{F}_2[x]$ で既約である．よって，$\overline{f}(x)$ は 2 次因子を持たない．したがって，命題 8.2.1 より $f(x)$ も 2 次因子を持たず，$\mathbb{Q}$ 上既約である． □

なお，例題 8.2.4 を例題 8.2.3 のように解答することも可能である．

例題 8.2.5 $f(x) = x^5 - x - 1$ が $\mathbb{Q}$ 上既約であることを証明せよ．

解答 -1 の約数は ± 1 で $f(1) = f(-1) = -1$ なので，$f(x)$ は 1 次因子を持たない．$f(x)$ が 2 次因子を持つなら，

$$x^5 - x - 1 = (x^3 + ax^2 + bx + c)(x^2 + dx + e)$$

となる $a, \cdots, e \in \mathbb{Z}$ がある．すると，

$$a + d = 0, \quad b + e + ad = 0, \quad ae + bd + c = 0, \quad be + cd = -1, \quad ce = -1$$

となる．最後の条件より $(c, e) = (1, -1), (-1, 1)$ である．$(c, e) = (1, -1)$ なら，

$$a + d = 0, \quad ad + b = 1, \quad -a + bd + 1 = 0, \quad -b + d = -1.$$

すると，$ad = -d^2$ なので，$b = d^2+1 = d+1$. よって，$d = 0, 1$ である．$d = 0$ なら，$a = 0$, $b = 1$ となるが，$-a+bd+1 = 1 \neq 0$ なので，矛盾である．$d = 1$ なら，$a = -1$, $b = 2$ となるが，$-a+bd+1 = 4 \neq 0$ となり，矛盾である．

$(c, e) = (-1, 1)$ なら，

$$a+d = 0, \quad ad+b = -1, \quad a+bd-1 = 0, \quad b-d = -1.$$

すると，$b = d^2-1 = d-1$. よって，$d = 0, 1$ である．$d = 0$ なら，$a = 0$, $b = -1$ となるが，$a+bd-1 = -1 \neq 0$ なので，矛盾である．$d = 1$ なら，$a = -1$, $b = 0$ となるが，$a+bd-1 = -2 \neq 0$ となり，矛盾である．したがって，x^5-x-1 は $\mathbb{Q}$ 上 2 次因子を持たず，既約である． □

8.3 デデキント環における素イデアル分解

この節では，代数体の整数環で素イデアル分解が成り立つことを証明する．代数体の整数環はデデキント環というものの例である．素イデアル分解は任意のデデキント環に対して成り立つが，後で述べる性質 (仮定 8.3.2) を仮定すると証明がいくぶん簡単になる．本書ではその性質を満たすデデキント環しか考えないので，その性質を利用して証明することにする．

まずデデキント環を定義する．

定義 8.3.1 (1) A が体ではないネーター正規環であり，零でない素イデアルがすべて極大イデアルであるとき，**デデキント環**という．
(2) A がデデキント環で局所環であるとき，**離散付値環**という． ◇

これから，デデキント環のイデアルについて考察するが，素イデアルとしてはほとんど零でない素イデアルを考える．だから，**デデキント環の素イデアルは，ことわらないかぎり零でない素イデアルを意味するものとする．**

本書では，次の性質を満たすデデキント環しか考えない．

仮定 8.3.2 A はデデキント環，A の商体の標数は 0 で，任意の $x \in A \setminus \{0\}$ に対し，$A/(x)$ は有限集合である (ただし $x \in A^\times$ なら $A/(x)$ は零環である)． ◇

次に，デデキント環の局所化もデデキント環であることを示す．

補題 8.3.3 A がデデキント環で $S \subset A$ が乗法的集合とする．もし $S^{-1}A$ が体でなければ $S^{-1}A$ もデデキント環である．また，A が仮定 8.3.2 を満たすなら，$S^{-1}A$ も仮定 8.3.2 を満たす．

証明 命題 6.8.37 より $S^{-1}A$ はネーター環である．命題 8.1.14 より $S^{-1}A$ は正規環である．$\mathfrak{p} \subset S^{-1}A$ が零でない素イデアルなら $\mathfrak{p} = (\mathfrak{p} \cap A)S^{-1}A$ なので (命題 6.8.37 の証明参照)，$\mathfrak{p} \cap A \neq (0)$ である．命題 6.3.3 より $\mathfrak{p} \cap A$ は素イデアルである．$0 \subsetneq \mathfrak{p}_1 \subsetneq \mathfrak{p}_2 \subset S^{-1}A$ が素イデアルなら，$\mathfrak{p}_i = (\mathfrak{p}_i \cap A)S^{-1}A$ $(i = 1, 2)$ なので，$0 \subsetneq \mathfrak{p}_1 \cap A \subsetneq \mathfrak{p}_2 \cap A$ となる．これは A がデデキント環という仮定に反するので，$S^{-1}A$ の零でない素イデアルは極大イデアルとなる．したがって，$S^{-1}A$ はデデキント環である．

$x \in S^{-1}A \setminus \{0\}$ として $S^{-1}A/(x)$ が有限集合であることを証明する．そのために適当なイデアル $A \supset I \neq (0)$ をとり，$S^{-1}A/(x)$ の元が A/I の元からの像の商により表されることを示す．そうすれば，A は仮定 8.3.2 を満たすので，そのような元の可能性が有限になることより $S^{-1}A/(x)$ の有限性が従う．

x が単元なら $S^{-1}A/(x)$ は零環なので，$x \in S^{-1}A \setminus \{0\}$ は単元でないとする．$x = a_0/s_0$ $(a_0 \in A, s_0 \in S)$ なら，$I = (x) \cap A$ とおくと $a_0 \in I \setminus \{0\}$ は単元でない．また，$1 \notin I$ である．$\pi: S^{-1}A \to S^{-1}A/(x)$ は準同型なので，$s \in S$ なら $\pi(s)$ は単元である (命題 6.1.10)．$a \in A$, $s \in S$ なら，$\pi(a/s) = \pi(a)\pi(s)^{-1}$ となる．$A/(a_0)$ から A/I への全射があるので，A/I は有限集合である．$I \subset (x)$ なので，下図は可換図式である．

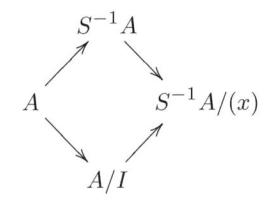

$$\begin{array}{ccc} & S^{-1}A & \\ \nearrow & & \searrow \\ A & & S^{-1}A/(x) \\ \searrow & & \nearrow \\ & A/I & \end{array}$$

A/I は有限集合なので，$\pi(a), \pi(s)$ の可能性は有限個しかない．したがって，$\pi(a/s) = \pi(a)\pi(s)^{-1}$ の可能性も有限であり，$S^{-1}A/(x)$ は有限集合である． $\square$

補題 8.3.4 A をネーター正規環，K をその商体，L/K を有限次 (分離) 拡大，B を A の L における整閉包とする．このとき，$b \in B$ なら，$\mathrm{N}_{L/K}(b)/b \in B$ である．また，$I \subset B$ が零でないイデアルで，$b \in I \setminus \{0\}$ なら，$\mathrm{N}_{L/K}(b) \in$

$I \cap A$ である. 特に, $I \cap A \neq (0)$ である.

証明 $\widetilde{L}$ を L の K 上のガロア閉包, $\mathrm{Hom}_K^{\mathrm{al}}(L, \widetilde{L}) = \{\sigma_1 = 1, \cdots, \sigma_n\}$, $\widetilde{B}$ を B の $\widetilde{L}$ における整閉包とする. $a = \mathrm{N}_{L/K}(b) \in K$ である. $\sigma_2(b), \cdots, \sigma_n(b) \in \widetilde{B}$ なので, $a/b = \sigma_2(b) \cdots \sigma_n(b) \in \widetilde{B}$ である. よって, $a/b \in L \cap \widetilde{B} = B$ である.

$I \subset B$ が零でないイデアルなら, $b \in I \setminus \{0\}$ とすると, $0 \neq \mathrm{N}_{L/K}(b) = b(\mathrm{N}_{L/K}(b)/b) \in I \cap A$ である. □

系 8.3.5 K が代数体, $I \subset \mathcal{O}_K$ が零でないイデアルなら, $\mathcal{O}_K/I$ は有限集合である.

証明 $n = [K : \mathbb{Q}]$ とおく. $a \in I \setminus \{0\}$ とすると, $0 \neq b = \mathrm{N}_{K/\mathbb{Q}}(a) \in I \cap \mathbb{Z}$ である. $\mathcal{O}_K$ は $\mathbb{Z}$ 加群として $\mathbb{Z}^n$ と同型である (系 8.1.25 (1)). $\mathcal{O}_K/(b)$ から $\mathcal{O}_K/I$ への加群の全射準同型があるので, $\mathcal{O}_K/(b)$ が有限集合であればよい. $\mathbb{Z}$ 加群として $\mathcal{O}_K/(b) \cong (\mathbb{Z}/b\mathbb{Z})^n$ は有限集合である. □

次の定理は中山の補題とよばれ, とても有用な定理である.

定理 8.3.6 (中山の補題) A を環, $I \subset A$ を A のすべての極大イデアルに含まれるイデアルとする. M を有限生成 A 加群で, $IM = M$ とするとき, $M = \{0\}$ である.

証明 M は有限生成なので, $x_1, \cdots, x_n \in M$ により $M = Ax_1 + \cdots + Ax_n$ と書ける. $M \neq \{0\}$ なら, $n \geq 1$ である. この n が最小であるように $x_1, \cdots, x_n$ をとる. 仮定より, $x_n = a_1 x_1 + \cdots + a_n x_n$ となる $a_1, \cdots, a_n \in I$ がある. すると, $(1 - a_n) x_n = a_1 x_1 + \cdots + a_{n-1} x_{n-1}$ である. もし $1 - a_n$ が単元でなければ, $1 - a_n$ を含む極大イデアル $\mathfrak{m}$ がある. $a_n \in I \subset \mathfrak{m}$ なので, $1 = (1 - a_n) + a_n \in \mathfrak{m}$ となり矛盾である. よって, $1 - a_n$ は単元であり, $x_n \in Ax_1 + \cdots + Ax_{n-1}$ となる. よって, $M = Ax_1 + \cdots + Ax_{n-1}$ となるが, これは n の取りかたに矛盾する. したがって, $M = \{0\}$ である. □

特に $(A, \mathfrak{m})$ が局所環なら, 上の定理が $I = \mathfrak{m}$ に対して成り立つ.

補題 8.3.7 $(A, \mathfrak{m})$ がネーター局所整域, $\mathfrak{m} \neq (0)$, $n \geq 0$ なら, $\mathfrak{m}^{n+1} \subsetneq \mathfrak{m}^n$.

証明 A がネーター環なので, $\mathfrak{m}^n$ は有限生成なイデアルである. $\mathfrak{m}^{n+1} = \mathfrak{m}^n$ なら $\mathfrak{m}\mathfrak{m}^n = \mathfrak{m}^n$ となるので, 中山の補題より $\mathfrak{m}^n = (0)$ である. $x \in \mathfrak{m}$ なら $x^n = 0$ となるので, $\mathfrak{m} = (0)$ である. これは矛盾である. □

命題 8.3.8 K が代数体, $A = \mathcal{O}_K$ なら, 次の (1), (2) が成り立つ.

(1) A はデデキント環である.

(2) $I \subset A$ が零でないイデアルなら, I を含む A の極大イデアルの数は有限である. それらを $\mathfrak{p}_1, \cdots, \mathfrak{p}_n$ とし, $J = \mathfrak{p}_1 \cdots \mathfrak{p}_n$ とおくと, $J^m \subset I$ となる $m > 0$ が存在する.

証明 (1) $\mathfrak{p} \subset A$ が零でない素イデアルとする. 系 8.3.5 より $A/\mathfrak{p}$ は有限集合である. $x \in (A/\mathfrak{p}) \setminus \{0\}$ なら, $i < j$ があり, $x^i = x^j$ である. $x^i(1-x^{j-i}) = 0$ となるが, $A/\mathfrak{p}$ は整域なので, $x^{j-i} = x \cdot x^{j-i-1} = 1$ である. よって, $A/\mathfrak{p}$ は体となるので, $\mathfrak{p}$ は極大イデアルである. 定義より A は正規環であり, ネーター環であることは命題 8.1.24 (2) より従う. A は $\mathbb{Z}$ 上整なので $\mathcal{O}_K$ が体なら $\mathbb{Z}$ も体になり矛盾である. よって A は体ではなく, デデキント環である.

(2) I を含む極大イデアルは A/I の極大イデアルと 1 対 1 に対応する. A/I は有限集合なので, 極大イデアルの数は有限である. $I + J \supset I + J^2 \supset \cdots \supset I$ となるが, A/I は有限集合なので, $I + J^m = I + J^{m+1}$ となる $m > 0$ がある. $M = (I + J^m)/I$ とおくと, M は有限生成 A/I 加群で $((J+I)/I)M = M$ である. $J + I \subset \mathfrak{p}_i$ がすべての i に対して成り立つ. A/I の極大イデアルは $\mathfrak{p}_1/I, \cdots, \mathfrak{p}_n/I$ なので, 中山の補題より $M = \{0\}$ である. よって, $I + J^m = I$. したがって, $J^m \subset I$ である. □

系 8.3.5 と上の命題より, 次の系が従う.

系 8.3.9 代数体の整数環は仮定 8.3.2 を満たす.

次に分数イデアルとそれに関連した概念を定義する.

定義 8.3.10 A をデデキント環, K をその商体とする.

(1) K の零でない部分 A 加群で A 加群として有限生成であるものを**分数イデアル**という.

(2) $a \in K \setminus \{0\}$ とするとき, 分数イデアル $aA = Aa = \{ra \mid r \in A\}$ も**単項イデアル**といい, (a) と書く.

(3) I が分数イデアルなら, $I^{-1} = \{a \in K \mid {}^\forall b \in I, ab \in A\}$ とおく. ◇

補題 8.3.11 A をデデキント環, K をその商体とする.

(1) $I \subset J \subset K$ が分数イデアルなら, $J^{-1} \subset I^{-1}$ である.

(2) $a \in K \setminus \{0\}$, $(a) = aA$ を a で生成された分数イデアルとすると, $(a)^{-1} = (a^{-1})$ である.

(3) I が分数イデアルなら, $aI \subset A$ となる $a \in A \setminus \{0\}$ がある.

(4) I が分数イデアルなら, I^{-1} も分数イデアルである.

証明 (1) $a \in K$ がすべての $b \in J$ に対して $ab \in A$ となるなら, 特に, すべての $b \in I$ に対して $ab \in A$ となる. よって, $J^{-1} \subset I^{-1}$ である.

(2) $b \in K$ に対し, $b(a) \subset A \iff ba \in A \iff b \in a^{-1}A$ である.

(3) $I = Ax_1 + \cdots + Ax_n$ とする. $x_i = y_i/z_i$ $(y_i \in A, z_i \in A \setminus \{0\})$ とすると, $a = z_1 \cdots z_n$ は $A \setminus \{0\}$ の元で $aI \subset A$ である.

(4) $a \in I \setminus \{0\}$ とすると, $I^{-1} \subset (a)^{-1} = (a^{-1})$ である. (a^{-1}) は有限生成 A 加群なので, その部分加群である I^{-1} も有限生成である. (3) より $I^{-1} \neq (0)$ なので, I^{-1} も分数イデアルである. □

I, J が分数イデアルなら, $\{xy \mid x \in I, y \in J\}$ で生成された K の部分 A 加群を IJ と書き**分数イデアルの積**という. I の生成元と J の生成元の積は IJ を生成するので, IJ は A 加群として有限生成である. $x \in I \setminus \{0\}$, $y \in J \setminus \{0\}$ なら $xy \in IJ \setminus \{0\}$ なので, IJ は分数イデアルである.

これから, デデキント環で素イデアル分解が成り立つことなどを証明する. その証明は, 局所化により考察を離散付値環の場合に帰着し, 離散付値環が単項イデアル整域であることを示す, という方針で行う. こういった考察を可能にするのは, 次の命題である.

命題 8.3.12 A を整域, K を A の商体, L を K の拡大体, M を L

の部分 A 加群とすると, $M = \bigcap_{\mathfrak{m}} A_{\mathfrak{m}} M$ である. ただし, $A_{\mathfrak{m}} M$ は $A_{\mathfrak{m}}$ と M の元の積全体よりなる L の部分集合で, $\bigcap_{\mathfrak{m}}$ は A の極大イデアル $\mathfrak{m}$ 全体に関する共通集合である.

証明 $N = \bigcap_{\mathfrak{m}} A_{\mathfrak{m}} M$ とおく. $a_1, a_2, r \in A$, $s_1, s_2 \in A \backslash \mathfrak{m}$, $m_1, m_2 \in M$ なら

$$\frac{a_1 m_1}{s_1} \pm \frac{a_2 m_2}{s_2} = \frac{a_1 s_2 m_1 \pm a_2 s_1 m_2}{s_1 s_2} \in A_{\mathfrak{m}} M,$$

$$r \frac{a_1 m_1}{s_1} = \frac{r a_1 m_1}{s_1} \in A_{\mathfrak{m}} M$$

なので, $A_{\mathfrak{m}} M$ は L の部分 $A_{\mathfrak{m}}$ 加群, よって L の部分 A 加群である. 明らかに $M \subset N$ である. $N \neq M$ と仮定して矛盾を導く. $x \in N \backslash M$ とする.

$$I = M{:}Ax \overset{\text{def}}{=} \{a \in A \mid ax \in M\}$$

とおく. 明らかに $0 \in I$ である. $a, b \in I$ なら, $(a \pm b)x = ax \pm bx \in M$ である. よって, $a \pm b \in I$ となる. $a \in I$ で $r \in A$ なら, M は部分 A 加群なので, $(ra)x = r(ax) \in M$ である. よって, I は A のイデアルである.

$x \notin M$ なので, $1 \notin I$. よって, 極大イデアル $I \subset \mathfrak{m}$ が存在する. $x \in A_{\mathfrak{m}} M$ なので, $s \in A \backslash \mathfrak{m}$ があり, $sx \in M$ となる. $s \in I \subset \mathfrak{m}$ なので, 矛盾である. □

補題 8.3.13 $(A, \mathfrak{m})$ を離散付値環とする. もし $\mathfrak{m}^{-1} \neq A$ なら, 次の (1), (2) が成り立つ.

(1) $\mathfrak{m}^{-1} \mathfrak{m} = A$.

(2) $a \in \mathfrak{m}$ があり $\mathfrak{m} = (a)$ となる (つまり, $\mathfrak{m}$ は単項イデアルである).

証明 (1) $\mathfrak{m}^{-1} \mathfrak{m} \subset A$ だが, $\mathfrak{m}^{-1} \mathfrak{m} \neq A$ なら, $\mathfrak{m}^{-1} \mathfrak{m} \subset \mathfrak{m}$ である. $\mathfrak{m}^{-1}$ の元は有限生成 A 加群 $\mathfrak{m}$ を不変にするので, A 上整である (命題 8.1.3). A は正規環なので, $\mathfrak{m}^{-1} \subset A$ となり仮定に矛盾する.

(2) $\mathfrak{m}^{-1} \mathfrak{m} = A$ なので, $b_1, \cdots, b_t \in \mathfrak{m}^{-1}$, $a_1, \cdots, a_t \in \mathfrak{m}$ があり, $b_1 a_1 + \cdots + b_t a_t = 1$ となる. すると, $b_i a_i \notin \mathfrak{m}$ となる i がある. すると $b_i (b_i a_i)^{-1} a_i = 1$ であり, $b_i a_i$ が単元で $a_i \in \mathfrak{m}$ なので, $(b_i a_i)^{-1} a_i \in \mathfrak{m}$ である. $b = b_i$, $a = (b_i a_i)^{-1} a_i$ とおくと, $b^{-1} = a \in \mathfrak{m}$ だが, $b \in \mathfrak{m}^{-1}$ なので, 任意の $c \in \mathfrak{m}$ に対し, $bc \in A$ である. よって, $c \in b^{-1} A = (a)$ となり, $\mathfrak{m} = (a)$ である. □

以下, 次節の終わりまで, A は仮定 **8.3.2** を満たすデデキント環とする.

補題 8.3.14　$\mathfrak{p}_1,\cdots,\mathfrak{p}_n \subset A$ を相異なる素イデアル，$a_1,\cdots,a_n \geqq 0$ とする．このとき，$i=1,\cdots,n$ に対し，$\mathfrak{p}_1^{a_1}\cdots\mathfrak{p}_n^{a_n}A_{\mathfrak{p}_i} = \mathfrak{p}_i^{a_i}A_{\mathfrak{p}_i}$ である．

証明　$I = \mathfrak{p}_1^{a_1}\cdots\mathfrak{p}_n^{a_n}$ とおく．$I \subset \mathfrak{p}_i^{a_i}$ なので，$IA_{\mathfrak{p}_i} \supset \mathfrak{p}_i^{a_i}A_{\mathfrak{p}_i}$ であることを示せばよい．必要なら順序を変え，$i=1$ としてよい．

$x \in \mathfrak{p}_1^{a_1}$ とする．$\mathfrak{p}_1,\cdots,\mathfrak{p}_n$ の間に包含関係はないので，$s_2 \in \mathfrak{p}_2\backslash\mathfrak{p}_1$，$\cdots$，$s_n \in \mathfrak{p}_n\backslash\mathfrak{p}_1$ をとれる．$s = s_2^{a_2}\cdots s_n^{a_n}$ とすると，$s \in \mathfrak{p}_2^{a_2}\cdots\mathfrak{p}_n^{a_n}\backslash\mathfrak{p}_1$ である．s は $A_{\mathfrak{p}_1}$ では単元である．$xs \in I$ なので，$xA_{\mathfrak{p}_1} = xsA_{\mathfrak{p}_1} \subset IA_{\mathfrak{p}_1}$．よって，$\mathfrak{p}_1^{a_1}A_{\mathfrak{p}_1} \subset IA_{\mathfrak{p}_1}$ である．　□

命題 8.3.15　$(A,\mathfrak{p})$ が仮定 8.3.2 を満たす離散付値環なら，A は単項イデアル整域である．また $\mathfrak{p} = (\pi)$ とすると，A の零でない任意のイデアルは (π^n) $(n \geqq 0)$ という形である．

証明　$\mathfrak{p} \ni a \neq 0$ とする．$\mathfrak{p} = \mathfrak{p}+(a) \supset \mathfrak{p}^2+(a) \supset \cdots \supset (a)$ となるが，$A/(a)$ は有限集合なので，$\mathfrak{p}^n+(a) = \mathfrak{p}^{n+1}+(a)$ となる $n > 0$ がある．中山の補題より $(\mathfrak{p}^n+(a))/(a) = (0)$ $(A/(a)$ の零イデアル$)$ である．よって，$\mathfrak{p}^n+(a) = (a)$，つまり $\mathfrak{p}^n \subset (a)$ である．ℓ を $\mathfrak{p}^\ell \subset (a)$ である最小の正の整数とする．

ℓ の最小性より $(a) \not\supset \mathfrak{p}^{\ell-1}$ である．$b \in \mathfrak{p}^{\ell-1}\backslash(a)$ とする．$c = a^{-1}b$ とすれば，$c \notin A$ である．$c\mathfrak{p} = a^{-1}b\mathfrak{p} \subset a^{-1}\mathfrak{p}^\ell \subset a^{-1}(a) = A$ なので，$c \in \mathfrak{p}^{-1}$．したがって，$\mathfrak{p}^{-1} \supsetneq A$ である．補題 8.3.13 より $\mathfrak{p}$ は単項イデアルである．$\mathfrak{p} = (\pi)$ とする．

$I \subset A$ を自明でないイデアルとする．$I \ni a \neq 0$ とすれば，上で証明したように，$\mathfrak{p}^m \subset (a) \subset I$ となる $m > 0$ がある．補題 8.3.7 より $\mathfrak{p}^{m+1} \subsetneq \mathfrak{p}^m$ なので，$\mathfrak{p}^{m+1} \subsetneq I$ である．このとき，$I \not\subset \mathfrak{p}^{m+1}$ である．$I \subset \mathfrak{p}$ なので，$I \subset \mathfrak{p}^n$ となる最大の n が存在する．$\pi^{-n}I \subset A$ はイデアルである．もし $\pi^{-n}I \subset \mathfrak{p}$ なら $I \subset \pi^n\mathfrak{p} = \mathfrak{p}^{n+1}$ となり矛盾である．よって，$\pi^{-n}I \subset A$ は単元を含むので (命題 6.5.8)，$\pi^{-n}I = A$ となる．したがって，$I = (\pi^n) = \mathfrak{p}^n$ である．　□

系 8.3.16　$(A,\mathfrak{p})$ が仮定 8.3.2 を満たす離散付値環なら，K の分数イデアルは $n \in \mathbb{Z}$ により (π^n) という形である．

証明 I を A の分数イデアルとする. $\mathfrak{p} = (\pi)$ となる $\pi \in \mathfrak{p}$ がある. 補題 8.3.11 (3) より, $aI \subset A$ となる $a \in A \setminus \{0\}$ がある. aI は A のイデアルとなるので, $\ell \geqq 0$ があり, $aI = \mathfrak{p}^\ell$ となる. $(a) = (\pi^m)$ となる $m \geqq 0$ があるので, $u \in A^\times$ があり, $a = u\pi^m$ となる. よって,

$$I = a^{-1}\mathfrak{p}^\ell = a^{-1}(\pi^\ell) = (a^{-1}\pi^\ell) = (u^{-1}\pi^{\ell-m}) = (\pi^{\ell-m})$$

である. □

定理 8.3.17 A を仮定 8.3.2 を満たすデデキント環とする.

(1) I が A の零でないイデアルなら, 相異なる素イデアル $\mathfrak{p}_1, \cdots, \mathfrak{p}_t$ と $a_1, \cdots, a_t > 0$ があり, $I = \mathfrak{p}_1^{a_1} \cdots \mathfrak{p}_t^{a_t}$ となる ($I = A$ なら $t = 0$). $\mathfrak{p}_1, \cdots, \mathfrak{p}_t$, $a_1, \cdots, a_t$ は $\mathfrak{p}_1, \cdots, \mathfrak{p}_t$ の順序を除き一意的である.

(2) $I_1 \subset I_2 \subset A$ が零でないイデアルなら, イデアル $J \subset A$ があり, $I_1 = I_2 J$ となる.

(3) $\mathfrak{p}_1, \cdots, \mathfrak{p}_t$ が相異なる素イデアル, $a_1, \cdots, a_t, b_1, \cdots, b_t \geqq 0$ なら,
$$(\mathfrak{p}_1^{a_1} \cdots \mathfrak{p}_t^{a_t}) \cap (\mathfrak{p}_1^{b_1} \cdots \mathfrak{p}_t^{b_t}) = \mathfrak{p}_1^{\max\{a_1,b_1\}} \cdots \mathfrak{p}_t^{\max\{a_t,b_t\}},$$
$$(\mathfrak{p}_1^{a_1} \cdots \mathfrak{p}_t^{a_t}) + (\mathfrak{p}_1^{b_1} \cdots \mathfrak{p}_t^{b_t}) = \mathfrak{p}_1^{\min\{a_1,b_1\}} \cdots \mathfrak{p}_t^{\min\{a_t,b_t\}}.$$

証明 (1) I は A のイデアル, よって A の部分 A 加群である. 命題 8.3.12 より $I = \bigcap_\mathfrak{p} IA_\mathfrak{p}$ である. $a \in I \setminus \{0\}$ なら, $A/(a)$ は有限集合なので, a を含む素イデアルは有限個である. よって I を含む素イデアルも有限個である. $\mathfrak{p} \subset A$ が素イデアルで $I \not\subset \mathfrak{p}$ なら, $s \in I \setminus \mathfrak{p}$ とすると, s は $A_\mathfrak{p}$ の単元である. よって, $IA_\mathfrak{p} = A_\mathfrak{p}$ である. したがって, 有限個を除くすべての素イデアル $\mathfrak{p}$ に対し $IA_\mathfrak{p} = A_\mathfrak{p}$ である.

$\mathfrak{p}_1, \cdots, \mathfrak{p}_t$ を I を含むすべての素イデアルとする. 命題 8.3.15 より $IA_{\mathfrak{p}_i} = \mathfrak{p}_i^{a_i} A_{\mathfrak{p}_i}$ となる $a_i \in \mathbb{Z}$ がある. $I \subset \mathfrak{p}_i$ なので, $a_i > 0$ である. $I \subset A$ なので, $I = \bigcap_\mathfrak{p}(IA_\mathfrak{p} \cap A)$ でもある (命題 8.3.12). 命題 6.5.9 (4) より,

$$I = \bigcap_{i=1}^t (\mathfrak{p}_i^{a_i} A_{\mathfrak{p}_i} \cap A) = \bigcap_{i=1}^t \mathfrak{p}_i^{a_i}$$

である. 中国式剰余定理より $I = \mathfrak{p}_1^{a_1} \cap \cdots \cap \mathfrak{p}_t^{a_t} = \mathfrak{p}_1^{a_1} \cdots \mathfrak{p}_t^{a_t}$ である.

$\mathfrak{p}_1, \cdots, \mathfrak{p}_t$ と $a_1, \cdots, a_t$ の一意性を示す. $\mathfrak{p}$ が $\mathfrak{p}_1, \cdots, \mathfrak{p}_t$ と異なるなら, $x_i \in$

$\mathfrak{p}_i \backslash \mathfrak{p}$ とすれば $x_1^{a_1} \cdots x_t^{a_t} \in I \backslash \mathfrak{p}$ である. よって, $\mathfrak{p}_1, \cdots, \mathfrak{p}_t$ は I を含むすべての素イデアルである. したがって, $\{\mathfrak{p}_1, \cdots, \mathfrak{p}_t\}$ は I により定まる. 補題 8.3.14 より $IA_{\mathfrak{p}_i} = \mathfrak{p}_i^{a_i} A_{\mathfrak{p}_i}$ である. $\mathfrak{p}_i A_{\mathfrak{p}_i} = (\pi_i)$ とすると, $\pi_i^a A_{\mathfrak{p}_i} = \pi_i^b A_{\mathfrak{p}_i}$ なら, 補題 8.3.7 より $a = b$ である. よって, $a_1, \cdots, a_t$ は I により定まる.

(2) $\mathfrak{p}_1, \cdots, \mathfrak{p}_t$ を相異なる素イデアル, $a_1, \cdots, a_t, b_1, \cdots, b_t \geqq 0$,
$$I_1 = \mathfrak{p}_1^{a_1} \cdots \mathfrak{p}_t^{a_t}, \quad I_2 = \mathfrak{p}_1^{b_1} \cdots \mathfrak{p}_t^{b_t}$$
とする.
$$I_1 A_{\mathfrak{p}_i} = \mathfrak{p}_i^{a_i} A_{\mathfrak{p}_i} \subset I_2 A_{\mathfrak{p}_i} = \mathfrak{p}_i^{b_i} A_{\mathfrak{p}_i}$$
であり, $A_{\mathfrak{p}_i}$ は離散付値環なので, 補題 8.3.7 より $a_i \geqq b_i$ がすべての i に対して成り立つ. $J = \mathfrak{p}_1^{a_1 - b_1} \cdots \mathfrak{p}_t^{a_t - b_t}$ とすれば, $I_1 = I_2 J$ である.

(3) イデアル
$$I = (\mathfrak{p}_1^{a_1} \cdots \mathfrak{p}_t^{a_t}) \cap (\mathfrak{p}_1^{b_1} \cdots \mathfrak{p}_t^{b_t}),$$
$$J = \mathfrak{p}_1^{\max\{a_1, b_1\}} \cdots \mathfrak{p}_t^{\max\{a_t, b_t\}}$$
を考える. $I \supset J$ は明らかである. $x \in I$ なら, $x \in \mathfrak{p}_i^{a_i} A_{\mathfrak{p}_i} \cap \mathfrak{p}_i^{b_i} A_{\mathfrak{p}_i}$ となるが, $A_{\mathfrak{p}_i}$ は離散付値環なので, $x \in \mathfrak{p}_i^{\max\{a_i, b_i\}} A_{\mathfrak{p}_i}$ である. $x \in A$ なので,
$$x \in \mathfrak{p}_i^{\max\{a_i, b_i\}} A_{\mathfrak{p}_i} \cap A = \mathfrak{p}_i^{\max\{a_i, b_i\}}$$
である. よって, $x \in \bigcap_i \mathfrak{p}_i^{\max\{a_i, b_i\}} = J$ となる. したがって, $I = J$ である.

次に
$$I = (\mathfrak{p}_1^{a_1} \cdots \mathfrak{p}_t^{a_t}) + (\mathfrak{p}_1^{b_1} \cdots \mathfrak{p}_t^{b_t}),$$
$$J = \mathfrak{p}_1^{\min\{a_1, b_1\}} \cdots \mathfrak{p}_t^{\min\{a_t, b_t\}}$$
とおく. (1) と同様に
$$I = \bigcap_{i=1}^t IA_{\mathfrak{p}_i}, \quad J = \bigcap_{i=1}^t JA_{\mathfrak{p}_i}$$
である.
$$JA_{\mathfrak{p}_i} = \mathfrak{p}_i^{\min\{a_i, b_i\}} A_{\mathfrak{p}_i} = \mathfrak{p}_i^{a_i} A_{\mathfrak{p}_i} + \mathfrak{p}_i^{b_i} A_{\mathfrak{p}_i} = IA_{\mathfrak{p}_i}$$
となるので, $I = J$ である. $\square$

定理 8.3.17 の分解 $I = \mathfrak{p}_1^{a_1} \cdots \mathfrak{p}_t^{a_t}$ を I の**素イデアル分解**, $\mathfrak{p}_1, \cdots, \mathfrak{p}_t$ を I の**素因子**という. 定理 8.3.17 (2) の状況で I_2 は I_1 を**割る**といい, $I_2 \mid I_1$ と書く.

$I \subset A$ がイデアル，$x \in A$ で $I \mid (x)$ なら $I \mid x$ とも書く．これは $x \in I$ と同値である．また，$I, J \subset A$ が零でないイデアルで共通の素因子を持たないとき，I, J は互いに**素**であるという．

素イデアル分解の一意性から，次の命題は明らかである．

命題 8.3.18 A を仮定 8.3.2 を満たすデデキント環とする．$I_1, I_2 \subset A$ が互いに素な零でないイデアルであり，正の整数 N とイデアル J があり，$I_1 I_2 = J^N$ とする．このとき，イデアル J_1, J_2 があり，$I_1 = J_1^N$, $I_2 = J_2^N$ となる．

要するに互いに素な零でないイデアルの積が N 乗であるとき，それぞれのイデアルも N 乗である．

系 8.3.19 A が仮定 8.3.2 を満たすデデキント環で一意分解環なら，単項イデアル整域である．

証明 定理 8.3.17 より，任意の素イデアルが単項イデアルであることを示せばよい．$\mathfrak{p} \subset A$ を素イデアルとする．$0 \neq x \in \mathfrak{p}$ とすると，仮定より素元 $p_1, \cdots, p_n$ があり，$x = p_1 \cdots p_n$ となる．$\mathfrak{p}$ は素イデアルなので，$p_i \in \mathfrak{p}$ となる i がある．$\mathfrak{q} = (p_i)$ とすると，A はデデキント環なので，$\mathfrak{q}$ は極大イデアルである．したがって，$\mathfrak{p} = \mathfrak{q} = (p_i)$ となり，$\mathfrak{p}$ は単項イデアルである． □

素イデアル分解の例は 2 次体の整数環を決定した後，8.5 節で考えることにする．また第 2 巻でも多くの例を考察する．

補題 8.3.20 $I \subset A$ を零でないイデアル，$\mathfrak{p} \subset A$ を極大イデアルとする．このとき，$(IA_\mathfrak{p})^{-1} = I^{-1} A_\mathfrak{p}$ である．ただし，左辺は $A_\mathfrak{p}$ の分数イデアルとして考えている．

証明 $(IA_\mathfrak{p})^{-1} \supset I^{-1} A_\mathfrak{p}$ であることは明らかである．$a \in (IA_\mathfrak{p})^{-1}$ なら，$aIA_\mathfrak{p} \subset A_\mathfrak{p}$ である．$I = (x_1, \cdots, x_n)$ とすると，$s_i \in A \backslash \mathfrak{p}$ があり，$ax_i s_i \in A$ である．$s = s_1 \cdots s_n$ とおくと，$ax_i s \in A$ である．これが $i = 1, \cdots, n$ に対して成り立つので，$as \in I^{-1}$ である．よって，$a \in I^{-1} A_\mathfrak{p}$ である． □

命題 8.3.21 $I \subset K$ が分数イデアルなら,$II^{-1} = A$ である.

証明 まず $I \subset A$ の場合に証明する.定義より $II^{-1} \subset A$ である.$J = II^{-1}$ とおくと,J は A のイデアル,よって A の部分 A 加群である.命題 8.3.12 より,$J = \bigcap_{\mathfrak{p}} JA_{\mathfrak{p}}$ なので,すべての素イデアル $\mathfrak{p}$ に対し $JA_{\mathfrak{p}} = A_{\mathfrak{p}}$ であることを示せばよい.補題 8.3.20 より $JA_{\mathfrak{p}} = (IA_{\mathfrak{p}})(IA_{\mathfrak{p}})^{-1}$ である.命題 8.3.15 より,$IA_{\mathfrak{p}} = yA_{\mathfrak{p}}$ となる $y \in A$ がある.補題 8.3.11 より,$(IA_{\mathfrak{p}})^{-1} = y^{-1}A_{\mathfrak{p}}$ である.すると,$JA_{\mathfrak{p}} = yy^{-1}A_{\mathfrak{p}} = A_{\mathfrak{p}}$ である.したがって,$J = A$ である.

次に一般の I を考える.補題 8.3.11 (3) より $aI \subset A$ となる $a \in A \setminus \{0\}$ がある.$b \in K$ なら,$baI \subset A$ と $ba \in I^{-1}$ は同値である.よって,$(aI)^{-1} = a^{-1}I^{-1}$ である.これより $I^{-1} = a(aI)^{-1}$ となる.すると,

$$II^{-1} = Ia(aI)^{-1} = (aI)(aI)^{-1} = A$$

である (最後のステップは既に証明した $aI \subset A$ の場合より従う). □

系 8.3.22 $I, J \subset K$ が分数イデアルなら,$(IJ)^{-1} = I^{-1}J^{-1}$ である.

証明 命題 8.3.21 より $(IJ)(IJ)^{-1} = A$ である.I^{-1} をかけ,$J(IJ)^{-1} = I^{-1}$.さらに J^{-1} をかけ $(IJ)^{-1} = I^{-1}J^{-1}$ となる. □

以下,I がイデアルで $a < 0$ なら,$I^a = (I^{-a})^{-1}$ とおく.

補題 8.3.23 $\mathfrak{p}_1, \cdots, \mathfrak{p}_t$ が相異なる A の素イデアル,$a_1, \cdots, a_t \geqq 0$ なら,$\mathfrak{p}_1^{a_1} \cap \cdots \cap \mathfrak{p}_t^{a_t} = \mathfrak{p}_1^{a_1} \cdots \mathfrak{p}_t^{a_t}$ である.

証明 $t = 2$ なら,$\mathfrak{p}_1^{a_1} = \mathfrak{p}_1^{a_1} \cdot \mathfrak{p}_2^0$,$\mathfrak{p}_2^{a_2} = \mathfrak{p}_1^0 \cdot \mathfrak{p}_2^{a_2}$ なので,定理 8.3.17 (3) より,

$$\mathfrak{p}_1^{a_1} \cap \mathfrak{p}_2^{a_2} = \mathfrak{p}_1^{\max\{a_1, 0\}} \mathfrak{p}_2^{\max\{0, a_2\}} = \mathfrak{p}_1^{a_1} \mathfrak{p}_2^{a_2}$$

である.一般の場合はこのような考察を繰り返せばよい.

なお,補題の主張は中国式剰余定理からも従う. □

命題 8.3.24 分数イデアルに対しても定理 8.3.17 の主張 (1)–(3) が成り立つ.ただしイデアルのべきは正とは限らない整数で考える.

証明 (1) I は有限生成なので，$cI \subset A$ となる $c \in A \setminus \{0\}$ がある．$cI = \mathfrak{p}_1^{a_1} \cdots \mathfrak{p}_t^{a_t}$, $(c) = \mathfrak{p}_1^{b_1} \cdots \mathfrak{p}_t^{b_t}$ $(a_i, b_i \geqq 0)$ とする．$(c^{-1}) = \mathfrak{p}_1^{-b_1} \cdots \mathfrak{p}_t^{-b_t}$ である．よって，$I = \mathfrak{p}_1^{a_1-b_1} \cdots \mathfrak{p}_t^{a_t-b_t}$ である．

$a_1, \cdots, a_t, b_1, \cdots, b_t \in \mathbb{Z}$ (上の $a_1, \cdots, b_t$ ではない) で $\mathfrak{p}_1^{a_1} \cdots \mathfrak{p}_t^{a_t} = \mathfrak{p}_1^{b_1} \cdots \mathfrak{p}_t^{b_t}$ なら，$c > 0$ を十分大きくとり，$\mathfrak{p}_1^c \cdots \mathfrak{p}_t^c$ をかけると，

$$\mathfrak{p}_1^{a_1+c} \cdots \mathfrak{p}_t^{a_t+c} = \mathfrak{p}_1^{b_1+c} \cdots \mathfrak{p}_t^{b_t+c}$$

で $a_i+c, b_i+c > 0$ としてよい．定理 8.3.17 より $a_i+c = b_i+c$ $(i = 1, \cdots, t)$ である．よって，$a_i = b_i$ $(i = 1, \cdots, t)$ である．これで $a_i \neq 0$ であるかどうかも I により定まる．

(2) $I_1 \subset I_2 \subset K$ が分数イデアルなら，$I_2 = Aa_1 + \cdots + Aa_n$ とすると，$c \in A \setminus \{0\}$ があり，$ca_1, \cdots, ca_n \in A$ となる．すると，$cI_1 \subset cI_2 \subset A$ である．定理 8.3.17 (2) より，イデアル $J \subset A$ があり，$cI_1 = cI_2 J$ である．すると，$I_1 = I_2 J$ である．

定理 8.3.17 の主張 (3) に対応する部分も (1), (2) のように，A の元を分数イデアルにかけて，A のイデアルの場合に帰着すればよい．詳細は省略する． $\square$

分数イデアルの場合も**素イデアル分解**という用語を使う．

8.4 類数と単数

この節では，代数体の重要な不変量であるイデアル類群と類数の概念を定義する．イデアル類群は整数環の単数とも密接な関係がある．類数を定義した後で，その有限性とディリクレの単数定理を証明なしに述べる．その証明は第 2 巻 3.2, 3.3 節で行う．イデアル類群は，代数体の整数環に限らず，仮定 8.3.2 を満たすデデキント環に対して一般に定義する．

この節でも A を仮定 8.3.2 を満たすデデキント環，K を A の商体とする．

X_A を K の分数イデアル全体の集合とする．分数イデアルの積は X_A 上に演算を定める．A は明らかにこの演算に関して単位元である．分数イデアルの積が結合法則を満たすことは明らかである．命題 8.3.21 より，X_A の任意の元は逆元を持つ．したがって，次の命題が成り立つ．

命題 8.4.1 X_A は分数イデアルの積を演算として群になる.

P_A を単項イデアルである分数イデアル全体の集合とする.単項イデアルの積は単項イデアルである.補題 8.3.11 (2) より,P_A は X_A の部分群である.

定義 8.4.2 (1) X_A/P_A を A の**イデアル類群**という.
(2) $|X_A/P_A|$ を h_A と書き,A の**類数**という. ◊

K が代数体で $A = \mathcal{O}_K$ がその整数環なら,A の類数を K の類数という.また,h_A の代わりに h_K などと書く.A が一意分解環なら,系 8.3.19 より単項イデアル整域となり,$h_A = 1$ である.逆に $h_A = 1$ なら A は単項イデアル整域なので一意分解環である.類数は A でどれだけ素元分解が成り立たないかを示す不変量である.

素イデアル分解の概念と関連して,この後頻繁に使うことになる (例えば 8.7 節),加法的付値の概念を定義しておく.

定義 8.4.3 $\mathfrak{p}$ を A の素イデアルとするとき,$a \in K^\times$ に対し,$aA_\mathfrak{p} = \mathfrak{p}^n A_\mathfrak{p}$ となる $n \in \mathbb{Z}$ (系 8.3.16) を $\operatorname{ord}_\mathfrak{p}(a)$ と書き,a の $\mathfrak{p}$ に関する**オーダー**,あるいは**加法的付値**という.便宜上 $\operatorname{ord}_\mathfrak{p}(0) = \infty$ とする.$\mathfrak{p}$ が明らかな場合は,単にオーダーといい,$\operatorname{ord}(a)$ と書くこともある.$A = \mathbb{Z}$ のとき,素数 p で生成されたイデアルによる $a \in \mathbb{Q}$ のオーダーは $\operatorname{ord}_p(a)$ とも書く. ◊

例 8.4.4 $A = \mathbb{Z}$ なら,$\operatorname{ord}_3(18) = 2$, $\operatorname{ord}_3(1/3) = -1$ である.

命題 8.4.5 定義 8.4.3 の状況で,次の (1)–(3) が成り立つ.
(1) $a, b \in K$ なら,$\mathbf{ord_\mathfrak{p}(ab) = ord_\mathfrak{p}(a) + ord_\mathfrak{p}(b)}$ である.
(2) $a, b \in K$ なら,$\mathbf{ord_\mathfrak{p}(a+b) \geqq \min\{ord_\mathfrak{p}(a), ord_\mathfrak{p}(b)\}}$ である.
(3) $a, b \in K$ で $\operatorname{ord}_\mathfrak{p}(a) \neq \operatorname{ord}_\mathfrak{p}(b)$ なら,
$$\operatorname{ord}_\mathfrak{p}(a+b) = \min\{\operatorname{ord}_\mathfrak{p}(a), \operatorname{ord}_\mathfrak{p}(b)\}.$$

証明 (1) $\mathfrak{p}A_\mathfrak{p} = \mathfrak{m}$ とおく.$a, b \neq 0$, $(a) = \mathfrak{m}^n$, $(b) = \mathfrak{m}^m$ なら,$(ab) = \mathfrak{m}^{n+m}$ である.$a = 0$ などの場合も同様である.

(2) $n = \min\{\mathrm{ord}_{\mathfrak{p}}(a), \mathrm{ord}_{\mathfrak{p}}(b)\}$ なら，$a, b \in \mathfrak{m}^n$ である．すると $a+b \in \mathfrak{m}^n$ なので，$a+b \neq 0$ なら，$(a+b) = \mathfrak{m}^m$ となる $m \geqq n$ がある．

(3) $m = \mathrm{ord}_{\mathfrak{p}}(a)$, $n = \mathrm{ord}_{\mathfrak{p}}(b)$ とする．必要なら a, b を交換して，$m > n$ としてよい．$\pi \in A_{\mathfrak{p}}$ を $\mathfrak{p} A_{\mathfrak{p}} = \pi A_{\mathfrak{p}}$ となるようにとる．$a = \pi^n a_1$, $b = \pi^n b_1$ とすると，$a_1 \in \mathfrak{m}$, $b_1 \in A_{\mathfrak{p}}^{\times}$ である．すると，$a+b = \pi^n(a_1+b_1)$ だが，$a_1+b_1 \in \mathfrak{m}$ なら $b_1 = (a_1+b_1) - a_1 \in \mathfrak{m}$ となり，矛盾である．よって，$a_1+b_1 \in A_{\mathfrak{p}}^{\times}$ となり，
$$\mathrm{ord}_{\mathfrak{p}}(x+y) = n = \min\{\mathrm{ord}_{\mathfrak{p}}(x), \mathrm{ord}_{\mathfrak{p}}(y)\}$$
である． □

命題 8.4.6 定義 8.4.3 の状況で $a \in \mathbb{Z}$ なら，$\mathfrak{p}^a$ は $x \in K$ で $\mathrm{ord}_{\mathfrak{p}}(x) \geqq a$ であり，$\mathfrak{p}$ と異なる素イデアル $\mathfrak{q}$ に対しては $\mathrm{ord}_{\mathfrak{q}}(x) \geqq 0$ となる x 全体の集合である．

証明 $\mathfrak{p} A_{\mathfrak{p}} = (\pi)$ とする．補題 8.3.7 より，$n, m \in \mathbb{Z}$ で $n > m \geqq 0$ なら，$(\pi^n) \subsetneq (\pi^m)$ である．n, m が負になる場合も π の十分大きいべきをかけて考えることにより，$(\pi^n) \subsetneq (\pi^m)$ である．したがって，$x \in K \setminus \{0\}$ なら，$\mathrm{ord}_{\mathfrak{p}}(x) \geqq a$ は $x \in \mathfrak{p}^a A_{\mathfrak{p}}$ と同値である．

$\mathfrak{q} \neq \mathfrak{p}$ を素イデアルとする．$a > 0$ で $s \in \mathfrak{p} \setminus \mathfrak{q}$ なら $\mathfrak{p}^a A_{\mathfrak{q}} \supset s^a A_{\mathfrak{q}} = A_{\mathfrak{q}}$ なので，$\mathfrak{p}^a A_{\mathfrak{q}} = A_{\mathfrak{q}}$ である．$a = 0$ なら明らかに $\mathfrak{p}^a A_{\mathfrak{q}} = A_{\mathfrak{q}}$ である．$a < 0$ なら，補題 8.3.20 より $\mathfrak{p}^a A_{\mathfrak{q}} = (\mathfrak{p}^{-a} A_{\mathfrak{q}})^{-1} = A_{\mathfrak{q}}^{-1} = A_{\mathfrak{q}}$ である．よって，$\mathfrak{p}^a$ の元は命題の性質を満たす．逆に x が命題の性質を満たせば，命題 8.3.12 より
$$\mathfrak{p}^a = \bigcap_{\mathfrak{q}} \mathfrak{p}^a A_{\mathfrak{q}} = \mathfrak{p}^a A_{\mathfrak{p}} \cap \bigcap_{\mathfrak{q} \neq \mathfrak{p}} A_{\mathfrak{q}}$$
なので，$x \in \mathfrak{p}^a$ である． □

次の定理は第 2 巻 3.2 節で証明する．

定理 8.4.7 代数体の類数は有限である．

これから A が代数体や局所体 (第 2 巻 1.5 節) の整数環である場合を考察することが多いので，$A^{\times}$ の元は単数とよぶことが多くなる．

類数と単数は密接な関係にある．なぜなら，K が代数体で $a, b \in \mathcal{O}_K$ なら，

$(a) = (b)$ であることと $ab^{-1} \in \mathcal{O}_K^\times$ であることが同値だからである．代数体の単数については，ディリクレの単数定理が有名である．この定理を述べるために，少し準備をする．

$[K:\mathbb{Q}] = n$ とすると，$\mathrm{Hom}_\mathbb{Q}^{\mathrm{al}}(K,\overline{\mathbb{Q}})$ は n 個の元よりなる (命題 7.3.7 (1))．$\overline{\mathbb{Q}} \subset \mathbb{C}$ であり，K は $\mathbb{Q}$ 上代数的なので，$\mathrm{Hom}_\mathbb{Q}^{\mathrm{al}}(K,\mathbb{C})$ の元による像は $\overline{\mathbb{Q}}$ に含まれる．よって，$\mathrm{Hom}_\mathbb{Q}^{\mathrm{al}}(K,\mathbb{C})$ も n 個の元よりなる．$\sigma \in \mathrm{Hom}_\mathbb{Q}^{\mathrm{al}}(K,\mathbb{C})$ で $\sigma(K) \subset \mathbb{R}$ なら，σ は K の $\mathbb{C}$ への**実埋め込み**という．そうでなければ，σ は $\mathbb{C}$ への**虚埋め込み**という．σ が $\mathbb{C}$ への**虚埋め込み**なら，その複素共役 $\bar{\sigma}$ も σ と異なる $\mathbb{C}$ への虚埋め込みである．よって，K の $\mathbb{C}$ への虚埋め込みは共役であるものを組にすることができ，その数は偶数である．r_1 を K の $\mathbb{C}$ への実埋め込みの数，$2r_2$ を K の $\mathbb{C}$ への虚埋め込みの数とすると，$\boldsymbol{r_1 + 2r_2 = n}$ である．

代数体の単数に関しては次の定理が基本的である．この定理も第 2 巻 3.3 節で証明する．

定理 8.4.8 (ディリクレの単数定理)　K を代数体，$r_1, 2r_2$ をそれぞれ K の $\mathbb{C}$ への実埋め込み，虚埋め込みの数とすると，$\mathcal{O}_K^\times$ は有限生成アーベル群で，ねじれを法として，$\mathbb{Z}^{r_1+r_2-1}$ と同型である．

8.5　2 次体の整数環

代数体の整数環の基底を決定することは可能だが，一般には手計算では難しい問題である．ここでは，比較的やさしい 2 次体の整数環を決定する．代数体の整数環の基底の例については，第 2 巻 2 章でもっと詳しく解説する．

2 次体は $K = \mathbb{Q}(\sqrt{d})$ ($d \neq 1$ は平方因子を持たない整数) という形をしている．$d > 0$ なら K を**実 2 次体**，$d < 0$ なら K を**虚 2 次体**という．

命題 8.5.1　$d \neq 1$ が平方因子を持たない整数，$K = \mathbb{Q}(\sqrt{d})$ とするとき，次の (1), (2) が成り立つ．
(1) $d \equiv 1 \mod 4$ なら，$\{1, (1+\sqrt{d})/2\}$ が $\mathcal{O}_K$ の $\mathbb{Z}$ 加群としての基底である．
(2) $d \equiv 2, 3 \mod 4$ なら，$\{1, \sqrt{d}\}$ が $\mathcal{O}_K$ の $\mathbb{Z}$ 加群としての基底である．

証明 $K/\mathbb{Q}$ はガロア拡大で $\mathrm{Gal}(K/\mathbb{Q})$ は 1 と $\sigma(\sqrt{d}) = -\sqrt{d}$ となる元 σ よりなる.$\alpha = a+b\sqrt{d}$ $(a,b \in \mathbb{Q})$ が $\mathbb{Z}$ 上整とする.

$$A = \mathrm{Tr}_{K/\mathbb{Q}}(\alpha) = \alpha+\sigma(\alpha), \ B = \mathrm{N}_{K/\mathbb{Q}}(\alpha) = \alpha\sigma(\alpha) \ \in \mathbb{Q}$$

とおくと,命題 8.1.19 より $A,B \in \mathbb{Z}$ である.
$A = 2a$ なので,$a = A/2$ である.

$$4B = 4(a^2-db^2) = A^2-4db^2 \in 4\mathbb{Z}$$

となるので,$4db^2 \in \mathbb{Z}$ である.d は平方因子を持たないので,b の分母は高々 2 である.よって,$b = b_1/2$ $(b_1 \in \mathbb{Z})$ と書ける.

もし b_1 が偶数なら,$b \in \mathbb{Z}$ であり,$B = a^2-db^2 \in \mathbb{Z}$ なので,$a^2 \in \mathbb{Z}$,よって $a \in \mathbb{Z}$ である.もし b_1 が奇数なら,$A^2-db_1^2 \in 4\mathbb{Z}$ となるが,$b_1^2 \equiv 1 \mod 4$ なので,$d \equiv A^2 \mod 4$ である.$A^2 \equiv 0,1 \mod 4$ なので,$d \equiv 2,3 \mod 4$ なら,これはありえない.よって,(2) の場合には,$\mathcal{O}_K$ の元は $a,b \in \mathbb{Z}$ により $a+b\sqrt{d}$ という形に書ける.逆にこの形の元が $\mathcal{O}_K$ の元であることは明らかなので,(2) の主張を得る.

(1) の場合,b_1 が奇数なら,$A^2 \equiv 1 \mod 4$ より A も奇数である.$\alpha_0 = (1+\sqrt{d})/2$ とおくと,

$$\alpha_0^2 - \alpha_0 + \frac{1-d}{4} = 0$$

であり,$d \equiv 1 \mod 4$ なので,$\alpha_0 \in \mathcal{O}_K$ である.よって,$\mathbb{Z}+\mathbb{Z}\alpha_0 \subset \mathcal{O}_K$ である.$2\alpha_0 - 1 = \sqrt{d}$ なので,$\mathbb{Z}+\mathbb{Z}\sqrt{d} \subset \mathbb{Z}+\mathbb{Z}\alpha_0$ である.

$$\alpha - \alpha_0 = \frac{A-1}{2} + \frac{b_1-1}{2}\sqrt{d} \in \mathbb{Z}+\mathbb{Z}\sqrt{d}$$

なので,$\alpha \in \mathbb{Z}+\mathbb{Z}\alpha_0$ である.よって,$\mathcal{O}_K \subset \mathbb{Z}+\mathbb{Z}\alpha_0$ である. □

K が 2 次体なら,$r_1, 2r_2$ をそれぞれ K の $\mathbb{C}$ への実埋め込み,虚埋め込みの数とすると,$r_1+2r_2 = 2$ である.よって,$r_1 = 2$,$r_2 = 0$ か $r_1 = 0$,$r_2 = 1$ である.$r_1 = 2$,$r_2 = 0$ なら K は実 2 次体で,$r_1 = 0$,$r_2 = 1$ なら K は虚 2 次体である.定理 8.4.8 によると,K が実 2 次体なら,$\mathcal{O}_K^\times$ はねじれを法として $\mathbb{Z}$ と同型で,K が虚 2 次体なら,$\mathcal{O}_K^\times$ は有限群になるはずである.実 2 次体の単数については,定理 4.2.3 の ε により,$\mathcal{O}_K^\times = \{\pm\varepsilon^n \mid n \in \mathbb{Z}\}$ であることを定理 4.2.3 の後で述べた (その証明は定理 II–6.1.4 で行う).虚 2 次体については,単数群を決定するのは比較的やさしいので,ここで行う.

補題 8.5.2 A をネーター正規環, K をその商体, L/K を有限次 (分離) 拡大, B を A の L における整閉包とする. このとき, $\alpha \in B$ なら, $\alpha \in B^\times$ であることと, $\mathrm{N}_{L/K}(\alpha) \in A^\times$ であることは同値である. 特に, $A = \mathbb{Z}$ なら, $\alpha \in B^\times$ は $\mathrm{N}_{L/\mathbb{Q}}(\alpha) = \pm 1$ と同値である.

証明 $\alpha \in B^\times$ なら, $\beta \in B$ があり, $\alpha\beta = 1$ となる. ノルムをとり,
$$\mathrm{N}_{L/K}(\alpha)\mathrm{N}_{L/K}(\beta) = 1.$$
よって, $\mathrm{N}_{L/K}(\alpha) \in A^\times$ である. 逆に $\mathrm{N}_{L/K}(\alpha) \in A^\times$ とする. 補題 8.3.4 より, $\mathrm{N}_{L/K}(\alpha) = \alpha(\mathrm{N}_{L/K}(\alpha)/\alpha)$ で $\mathrm{N}_{L/K}(\alpha)/\alpha \in B$ である. よって, $\alpha^{-1} = (\mathrm{N}_{L/K}(\alpha))^{-1}(\mathrm{N}_{L/K}(\alpha)/\alpha) \in B$ となり, $\alpha \in B^\times$ である. □

$\alpha = (3 + 4\sqrt{-1})/5$ なら, $\mathrm{N}_{\mathbb{Q}(\sqrt{-1})/\mathbb{Q}}(\alpha) = 1$ だが, $\alpha \notin \mathbb{Z} + \mathbb{Z}\sqrt{-1}$ である. よって, 補題 8.5.2 で $\alpha \in B$ という仮定は必要である.

命題 8.5.3 $K = \mathbb{Q}(\sqrt{-d})$ (d は平方因子のない正の整数) とするとき, 次の (1)–(3) が成り立つ.
 (1) $d = 1$ なら, $\mathbb{Z}[\sqrt{-1}]^\times = \{\pm 1, \pm\sqrt{-1}\}$.
 (2) $d = 3$ なら, $\mathbb{Z}[\omega]^\times = \{\pm 1, \pm\omega, \pm\omega^2\}$. ($\omega = (-1+\sqrt{-3})/2$.)
 (3) $d \neq 1, 3$ なら, $\mathcal{O}_K^\times = \{\pm 1\}$.

証明 補題 8.5.2 より $\mathrm{N}_{K/\mathbb{Q}}(\alpha) = \pm 1$ となる $\alpha \in \mathcal{O}_K$ を決定すればよい. K は虚 2 次体なので, $\mathrm{N}_{K/\mathbb{Q}}(\alpha) = |\alpha|^2 \geqq 0$. よって, $\mathrm{N}_{K/\mathbb{Q}}(\alpha) = -1$ とはならない.

 (1) $\mathrm{N}_{K/\mathbb{Q}}(a + b\sqrt{-1}) = a^2 + b^2 = 1$ なら, $a = \pm 1, b = 0$, $a = 0, \pm 1$ しかない. よって, $a + b\sqrt{-1} = \pm 1, \pm\sqrt{-1}$ となる.
 (2) $a, b \in \mathbb{Z}$ で
$$\mathrm{N}_{K/\mathbb{Q}}(a + b\omega) = a^2 - ab + b^2 = (a - (1/2)b)^2 + (3/4)b^2 = 1$$
なら, $|b| \leqq 1$ である. $b = 0$ なら $a = \pm 1$ なので, $a + b\omega = \pm 1$ である. $b = \pm 1$ とする. $(a - (1/2)b)^2 = 1/4$ なので, $a - (1/2)b = \pm 1/2$. よって, $b = 1$ なら $a = 0, 1$, $b = -1$ なら $a = 0, -1$ である.

$$(a, b) = (0, 1) \implies a + b\omega = \omega,$$

$$(a,b) = (1,1) \implies a+b\omega = 1+\omega = -\omega^2,$$
$$(a,b) = (0,-1) \implies a+b\omega = -\omega,$$
$$(a,b) = (-1,-1) \implies a+b\omega = -1-\omega = \omega^2$$

なので，(2) の主張を得る．

(3) $d \equiv 1,2 \mod 4$ なら，$-d \equiv 2,3 \mod 4$ なので，$\mathcal{O}_K = \{a+b\sqrt{-d} \mid a,b \in \mathbb{Z}\}$ である．$N_{K/\mathbb{Q}}(a+b\sqrt{-d}) = a^2+db^2 = 1$ で $d \geq 2$ なら，$b=0, a=\pm 1$ となるしかない．$d \equiv 3 \mod 4$ なら $-d \equiv 1 \mod 4$ なので，$\mathcal{O}_K = \{a+b(1+\sqrt{-d})/2 \mid a,b \in \mathbb{Z}\}$ である．$d \neq 3$ なので，$d \geq 7$ である．

$$N_{K/\mathbb{Q}}\left(a+b\frac{1+\sqrt{-d}}{2}\right) = \left(a+\frac{b}{2}\right)^2 + \frac{db^2}{4} = 1$$

で $b \neq 0$ なら，$db^2/4 > 1$．よって，$b=0$，したがって $\mathcal{O}_K^\times = \{\pm 1\}$ である． □

命題 8.5.4 d が平方でない整数なら，次の (1), (2) が成り立つ．
(1) $\mathbb{Z}[\sqrt{d}] \cong \mathbb{Z}[x]/(x^2-d)$．
(2) $d \equiv 1 \mod 4$ なら，$\mathbb{Z}[(1+\sqrt{d})/2] \cong \mathbb{Z}[x]/(x^2-x-(d-1)/4)$．

証明 (1) 準同型 $\phi: \mathbb{Z}[x] \to \mathbb{Z}[\sqrt{d}]$ で $\phi(x) = \sqrt{d}$ となるものがある．$x^2 - d \in \mathrm{Ker}(\phi)$ は明らかである．$f(x) \in \mathrm{Ker}(\phi)$ なら，$f(x)$ を x^2-d で割り算して $f(x) = g(x)(x^2-d)+ax+b$ となる $g(x) \in \mathbb{Z}[x], a,b \in \mathbb{Z}$ がある．$x = \sqrt{d}$ を代入すると，$a\sqrt{d}+b = 0$ である．$\sqrt{d} \notin \mathbb{Q}$ なので，$a = b = 0$ である．よって，$\mathrm{Ker}(\phi) = (x^2-d)$ である．$\mathbb{Z}[\sqrt{d}] \cong \mathbb{Z}[x]/(x^2-d)$ である．

(2) $\theta = (1+\sqrt{d})/2$, $f(x) = x^2-x-(d-1)/4$ とおくと，$f(\theta) = 0$ である．準同型 $\phi: \mathbb{Z}[x] \to \mathbb{Z}[\theta]$ で $\phi(x) = \theta$ となるものがある．$f(x) \in \mathrm{Ker}(\phi)$ は明らかである．$g(x) \in \mathrm{Ker}(\phi)$ なら，$g(x)$ を $f(x)$ で割り算して $g(x) = h(x)f(x)+ax+b$ となる $h(x) \in \mathbb{Z}[x], a,b \in \mathbb{Z}$ がある．$x = \theta$ を代入すると，$a\theta+b = 0$ である．$\sqrt{d} \notin \mathbb{Q}$ なので，$a/2, b+a/2 = 0$ である．よって，$a = b = 0$ である．したがって，$\mathrm{Ker}(\phi) = (f(x))$, $\mathbb{Z}[\theta] \cong \mathbb{Z}[x]/(f(x))$ である． □

例 8.5.5 (一意分解環でない例) 1.2 節で約束したように，$\mathbb{Z}[\sqrt{-5}]$ が一意分解環ではないことをここで証明する．$A = \mathbb{Z}[\sqrt{-5}]$, $K = \mathbb{Q}(\sqrt{-5})$ とおく．

$$6 = 2\cdot 3 = (1+\sqrt{-5})(1-\sqrt{-5})$$

なので、$2, 3, 1\pm\sqrt{-5}$ が互いに同伴でない既約元であることを示せば、命題 6.6.7 より $\mathbb{Z}[\sqrt{-5}]$ は一意分解環でないことがわかる.

2 が既約元であることを示す. $2 = xy$ $(x, y \in A)$ で x, y は単元ではないとする. ノルムをとり、
$$4 = \mathrm{N}_{K/\mathbb{Q}}(2) = \mathrm{N}_{K/\mathbb{Q}}(x)\mathrm{N}_{K/\mathbb{Q}}(y)$$
となる. $\mathrm{N}_{K/\mathbb{Q}}(x), \mathrm{N}_{K/\mathbb{Q}}(y) > 1$ なので、$\mathrm{N}_{K/\mathbb{Q}}(x) = \mathrm{N}_{K/\mathbb{Q}}(y) = 2$ である. $x = a + b\sqrt{-5}$ とすると、$\mathrm{N}_{K/\mathbb{Q}}(x) = a^2 + 5b^2$ なので、これは 2 にはなりえない. したがって、2 は既約元である. 3 は素数で、ノルムが 3 になる元がないことは上と同様なので、3 も既約元である.

$1+\sqrt{-5} = xy$ $(x, y \in A)$ で x, y は単数ではないとする. ノルムをとり、
$$6 = \mathrm{N}_{K/\mathbb{Q}}(1+\sqrt{-5}) = \mathrm{N}_{K/\mathbb{Q}}(x)\mathrm{N}_{K/\mathbb{Q}}(y).$$
$\mathrm{N}_{K/\mathbb{Q}}(x), \mathrm{N}_{K/\mathbb{Q}}(y) > 1$ なので、$\mathrm{N}_{K/\mathbb{Q}}(x) = 2, 3$ となり、やはり矛盾である. よって、$1+\sqrt{-5}$ は既約元である. 同様に $1-\sqrt{-5}$ も既約元である.

命題 8.5.3 より $A^{\times} = \{\pm 1\}$ なので、$2, 3, 1\pm\sqrt{-5}$ は互いに同伴ではない. したがって、A は一意分解環ではない. ◇

例 8.5.6 (素イデアル分解の例) 8.3 節で約束したように、ここで素イデアル分解の例を述べる. $A = \mathbb{Z}[\sqrt{-5}]$ とすると、A は $K = \mathbb{Q}(\sqrt{-5})$ の整数環 $\mathcal{O}_K$ である. $I = (5+4\sqrt{-5}, 15-3\sqrt{-5})$ の素イデアル分解を求める. $\mathrm{N}_{K/\mathbb{Q}}(5+4\sqrt{-5}) = 105$, $\mathrm{N}_{K/\mathbb{Q}}(15-3\sqrt{-5}) = 270$ なので、$105, 270 \in I$ である. $\gcd(105, 270) = 15$ なので、$15 \in I$ である. 命題 8.5.4 (1) より $A \cong \mathbb{Z}[x]/(x^2+5)$ なので、
$$\begin{aligned}
A/I &\cong \mathbb{Z}[x]/(x^2+5, 15, 5+4x, 15-3x) \\
&\cong (\mathbb{Z}/15\mathbb{Z})[x]/(x^2+5, 5+4x, 15-3x) \\
&\cong \mathbb{F}_3[x]/(x^2+5, 5+4x) \times \mathbb{F}_5[x]/(x^2, 4x, -3x) \\
&\cong \mathbb{F}_3[x]/(x^2+2, 2+x) \times \mathbb{F}_5[x]/(x) \\
&\cong \mathbb{F}_3 \times \mathbb{F}_5
\end{aligned}$$
となる. ここで、第 1 因子では x に 1 を代入し、第 2 因子では $x = 0$ を代入して同型を得た.

右辺では、$\mathfrak{q}_1 = (0) \times \mathbb{F}_5$, $\mathfrak{q}_2 = \mathbb{F}_3 \times (0)$ は素イデアルで $\mathfrak{q}_1\mathfrak{q}_2 = (0)$ となる.

$\mathfrak{q}_1, \mathfrak{q}_2$ に対応する I を含む素イデアルを $\mathfrak{p}_1, \mathfrak{p}_2$ とすれば，$I = \mathfrak{p}_1 \mathfrak{p}_2$ となるはずである．準同型
$$\mathbb{Z}[x] \to \mathbb{Z}[x]/(x^2+5, 15, 5+4x, 15-3x) \to \mathbb{F}_3 \times \mathbb{F}_5$$
は x に $1, 0$ を代入することにより得られる．よって，この準同型による $\mathfrak{q}_1, \mathfrak{q}_2$ の逆像はそれぞれ x に $1, 0$ を代入して $3, 5$ の倍数になる元全体の集合である．よって，それらは $P_1 = (x-1, 3)$, $P_2 = (x, 5)$ である．同型 $\mathbb{Z}[x]/(x^2+5, 15, 5+4x, 15-3x) \cong A/I$ により x は $\sqrt{-5}$ に対応するので，P_1, P_2 は
$$\mathfrak{p}_1 = (3, \sqrt{-5}-1), \quad \mathfrak{p}_2 = (5, \sqrt{-5}) = (\sqrt{-5})$$
に対応する．したがって，$I = \mathfrak{p}_1 \mathfrak{p}_2$ となる． ◇

8.6 $\mathbb{Z}[\sqrt{-1}]$ と $\mathbb{Z}[\omega]$

$\omega = (-1+\sqrt{-3})/2$ とおく．この節では，$\mathbb{Z}[\sqrt{-1}]$ と $\mathbb{Z}[\omega]$ がユークリッド環であることを示し，応用として，素数 p が $p = x^2+y^2$ $(x, y \in \mathbb{Z})$ という形に表されることと，$p = 2$ または $p \equiv 1 \mod 4$ であることの同値性の別証明を与える．また同様の考察で，素数 p が $p = x^2+xy+y^2$ $(x, y \in \mathbb{Z})$ という形に表される条件を与える．

命題 8.5.1 より，$\mathbb{Z}[\sqrt{-1}]$ と $\mathbb{Z}[\omega]$ はそれぞれ $\mathbb{Q}(\sqrt{-1}), \mathbb{Q}(\sqrt{-3})$ の整数環である．まず $\mathbb{Z}[\sqrt{-1}], \mathbb{Z}[\omega]$ がユークリッド環であることを示す．

定理 8.6.1 $\mathbb{Z}[\sqrt{-1}], \mathbb{Z}[\omega]$ はユークリッド環である．したがって，$\mathbb{Z}[\sqrt{-1}], \mathbb{Z}[\omega]$ は単項イデアル整域，一意分解環でもある．

証明 $x = a+b\sqrt{-1}$ に対し，$d(x) = |x|^2 = a^2+b^2$ (複素数としての絶対値の 2 乗) とおく．$x \in \mathbb{Z}[\sqrt{-1}]$ なら $a, b \in \mathbb{Z}$ なので，$d(x) \in \mathbb{N}$ である．$x \in \mathbb{Z}[\omega]$ なら，$x = a+b\omega$ $(a, b \in \mathbb{Z})$ とすると，
$$|x|^2 = \left(\frac{2a-b}{2}\right)^2 + \frac{3b^2}{4} = a^2-ab+b^2 \in \mathbb{N}$$
である．$\mathbb{Z}[\sqrt{-1}], \mathbb{Z}[\omega]$ は $\mathbb{C}$ の中で次ページの図のような点の集合になる．

距離は $1/\sqrt{2}$ 以下 $1/\sqrt{3}$ 以下

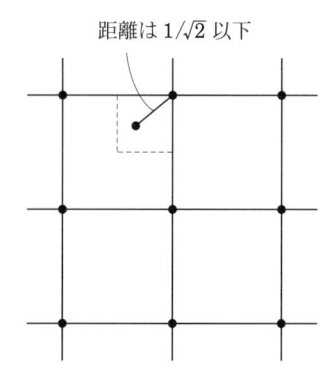

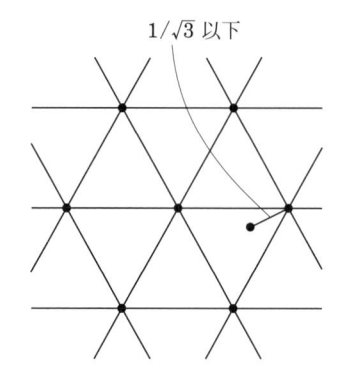

$\mathbb{Z}[\sqrt{-1}]$ の場合を考える. $x = a+b\sqrt{-1} \in \mathbb{Q}[\sqrt{-1}]$ とするとき, x を含む区画の四つの頂点の中で, x に一番近い頂点との距離は $1/\sqrt{2} < 1$ 以下である. $\mathbb{Z}[\sqrt{-1}] \ni x = a+b\sqrt{-1}$, $y = c+d\sqrt{-1} \neq 0$ とするとき, $x/y \in \mathbb{Q}(\sqrt{-1})$ である. $z \in \mathbb{Z}[\sqrt{-1}]$ を $|x/y - z| < 1$ となるようにとると, $|x - yz| < |y|$ となる. よって, $d(x-yz) < d(y)$. したがって, $\mathbb{Z}[\sqrt{-1}]$ はユークリッド環である.

次に $\mathbb{Z}[\omega]$ の場合を考える. $x = a+b\omega \in \mathbb{Q}(\sqrt{-3})$ ($a,b \in \mathbb{Q}$) とするとき, x を含む区画の三つの頂点の中で, x に一番近い頂点との距離は $1/\sqrt{3} < 1$ 以下である. $\mathbb{Z}[\omega] \ni x = a+b\omega$, $y = c+d\omega \neq 0$ とするとき, $x/y \in \mathbb{Q}(\sqrt{-3})$ である. $z \in \mathbb{Z}[\omega]$ を $|x/y-z| < 1$ となるようにとると, $|x-yz| < |y|$ となる. よって, この場合も $d(x-yz) < d(y)$. したがって, $\mathbb{Z}[\omega]$ もユークリッド環である. □

定理 8.6.1 とまったく同様にして $\mathbb{Z}[\sqrt{-2}]$, $\mathbb{Z}[(\sqrt{-7}+1)/2]$ がユークリッド環であることを証明できるが, これは演習問題 8.6.3, 8.6.4 とする.

命題 8.6.2 p を素数とするとき, 次の (1), (2) が成り立つ.

(1) p が $\mathbb{Z}[\sqrt{-1}]$ で素元であることと, $p \equiv 3 \mod 4$ であることは同値である.

(2) p が $\mathbb{Z}[\omega]$ で素元であることと, $p \equiv 2 \mod 3$ であることは同値である.

証明 (1) 命題 8.5.4 (1) より $\mathbb{Z}[\sqrt{-1}] \cong \mathbb{Z}[x]/(x^2+1)$ である. 命題 6.1.34 (2) より

$$\mathbb{Z}[\sqrt{-1}]/(p) \cong \mathbb{Z}[x]/(p, x^2+1) \cong \mathbb{F}_p[x]/(x^2+1).$$

よって,

$$p\, が素元 \iff x^2+1\, が\, \mathbb{F}_p[x]\, で既約多項式$$
$$\iff x^2+1=0\, が\, \mathbb{F}_p\, で解を持たない$$
$$\iff -1 \equiv a^2 \mod p\, となる\, a \in \mathbb{Z}\, がない.$$

$p=2$ なら, $-1 \equiv 1 = 1^2 \mod 2$ なので, 2 は素元ではない. p が奇素数なら, 上の条件は $(-1/p) = -1$ (ルジャンドル記号) であることを意味するので, p が素元であることと $p \equiv 3 \mod 4$ は同値である (定理 1.11.10).

(2) 命題 8.5.4 (2) より $\mathbb{Z}[\omega] \cong \mathbb{Z}[x]/(x^2+x+1)$ である. よって,

$$\mathbb{Z}[\omega]/(p) \cong \mathbb{Z}[x]/(p, x^2+x+1) \cong \mathbb{F}_p[x]/(x^2+x+1).$$

(1) の場合と同様に, p が素元であることと, x^2+x+1 が $\mathbb{F}_p$ に根を持たないことは同値である. $p=3$ なら $x=1$ が根である. $p \neq 3$ とする. $(x-1)(x^2+x+1) = x^3-1$ である. $x=1$ は根 x^2+x+1 の根ではないので, x^2+x+1 が根を持つことと, x^3-1 が $x=1$ 以外の根を持つことは同値である. これは $\mathbb{F}_p^\times$ が位数 3 の元を持つことと同値である. $\mathbb{F}_p^\times$ は位数 $p-1$ の巡回群なので, これは $p \equiv 1 \mod 3$ と同値である. したがって, p が素元であることは $p \equiv 2 \mod 3$ と同値である. なお, (1) と同様に $(-3/p)$ を計算して証明することもできるが, この証明のほうがいくぶん簡単である. □

系 8.6.3 p を素数とするとき, 次の (1), (2) が成り立つ.

(1) 整数 a,b があり, $p = a^2+b^2$ となることと, $p=2$ または $p \equiv 1 \mod 4$ であることは同値である.

(2) 整数 a,b があり, $p = a^2+ab+b^2$ となることと, $p=3$ または $p \equiv 1 \mod 3$ であることは同値である. また, これは $p = a^2+3b^2$ となる $a,b \in \mathbb{Z}$ があることとも同値である.

証明 (1) $p=2$ なら, $p=1^2+1^2$ である. $p \equiv 1 \mod 4$ なら, p は $\mathbb{Z}[\sqrt{-1}]$ で素元ではないので, 単数でない $a+b\sqrt{-1}, c+d\sqrt{-1} \in \mathbb{Z}[\sqrt{-1}]$ があり,

$$p = (a+b\sqrt{-1})(c+d\sqrt{-1})$$

となる. ノルムをとると, $p^2 = (a^2+b^2)(c^2+d^2)$ である. 単数でないので,

$a^2+b^2 > 1$, $c^2+d^2 > 1$ である．よって，
$$p = a^2+b^2 = c^2+d^2$$
となるしかない．

逆に $p \neq 2$ で $p = a^2+b^2$ となる整数 a,b があるとする．a,b のどちらかが偶数でもう一方が奇数である．必要なら a,b を交換し，$a = 2c$, $b = 2d+1$ ($c,d \in \mathbb{Z}$) としてよい．すると，$p = a^2+b^2 = 4(c^2+d^2+d)+1 \equiv 1 \mod 4$ である．

(2) $p = 3$ なら，$a = 1$, $b = 1$ とすれば，$3 = a^2+ab+b^2$ である．$p \equiv 1 \mod 3$ とすると，p は $\mathbb{Z}[\omega]$ で素元ではないので，単数でない $a+b\omega, c+d\omega \in \mathbb{Z}[\omega]$ があり，
$$p = (a+b\omega)(c+d\omega)$$
となる．ノルムをとると，$p^2 = (a^2-ab+b^2)(c^2-cd+d^2)$ である．単数でないので，$a^2-ab+b^2 > 1$, $c^2-cd+d^2 > 1$ である．よって，
$$p = a^2-ab+b^2 = c^2-cd+d^2$$
となるしかない．$-a$ をあらためて a とおけば，$p = a^2+ab+b^2$ である．

逆に $p \neq 3$ で $p = a^2+ab+b^2$ となる整数 a,b があるとする．$a,b \equiv 0 \mod 3$ なら $3 | p$ となり矛盾である．必要なら a,b を交換し，$a \not\equiv 0 \mod 3$ としてよい．$a \equiv 1 \mod 3$ なら $b = 0,1,2$ に対し，$p \equiv 1,0,1 \mod 3$ なので，$b \equiv 0,2$ で $p \equiv 1 \mod 3$ である．$a \equiv 2 \mod 3$ なら $b = 0,1,2$ に対し，$p \equiv 1,1,0 \mod 3$ なので，$b \equiv 0,1$ で $p \equiv 1 \mod 3$ である．いずれの場合も $p \equiv 1 \mod 3$ である．

$p = a^2+ab+b^2$ ($a,b \in \mathbb{Z}$) とする．b が偶数なら，$p = (a+(b/2))^2+3(b/2)^2$ である．a が偶数でも同様なので，a,b 両方とも奇数とする．$a = a_1+b_1$, $b = -b_1$ とおくと，a_1 は偶数で $p = a_1^2+a_1b_1+b_1^2$ である．よって，上の考察に帰着する．逆も同様である． □

系 8.6.3 と同様に，素数 p がいつ $p = x^2+2y^2$ ($x,y \in \mathbb{Z}$) という形に表せるかということを考察することも可能である．これは演習問題 8.6.5 とする．

8.7 不定方程式 $x^3+y^3 = 1$

この節ではフェルマー予想の $n = 3$ の場合について解説する．$n = 4$ の場合には元の方程式よりもいくぶん一般な方程式を考えたが，$n = 3$ の場合も無限

降下法のために，いくぶん一般な次の定理を証明する．

> **定理 8.7.1** ε が $\mathbb{Z}[\omega]$ の単数なら，$a, b, c \in \mathbb{Z}[\omega]$ で
> (8.7.2) $$a^3 + b^3 = \varepsilon c^3, \quad abc \neq 0$$
> となるものはない．

証明 定理 8.6.1 より $\mathbb{Z}[\omega]$ は単項イデアル整域，よって一意分解環であることに注意する．もし $d = \gcd(a, b, c) \neq 1$ なら（最大公約数の意味については命題 6.6.7 の後のコメント参照），

$$\left(\frac{a}{d}\right)^3 + \left(\frac{b}{d}\right)^3 = \varepsilon\left(\frac{c}{d}\right)^3, \quad abc \neq 0$$

なので，$\gcd(a, b, c) = 1$ と仮定してよい．以下，これは最後まで仮定する．

もし $p \in \mathbb{Z}[\omega]$ が素元で $p \mid a, b$ なら，$p^3 \mid c^3$ である．$\mathbb{Z}[\omega]$ は一意分解環なので，$p \mid c$．これは $\gcd(a, b, c) = 1$ に矛盾する．$p \mid a, c$，$p \mid b, c$ の場合も同様なので，

(8.7.3) $$\gcd(a, b) = \gcd(a, c) = \gcd(b, c) = 1$$

である．$\lambda = \omega - 1$，$\mathfrak{p} = (\lambda)$（λ で生成される $\mathbb{Z}[\omega]$ のイデアル）とおくと，

$$\lambda^2 = \omega^2 - 2\omega + 1 = -3\omega$$

であり，ω は単数なので，$\mathfrak{p}^2 = (\lambda)^2 = (3)$ である（第 2 巻で解説するが，$3\mathbb{Z}$ は「分岐する」イデアルである）．また，$x^2 + x + 1 = (x+2)(x-1) + 3$ なので，

$$\mathbb{Z}[\omega]/(\lambda) \cong \mathbb{Z}[x]/(x^2 + x + 1, x - 1) \cong \mathbb{Z}[x]/(3, x - 1) \cong \mathbb{F}_3$$

となる（3 番目のステップでは $x = 1$ を代入する）．よって，$\mathfrak{p}$ は素イデアル，λ は素元であり，$\mathbb{Z}[\omega]/\mathfrak{p}$ の代表元として $0, 1, -1$ をとれる．$\mathfrak{p}$ により定まるオーダー $\mathrm{ord}_\mathfrak{p}$ を考える（定義 8.4.3 参照）．ここでは他の素イデアルに関するオーダーは考えないので，単に ord と書く．

(8.7.2) が成り立つなら，

$$(a+b)(a+b\omega)(a+b\omega^2) = \varepsilon c^3$$

である．もし $a+b, a+b\omega, a+b\omega^2$ のどの二つも互いに素なら，イデアルとして $(a+b), (a+b\omega), (a+b\omega^2)$ は 3 乗になる．このことから無限降下法が使えることが期待されるが，$(a+b) - (a+b\omega) = b(1-\omega) = b\lambda$ となり，$\mathfrak{p}$ の扱いに注意を要

することがわかる．

次の (i)–(iv) が方針である．

(ⅰ) $\lambda\,|\,a$ または $\lambda\,|\,b$ の場合が $\lambda\,|\,c$ の場合に帰着できる．
(ⅱ) $\lambda\,|\,c$ なら，$\lambda\nmid a,b$ である ((8.7.3))．このとき，$\lambda^2\,|\,c$ であることを示す．
(ⅲ) **このステップが一番労力を要する．** $\lambda^2\,|\,c$, $\lambda\nmid a,b$ なら，a,b,c,ε を別の $a_1,b_1,c_1,\varepsilon_1$ で取り換え，$\lambda\nmid a_1,b_1$, $\mathrm{ord}(c_1)=\mathrm{ord}(c)-1$ の場合に帰着できる．ここで無限降下法を使うと，次の (iv) の場合しか残らない．
(ⅳ) $\lambda\nmid a,b,c$ の場合に証明する．

以下，この方針を実行するが，何回も使うことになる補題を最初に証明する．

補題 8.7.4 $x\in\mathbb{Z}[\omega]$, $x\equiv\pm 1 \mod\mathfrak{p}$ なら $x^3\equiv\pm 1 \mod\mathfrak{p}^4$ (複号同順) である．

証明 もし $x\in\mathbb{Z}[\omega]$, $x\equiv 1 \mod\mathfrak{p}$ なら $x=1+\lambda y\ (y\in\mathbb{Z}[\omega])$ とおくと，
$$x^3-1 = (x-1)(x-\omega)(x-\omega^2)$$
$$= \lambda y(1-\omega+\lambda y)(1-\omega^2+\lambda y)$$
$$= \lambda^3 y(y-1)(y-\omega-1)$$
$$\equiv \lambda^3 y(y-1)(y+1) \mod\mathfrak{p}^4$$
である．$\mathbb{Z}[\omega]/\mathfrak{p}$ は $0,1,-1$ で代表されるので，$y,y-1,y+1$ のどれかは $\mathfrak{p}$ の元である．したがって，$x^3\equiv 1 \mod\mathfrak{p}^4$ である．

$x\in\mathbb{Z}[\omega]$, $x\equiv -1 \mod\mathfrak{p}$ なら，$-x\equiv 1 \mod\mathfrak{p}$ なので，$(-x)^3\equiv 1 \mod\mathfrak{p}^4$, つまり $x^3\equiv -1 \mod\mathfrak{p}^4$ である． □

(ⅰ) $\lambda\,|\,a$ の場合が $\lambda\,|\,c$ の場合に帰着されることを示す．

(8.7.3) より $\lambda\nmid b,c$ となるので，$b,c\equiv\pm 1 \mod\mathfrak{p}$ である．$a^3\in\mathfrak{p}^3\subset\mathfrak{p}^2=(3)$ なので，(8.7.2) と補題 8.7.4 より

$$\pm 1\equiv\pm\varepsilon \mod 3 \implies \pm 1\pm\varepsilon\in(3)$$

である．$|\pm 1\pm\varepsilon|\leq 2$ なので，これが成り立つのは，$\pm 1\pm\varepsilon=0$ のときだけである．よって，$\varepsilon=\pm 1$ である．(8.7.2) は

$$b^3+(-\varepsilon c)^3=(-a)^3$$

と同値なので，$\lambda\,|\,c$ の場合に帰着できた．$\lambda\,|\,b$ の場合も同様である．

(ii) $c\in\mathfrak{p}$ なら，$c\in\mathfrak{p}^2$ であることを示す．

(8.7.3) より $a,b\notin\mathfrak{p}$ である．よって，$a,b\equiv\pm1\mod\mathfrak{p}$ である．これより，
$$a^3,b^3\equiv\pm1\mod\mathfrak{p}^4\implies\pm1\pm1\equiv\varepsilon c^3\mod\mathfrak{p}^4$$
である．$c\in\mathfrak{p}$ なので，$\pm1\pm1\in\mathfrak{p}$ となるが，これが起きるのは $1-1$ または $-1+1$ の場合で，両方とも 0 になる．したがって，
$$\varepsilon c^3\equiv 0\mod\mathfrak{p}^4$$
となり，$c\in\mathfrak{p}^2$ である．

(iii) $c\in\mathfrak{p}^2$ とする．別の $a_1,b_1,c_1,\varepsilon_1$ があり，$\mathrm{ord}(c_1)=\mathrm{ord}(c)-1$ の場合に帰着できることを示す．

(8.7.2) より
$$(a+b)(a+\omega b)(a+\omega^2 b)=\varepsilon c^3$$
となり，$\mathrm{ord}(c^3)\geqq 6$ なので，$a+b,a+\omega b,a+\omega^2 b$ のどれかは $\mathfrak{p}^2$ の元である．$(b\omega)^3=(b\omega^2)^3=b^3$ なので，必要なら b を取り換え，$\mathrm{ord}(a+b)\geqq 2$ としてよい．
$$\mathrm{ord}((\omega-1)b)=1<2=\mathrm{ord}(a+b)$$
なので，
$$\mathrm{ord}(a+b\omega)=\mathrm{ord}(a+b+b(\omega-1))=1.$$
同様に $\mathrm{ord}(a+b\omega^2)=1$ である．よって，$\mathrm{ord}(a+b)=3\mathrm{ord}(c)-2$ である．

$\gcd(a+b,a+b\omega)=\lambda$ であることを示す．$p\in\mathbb{Z}[\omega]$ が λ と同伴でない素元で $a+b,a+b\omega$ を割るなら，$(a+b)-(a+b\omega)=b(1-\omega)=-b\lambda$ を割る．p は λ と同伴でないので，b を割る．$p\,|\,(a+b)$ なので，$p\,|\,a$ でもある．これは a,b が互いに素であることに矛盾する．よって，$\gcd(a+b,a+b\omega)=\lambda$ である．同様に
$$\gcd(a+b,a+b\omega^2)=\gcd(a+b\omega,a+b\omega^2)=\lambda.$$

$\mathbb{Z}[\omega]$ は一意分解環なので，
$$(8.7.5)\qquad\begin{aligned}a+b&=\varepsilon_1\alpha^3\lambda^{3\mathrm{ord}(c)-2},\\ a+b\omega&=\varepsilon_2\beta^3\lambda,\\ a+b\omega^2&=\varepsilon_3\gamma^3\lambda\end{aligned}$$

となる $\alpha,\beta,\gamma \in \mathbb{Z}[\omega]$ と単数 $\varepsilon_1,\varepsilon_2,\varepsilon_3$ で

$$\gcd(\alpha,\beta)=\gcd(\alpha,\gamma)=\gcd(\beta,\gamma)=1, \quad \lambda \nmid \alpha,\beta,\gamma$$

となるものがある. (8.7.5) の 2 番目の式に ω, 3 番目の式に ω^2 をかけて最初の式に足すと,

$$\varepsilon_1\alpha^3\lambda^{3\mathrm{ord}(c)-2}+\omega\varepsilon_2\beta^3\lambda+\omega^2\varepsilon_3\gamma^3\lambda=0$$

となる. $\omega\lambda\varepsilon_2$ で割り, $\varepsilon_4=\omega\varepsilon_3\varepsilon_2^{-1}$, $\varepsilon_5=-\omega^2\varepsilon_1\varepsilon_2^{-1}$ とおけば, $\varepsilon_4,\varepsilon_5$ は単数で

$$\beta^3+\varepsilon_4\gamma^3=\varepsilon_5\alpha^3\lambda^{3(\mathrm{ord}(c)-1)}$$

となる. すると, $\pm 1 \pm \varepsilon_4 \in \mathfrak{p}^2=(3)$ となる. (i) と同様に $\varepsilon_4=\pm 1$ となり,

$$\beta^3+(\varepsilon_4\gamma)^3=\varepsilon_5(\alpha\lambda^{\mathrm{ord}(c)-1})^3$$

で $\mathrm{ord}(\alpha\lambda^{\mathrm{ord}(c)-1})=\mathrm{ord}(c)-1$ である.

これにより, $\mathrm{ord}(c)$ は下がり続け, $\mathrm{ord}(c)=2$ になると, (iii) により $\mathrm{ord}(c)=1$ の場合に帰着する. しかし, (ii) によりこれはありえないので, 矛盾である.

(iv) $\lambda \nmid abc$ の場合がないことを証明する. 補題 8.7.4 より,

$$\pm 1 \pm 1 \equiv \pm\varepsilon \mod \mathfrak{p}^4=(9)$$

である. $|\pm 1 \pm 1 \pm \varepsilon| \leq 3$ なので, これが成り立つなら, $\pm 1 \pm 1 = \pm\varepsilon$ である. 左辺は $\pm 2, 0$ にしかならず, $|\pm\varepsilon|=1$ なので, 矛盾である. □

系 8.7.6 方程式 $x^3+y^3=1$ は $xy \neq 0$ である有理数解を持たない.

証明 上のような x,y があれば, x,y に適当な整数をかけ, $a^3+b^3=c^3$, $abc \neq 0$ となる $a,b,c \in \mathbb{Z}$ がある. $\mathbb{Z} \subset \mathbb{Z}[\omega]$ なので, 定理 8.7.1 で $\varepsilon=1$ の場合を考えれば, 矛盾である. □

8.8 2 次体の類数

この節では, 2 次体の類数の計算法を述べる (証明は第 2 巻 6.2 節).

以下, K を 2 次体とするとき, $\alpha,\beta \in \mathcal{O}_K$ で生成された部分 $\mathbb{Z}$ 加群を $\langle\alpha,\beta\rangle$ と書く. なお, [13] では $\langle\alpha,\beta\rangle$ ではなく, $[\alpha,\beta]$ という記号が使われているが, 本シリーズ第 2 巻でイデアル I の類を $[I]$ と書くので, この記号にする.

$d \neq 1$ を平方因子を持たない整数，$K = \mathbb{Q}(\sqrt{d})$ とする．$d \equiv 1 \mod 4$ なら $D = d$，$d \equiv 2,3 \mod 4$ なら $D = 4d$ とおく．

$d < 0$ なら K の類数は次の定理 (定理 II–6.2.1) により計算できる．

> **定理 8.8.1** 以下，$D < 0$，$K = \mathbb{Q}(\sqrt{D})$，$a,b,c \in \mathbb{Z}$ とする．
>
> (A) $|b| \leq \sqrt{|D|/3}$ である b に対し $4ac = b^2 - D$，$a \leq c$，$c > 0$ である a, c を求める．ただし，$D \neq -3$ なら，$|b| < \sqrt{|D|/3}$ としてよい．
>
> (B) (A) の (a,b,c) のうち，$\gcd(a,b,c) = 1$ で
> $$-a < b \leq a < c \quad \text{または} \quad 0 \leq b \leq a = c$$
> を満たすものを求める．このような (a,b,c) の数が K の類数である．また，(a,b,c) に対して $I = \langle a, (-b+\sqrt{D})/2 \rangle$ とすると，このようにして得られる I 全体が K のイデアル類群の代表元となる．

なお，上の定理の条件 (B) は $\tau = (-b+\sqrt{D})/2$ が「複素上半平面 $\mathbb{H}$ の基本領域」に属することと同値である．これについては，第 2 巻 6.2 節で解説する．

例 8.8.2 (類数の計算例 1) $K = \mathbb{Q}(\sqrt{-5})$ の類数を求める．$d = -5$，$D = -20$ として定理 8.8.1 を適用する．
$$|b| < \sqrt{\frac{20}{3}} = 2\sqrt{\frac{5}{3}} \implies b = 0, \pm 1, \pm 2$$
となるが，$4ac = b^2 + 20$ なので，b は偶数である．$a \leq c$，$c > 0$ なので，
$$b = 0 \implies ac = 5 \implies a = 1, c = 5,$$
$$b = \pm 2 \implies ac = 6 \implies a = 1, c = 6 \text{ または } a = 2, c = 3$$
である．$a \neq c$ なので，$-a < b \leq a < c$ となるのは
$$(a,b,c) = (1,0,5), (2,2,3).$$
したがって，$h_K = 2$ である．定理 8.8.1 よりイデアル類群の代表元として
$$\langle 1, \sqrt{-5} \rangle = \mathcal{O}_K, \quad \langle 2, -1+\sqrt{-5} \rangle$$
がとれる． ◇

例 8.8.3 (類数の計算例 2) $K = \mathbb{Q}(\sqrt{-15})$ の類数を求める．$d = D = -15$ として定理 8.8.1 を適用する．

$$|b| \leqq \sqrt{\frac{15}{3}} = \sqrt{5} \implies b = 0, \pm 1, \pm 2$$

となるが,$4ac = b^2 + 15$ なので,b は奇数である.$a \leqq c$, $c > 0$ なので,

$$b = \pm 1, \quad ac = 4 \implies a = 1, c = 4 \text{ または } a = c = 2$$

である.定理 8.8.1 の条件を満たすのは,

$$(a, b, c) = (1, 1, 4), (2, 1, 2)$$

である.したがって,$h_K = 2$ である.定理 8.8.1 よりイデアル類群の代表元として

$$\left\langle 1, \frac{-1+\sqrt{-15}}{2} \right\rangle = \mathcal{O}_K, \quad \left\langle 2, \frac{-1+\sqrt{-15}}{2} \right\rangle$$

がとれる. ◇

$d > 0$ なら K の類数は次の定理 (定理 II–6.2.2) により計算できる.

定理 8.8.4 以下,$D > 0$, $K = \mathbb{Q}(\sqrt{D})$, $a, b, c \in \mathbb{Z}$ とする.

(A) $0 > b > -\sqrt{D}$ である b に対し $4ac = b^2 - D$, $a > 0$, $c < 0$ である a, c を求める.

(B) (A) の (a, b, c) のうち,$\gcd(a, b, c) = 1$ で

$$a + b + c < 0, \quad a - b + c > 0$$

を満たすものを考える.

(C) (B) のすべての (a, b, c) に対して $(-b + \sqrt{D})/2a$ の連分数展開を求め,循環節が違うものの数が K の類数である.

なお,$\theta, \eta \in \mathbb{Q}(\sqrt{D}) \setminus \mathbb{Q}$ が (C) の $(-b + \sqrt{D})/2a$ という形の数であるとき,θ, η が同じ循環節を持つことと,η が θ の連分数展開の途中に現れることは同値である.また (a, b, c) に対して $I = \langle a, (-b + \sqrt{D})/2 \rangle$ とすると,このようにして得られる I 全体が K のイデアル類群の代表元となる.

例 8.8.5 (類数の計算例 3) $K = \mathbb{Q}(\sqrt{10})$ の類数を求める.$d = 10$, $D = 40$ として定理 8.8.4 を適用する.

$$0 > b > -\sqrt{40} = -2\sqrt{10} \implies b = -1, \cdots, -6$$

となるが,$4ac = b^2 - 40$ なので,b は偶数である.$a > 0$, $c < 0$ なので,

$$b = -2 \implies ac = -9 \implies (a,c) = (9,-1), (3,-3), (1,-9),$$
$$b = -4 \implies ac = -6 \implies (a,c) = (6,-1), (3,-2), (2,-3), (1,-6),$$
$$b = -6 \implies ac = -1 \implies (a,c) = (1,-1)$$

である．定理 8.8.4 の条件を満たすのは，

$$(a,b,c) = (3,-2,-3), (3,-4,-2), (2,-4,-3), (1,-6,-1)$$

である．

$(a,b,c) = (3,-2,-3)$ から得られる $(-b+\sqrt{D})/2a$ を連分数展開すると，

$$\frac{1+\sqrt{10}}{3} = 1 + \frac{\sqrt{10}-2}{3},$$
$$\frac{3}{\sqrt{10}-2} = \frac{\sqrt{10}+2}{2} = 2 + \frac{\sqrt{10}-2}{2},$$
$$\frac{2}{\sqrt{10}-2} = \frac{\sqrt{10}+2}{3} = 1 + \frac{\sqrt{10}-1}{3},$$
$$\frac{3}{\sqrt{10}-1} = \frac{\sqrt{10}+1}{3}$$

となるので，$\dfrac{1+\sqrt{10}}{3} = [\overline{1,2,1}]$．

$(a,b,c) = (3,-4,-2), (2,-4,-3)$ に対応する $\dfrac{2+\sqrt{10}}{3}, \dfrac{2+\sqrt{10}}{2}$ は $\dfrac{1+\sqrt{10}}{3}$ の連分数展開の途中に現れるので，$\dfrac{1+\sqrt{10}}{3}$ と同じ循環節を持つ (ただし，シフトは必要)．$(a,b,c) = (1,-6,-1)$ に対応する $(-b+\sqrt{D})/2a$ は $3+\sqrt{10}$ である．

$$3+\sqrt{10} = 6 + \sqrt{10}-3,$$
$$\frac{1}{\sqrt{10}-3} = \sqrt{10}+3$$

となるので，$3+\sqrt{10} = [\overline{6}]$．したがって，$h_K = 2$ である．

イデアル類群の代表元として

$$\langle 3, 1+\sqrt{10} \rangle, \quad \langle 1, 3+\sqrt{10} \rangle = \mathcal{O}_K$$

をとれる．$\langle 3, 1+\sqrt{10} \rangle$ の代わりに $\langle 2, 2+\sqrt{10} \rangle = \langle 2, \sqrt{10} \rangle$ でもよい． ◇

定理 8.8.1, 8.8.4 の (a,b,c) に関する条件は **簡約形式** というものに関係している．この概念については第 2 巻 6.2 節で解説する．

ガウスは虚 2 次体の類数が 1 となるのは，

$$d = -1, -2, -3, -7, -11, -19, -43, -67, -163$$

だけであると予想していた．これはガウスの**類数問題**とよばれていた．この問題は1966年頃ベイカー [28] とスターク [46] により独立に解決された．

類数が1の実2次体は無限個あることが予想されている．これは2013年現在未解決問題である．小さい $d>0$ に対して $K=\mathbb{Q}(\sqrt{d})$ の類数 h_K を書くと下のようになる．より大きな d についての表は第2巻に載せる．

d	2	3	5	6	7	10	11	13	14	15
h_K	1	1	1	1	1	2	1	1	1	2

なお，$d<0$ の場合の類数も少し書いておくと次のようになる．

d	-1	-2	-3	-5	-6	-7	-10	-11	-13	-14	-15
h_K	1	1	1	2	2	1	2	1	2	4	2

8.9 不定方程式 $p=\pm(x^2-dy^2)$ など

前節で2次体の類数の計算法について解説した．実2次体 $K=\mathbb{Q}(\sqrt{d})$（d は平方因子を持たない）の類数が1なら，8.6節と同様の考察で，$p=\pm \mathrm{N}_{K/\mathbb{Q}}(\alpha)$（$\alpha \in \mathcal{O}_K$）という形の不定方程式を考察することが可能である．明示的には，$d \equiv 2,3 \mod 4$ なら，$p=\pm(x^2-dy^2)$（$x,y \in \mathbb{Z}$），$d \equiv 1 \mod 4$ なら，$p=\pm\left(x^2+xy-\dfrac{d-1}{4}y^2\right)$（$x,y \in \mathbb{Z}$）という形の方程式になる．この節では，このことについて例により解説する．

例 8.9.1 例えば素数 p が $p=\pm(x^2-2y^2)$（$x,y \in \mathbb{Z}$）と書けるための条件を求めてみよう．$K=\mathbb{Q}(\sqrt{2})$ とおくと，$\mathcal{O}_K=\mathbb{Z}[\sqrt{2}]$ で $h_K=1$ である（これは認める）．$p=2$ は $2=2^2-2$ と書けるので，$(x,y)=(2,1)$ により $2=x^2-2y^2$ である．

p を奇素数とする．$p=\pm(x^2-2y^2)$ とするとき，x が p で割れるなら y も p で割れ，右辺は p^2 で割れることになり，矛盾である．よって，$p \nmid x$ である．同様に $p \nmid y$ である．$\bar{x}=x \mod p$ などと書くと，$\mathbb{F}_p$ で $\overline{2y^2}=\bar{x}^2$, $\bar{2}=(\bar{x}\bar{y}^{-1})^2$ となり，2は p を法として平方剰余である．

逆に $(2/p)=1$（ルジャンドル記号）とする．

$$\mathbb{Z}[\sqrt{2}]/(p) \cong \mathbb{Z}[x]/(x^2-2,p) \cong \mathbb{F}_p[x]/(x^2-2)$$

で $(2/p) = 1$ なので，x^2-2 は $\mathbb{F}_p$ に根を持つ．$\alpha, \beta \in \mathbb{F}_p$ をその根とすると，$\beta = -\alpha$ である．$p \neq 2$ なので，$\alpha \neq \beta$ である．x に α, β を代入する写像により，
$$\mathbb{F}_p[x]/(x^2-2) \cong \mathbb{F}_p \times \mathbb{F}_p$$
となる．よって，(p) は $\mathbb{Z}[\sqrt{2}]$ で素イデアルではない．

$h_K = 1$ なので，$\mathbb{Z}[\sqrt{2}]$ は一意分解環である．$p = q_1 \cdots q_t$ を素元分解とすると，ノルムをとり，
$$p^2 = \mathrm{N}_{K/\mathbb{Q}}(q_1) \cdots \mathrm{N}_{K/\mathbb{Q}}(q_t)$$
となる．補題 8.5.2 より $\mathrm{N}_{K/\mathbb{Q}}(q_1), \cdots, \mathrm{N}_{K/\mathbb{Q}}(q_t) \neq \pm 1$ なので，$t = 2$ で $\mathrm{N}_{K/\mathbb{Q}}(q_1) = \pm p$ となる．$q_1 = x + y\sqrt{2}$ と書くと，$p = \pm(x^2 - 2y^2)$ である．

よって，$p = \pm(x^2 - 2y^2)$ となることと，$(2/p) = 1$ は同値である．したがって，$p = \pm(x^2 - 2y^2)$ となることと，$p = 2$ または $p \equiv \pm 1 \mod 8$ は同値である．

なお，この場合は $\mathrm{N}_{K/\mathbb{Q}}(1+\sqrt{2}) = -1$ なので，$p = -(x^2 - 2y^2)$ なら $(x + y\sqrt{2})(1 + \sqrt{2}) = x_1 + y_1\sqrt{2}$ とすれば，$p = x_1^2 - 2y_1^2$ である．$1 + \sqrt{2}$ のべきをかけることにより，$p = \pm(x^2 - 2y^2)$ は解があれば，無限個の解がある． ◇

例 8.9.2 例 8.9.1 と同様に素数 p が $p = \pm(x^2 + xy - y^2)$ $(x, y \in \mathbb{Z})$ と書けるための条件を求めてみよう．結論から書く．

結論 $\exists x, y \in \mathbb{Z}, \ p = \pm(x^2 + xy - y^2) \iff p = 5$ または $p \equiv 1, 4 \mod 5$.

$K = \mathbb{Q}(\sqrt{5})$ とおくと，$\mathcal{O}_K = \mathbb{Z}[(\sqrt{5}-1)/2]$ で $h_K = 1$ である（これは認める）．$\theta = (\sqrt{5}-1)/2$ とおく．$p = 5$ は $5 = 2^2 + 2 - 1$ なので，$(x, y) = (2, 1)$ により $5 = x^2 + xy - y^2$ である．

$x, y \in \mathbb{Z}$ のどちらかが奇数なら $\pm(x^2 + xy - y^2)$ は奇数である．$x, y \in \mathbb{Z}$ が両方偶数なら $4 \mid \pm(x^2 + xy - y^2)$ である．よって，2 は $\pm(x^2 + xy - y^2)$ という形にならない．

$p \neq 5$ を奇素数とする．$p = \pm(x^2 + xy - y^2)$ であることと $(5/p) = 1$ であることが同値であることを示す．

$p = \pm(x^2 + xy - y^2)$ $(x, y \in \mathbb{Z})$ とする．例 8.9.1 と同様に $p \nmid x, y$ である．$\bar{x} = x \bmod p$ などと書くと，$\bar{2} \in \mathbb{F}_p^\times$ なので，

$$(8.9.3) \qquad \bar{x}^2 + \bar{x}\bar{y} - \bar{y}^2 = \left(\bar{x} + \frac{\bar{1}}{\bar{2}}\bar{y}\right)^2 - \frac{\bar{5}}{\bar{4}}\bar{y}^2 = \bar{0}$$

である．よって，
$$\bar{5} = \bar{y}^{-2}\left(\overline{2x}+\bar{y}\right)^2$$
となり，$(5/p) = 1$ である．

逆に $(5/p) = 1$ とする．$\bar{5} = \bar{a}^2$ $(a \in \mathbb{Z})$ とすると，$\overline{2b}+\bar{1} = \bar{a}$ となるように $b \in \mathbb{Z}$ をとれば，$\bar{b}^2 + \bar{b} - \bar{1} = \bar{0}$ である．
$$\mathbb{Z}[\theta]/(p) \cong \mathbb{Z}[x]/(x^2+x-1, p) \cong \mathbb{F}_p[x]/(x^2+x-1)$$
であり，x^2+x-1 は $\mathbb{F}_p$ に根 $\bar{b}$ を持つので，(p) は $\mathbb{Z}[\theta]$ で素イデアルではない．

$h_K = 1$ なので，$\mathbb{Z}[\theta]$ は一意分解環である．例 8.9.1 と同様に p の素元分解は $p = q_1 q_2$ $(q_1, q_2 \in \mathcal{O}_K)$ という形であり，$\mathrm{N}_{K/\mathbb{Q}}(q_1) = \pm p$ となる．$q_1 = x + y\theta$ と書くと，
$$p = \pm \mathrm{N}_{K/\mathbb{Q}}(q_1) = \pm(x^2 - xy - y^2)$$
である．$-x$ を x とおけば，$p = \pm(x^2 + xy - y^2)$ である．

よって，$p = \pm(x^2 + xy - y^2)$ となることと，$(5/p) = 1$ は同値である．平方剰余の相互法則より $(5/p) = (p/5)$ となるので，$(5/p) = 1$ は $p \equiv 1, 4 \mod 5$ と同値である．したがって，$p = \pm(x^2 + xy - y^2)$ となることと，$p = 5$ または $p \equiv 1, 4 \mod 5$ となることは同値である．

なお，この場合も $\mathrm{N}_{K/\mathbb{Q}}(\theta) = -1$ なので，$p = -(x^2+xy-y^2)$ の解より，$p = x^2+xy-y^2$ の解が得られる． ◇

なお，ここでは実 2 次体について考察したが，8.6 節と同様に類数が 1 の虚 2 次体についても同様の考察が可能である．これは演習問題 8.9.3 とする．

8.10　不定方程式 $y^2 + 2 = x^3$

この節では，不定方程式 $y^2 + 2 = x^3$ の整数解について解説した後，同様の考察が可能な不定方程式について考察する．この節の例は，命題 8.3.18 を使った考察の典型的な例であり，こういったアイデアは次節でフェルマー予想の易しい場合を考察するのにも有用である．

まず，$\mathbb{Z}[\sqrt{-2}]$ がユークリッド環である (演習問題 8.6.3)，よって単項イデアル整域であることを認めて，不定方程式 $y^2 + 2 = x^3$ を考察する．

命題 8.10.1 方程式 $y^2+2=x^3$ の整数解は $(x,y)=(3,\pm 5)$ だけである.

証明 (x,y) を方程式 $y^2+2=x^3$ の整数解とする.
$$(y+\sqrt{-2})(y-\sqrt{-2})=x^3$$
なので, $\mathbb{Z}[\sqrt{-2}]$ の単項イデアル $(y+\sqrt{-2}),(y-\sqrt{-2})$ の積はイデアルの 3 乗である. これらがそれぞれイデアルの 3 乗であることを示す. 命題 8.3.18 より, $(y+\sqrt{-2}),(y-\sqrt{-2})$ が互いに素であればよい.

素イデアル $\mathfrak{p}$ が $(y+\sqrt{-2}),(y-\sqrt{-2})$ 両方を割るとする. すると, $\mathfrak{p}$ は
$$y+\sqrt{-2}-(y-\sqrt{-2})=2\sqrt{-2}$$
を割る. $\mathbb{Z}[\sqrt{-2}]\cong \mathbb{Z}[x]/(x^2+2)$ なので,
$$\mathbb{Z}[\sqrt{-2}]/(\sqrt{-2})\cong \mathbb{Z}[x]/(x,x^2+2)\cong \mathbb{Z}/2\mathbb{Z}=\mathbb{F}_2$$
である. $\mathbb{F}_2$ は整域なので, $(\sqrt{-2})$ は素イデアルである. $\mathfrak{p}$ は $(2\sqrt{-2})=(\sqrt{-2})^3$ を割るので, $\mathfrak{p}=(\sqrt{-2})$ である.

y が偶数なら x も偶数である. すると, $2=x^3-y^2$ が 4 で割り切れ矛盾である. よって, y は奇数である. $\mathfrak{p}=(\sqrt{-2})$ は $(y+\sqrt{-2})$ を割るので, $\mathfrak{p}$ は (y) を割る. よって, $y=\sqrt{-2}\alpha$ となる $\alpha\in\mathbb{Z}[\sqrt{-2}]$ がある. ノルムをとり, $y^2=2\mathrm{N}_{\mathbb{Q}(\sqrt{-2})/\mathbb{Q}}(\alpha)$ となるので, y が偶数となり, 矛盾である. したがって, $(y+\sqrt{-2}),(y-\sqrt{-2})$ は互いに素である.

命題 8.3.18 より, イデアル I があり,
$$(y+\sqrt{-2})=I^3$$
となる. $\mathbb{Z}[\sqrt{-2}]$ は単項イデアル整域なので, $I=(a+b\sqrt{-2})$ となる $a,b\in\mathbb{Z}$ がある. $\mathbb{Z}[\sqrt{-2}]^\times=\{\pm 1\}$ なので,
$$y+\sqrt{-2}=\pm(a+b\sqrt{-2})^3=\pm(a^3-6ab^2+(3a^2b-2b^3)\sqrt{-2})$$
となる. $\sqrt{-2}$ の係数を比べ,
$$3a^2b-2b^3=b(3a^2-2b^2)=\pm 1$$
である. したがって, $b=\pm 1$ である.

$b=\pm 1$ どちらでも $3a^2-2=\pm 1$ である. $3a^2=2\pm 1$ なので, $3a^2=2+1=3$

となるしかない．よって，$a = \pm 1$ である．すると，
$$y = \pm a(a^2 - 6b^2) = \pm 5$$
である．どちらの場合も $x = 3$ である． $\square$

命題 8.10.1 の証明の核心部分では，$(y+\sqrt{-2}) = I_1^3$ となるイデアル I_1 が単項イデアルになるという性質を使った．$\mathbb{Z}[\sqrt{-2}]$ は単項イデアル整域だったが，考える代数体の類数が 1 でない場合にも，命題 8.10.1 と同じ議論が使える場合があるので，これについて解説する．アイデアだけ先に述べておくと，$(y+\sqrt{-2}) = I_1^3$ という状況では，I_1^3 が単項イデアルなので，$[I_1]$ を I_1 のイデアル類とするとき，$[I_1]^3$ はイデアル類群の単位元である．この場合は類数は 1 だが，もし類数 h が 3 と互いに素なら，$[I_1]^3, [I_1]^h$ が自明なので，$1 = 3a + hb$ となる整数 a, b を選べば，$[I_1] = [I_1]^{3a}[I_1]^{hb}$ も自明で I_1 は単項イデアルとなる．次の命題では，このような議論を使う．

命題 8.10.2 方程式 $y^2 + 5 = x^3$ には整数解はない．

証明 $K = \mathbb{Q}(\sqrt{-5})$ とおくと，例 8.8.2 より，$h_K = 2$ である．

(x, y) を方程式 $y^2 + 5 = x^3$ の整数解とする．$(y+\sqrt{-5})(y-\sqrt{-5}) = x^3$ だが，$\mathbb{Z}[\sqrt{-5}]$ のイデアル $(y+\sqrt{-5}), (y-\sqrt{-5})$ が互いに素であることを示す．

素イデアル $\mathfrak{p}$ がイデアル $(y+\sqrt{-5}), (y-\sqrt{-5})$ 両方を割るなら，$2\sqrt{-5}, 2y$ を割る．

$$\mathbb{Z}[\sqrt{-5}]/(2) \cong \mathbb{Z}[x]/(2, x^2+5) \cong \mathbb{F}_2[x]/(x^2+1) \cong \mathbb{F}_2[x]/(x+1)^2,$$
$$\mathbb{Z}[\sqrt{-5}]/(\sqrt{-5}) \cong \mathbb{F}_5$$

なので，$\mathfrak{p}_1 = (2, \sqrt{-5}+1)$，$\mathfrak{p}_2 = (\sqrt{-5})$ は素イデアルで $(2\sqrt{-5}) = \mathfrak{p}_1^2 \mathfrak{p}_2$ である．よって，$\mathfrak{p}$ は $\mathfrak{p}_1, \mathfrak{p}_2$ のどちらかと一致する．

もし $\mathfrak{p} = \mathfrak{p}_2$ なら，$\mathfrak{p}_2 \mid (2y)$ となる．$\mathfrak{p}_2$ は $(2) = \mathfrak{p}_1^2$ と互いに素なので，$\mathfrak{p}_2 \mid (y)$ となる．$\mathbb{Z}[\sqrt{-5}]^\times = \{\pm 1\}$ なので，$y = \pm\sqrt{-5}\alpha$ $(\alpha \in \mathbb{Z}[\sqrt{-5}])$ とすると，ノルムをとることにより，y は 5 で割り切れる．すると x も 5 で割り切れ，$5 = x^3 - y^2$ が 25 で割り切れ矛盾である．

$\mathfrak{p} = \mathfrak{p}_1$ とする．x が偶数なら y は奇数である．$y^2 + 5 \equiv 2 \mod 4$，$x^3 \equiv 0 \mod 4$ なので，矛盾である．よって，x は奇数で y は偶数である．$\mathfrak{p}_1 \mid$

$(y+\sqrt{-5})$ なので, $y+\sqrt{-5} \in \mathfrak{p}_1$ である. $\sqrt{-5}+1 \in \mathfrak{p}_1$ なので, $y-1 \in \mathfrak{p}_1$ である. $2 \in \mathfrak{p}_1$ で $y-1$ は奇数なので, $1 \in \mathfrak{p}_1$ となり, 矛盾である. したがって, $(y+\sqrt{-5}), (y-\sqrt{-5})$ は互いに素である.

命題 8.3.18 より, イデアル I があり, $(y+\sqrt{-5}) = I^3$ となる. $h_K = 2$ なので, I^2 は単項イデアルである. I^3 も単項イデアルなので, I も単項イデアルである. よって, $I = (a+b\sqrt{-5})$ となる $a, b \in \mathbb{Z}$ がある. $\mathbb{Z}[\sqrt{-5}]^\times = \{\pm 1\}$ なので,

$$y+\sqrt{-5} = \pm(a+b\sqrt{-5})^3 = \pm(a^3 - 15ab^2 + (3a^2b - 5b^3)\sqrt{-5})$$

となる. $\sqrt{-5}$ の係数を比べ,

$$3a^2 b - 5b^3 = b(3a^2 - 5b^2) = \pm 1$$

である. したがって, $b = \pm 1$ である.

$b = \pm 1$ どちらでも $3a^2 - 5 = \pm 1$ である. $3a^2 = 5 \pm 1$ なので, $3a^2 = 5 + 1 = 6$ となるしかない. すると $a^2 = 2$ となり, 矛盾である. したがって, 方程式 $y^2 + 5 = x^3$ には整数解はない. □

なお, $y^2 = x^3 - 2$, $y^2 = x^3 - 5$ は楕円曲線といわれる代数曲線を定める. 楕円曲線の整数点は有限個であることが知られている (ジーゲルの定理). これについては [45, CHAPTER IX, §3] を参照せよ. なお, $\mathbb{Q}$ 上の有理点は無限個あることもある.

8.11 円分体の整数環

整数 $n > 0$ に対し, $\zeta_n = \exp(2\pi\sqrt{-1}/n)$ とおく. $\mathbb{Q}(\zeta_n)$, あるいはその部分体は**円分体**といわれる. なお, ζ_n は円を n 分割するので, このようによばれる. 8.7 節でフェルマー予想の $n = 3$ の場合を考察した際には, $\mathbb{Q}(\omega) = \mathbb{Q}(\sqrt{-3})$ の整数環 $\mathbb{Z}[\omega]$ を使って考察した. フェルマー予想の一般の奇素数の場合における古典的考察でも, $\mathbb{Q}(\zeta_n)$ の整数環における考察が必要である. また, $\bigcup_n \mathbb{Q}(\zeta_n)$ は $\mathbb{Q}$ の「最大アーベル拡大」であり (クロネッカー-ウェーバーの定理, 定理 II-4.3.1 参照), 「類体論」における相互法則が得られるなど, 円分体は非常におもしろい. この節では, 円分体の基本的な性質を証明し, その整数環を決定する. その後で, フェルマー予想の簡単な場合を考察する.

$n > 0$ を整数とする.複素数 $z \in \mathbb{C}$ で $z^n = 1$ を満たすものを **1 の n 乗根**という.$\zeta \in \mathbb{C}$ が 1 の n 乗根で,$0 < m < n$ なら $\zeta^m \neq 1$ であるとき,ζ を **1 の原始 n 乗根**という.$i = 1, \cdots, n-1$ なら $0 < 2\pi i/n < 2\pi$ なので,$\zeta_n^i \neq 1$.したがって,ζ_n は 1 の原始 n 乗根である.

円分体の理論において,以下定義する円分多項式の既約性は基本的である.

定義 8.11.1 (円分多項式) 正の整数 n に対して $\Phi_n(x) = \prod_{\gcd(n,i)=1}(x - \zeta_n^i)$ とおき,n 次の**円分多項式**という.なお $\Phi_1(x) = x - 1$ である. ◇

$\phi(n) = |(\mathbb{Z}/n\mathbb{Z})^\times|$ をオイラーの関数とする (定義 1.9.1).円分多項式 $\Phi_n(x)$ の次数は $\phi(n)$ である.まず,次の基本的な命題を証明する.

命題 8.11.2 (1) 多項式 $x^n - 1 \in \mathbb{Q}[x]$ は重根を持たない.また,$x^n - 1$ の根の集合は $1, \zeta_n, \cdots, \zeta_n^{n-1}$ である.

(2) $\mathbb{Q}(\zeta_n)/\mathbb{Q}$ はガロア拡大である.また,$\sigma \in \mathrm{Gal}(\mathbb{Q}(\zeta_n)/\mathbb{Q})$ なら,n と互いに素な整数 a があり,$\sigma(\zeta_n) = \zeta_n^a$ となる.

(3) $\Phi_n(x) \in \mathbb{Z}[x]$.

証明 (1) $1, \cdots, \zeta_n^{n-1}$ は相異なる $x^n - 1$ の根でちょうど n 個あるので,
$$x^n - 1 = \prod_{i=0}^{n-1}(x - \zeta_n^i)$$
である.よって,$x^n - 1$ は重根を持たない.

(2) ζ_n の最小多項式は $x^n - 1$ を割るので,ζ_n の $\mathbb{Q}$ 上の共役は ζ_n のべきである.よって,$\mathbb{Q}(\zeta_n)/\mathbb{Q}$ はガロア拡大である.$\sigma \in \mathrm{Gal}(\mathbb{Q}(\zeta_n)/\mathbb{Q})$ なら,$\sigma(\zeta_n) = \zeta_n^a$,$\sigma^{-1}(\zeta_n) = \zeta_n^b$ となる $a, b \in \mathbb{Z}$ がある.$\zeta_n = \sigma^{-1} \circ \sigma(\zeta_n) = \zeta_n^{ab}$ なので,$ab \equiv 1 \mod n$.よって,$a \mod n\mathbb{Z} \in (\mathbb{Z}/n\mathbb{Z})^\times$ である.

(3) $\sigma \in \mathrm{Gal}(\mathbb{Q}(\zeta_n)/\mathbb{Q})$ で $\sigma(\zeta_n) = \zeta_n^a$ $(\gcd(a, n) = 1)$ とする.
(8.11.3) $$X = \{\zeta_n^i \mid \gcd(n, i) = 1\}$$
とおく.$\gcd(i, n) = 1$ なら,$\gcd(ai, n) = 1$.よって,σ は X の置換を引き起こす.$\Phi_n(x)$ の係数は X の元の基本対称式なので,$\mathrm{Gal}(\mathbb{Q}(\zeta_n)/\mathbb{Q})$ で不変である.ガロアの基本定理により,$\Phi_n(x)$ の係数は $\mathbb{Q}$ の元である.X の元はモニックな多項式 $f(x) = x^n - 1$ の根なので,$\mathbb{Z}$ 上整である.したがって,$\Phi_n(x)$ の係数も

すべて $\mathbb{Z}$ 上整である．$\mathbb{Z}$ は正規環なので，$\Phi_n(x) \in \mathbb{Z}[x]$ である． □

例 8.11.4 (円分多項式の例)

(1) $\Phi_3(x) = x^2 + x + 1$
(2) $\Phi_5(x) = x^4 + x^3 + x^2 + x + 1$
(3) $\Phi_7(x) = x^6 + x^5 + \cdots + 1$
(4) $\Phi_4(x) = x^2 + 1$．

p が素数なら，$i = 1, \cdots, p-1$ は p と互いに素なので，命題 8.11.2 (1) より $(x-1)\Phi_p(x) = x^p - 1$ である．

$$x^p - 1 = (x-1)(x^{p-1} + \cdots + 1) \implies \Phi_p(x) = x^{p-1} + \cdots + 1.$$

この考察より (1)–(3) が従う．

$\zeta_4 = \sqrt{-1}$ なので，

$$(x - \sqrt{-1})(x - \sqrt{-1}^3) = (x - \sqrt{-1})(x + \sqrt{-1}) = x^2 + 1$$

となり，(4) が従う． ◇

$0 < i < n$ とし，$\gcd(n,i) = m$，$n = dm$，$i = jm$ とすると，$\zeta_n^i = \zeta_d^j$ で j, d は互いに素である．またこの d は i により定まる．したがって，

$$x^n - 1 = \prod_{d \mid n} \Phi_d(x) \implies \Phi_n(x) = \frac{x^n - 1}{\prod_{d \mid n, d < n} \Phi_d(x)}$$

となる．これにより，帰納的に $\Phi_n(x)$ を計算することができる．例えば，

$$\Phi_8(x) = \frac{x^8 - 1}{\Phi_1(x)\Phi_2(x)\Phi_4(x)} = \frac{x^8 - 1}{(x-1)(x+1)(x^2+1)} = x^4 + 1$$

である．なお，Maple では，

> with(numtheory);

> cyclotomic(8,t);

などとして円分多項式がわかる．

p を素数，$f(x) \in \mathbb{Z}[x]$ とするとき，$f(x)$ を p を法として考えた $\mathbb{F}_p$ 上の多項式を $\overline{f}(x)$ と書く．

補題 8.11.5 p を n と互いに素な素数とする．$x^n - 1 = 0$ は $\mathbb{F}_p$ 上の分離多項式である．したがって，$\overline{\Phi}_n(x)$ も $\mathbb{F}_p$ 上の分離多項式である．

証明 $f(x) = x^n - 1$ とおくと，$f'(x) = nx^{n-1}$ である．仮定より n は $\mathbb{F}_p$ で 0 ではない．$\alpha \in \overline{\mathbb{F}}_p$, $f(\alpha) = 0$ なら $\alpha \neq 0$ なので，$f'(\alpha) \neq 0$ である．よって，$f(x)$ は $\mathbb{F}_p$ 上の分離多項式である． □

p が素数なら，$\Phi_p(x)$ が $\mathbb{Q}$ 上既約であることは，既に例 7.1.18 で示したが，もっと一般に次の命題が成り立つ．

> **命題 8.11.6** $\Phi_n(x)$ は ζ_n の $\mathbb{Q}$ 上の最小多項式であり，したがって，$\mathbb{Q}$ 上既約である．

証明 X を (8.11.3) の集合，$\zeta \in X$ とする．$f(x)$ を ζ の $\mathbb{Q}$ 上の最小多項式，p を n と互いに素な素数とするとき，ζ^p も $f(x)$ の根であることを示す．

系 8.1.11 より，$f(x) \in \mathbb{Z}[x]$ である．命題 8.1.10 より $\Phi_n(x) = f(x)g(x)$ となるモニック $g(x) \in \mathbb{Z}[x]$ がある．$\zeta^{ap} = 1 \iff n \mid ap \iff n \mid a$ なので，ζ^p も 1 の原始 n 乗根となり，$\Phi_n(\zeta^p) = 0$ である．もし $f(\zeta^p) \neq 0$ なら $g(\zeta^p) = 0$ である．多項式 $g(x^p)$ は $x = \zeta$ を根に持ち，$f(x)$ はモニックなので，$h(x) \in \mathbb{Z}[x]$ があり $g(x^p) = f(x)h(x)$ となる．準同型 $\mathbb{Z}[x] \to \mathbb{F}_p[x]$ の像を考えると，定理 7.1.3 より $\overline{f}(x)\overline{h}(x) = \overline{g}(x^p) = \overline{g}(x)^p$ となる．したがって，$\overline{f}(x)$ と $\overline{g}(x)$ は互いに素ではない．これは $\overline{\Phi}_n(x)$ が $\mathbb{F}_p$ 上の分離多項式であることに矛盾する．したがって，$f(\zeta^p) = 0$ である．

i を n と互いに素な正の整数とし，$i = p_1 \cdots p_N$ をその素因数分解とする (重複を許す)．$f(x)$ を ζ_n の $\mathbb{Q}$ 上の最小多項式とすると，上で証明したことにより，$\zeta_n^{p_1}$ も $f(x)$ の根となり，系 7.1.12 より $f(x)$ は $\zeta_n^{p_1}$ の最小多項式でもある．よって，$\zeta_n^{p_1 p_2}$ も $f(x)$ の根となり，などと続けると，ζ_n^i も $f(x)$ の根となることがわかる．よって，$f(x)$ は $\Phi_n(x)$ のすべての因子を含むことがわかる．したがって，$\Phi_n(x) = f(x)$ となり，$\mathbb{Q}$ 上既約である． □

> **定理 8.11.7** $n > 1$ なら，$\mathrm{Gal}(\mathbb{Q}(\zeta_n)/\mathbb{Q}) \cong (\mathbb{Z}/n\mathbb{Z})^\times$.
>
> この同一視は，$i + n\mathbb{Z}$ に，$\mathrm{Gal}(\mathbb{Q}(\zeta_n)/\mathbb{Q})$ の元 σ_i で $\sigma_i(\zeta_n) = \zeta_n^i$ を満たすものを対応させることで与えられる．

証明 $\sigma \in \mathrm{Gal}(\mathbb{Q}(\zeta_n)/\mathbb{Q})$ とする. 命題 8.11.2 (2) より, $\sigma(\zeta_n) = \zeta_n^i$ としたとき, i は n と互いに素である. $\mathrm{Gal}(\mathbb{Q}(\zeta_n)/\mathbb{Q}) \ni \sigma \mapsto i \bmod n\mathbb{Z} \in (\mathbb{Z}/n\mathbb{Z})^\times$ が準同型であることはやさしい. $\mathrm{Gal}(\mathbb{Q}(\zeta_n)/\mathbb{Q})$ の元 σ は $\sigma(\zeta_n)$ で定まるので, この準同型は単射である. 命題 8.11.6 より, $[\mathbb{Q}(\zeta_n):\mathbb{Q}] = |(\mathbb{Z}/n\mathbb{Z})^\times|$ である. したがって, 上の準同型は全射にもなり, 同型である. □

例 8.11.8 p が素数なら, 定理 7.4.10 より $(\mathbb{Z}/p\mathbb{Z})^\times$ は巡回群である. 例えば $p=7$ なら, $\overline{3} = 3+7\mathbb{Z}$ が生成元である. $\zeta = \zeta_7$ とおくと,

$$\zeta \to \zeta^3 \to \zeta^2 \to \zeta^6 \to \zeta^4 \to \zeta^5 \to \zeta$$

となる.

$$t_1 = \zeta+\zeta^6 = 2\cos\frac{2\pi}{7}, \quad t_2 = \zeta^3+\zeta^4 = 2\cos\frac{6\pi}{7}, \quad t_3 = \zeta^2+\zeta^5 = 2\cos\frac{4\pi}{7}$$

とおくと, $t_1 \to t_2 \to t_3 \to t_1$ となるので, t_1, t_2, t_3 は $\mathbb{Q}$ 上共役である.

$$t_1+t_2+t_3 = -1,$$
$$t_1t_2+t_1t_3+t_2t_3 = \zeta^4+\zeta^5+\zeta^2+\zeta^3+\zeta^3+\zeta^6+\zeta+\zeta^4+\zeta^5+\zeta+\zeta^6+\zeta^2$$
$$= -2,$$
$$t_1t_2t_3 = \zeta^6+1+\zeta^4+\zeta^5+\zeta^2+\zeta^3+1+\zeta$$
$$= 1$$

となるので, x^3+x^2-2x-1 が t_1,t_2,t_3 の $\mathbb{Q}$ 上の最小多項式である. ◇

L/K が体の拡大で M,N が中間体であるとき, 合成体 $M \cdot N$ が N のガロア拡大であるか, といった問題を考察するのに, 次の定理は有用である.

定理 8.11.9 L/K を有限次拡大, M,N を中間体, $L = M \cdot N$, $M \cap N = K$ で M が K のガロア拡大なら, 次の (1)–(5) が成り立つ.

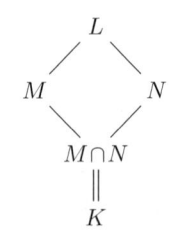

(1) L/N もガロア拡大であり, 制限写像により $\mathrm{Gal}(L/N) \cong \mathrm{Gal}(M/K)$ である.

(2) $[M:K] = [L:N]$, $[N:K] = [L:M]$.

(3) $\{x_1,\cdots,x_t\} \subset M$ (または $\subset N$) が K 上 1 次独立なら, N (M) 上も 1 次独立である.

(4) $M = K(\alpha)$ なら,α の K 上の最小多項式と N 上の最小多項式は一致する.また,$N = K(\beta)$ なら,β の K 上の最小多項式と M 上の最小多項式は一致する.

(5) さらに N/K もガロア拡大なら,制限写像により $\mathrm{Gal}(L/K) \cong \mathrm{Gal}(M/K) \times \mathrm{Gal}(N/K)$ である.

証明 (1) M/K がガロア拡大とする.M は M の元の K 上の共役をすべて含む.よって,M の元の N 上の共役も M の元である.L は N 上 M で生成されるので,L/N はガロア拡大である.

$\mathrm{Gal}(L/N)$ の元 σ を M に制限すると,σ は $M \cap N = K$ の各元を不変にする.M/K はガロア拡大なので,$\sigma(M) \subset M$ であり,σ の M への制限は $\mathrm{Gal}(M/K)$ の元となる.明らかに $\mathrm{Gal}(L/N) \ni \sigma \mapsto \sigma|_M \in \mathrm{Gal}(M/K)$ は準同型である.$\sigma|_M = \mathrm{id}_M$ なら,σ は M,N の各元を不変にし,$L = M \cdot N$ なので,$\sigma = \mathrm{id}_L$ である.よって準同型 $\mathrm{Gal}(L/N) \to \mathrm{Gal}(M/K)$ は単射である.

ガロアの基本定理で $\mathrm{Gal}(M/K)$ の部分群 $\mathrm{Gal}(M/K)$ に対応する中間体は K なので,準同型 $\mathrm{Gal}(L/N) \to \mathrm{Gal}(M/K)$ が全射であることをいうためには,その像に対応する中間体が K となることをいえばよい.つまり,$\alpha \in M$ が $\mathrm{Gal}(L/N)$ の各元で不変なら,K の元であることをいえばよい.L/N に関するガロアの基本定理により,$\alpha \in M$ が $\mathrm{Gal}(L/N)$ の各元で不変なら,$\alpha \in N$ である.よって,$\alpha \in M \cap N = K$ となり,$\mathrm{Gal}(L/N) \to \mathrm{Gal}(M/K)$ は全射である.したがって,$\mathrm{Gal}(L/N) \cong \mathrm{Gal}(M/K)$ である.

(2) (1) より
$$[L:N] = |\mathrm{Gal}(L/N)| = |\mathrm{Gal}(M/K)| = [M:K].$$
よって,
$$[N:K] = [L:K]/[L:N] = [L:K]/[M:K] = [L:M]$$
である.

(3) $\{x_1, \cdots, x_t\} \subset M$ が K 上 1 次独立なら,これを M の K 基底 $\{x_1, \cdots, x_m\}$ ($m = [M:K]$) に拡張できる.$\sum_i y_i z_i$ $(y_i \in M,\ z_i \in N)$ という形の有限和全体よりなる L の部分集合 F は L の部分 K 代数である.系 7.1.14 より,F は体になる.$L = N(x_1, \cdots, x_m)$ なので,$F = L$ である.M の任意の元は $\{x_1, \cdots, x_m\}$

の K 上の線形結合なので,L の任意の元は $\{x_1,\cdots,x_m\}$ の N 上の線形結合である.$[L:N]=[M:K]=m$ なので,$\{x_1,\cdots,x_m\}$ は N 上 1 次独立でなくてはならない.よって,$\{x_1,\cdots,x_t\}$ も N 上 1 次独立である.$\{x_1,\cdots,x_t\}\subset N$ の場合も同様である.

(4) $M=K(\alpha)$ なら $L=N(\alpha)$ で $[M:K]$,$[L:N]$ はそれぞれ α の K 上の最小多項式 $f(x)$ の次数と N 上の最小多項式 $g(x)$ の次数に一致する.$[M:K]=[L:N]$ なので,$\deg f(x)=\deg g(x)$ である.$g(x)$ は $f(x)$ を割り,両方ともモニックなので,$f(x)=g(x)$ である.後半の主張も同様である.

(5) 制限写像から得られる準同型 $\phi:\mathrm{Gal}(L/K)\to\mathrm{Gal}(M/K)\times\mathrm{Gal}(N/K)$ の核の元は M,N の元を不変にするが,$L=M\cdot N$ なので,L の元を不変にする.よって,ϕ は単射である.

$$|\mathrm{Gal}(L/K)|=[L:K]=[L:N][N:K]=[M:K][N:K]$$
$$=|\mathrm{Gal}(M/K)||\mathrm{Gal}(N/K)|$$

であり,ϕ は位数が等しい群の間の単射写像なので,全単射である. □

命題 8.11.10 m,n が互いに素なら,次の (1)–(3) が成り立つ.
(1) $\mathbb{Q}(\zeta_{mn})=\mathbb{Q}(\zeta_m,\zeta_n)$.
(2) $\mathbb{Q}(\zeta_m)\cap\mathbb{Q}(\zeta_n)=\mathbb{Q}$.
(3) $\mathrm{Gal}(\mathbb{Q}(\zeta_{mn})/\mathbb{Q})\cong\mathrm{Gal}(\mathbb{Q}(\zeta_m)/\mathbb{Q})\times\mathrm{Gal}(\mathbb{Q}(\zeta_n)/\mathbb{Q})$.

証明 (1) $\zeta_{mn}^n=\zeta_m$,$\zeta_{mn}^m=\zeta_n$ なので,$\mathbb{Q}(\zeta_{mn})\supset\mathbb{Q}(\zeta_m,\zeta_n)$ である.$am+bn=1$ となる $a,b\in\mathbb{Z}$ があるので,$\zeta_{mn}=\zeta_{mn}^{am+bn}=\zeta_n^a\zeta_m^b$ となり,$\mathbb{Q}(\zeta_{mn})\subset\mathbb{Q}(\zeta_m,\zeta_n)$ である.

(2) ϕ をオイラー関数とする.$K=\mathbb{Q}(\zeta_m)\cap\mathbb{Q}(\zeta_n)$ とおくと,定理 8.11.9 をこの K と $L=\mathbb{Q}(\zeta_{mn})$,$M=\mathbb{Q}(\zeta_m)$,$N=\mathbb{Q}(\zeta_n)$ に適用すると,

$$\frac{\phi(mn)}{[K:\mathbb{Q}]}=[L:K]=[M:K][N:K]=\frac{\phi(m)}{[K:\mathbb{Q}]}\frac{\phi(n)}{[K:\mathbb{Q}]}$$

となる.$\phi(mn)=\phi(m)\phi(n)$ なので,$[K:\mathbb{Q}]=1$ である.

(3) (2) より,定理 8.11.9 を $K=\mathbb{Q}$ として適用でき,定理 8.11.9 (4) より従う. □

次に $\mathbb{Q}(\zeta_n)$ の整数環を考える. 次の命題は一般の n に対しても成り立つが, ここでは n が奇素数の場合だけ考える. 一般の n の場合は, 第 2 巻 4.1 節で考察する.

命題 8.11.11 p を奇素数とすると, $\mathbb{Q}(\zeta_p)$ の整数環は $\mathbb{Z}[\zeta_p]$ である.

証明 以下, $\zeta = \zeta_p$ と書く.

補題 8.11.12 r,s が p と互いに素な整数なら, $(\zeta^r-1)/(\zeta^s-1) \in \mathbb{Z}[\zeta]^\times$.

証明 $r \equiv st \mod p$ となる整数 t がある.
$$\frac{\zeta^r-1}{\zeta^s-1} = \frac{\zeta^{st}-1}{\zeta^s-1} = \zeta^{s(t-1)} + \zeta^{s(t-2)} + \cdots + 1 \in \mathbb{Z}[\zeta]$$
となるが, 同様に $(\zeta^s-1)/(\zeta^r-1) \in \mathbb{Z}[\zeta]$ である. よって, $(\zeta^r-1)/(\zeta^s-1) \in \mathbb{Z}[\zeta]^\times$ である. □

なお, このような単数を**円分単数**という.

補題 8.11.13 $\mathfrak{p} = (1-\zeta)$ とおくと, $\mathfrak{p} \subset \mathbb{Z}[\zeta]$ は素イデアルで $\mathfrak{p}^{p-1} = (p)$ である.

証明 $\mathbb{Z}[\zeta] \cong \mathbb{Z}[x]/(x^{p-1}+\cdots+1)$ である. よって,
$$\mathbb{Z}[\zeta]/(1-\zeta) \cong \mathbb{Z}[x]/(x-1, x^{p-1}+\cdots+1) \cong \mathbb{Z}/p\mathbb{Z} = \mathbb{F}_p$$
(2 番目のステップでは $x=1$ を代入). $\mathbb{F}_p$ は体なので整域である. したがって, $\mathfrak{p}$ は素イデアルである. $x^{p-1}+\cdots+1 = \prod_{i=1}^{p-1}(x-\zeta^i)$ に $x=1$ を代入すると, $p = \prod_{i=1}^{p-1}(1-\zeta^i)$ だが, 補題 8.11.12 より, すべての $i=1,\cdots,p-1$ に対し, $(1-\zeta^i) = (1-\zeta) = \mathfrak{p}$ なので, $(p) = \mathfrak{p}^{p-1}$ である. □

命題 8.11.11 の証明を続ける. $\{1, \zeta, \cdots, \zeta^{p-2}\}$ は $\mathbb{Q}(\zeta)$ の $\mathbb{Q}$ 上の基底である. $\mathrm{Gal}(\mathbb{Q}(\zeta)/\mathbb{Q})$ は $\sigma_i(\zeta) = \zeta^i$ $(i=1,\cdots,p-1)$ という元全体の集合である. $M = (\sigma_j(\zeta^i))$, $d = \det M$ とおく, 命題 8.1.23 より, $a_0, \cdots, a_{p-2} \in \mathbb{Q}$ で
(8.11.14) $$a_0 + a_1\zeta + \cdots + a_{p-2}\zeta^{p-2} \in \mathbb{Q}(\zeta)$$
が $\mathbb{Q}(\zeta)$ の整数環の元なら, $d^2 a_i \in \mathbb{Z}$ である.

$$M = \begin{pmatrix} 1 & \cdots & \cdots & 1 \\ \sigma_1(\zeta) & \cdots & \cdots & \sigma_{p-1}(\zeta) \\ \vdots & \vdots & \vdots & \vdots \\ \sigma_1(\zeta)^{p-2} & \cdots & \cdots & \sigma_{p-1}(\zeta)^{p-2} \end{pmatrix}$$

なので, d はファンデルモンド行列式である. よって,

$$d^2 = \prod_{i<j}(\sigma_i(\zeta)-\sigma_j(\zeta))^2 = \prod_{i<j}(\zeta^i-\zeta^j)^2$$

である. $i<j$ なら $\zeta^i-\zeta^j$ で生成されるイデアルはすべて $\mathfrak{p}$ になるので, $(d^2) = \mathfrak{p}^{(p-1)(p-2)} = (p)^{p-2}$ である. したがって, $a_i \in (1/p^{p-2})\mathbb{Z}$ $(i=0,\cdots,p-2)$ である.

$\mathfrak{p} \subset \mathbb{Z}[\zeta]$ を補題 8.11.13 の素イデアル, $x \in \mathbb{Q}(\zeta)$ に対し, $v(x) = \mathrm{ord}_\mathfrak{p}(x)$ を $\mathfrak{p}$ により定まるオーダーとする (定義 8.4.3 参照). $(p) = \mathfrak{p}^{p-1}$ なので, $x \in \mathbb{Q}$ なら $v(x) = (p-1)\mathrm{ord}_p(x)$ である ($\mathrm{ord}_p(x)$ は (p) により定まるオーダー). $v(x) \geqq 0$ なら, x は分母に p べきを持たない. (8.11.14) の形をした元が $\mathbb{Q}(\zeta)$ の整数環の元なら, a_i は p べきしか分母に持たないので, $v(a_i) \geqq 0$ がすべての i に対して成り立てば, $a_i \in \mathbb{Z}$ となる. 以下, $v(a_i) \geqq 0$ を示す.

(8.11.14) という形をした元全体の集合は

$$x = b_0 + b_1(\zeta-1) + \cdots + b_{p-2}(\zeta-1)^{p-2}$$

($b_0,\cdots,b_{p-2} \in \mathbb{Q}$ の分母は p べき) という形をした元全体の集合と一致する. よって, x が $\mathbb{Q}(\zeta)$ の整数環の元であるとき $v(b_i) \geqq 0$ であることを示せばよい.

$$v(b_i(\zeta-1)^i) = (p-1)\mathrm{ord}_p(b_i) + i$$

なので, $b_0,\cdots,b_{p-2}(\zeta-1)^{p-2}$ のオーダーは $p-1$ を法としてすべて異なる. よって, x は $\mathbb{Q}(\zeta)$ の整数環の元なので, 命題 8.4.5 より

$$0 \leqq v(x) = \min_{i=0,\cdots,p-2}\{(p-1)\mathrm{ord}_p(b_i) + i\}$$

である. これより, すべての i に対し $(p-1)\mathrm{ord}_p(b_i) + i \geqq 0$ であることがわかる. $0 \leqq i \leqq p-2$ なので, $\mathrm{ord}_p(b_i) \geqq 0$ である. これですべての i に対し, $b_i \in \mathbb{Z}$ であることがわかった. □

命題 8.11.11 の証明の「オーダーが異なる元の和のオーダーは各々のオーダーの最小値になる」という議論は「付値」の典型的な使い方である.

$\mathbb{Q}(\zeta_p)$ の整数環が決定できたので, フェルマー予想 (テイラー–ワイルスの定

理) の一般の場合の一番簡単な場合について解説する．

> **定理 8.11.15** p を奇素数で $\mathbb{Q}(\zeta_p)$ の類数が p で割れないとする．このとき，方程式
> $$x^p + y^p = z^p, \quad xyz \neq 0$$
> の整数解 (x,y,z) で x,y,z が p と互いに素であるものは存在しない．

証明 整数解 (x,y,z) で x,y,z が p と互いに素であるものが存在したとして矛盾を導く．x,y の最大公約数 d が 1 でなければ，$d \mid z$ ともなるので，x,y,z を d で割ることにより，x,y は互いに素としてよい．

$p = 3$ の場合は既に 8.7 節で示したので，$p \geqq 5$ とする．$x \equiv y \equiv -z \bmod p$ なら，$-2z^p \equiv z^p \bmod p$ となり，$3z^p \equiv 0 \bmod p$ である．$p \nmid z$ で $p \geqq 5$ なので，矛盾である．$x \equiv y \bmod p$ なら $x \not\equiv -z \bmod p$ となるが，方程式を $x^p + (-z)^p = (-y)^p$ と書き換えることにより，$x \not\equiv y \bmod p$ としてよい．

$\zeta = \zeta_p$ とおくと
$$\prod_{i=0}^{p-1}(x + \zeta^i y) = z^p$$
となる．

以下，次のような方針で証明する．

(I) $i \neq j$ なら，イデアル $(x+\zeta^i y), (x+\zeta^j y)$ は互いに素であることを証明する．類数が p と互いに素であることにより，$x + \zeta y =$ 単数 $\times (p$ べき数) となる．

(II) $\mathbb{Z}[\zeta]^{\times}$ の元が，ζ のべきと $\mathbb{Z}[\zeta]^{\times} \cap \mathbb{R}$ の元の積であることを証明する．このために，すべての共役の絶対値が 1 である代数的整数は 1 のべき根であることを証明する．

(III) $r \in \mathbb{Z}$ により，$x + \zeta y - \zeta^{2r} x - \zeta^{2r-1} y \equiv 0 \bmod p$ という関係式を導き，仮定 $p \nmid x, y$ を使って，矛盾を導く．

(I)

> **補題 8.11.16** $i \neq j$ なら，イデアル $(x+\zeta^i y), (x+\zeta^j y)$ は互いに素である

証明 $P \subset \mathbb{Z}[\zeta]$ が素イデアルで $(x+\zeta^i y), (x+\zeta^j y)$ を割るとして矛盾を導く．

$$P \mid (x+\zeta^i y)-(x+\zeta^j y) = (\zeta^i-\zeta^j)y = 単数 \times (\zeta-1)y,$$
$$P \mid (x+\zeta^i y)-\zeta^{i-j}(x+\zeta^j y) = (1-\zeta^{i-j})x = 単数 \times (\zeta-1)x$$

となるので，$P \mid (\zeta-1)$ または $P \mid x,y$ である．

命題 8.1.15 (2) より $P \cap \mathbb{Z} = q\mathbb{Z}$ となる素数 q がある．$P \mid x,y$ なら，$x,y \in P$ である．よって，$q \mid x,y$ となるので，矛盾である．したがって，$P \mid (\zeta-1)$ である．$(\zeta-1)$ は極大イデアルなので，$P = (\zeta-1)$ である．$p \in (\zeta-1) = P$ だが，異なる素数は互いに素であるため，P に含まれる素数は一つだけである．よって，$q = p$ である．$x+y \equiv x+\zeta^i y \equiv 0 \mod P$, $x+y \mid x^p+y^p$ なので，$P \mid x^p+y^p = z^p$ である．よって，$P \mid z$ である．したがって，$z \in P \cap \mathbb{Z} = p\mathbb{Z}$, $p \mid z$ となり，矛盾である． □

イデアルとして
$$\prod_{i=0}^{p-1}(x+\zeta^i y) = (z)^p$$
となるが，$i \neq j$ なら $(x+\zeta^i y), (x+\zeta^j y)$ は互いに素なので，すべての i に対してイデアル J_i があり，$(x+\zeta^i y) = J_i^p$ となる．h を $\mathbb{Q}(\zeta)$ の類数とすると，仮定より **p, h は互いに素**である．J_i^h は単項イデアルになり，J_i^p も単項イデアルなので，J_i も単項イデアルである．

$J_i = (w_i)$ とすると，単数 u_i があり，$x+\zeta^i y = u_i w_i^p$ となる．

(II)

補題 8.11.17 $\alpha \in \mathbb{C}$ が代数的整数ですべての共役の絶対値が 1 なら，1 のべき根である．

証明 $n = 1,2,\cdots$ に対し $\alpha^n \in \mathbb{Q}(\alpha)$ なので，α^n の $\mathbb{Q}$ 上の最小多項式の次数は $[\mathbb{Q}(\alpha):\mathbb{Q}]$ 以下である．変数の個数が $[\mathbb{Q}(\alpha):\mathbb{Q}]$ 以下の基本対称式をすべて考え，そのうちの項の個数の最大値を M とする．α^n の最小多項式の係数は α^n の共役の基本対称式で代数的整数かつ有理数なので，$\mathbb{Z}$ の元である．α^n の共役の絶対値も 1 なので，α^n の最小多項式の係数の絶対値は M 以下になる．M は n によらない．

係数の絶対値が M 以下で次数が $[\mathbb{Q}(\alpha):\mathbb{Q}]$ 以下の整数係数の多項式は有限個しかないので，$\{\alpha^n \mid n = 1,2,\cdots\}$ は有限集合である．したがって，$n \neq m$ が

あり, $\alpha^n = \alpha^m$ となる. $\alpha^n(1-\alpha^{m-n}) = 0$ となり, $\alpha \neq 0$ なので, $\alpha^{m-n} = 1$ である. □

注 8.11.18 $(3/5) \pm (4/5)\sqrt{-1}$ は絶対値が 1 だが, そもそも代数的整数ではないので, 1 のべき根ではない. 補題 8.11.17 で α が代数的整数であるという仮定は必要である. ◇

補題 8.11.19 $u \in \mathbb{Z}[\zeta]^\times$ なら, $u_1 \in \mathbb{Q}(\zeta + \zeta^{-1})$ と $r \in \mathbb{Z}$ があり, $u = \zeta^r u_1$ となる.

証明 $\overline{u}$ を複素共役, $\alpha = u/\overline{u}$ とおく. u は単数なので, α は代数的整数である. 複素共役は $\mathbb{Q}(\zeta)$ 上では $\zeta \mapsto \zeta^{-1}$ となる $\mathrm{Gal}(\mathbb{Q}(\zeta)/\mathbb{Q})$ の元を引き起こす. $\mathrm{Gal}(\mathbb{Q}(\zeta)/\mathbb{Q})$ はアーベル群なので, 複素共役はガロア群の元と可換である. よって, $\sigma \in \mathrm{Gal}(\mathbb{Q}(\zeta)/\mathbb{Q})$ なら,

$$\sigma(\alpha) = \frac{\sigma(u)}{\sigma(\overline{u})} = \frac{\sigma(u)}{\overline{\sigma(u)}}$$

となり, $|\sigma(\alpha)| = 1$ である. これがすべての σ に対して成り立つので, α は 1 のべき根である.

もし $\mathbb{Q}(\zeta)$ に $\pm \zeta^r$ という形以外の 1 のべき根 λ が含まれれば, 命題 8.11.10 より, $\mathbb{Q}(\zeta)$ は ζ_4, ζ_{p^k} ($k > 1$) または ζ_q (q は p と異なる奇素数) を含む. すると, $\mathbb{Q}(\zeta)$ が $\mathbb{Q}(\zeta_{4p}), \mathbb{Q}(\zeta_{p^k})$ または $\mathbb{Q}(\zeta_{pq})$ を含むことになるが, これらの体の $\mathbb{Q}$ 上の次数は $2(p-1), (p-1)p^{k-1}, (p-1)(q-1)$ であり, $p-1$ より真に大きいので, 矛盾である. したがって, $\mathbb{Q}(\zeta)$ に含まれる 1 のべき根は $\pm \zeta^r$ という形である. これより, $\alpha = \pm \zeta^r$ となる $r \in \mathbb{Z}$ の存在がわかった.

$u/\overline{u} = -\zeta^r$ として矛盾を導く. $u = a_0 + a_1 \zeta + \cdots + a_{p-2} \zeta^{p-2}$ ($a_i \in \mathbb{Z}$) とおけば,

$$u \equiv a_0 + \cdots + a_{p-2} \mod (\zeta - 1)$$

である. 同様に,

$$\overline{u} = a_0 + a_1 \zeta^{-1} + \cdots + a_{p-2} \zeta^{-(p-2)} \equiv a_0 + \cdots + a_{p-2} \equiv u$$
$$= -\zeta^r \overline{u} \equiv -\overline{u} \mod (\zeta - 1)$$

となる. よって, $2\overline{u} \equiv 0 \mod (\zeta - 1)$ となる. しかし, $2 \notin (\zeta - 1)$ で $(\zeta - 1)$ は素イデアルなので, $\overline{u} \in (\zeta - 1)$ となる. $\overline{u}$ は単数なので, 矛盾である. したがっ

て，$u/\overline{u} = \zeta^r$ という形である．

$2r_1 \equiv r \mod p$ となる $r_1 \in \mathbb{Z}$ をとり，$u_1 = \zeta^{-r_1}u$ とおく．すると，$u = \zeta^{r_1}u_1$ であり，$\overline{u_1} = \zeta^{r_1}\overline{u} = \zeta^{r_1}\zeta^{-r}u = \zeta^{-r_1}u = u_1$ となるので，u_1 は複素共役で不変である．$\mathbb{Q}(\zeta+\zeta^{-1}) = \mathbb{Q}(2\cos(2\pi/p)) \subset \mathbb{R}$ は複素共役で不変であり，ζ はこの体上の多項式 $t^2 - 2\cos(2\pi/p)t + 1$ の根である．よって，$[\mathbb{Q}(\zeta):\mathbb{Q}(\zeta+\zeta^{-1})] \leqq 2$ である．ガロアの基本定理より複素共役の不変体を K とすると，$[\mathbb{Q}(\zeta):K] = 2$ なので，$K = \mathbb{Q}(\zeta+\zeta^{-1})$ である．したがって，$u_1 \in \mathbb{Q}(\zeta+\zeta^{-1})$ である．r_1 をあらためて r とおき，補題の主張を得る． □

(III) 定理 8.11.15 の証明を続ける．J_i の $i = 1$ の場合しか使わないので，$x + \zeta y = uw^p$ (u は単数，$w \in \mathbb{Z}[\zeta]$) と書く．補題 8.11.19 より $u = \zeta^r u_1$ ($r \in \mathbb{Z}$, $\overline{u}_1 = u_1$) と書ける．$w = a_0 + a_1\zeta + \cdots + a_{p-2}\zeta^{p-2}$ ($a_i \in \mathbb{Z}$) とすると，$\zeta^p = 1$ なので，

$$w^p \equiv a_0^p + a_1^p + \cdots + a_{p-2}^p \mod p$$

となる．$a = a_0^p + a_1^p + \cdots + a_{p-2}^p \in \mathbb{Z}$ とおくと，$x + \zeta y \equiv \zeta^r u_1 a \mod p$ である．複素共役をとり，$x + \zeta^{-1}y \equiv \zeta^{-r}u_1 a \mod p$ である．よって，

$$\zeta^{-r}(x+\zeta y) \equiv \zeta^r(x+\zeta^{-1}y) \mod p$$

である．したがって，

$$x + \zeta y - \zeta^{2r}x - \zeta^{2r-1}y \equiv 0 \mod p.$$

$\mathbb{Z}[\zeta]$ の $\mathbb{Z}$ 基底として $\{1, \zeta, \cdots, \zeta^{p-2}\}$ をとれるが，$1 + \cdots + \zeta^{p-1} = 0$ なので，$\{1, \zeta, \cdots, \zeta^{p-1}\}$ のなかのどれか一つを除けば，$\mathbb{Z}[\zeta]$ の $\mathbb{Z}$ 基底となる．したがって，$a_0, \cdots, a_{p-1} \in \mathbb{Z}$ のどれか一つが 0 であり，$a_0 + a_1\zeta + \cdots + a_{p-1}\zeta^{p-1}$ が $p\mathbb{Z}[\zeta]$ の元なら，$a_0, \cdots, a_{p-1} \in p\mathbb{Z}$ である．$p \geqq 5$ と仮定しているので，$1, \zeta, \zeta^{2r}, \zeta^{2r-1}$ がすべて異なれば，これらは $\{1, \zeta, \cdots, \zeta^{p-1}\}$ の一部であり，すべてではない．よって，上の条件より $p \mid x, y$ となり，矛盾である．

したがって，$1, \zeta, \zeta^{2r}, \zeta^{2r-1}$ のなかで等しいものがある場合を考えればよい．$1 \neq \zeta$, $\zeta^{2r} \neq \zeta^{2r-1}$ なので，(i) $1 = \zeta^{2r}$ (ii) $1 = \zeta^{2r-1}$ (iii) $\zeta = \zeta^{2r-1}$ の三つの場合を考えればよい ($\zeta = \zeta^{2r}$ なら $1 = \zeta^{2r-1}$)．

(i) $1 = \zeta^{2r}$ なら，$x + \zeta y - x - \zeta^{-1}y = (\zeta - \zeta^{-1})y \equiv 0 \mod p$ である．$\zeta \neq \zeta^{-1} = \zeta^{p-1}$ であり，ζ, ζ^{p-1} は基底の一部なので，$y \equiv 0 \mod p\mathbb{Z}$ である．これ

は矛盾である．

(ii) $1 = \zeta^{2r-1}$ なら，$x+\zeta y-\zeta x-y = (1-\zeta)(x-y) \equiv 0 \mod p$ である．$1,\zeta$ は基底の一部なので，$x \equiv y \mod p$ である．最初に $x \not\equiv y \mod p$ と仮定したので，これは矛盾である．

(iii) $\zeta = \zeta^{2r-1}$ なら，$x+\zeta y-\zeta^2 x-\zeta y = x-x\zeta^2 \equiv 0 \mod p$ である．$1,\zeta^2$ は基底の一部なので，$p \mid x$ となり，矛盾である．

これで定理 8.11.15 の証明が完了した． □

注 8.11.20 $\mathbb{Q}(\zeta_p)$ の類数が p で割れない素数を**正則素数**，割れる素数を**非正則素数**という．定理 8.11.15 で考察したのは，正則素数の場合である．p が正則素数であるかどうかは，ベルヌーイ数によって判定できることが知られている．ベルヌーイ数とは

$$\frac{t}{e^t-1} = \sum_{n=0}^{\infty} B_n \frac{t^n}{n!}$$

としたときの B_n のことで，その値は小さい n に対しては下の表のようになる．

n	2	4	6	8	10	12
B_n	$\dfrac{1}{6}$	$-\dfrac{1}{30}$	$\dfrac{1}{42}$	$-\dfrac{1}{30}$	$\dfrac{5}{66}$	$-\dfrac{691}{2730}$

なお，$B_1 = -1/2$ で，それ以外の奇数の n に対しては $B_n = 0$ である．

$m \equiv n \not\equiv 0 \mod p-1$ なら

(8.11.21) $$\frac{B_m}{m} \equiv \frac{B_n}{n} \mod p$$

となることは**クンマーの合同式**といわれ，現在では p 進 L 関数を使って証明されるのが普通である ([48, p.61, Corollary 5.14] 参照)．クンマーは p が非正則素数であることと，p が $B_2, B_4, B_6, \cdots, B_{p-3}$ のどれかの分子を割ることが同値であることを，上の合同式を使って証明している ([48, p.62, Theorem 5.16, p.157, Corollary 8.17] 参照)．例えば，691 は B_{12} の分子を割るので，非正則素数である．非正則素数は無限個あることが知られているが，正則素数が無限個あるかどうかは 2013 年現在未解決な問題である．これらを含む，フェルマー予想と岩澤理論や p 進 L 関数との関係については，[48] などを参照せよ．

次の非正則素数の表は [48, p.410] の表の一部である．そこでも指摘されてい

正則素数の表 (×が非正則素数)

p	p	p	p	p	p	p
2	107	269	409 ×	587 ×	757 ×	947
3	109	241	419	593 ×	761 ×	953 ×
5	113	251	421 ×	599	769	967
7	119	257 ×	431	601	773 ×	971 ×
11	127	263 ×	433 ×	607 ×	787	977
13	129	269	439	613 ×	797 ×	983
17	131 ×	271 ×	443	617 ×	809 ×	991
19	137	281	449	619 ×	811 ×	997
23	139	283 ×	457	631 ×	821 ×	1009
29	149 ×	293 ×	461 ×	641	823	1013
31	151	307 ×	463 ×	643	827 ×	1019
37 ×	157 ×	311 ×	467 ×	647 ×	829	1021
41	163	313	479	653 ×	839 ×	1031
43	167	317	487	659 ×	853	1033
47	173	331	491 ×	661	857	1039
53	179	337	499	673 ×	859	1049
59 ×	181	347 ×	503	677 ×	863	1051
61	191	349	509	683 ×	877 ×	1061 ×
67 ×	193	353 ×	521	691 ×	881 ×	1063
71	197	359	523 ×	701	883	1069
73	199	367	541 ×	709	887 ×	1087
79	211	373	547 ×	719	907	1091 ×
83	223	379 ×	557 ×	727 ×	911	1093
89	227	383	563	733	919	1097
97	229	389 ×	569	739	929 ×	1103
101 ×	233 ×	397	571	743	937	1109
103 ×	239	401 ×	577 ×	751 ×	941	1117 ×

るように，もともとは [29] の表である．なお，[36] では，[29] の表で見逃されていたいくつかの素数が補われ，さらに $p < 8000$ の非正則素数が挙げられている．

8.12　数体ふるい法

この節では，数体ふるい法について解説する．本節における例は，小島聡史氏の修士論文 [6] によるものである．**数体ふるい法**とは，代数体の整数環を利用して整数の素因数分解を求める確率論的アルゴリズムである．この方法の詳細については，[40] を参照されたい．

なお，アルゴリズムには**決定的アルゴリズム**と**確率論的アルゴリズム**がある．決定的アルゴリズムとは，終了することが保証されているアルゴリズムで，確率論的アルゴリズムとは，終了することは保証されていないが，終了する確率が非常に高いアルゴリズムのことである．

数体ふるい法の計算量は，素因数分解したい数を n とすると，およそ

$$\exp((64/9)^{1/3}(\log n)^{1/3}(\log\log n)^{2/3})$$

程度であると予想されている ([40, p.11])．これは $n = 10^{150}$ とするとおよそ 10^{19} 程度の数となり，また $n = 10^{300}$ とすると，6.5×10^{25} 程度の数である．

ここでは，数体ふるい法というもののアイデアを知ってもらいたいだけなので，ごく簡単な場合に特化して解説することにする．

n を素因数分解したい正の整数とする．$\mathbb{Q}$ 上既約な多項式 $f(x) \in \mathbb{Z}[x]$ を一つ選び，$\alpha \in \mathbb{C}$ を $f(x)$ の一つの根とする．また，$m \in \mathbb{Z}$ が $f(m) \equiv 0 \mod n$ を満たすとする．$K = \mathbb{Q}(\alpha)$ とし，K の整数環 $\mathcal{O}_K$ を考える．ここでは簡単のために，$\mathcal{O}_K = \mathbb{Z}[\alpha]$ であり，さらにこれが一意分解環 (よって系 8.3.19 より単項イデアル整域) であることを仮定する．実際の数体ふるい法ではこれらの仮定は不要である．

$$\phi : \mathbb{Z}[\alpha] \to \mathbb{Z}/n\mathbb{Z}$$

を $\phi(\alpha) = m$ となる準同型とする．

$\gcd(a,b) = 1$ を満たす $a, b \in \mathbb{Z}$ に対して，次の可換図式を考える．

(8.12.1)
$$\begin{array}{ccc} a+b\alpha & \longrightarrow & \mathbb{Z}[\alpha] \text{ の素元の積} \\ \phi \downarrow & & \downarrow \phi \\ a+bm & \longrightarrow & \mathbb{Z}/n\mathbb{Z} \text{ の元の積} \end{array}$$

ここで，m は n よりも十分小さい数を想定しているので，$a+bm$ という形の整数の $\mathbb{Z}$ における素因数分解を $\mathbb{Z}/n\mathbb{Z}$ でも利用する．この図式で，右→下とた

どった元と下→右とたどった元は n を法として合同である．そのような合同式を a,b をとりかえて複数個集め，それらをかけ合わせることで

$$x^2 \equiv y^2 \mod n, \quad x \not\equiv \pm y \mod n$$

という形の関係式を得ることを目標にする．すると，$1 < \gcd(x\pm y,n) < n$ となり，n の因子が求まる(もちろん n が素数ならそれは不可能だが)．

例 8.12.2 (8.12.1) による関係式の例を考える．$f(x) = x^2+1$ とすると，$K = \mathbb{Q}(\sqrt{-1})$, $\mathcal{O}_K = \mathbb{Z}[\sqrt{-1}]$ であり，$\mathcal{O}_K$ は単項イデアル整域である．$\alpha = \sqrt{-1}$, $n = 2117$, $m = 46$ とする．$46^2+1 = 2117$ なので，$\phi(\alpha) = m$ となる準同型 $\phi : \mathbb{Z}[\sqrt{-1}] \to \mathbb{Z}/n\mathbb{Z}$ が存在する．よって，

$$\begin{array}{ccc} 1+5\sqrt{-1} & \longrightarrow & (1+\sqrt{-1})(3+2\sqrt{-1}) \\ \phi \downarrow & & \downarrow \\ 1+5\times 46 & \longrightarrow & 3\cdot 7\cdot 11 \equiv 47\cdot 95 \mod 2117 \end{array}$$

となる． ◇

定義 8.12.3 B を正の定数，$K = \mathbb{Q}(\alpha)$ を代数体とする．
(1) $\ell \in \mathbb{Z}$ のすべての素因子が B 以下であるとき，ℓ は $\boldsymbol{B}$-**smooth** という．
(2) $\gamma \in \mathcal{O}_K$ で $\mathrm{N}_{K/\mathbb{Q}}(\gamma)$ のすべての素因子が B 以下であるとき，γ は $\boldsymbol{B}$-**smooth** という． ◇

準備ができたので，数体ふるい法のアルゴリズムを述べる．

数体ふるい法のアルゴリズム

次の Step 1 から Step 3 までが数体ふるい法とよばれるアルゴリズムである．

Step 1. B を 10^8 程度の定数とし，

$$\begin{cases} F = \{p : \mathbb{Z} \text{ の素数} \mid p \leqq B\}, \\ G = \{\pi : \mathbb{Z}[\alpha] \text{ の素元} \mid |\mathrm{N}_{K/\mathbb{Q}}(\pi)| \leqq B\}, \\ U = \{\mathbb{Z}[\alpha]^\times \text{ の生成元}\} \end{cases}$$

を求める．また，$\pi \in \mathbb{Z}[\alpha]$ が素元で π が生成する素イデアルを P とするとき，π を π_P と書くこともある．

Step 2. $a+bm$ と $a+b\alpha$ が条件

$$\begin{cases} \gcd(a,b)=1, \\ a+bm = \prod_{p\in F} p^{e_p} \quad (a+bm \text{ が } B\text{-smooth}), \\ a+b\alpha = \prod_{\gamma\in G\cup U} \gamma^{e_\gamma} \quad (a+b\alpha \text{ が } B\text{-smooth}) \end{cases}$$

を満たすような整数の組 (a,b) を $|F\cup G\cup U|$ 個より多くみつける.

$a+b\alpha$ に ϕ を適用して,

$$\begin{cases} a+bm = \prod_{p\in F} p^{e_p}, \\ \phi(a+b\alpha) = \prod_{\gamma\in G\cup U} \phi(\gamma)^{e_\gamma} \end{cases}$$

となる. よって,

(8.12.4) $$\prod_{p\in F} p^{e_p} \equiv \prod_{\gamma\in G\cup U} \phi(\gamma)^{e_\gamma} \mod n$$

となる.

Step 3. (8.12.4) の合同式の指数部分を 2 を法として考えたベクトル

$$((e_p \bmod 2), (e_\gamma \bmod 2))_{p\in F, \gamma\in G\cup U}$$

を考える. これらのベクトルの数は $|F\cup G\cup U|$ 個以上あるので, 1 次従属である. よって, 行列の変形により, これらのベクトルの和で, 零ベクトルになるものを求める. もともとのベクトルを考えると,

$$\prod_{p\in F} p^{2w_p} \equiv \prod_{\gamma\in G\cup U} \phi(\gamma)^{2w_\gamma} \mod n$$

という形の条件が得られるので,

$$x = \prod_{p\in F} p^{w_p}, \quad y = \prod_{\gamma\in G\cup U} \phi(\gamma)^{w_\gamma}$$

とおくと, $x^2 \equiv y^2 \mod n$ となる. $x \not\equiv \pm y \mod n$ であれば, $\gcd(x\pm y, n)$ を考え, n の約数が一つ求まる. $x \equiv \pm y \mod n$ となったら, ベクトルの組を選びなおして, 続ける.

例 8.12.5 $n=2117$, $m=46$, $f(x)=x^2+1$, $\alpha=\sqrt{-1}$, $K=\mathbb{Q}(\sqrt{-1})$ の場合にアルゴリズムを実行する (もちろん答え $2117=29\cdot 73$ はすぐにわかるが). $B=17$ ととる. よって,

$$F = \{2, 3, 5, 7, 11, 13, 17\}$$

である．x^2+1 が p を法として既約であることと，$p \equiv 3 \mod 4$ は同値である（命題 8.6.2 (1) の証明）．よって，$f(x)$ は $3, 7, 11$ を法として既約であり，

$$f(x) \equiv \begin{cases} (x-1)^2 \mod 2, \\ (x-2)(x-3) \mod 5, \\ (x-5)(x-8) \mod 13, \\ (x-4)(x-13) \mod 17 \end{cases}$$

となる．よって，1 次因子に対応する素イデアルは

$$\pi_1 = 1+\sqrt{-1},$$
$$\pi_2 = 1+2\sqrt{-1}, \quad \pi_3 = 2+\sqrt{-1},$$
$$\pi_4 = 2+3\sqrt{-1}, \quad \pi_5 = 3+2\sqrt{-1},$$
$$\pi_6 = 1+4\sqrt{-1}, \quad \pi_7 = 4+\sqrt{-1}$$

とおくと，

$$(2, \alpha-1) = (\pi_1),$$
$$(5, \alpha-2) = (\pi_2), \quad (5, \alpha-3) = (\pi_3),$$
$$(13, \alpha-5) = (\pi_4), \quad (13, \alpha-8) = (\pi_5),$$
$$(17, \alpha-4) = (\pi_6), \quad (17, \alpha-13) = (\pi_7)$$

である．また単数は $u = \sqrt{-1}$ とすると，u^i $(i = 0, 1, 2, 3)$ である．

そこで，$a+bm$ と $a+b\sqrt{-1}$ がともに B-smooth なもので結果的に必要なものだけを集めると，次ページの表のようになる．i 番目の数から得られる関係式を v_i とすると，例えば v_1 は

$$\begin{cases} -1+m = 3^2 \cdot 5, \\ -1+\sqrt{-1} = \pi_1 u \end{cases}$$

より $3^2 \cdot 5 \equiv 47 \cdot 46$ となる．u の列は u のべきを示してある．

この表より 9 個の関係式

$$v_1 : 3^2 \cdot 5 \equiv 47 \cdot 46$$
$$v_2 : 7 \cdot 13 \equiv 48 \cdot 46$$
$$v_3 : 2^2 \cdot 5 \cdot 7 \equiv 140$$
$$v_4 : 2^2 \cdot 11 \equiv 93 \cdot 46$$
$$v_5 : 7^2 \equiv -1 \cdot 47 \cdot 93 \cdot 46$$

	a	b	2	3	5	7	11	13	17	π_1	π_2	π_3	π_4	u
v_1	-1	1	2	1						1				1
v_2	-1	2				1		1			1			1
v_3	2	3	2		1	1							1	
v_4	-2	1	2					1			1			1
v_5	3	1			2					1	1			3
v_6	3	4					1		1			2		
v_7	5	1	1						1	1			1	3
v_8	-7	1	1				1			1	2			
v_9	-11	2	4									3		1

$$v_6 : 11 \cdot 17 \equiv 48^2$$
$$v_7 : 3 \cdot 17 \equiv -1 \cdot 47 \cdot 140 \cdot 46$$
$$v_8 : 3 \cdot 13 \equiv 47 \cdot 93^2$$
$$v_9 : 3^4 \equiv 48^3 \cdot 46$$

をかけ合わせることにより,

$$(2^2 \cdot 3^4 \cdot 5 \cdot 7^2 \cdot 11 \cdot 13 \cdot 17)^2 \equiv (-47^2 \cdot 93^2 \cdot 48^3 \cdot 140 \cdot 46^3)^2 \mod 2117$$

という関係式を得る.

$$\gcd(192972780 + 28792995928396922880, 2117) = 73$$

となるので,

$$2117 = 29 \cdot 73$$

という素因数分解を得る. ◊

なお, 結果的には, 素元 $\pi_1, \cdots, \pi_4$ 以外の $\mathbb{Z}[\sqrt{-1}]$ の素元は使わなかったので, 上の表には含めなかった.

上の例では, かなり大きな労力により簡単な素因数分解を行ったが, 2013年現在この方法は多くの場合, 大きな整数の素因数分解の最速のアルゴリズムである. ただし, この方法により素因数分解ができることは保証されない. また, この方法の実際の運用には, 整数環が $\mathbb{Z}[\alpha]$ にならない場合や $\mathbb{Z}[\alpha]$ が一意分解環にならない場合の考察, α の選び方などの考察が必要である. これについては [40] を参照せよ.

8章の演習問題

8.1.1 次の代数的整数 α に対しモニック $f(x) \in \mathbb{Z}[x]$ で $f(\alpha)=0$ となるものを一つ求めよ.

(1) $\sqrt[3]{2}-1$ (2) $\sqrt[3]{2}-3\sqrt[3]{4}$ (3) $\sqrt{2}-\sqrt[4]{2}$

(4) α を多項式 t^3-2t-1 の根とするとき, $\alpha^2+\alpha$

8.1.2 環 $\mathbb{C}[t^3, t^5]$ の $\mathbb{C}(t)$ (有理関数体) での整閉包が $\mathbb{C}[t]$ であることを証明せよ.

8.1.3 (1) $K=\mathbb{Q}(\sqrt{2})$ とするとき, $\alpha = 3-\sqrt{2}$ に対して $\mathrm{Tr}_{K/\mathbb{Q}}(\alpha), \mathrm{N}_{K/\mathbb{Q}}(\alpha)$ を求めよ.

(2) $K=\mathbb{Q}(\sqrt[3]{2})$ とするとき, $\alpha = \sqrt[3]{2} - \sqrt[3]{4}$ に対して $\mathrm{Tr}_{K/\mathbb{Q}}(\alpha), \mathrm{N}_{K/\mathbb{Q}}(\alpha)$ を求めよ.

(3) α を多項式 t^3-2t-2 の根, $K=\mathbb{Q}(\alpha)$ とするとき, $\mathrm{Tr}_{K/\mathbb{Q}}(2\alpha-\alpha^2)$, $\mathrm{N}_{K/\mathbb{Q}}(2\alpha-\alpha^2)$ を求めよ.

8.2.1 次の多項式が $\mathbb{Q}$ 上既約であることを証明せよ.

(1) $f(x) = x^3-7x+2$ (2) $f(x) = x^3-2x^2+4$ (3) $f(x) = x^4-x+1$

(4) $f(x) = x^4+2x^2-1$ (5) $f(x) = x^4-x-3$ (6) $f(x) = x^4-x^3+3$

(7) $f(x) = x^5-x-3$ (8) $f(x) = x^5+x^2+x-2$

8.2.2 $\mathbb{F}_3[x]$ のモニック 4 次多項式で既約なものを一つみつけ, それを使って, $\mathbb{Q}$ 上既約な 4 次多項式の例を五つあげよ.

8.2.3 (1) $a,b \in \mathbb{Z}$ で x^4+ax^2+b が 1 次の因子を持たないとき, x^4+ax^2+b が $\mathbb{Q}$ 上可約なら, 次の (i), (ii) のどちらかが成り立つことを証明せよ.

(i) a^2-4b が平方である. (ii) b が平方である.

(2) x^4+ax^2+b $(a,b \in \mathbb{Z})$ という形の多項式で $\mathbb{Q}$ 上既約なものの例を五つあげよ.

8.4.1 多項式 $f(x) = x^5-x-3$ が $\mathbb{Q}$ 上既約であることは認める. α を $f(x)$ の一つの根, $K=\mathbb{Q}(\alpha)$ とするとき, K の r_1, r_2 (実埋め込みの数と虚埋め込みの共役類の数) を求めよ.

8.5.1 $\mathbb{Z}[\sqrt{-13}]$ が一意分解環でないことを証明せよ．

8.5.2 イデアル $(42, 3(\sqrt{-13}-1)) \subset \mathbb{Z}[\sqrt{-13}]$ の素イデアル分解を求めよ．

8.6.1 次の素数 p を $p = x^2 + xy + y^2$ の形に表せ．
(1) 7　　　(2) 13　　　(3) 19　　　(4) 31

8.6.2 正の整数 n が $n = x^2 + xy + y^2$ の形に表せるための条件を求めよ．

8.6.3 $\mathbb{Z}[\sqrt{-2}]$ がユークリッド環であることを証明せよ．

8.6.4 $\mathbb{Z}[(\sqrt{-7}+1)/2]$ がユークリッド環であることを証明せよ．

8.6.5 素数 p が整数 x, y により $p = x^2 + 2y^2$ の形になるための必要十分条件を系 8.6.3 と同様の考察で求めよ．

8.8.1 次の d に対し，2次体 $K = \mathbb{Q}(\sqrt{d})$ の類数を求めよ．また，イデアル類群の代表元を求めよ．
(1) -7　　(2) -10　　(3) -11　　(4) -13　　(5) -17
(6) -19　　(7) -21　　(8) -22

8.8.2 次の d に対し，2次体 $K = \mathbb{Q}(\sqrt{d})$ の類数を求めよ．また，イデアル類群の代表元を求めよ．
(1) 2　　(2) 3　　(3) 5　　(4) 6　　(5) 7
(6) 15　　(7) 19　　(8) 26

8.9.1 次の d に対して素数 p が $p = \pm(x^2 - dy^2)$ と表されるための必要十分条件を 8.9 節と同様の考察で求めよ．ただし，$\mathbb{Q}(\sqrt{d})$ の類数が 1 になることは認める．
(1) 3　　(2) 7　　(3) 11　　(4) 19　　(5) 23

8.9.2 次の d に対して素数 p が $p = \pm\left(x^2 + xy - \dfrac{d-1}{4}y^2\right)$ と表されるための必要十分条件を 8.9 節と同様の考察で求めよ．ただし，$\mathbb{Q}(\sqrt{d})$ の類数が 1 になることは認める．
(1) 13　　(2) 17　　(3) 21　　(4) 29

8.9.3 次の d に対して素数 p が $p = x^2+xy-\dfrac{d-1}{4}y^2$ と表されるための必要十分条件を 8.6 節と同様の考察で求めよ．ただし，$\mathbb{Q}(\sqrt{d})$ の類数が 1 になることは認める．

(1) -7 (2) -11 (3) -19

8.10.1 次の a に対し，不定方程式 $y^2+a=x^3$ の整数解をすべて求めよ．ただし，これらの a に対して $\mathbb{Q}(\sqrt{-a})$ の類数が 3 で割り切れないことは認める．

(1) 6 (2) 10 (3) 13 (4) 14 (5) 17
(6) 3 (7) 11 (8) 15 (9) 19 (10) 35

8.11.1 円分多項式 $\Phi_n(x)$ を次の n に対して求めよ．

(1) 6 (2) 9 (3) 10 (4) 11 (5) 12
(6) 14 (7) 15 (8) 16

8.11.2 $2\cos 2\pi/n$ の $\mathbb{Q}$ 上の最小多項式を次の n に対して求めよ．

(1) 7 (2) 9 (3) 11

8.11.3 (1) ベルヌーイ多項式 $B_n(x)$ を
$$\frac{te^{xt}}{e^t-1} = \sum_{n=0}^{\infty} B_n(x)\frac{t^n}{n!}$$
で定義する．このとき，$B_n(x+1) - B_n(x) = nx^{n-1}$ であることを証明せよ．

(2) 次の等式
$$\sum_{x=1}^{m} x^{n-1} = \frac{B_n(m+1)-B_n(0)}{n}$$
を証明せよ．

(3) ベルヌーイ多項式はベルヌーイ数を使って
$$B_n(x) = \sum_{i=0}^{n} \binom{n}{i} B_i x^{n-i}$$
と表されることを証明せよ．

(4) $\sum_{i=0}^{n} i^4, \sum_{i=0}^{n} i^5, \sum_{i=0}^{n} i^6$ を明示的に求めよ．

第 9 章
p 進数

　この章では，p を素数とする．1.10 節の考察で p^i を法とする合同方程式の解から p^{i+1} を法とする解を構成できる場合があることを示した．このようにすべての p^i を法として考えるということをつきつめると，p 進数の概念に到達する．この章では，p 進数の定義と性質について解説する．9.1 節では p 進数を定義し，基本的な性質とともにヘンゼルの補題とその応用について述べる．2次形式論は p 進的な考察が非常にうまくいく場合である．9.2 節では，2次形式における積公式やハッセの原理などについて解説する．現在では，p 進数の概念は整数論全体でなくてはならない概念となっている．

9.1　p 進数とヘンゼルの補題

　この節では，p 進数の定義や基本的な性質とヘンゼルの補題について解説する．

　定義 8.4.3 でデデキント環での極大イデアルに関するオーダーを定義した．特に $A = \mathbb{Z}$, $K = \mathbb{Q}$ で，p を素数とするとき，素イデアル $\mathfrak{p} = (p)$ に関するオーダーは ord_p と書く．以下の完備化などの議論は一般のデデキント環に対して行うこともできるが，それは第 2 巻 1 章で考察する．

　定義 9.1.1　x を零でない有理数とするとき，$p^{-\mathrm{ord}_p(x)}$ を $|x|_p$ と書き，x の p **進付値**という．便宜上 $|0|_p = 0$ と定義する．p が明らかなら，$|x|$ とも書く．
$\diamond$

　p 進付値は $\mathbb{Q}$ 上に距離を定め，その距離による完備化として p 進体を定義する．次の命題はそのために必要な p 進付値の性質だが，証明は命題 8.4.5 より

従う (詳細は略).

> **命題 9.1.2** (1) $x,y \in \mathbb{Q}$ なら，$|xy|_p = |x|_p|y|_p$．また，$y \neq 0$ なら，$|x/y|_p = |x|_p/|y|_p$ である．
>
> (2) $x,y \in \mathbb{Q}$ なら，$|x+y|_p \leqq \max\{|x|_p, |y|_p\}$．また，$|x|_p \neq |y|_p$ なら，$|x+y|_p = \max\{|x|_p, |y|_p\}$．

例 9.1.3 (1) $\mathrm{ord}_2(16) = 4$, $|16|_2 = 2^{-4}$, $\mathrm{ord}_2(14/35) = 1$, $|14/35|_2 = 1/2$, $\mathrm{ord}_2(21/20) = -2$, $|21/20|_2 = 4$.

(2) $\mathrm{ord}_3(18/35) = 2$, $|18/35|_3 = 1/9$, $\mathrm{ord}_3(1/27) = -3$, $|1/27|_3 = 27$.

(3) $\mathrm{ord}_5(15) = 1$, $\mathrm{ord}_5(50) = 2$, $\mathrm{ord}_5(65) = 1 = \min\{\mathrm{ord}_5(15), \mathrm{ord}_5(50)\}$.

(4) $\mathrm{ord}_7(28) = \mathrm{ord}_7(21) = 1$, $\mathrm{ord}_7(28+21) = 2 > \min\{\mathrm{ord}_7(28), \mathrm{ord}_7(21)\} = 1$.

◇

距離空間の概念は，この後定義 9.1.7 で定義する．$\mathbb{R}$ の通常の距離により，$\mathbb{Q}$ は距離空間になるが，上の p 進付値も $\mathbb{Q}$ 上に別の距離を定める．それを **p 進距離**という．これについては，例 9.1.8，命題 9.1.9 で述べるが，とりあえず距離というものが，2 点がどれだけ遠いか近いかを表す概念であると，大雑把に理解しておく．$\mathbb{R}$ の通常の距離を $\mathbb{Q}$ に制限したものと $\mathbb{Q}$ の p 進距離の違いを表す例として，$p = 2$ の場合の次の図を考える．2 進距離では，$4096, 4095, 1/4096$ と 0 との距離はそれぞれ $|4096-0|_2 = 1/4096, 1, 4096$ になるので，その位置関係は下右図のようになる．

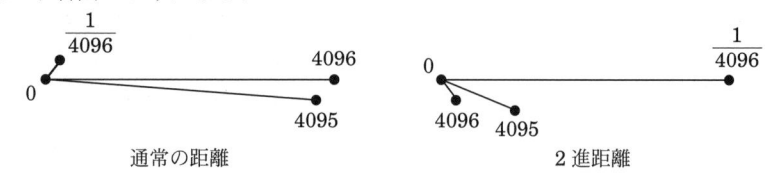

通常の距離 　　　　　　　　　　　2 進距離

次の定理は**ヘンゼルの補題**とよばれる．

> **定理 9.1.4** $F(x) = a_0 x^m + a_1 x^{m-1} + \cdots + a_m$ を整数係数の多項式，$x_0 \in \mathbb{Z}$, $\delta_1 = \mathrm{ord}_p(F(x_0))$, $\delta_2 = \mathrm{ord}_p(F'(x_0))$ とする．もし $\delta_1 > 2\delta_2$ なら，$n = 1, 2, \cdots$ に対し $x_n \in \mathbb{Z}$ があり，$F(x_n) \equiv 0 \mod p^{\delta_1+n}$, $x_n \equiv x_{n-1}$

$\bmod\, p^{\delta_1-\delta_2+n-1}$ となる.

証明 仮定より $F(x_0) \equiv 0 \mod p^{\delta_1}$ である. $x_i \in \mathbb{Z}$ を帰納的に $i = 1, \cdots, n$ に対し

(9.1.5)
$$\operatorname{ord}(F'(x_i)) = \delta_2,$$
$$F(x_i) \equiv 0 \mod p^{\delta_1+i},$$
$$x_i \equiv x_{i-1} \mod p^{\delta_1-\delta_2+i-1}$$

となるように構成できたとする.

$F'(x_n) = p^{\delta_2} y_n$ とおくと, $p \nmid y_n$ なので,

(9.1.6)
$$z_n y_n + w_n p = 1$$

となる $z_n, w_n \in \mathbb{Z}$ がある.

$$\frac{F(x_n)}{p^{\delta_2}} \cdot z_n y_n + \frac{F(x_n)}{p^{\delta_2}} \cdot w_n p = \frac{F(x_n)}{p^{\delta_2}}$$

となるが, $\operatorname{ord}_p(F(x_n)/p^{\delta_2}) \geqq \delta_1 - \delta_2 + n$ なので,

$$\frac{F(x_n)}{p^{\delta_2}} \cdot z_n y_n \equiv \frac{F(x_n)}{p^{\delta_2}} \mod p^{\delta_1-\delta_2+n+1}$$

である.

$$x_{n+1} = x_n - \frac{F(x_n)}{p^{\delta_2}} \cdot z_n$$

と定義する (気分的には $(F(x_n)/p^{\delta_2})z_n = F(x_n)/F'(x_n)$ である).

補題 1.10.5 より

$$F(x) - F(x_n) = (x - x_n)F'(x_n) + (x - x_n)^2 G_n(x)$$

となる整数係数の多項式 $G_n(x)$ がある. すると,

$$F(x_{n+1}) = F(x_n) - \frac{F(x_n)}{p^{\delta_2}} \cdot z_n F'(x_n) + \left(\frac{F(x_n)}{p^{\delta_2}}\right)^2 z_n^2 G_n(x_{n+1})$$

である. $F'(x_n)/p^{\delta_2} = y_n$, $2(\delta_1 - \delta_2 + n) \geqq \delta_1 + n + 1$ なので,

$$F(x_{n+1}) \equiv F(x_n) - F(x_n) z_n y_n \mod p^{\delta_1+n+1}$$

となる. (9.1.6) より $z_n y_n \equiv 1 \mod p$ である. $F(x_n) \equiv 0 \mod p^{\delta_1+n}$ なので,

$$F(x_{n+1}) \equiv 0 \mod p^{\delta_1+n+1}$$

である. 定義より $x_{n+1} \equiv x_n \mod p^{\delta_1-\delta_2+n}$ なので, $x_{n+1} \equiv x_0 \mod p^{\delta_1-\delta_2}$

である．$\delta_1 - \delta_2 \geqq \delta_2 + 1$ なので，
$$F'(x_{n+1}) \equiv F'(x_0) \mod p^{\delta_2+1}$$
である．$\mathrm{ord}_p(F'(x_0)) = \delta_2$ なので，$\mathrm{ord}_p(F'(x_{n+1})) = \delta_2$ である．したがって，(9.1.5) が $i = n+1$ に対しても成り立つ．

帰納法により，定理の主張が成り立つ． □

例えば，$F(x) = x^2 - 17$ なら，$\mathrm{ord}_2(F(1)) = \mathrm{ord}_2(-16) = 4 > 2\mathrm{ord}_2(F'(1)) = 2\mathrm{ord}_2(2) = 2$ なので，$x_n^2 \equiv 17 \mod 2^{n+4}$ となるように，次々と $x_n \in \mathbb{Z}$ をみつけることができる．このような主張を述べるのには，p 進数を導入して述べるのが自然である．

実数体 $\mathbb{R}$ は $\mathbb{Q}$ に通常の距離を考え，「コーシー列」が極限を持つようにしたものである．$\mathbb{Q}$ の通常の距離とは随分違うが，有理数 x に対し，$|x|_p$ が小さいほど，つまり p に関するオーダーが大きい，あるいは p でより割り切れるほど 0 に近いとみなして，やはり極限が存在するように p 進数というものを定義する．

実数は無限小数と考えることができる．例えば $\pi = 3.14159265\cdots$ なら，
$$3 + \frac{1}{10} + \frac{4}{10^2} + \frac{1}{10^3} + \cdots$$
と表すと，10^{-n} は小さくなっていくので，これが実数を表すとみなせる．p 進数の場合，p で割れるほど「小さい」とみなす．だから，
$$a_0 + a_1 p + a_2 p^2 + a_3 p^3 + \cdots$$
といった表現を考えることにする．このような表現が意味を持つように定義したものが **p 進数**である．まず，距離空間の概念を定義する．

定義 9.1.7 X を空でない集合，d を $X \times X$ 上定義された $\mathbb{R}_{\geqq}$ に値を持つ関数とする．もし，d が次の (1)–(3) を満たすとき，(X, d) を **距離空間** という．

(1) $x, y \in X$ に対し，$d(x, y) = 0 \iff x = y$．
(2) $x, y \in X$ に対し，$d(x, y) = d(y, x)$．
(3) **(三角不等式)** $x, y, z \in X$ に対し，$d(x, z) \leqq d(x, y) + d(y, z)$． ◇

(X, d) が距離空間で $Y \subset X$ が部分集合なら，d を $Y \times Y$ に制限することにより，Y は距離空間になる．

例 9.1.8　$x,y \in \mathbb{Q}$ に対して $d(x,y) = |x-y|$ と定義すれば，$\mathbb{Q}$ は距離空間となる． ◇

命題 9.1.2 より，次の命題が成り立つ．

> **命題 9.1.9**　p を素数とする．$x,y \in \mathbb{Q}$ に対し $d(x,y) = |x-y|_p$ と定義すると，$(\mathbb{Q},d)$ は距離空間である．

ここで位相について簡単に復習する．

定義 9.1.10　X が集合，$\mathcal{C}$ が X の部分集合よりなる集合で次の (1)–(3) の性質を満たすとき，$(X,\mathcal{C})$ を**位相空間**といい，$U \in \mathcal{C}$ を X の**開集合**という．

(1) $\emptyset, X \in \mathcal{C}$．

(2) $U,V \in \mathcal{C}$ なら $U \cap V \in \mathcal{C}$．

(3) $I \subset \mathcal{C}$ が任意の部分集合なら，$\bigcup_{U \in I} U \in \mathcal{C}$． ◇

$(X,\mathcal{C})$ が位相空間なら，$\mathcal{C}$ は X に位相を定める，あるいは X に位相が入るともいう．$x \in U \in \mathcal{C}$ なら，U は x の**近傍**であるという．$F \subset X$ でその補集合 $X \setminus F$ が開集合なら F を**閉集合**という．閉集合の有限和は閉集合であり，閉集合の共通集合は閉集合である．$x,y \in X$ で $x \neq y$ なら，開集合 $x \in U$, $y \in V$ があり $U \cap V = \emptyset$ となるとき，X は**ハウスドルフ空間**であるという．部分集合 $S \subset X$ に対し，S を含む閉集合全部の共通集合を S の**閉包**といい，$\overline{S}$ と書く．$\overline{S}$ は S を含む最小の閉集合である．

$(X,\mathcal{C})$ が位相空間で $Y \subset X$ が部分集合なら，$\mathcal{C}' = \{U \cap Y \mid U \in \mathcal{C}\}$ を開集合の集合とする位相が Y に定まる．これを**部分位相**，$(Y,\mathcal{C}')$ を $(X,\mathcal{C})$ の**部分空間**という．

$(X,\mathcal{C})$ を位相空間，$x \in X$, $\mathscr{B}_x \subset \mathcal{C}$ とする．(1) $V \in \mathscr{B}_x$ なら $x \in V$ であり，(2) $x \in U \in \mathcal{C}$ なら $V \in \mathscr{B}_x$ が存在して $V \subset U$ となるとき，$\mathscr{B}_x$ を x の**基本近傍系**という．すべての点 $x \in X$ で基本近傍系 $\mathscr{B}_x$ が定められていれば，$\mathscr{B} = \bigcup_{x \in X} \mathscr{B}_x$ とおくと，$U \subset X$ が開集合であることと，U が U に含まれる $V \in \mathscr{B}$ の和集合となることは同値である．逆に X の部分集合の集合 $\mathscr{B}$ が次の定義の条件を満たせば，X に位相を定めることができる．

定義 9.1.11 $\mathscr{B}$ を集合 X の部分集合よりなる集合で次の条件を満たすとき, X の**開基**という.

(1) $\bigcup_{U \in \mathscr{B}} U = X$.

(2) $U, V \in \mathscr{B}$, $x \in U \cap V$ なら, $x \in W \in \mathscr{B}$ があり, $W \subset U \cap V$. ◇

$\mathscr{B}$ を集合 X の開基とする. このとき, $\mathcal{C}$ を $\mathscr{B}$ に属する集合の和集合になっている集合全体の集合とする. ただし, $\emptyset \in \mathcal{C}$ とみなす. このとき, $(X, \mathcal{C})$ は位相空間になる. 定義 9.1.10 (1), (3) は明らかである. $U_1, U_2 \in \mathcal{C}$ なら, $\mathscr{B}$ の部分集合 I_1, I_2 があり, $U_i = \bigcup_{V \in I_i} V$ $(i = 1, 2)$ である. すると, $U_1 \cap U_2 = \bigcup_{V_1 \in I_1, V_2 \in I_2} V_1 \cap V_2$ である. 定義 9.1.11(2) の性質より, $V_1 \cap V_2$ は $\mathscr{B}$ に属する集合の和集合になる. よって, $U_1 \cap U_2 \in \mathcal{C}$ となる. このように, 位相を定義するには開基を定めればよい.

例えば, (X, d) が距離空間なら, $x \in X$, $r > 0$ により $U_r(x) = \{y \in X \mid d(x, y) < r\}$ という形をした部分集合全体の集合を $\mathscr{B}$ とすると, $\mathscr{B}$ を開基として X は位相空間となる. $x, y \in X$, $x \neq y$ なら $r < d(x, y)$ にとれば, $U_r(x) \cap U_y(r) = \emptyset$ なので, X はハウスドルフ空間になる. 以降, 距離空間にはこの位相を考えるものとする.

$(X, \mathcal{C}_X), (Y, \mathcal{C}_Y)$ が位相空間で $\mathscr{B}_X, \mathscr{B}_Y$ がそれぞれ X, Y の開基なら, $X \times Y$ には $\{U \times V \mid U \in \mathscr{B}_X, V \in \mathscr{B}_Y\}$ を開基とする位相が入る. これを**直積位相**という.

$(X, \mathcal{C}_X), (Y, \mathcal{C}_Y)$ を位相空間, $f: X \to Y$ を写像とする. $x \in X$, $f(x) = y$ とするとき, y の任意の近傍 U に対し x の近傍 V があり $f(V) \subset U$ となるとき, f は x で**連続**であるという. f がすべての点で連続なら, f は連続であるという.

定義 9.1.12 (1) X を位相空間, $\{x_n\}_n$ を X の点列, $x \in X$ とする. x の任意の近傍 $U \ni x$ に対し, $N > 0$ があり, $n > N$ なら $x_n \in U$ となるとき, $\{x_n\}_n$ は x に**収束する**という. また, x は点列 $\{x_n\}_n$ の極限であるという. このとき, $\lim_{n \to \infty} x_n = x$, あるいは単に $x_n \to x$ と書く.

(2) X がハウスドルフ空間であり, $\{U_i\}_{i \in I}$ が X の開集合の集合で $X = \bigcup_{i \in I} U_i$ なら, I の有限部分集合 J で $X = \bigcup_{i \in J} U_i$ となるものがあるとき, X は

コンパクトという.

(X,d) が距離空間なら，(1) は $d(x_n,x) \to 0$ と同値である．距離空間 X から距離空間 Y への写像 ϕ が連続であることは，$x_n \in X$ が $x \in X$ に収束するとき，$\phi(x_n)$ が $\phi(x)$ に収束することと同値である．(2) は「任意の開被覆が有限部分開被覆を持つ」と言い換えることができる．距離空間 X がコンパクトであることと，X の任意の点列に対し，その部分列で収束するものがあることとは同値である．

(X,d) が距離空間で $\{x_n\}_n$ が x に収束すれば，$\varepsilon > 0$ であるとき，n,m が十分大きければ，$d(x_n,x), d(x_m,x) < \varepsilon/2$ となる．すると，
$$d(x_n,x_m) < d(x_n,x) + d(x,x_m) < \frac{\varepsilon}{2} + \frac{\varepsilon}{2} = \varepsilon.$$

定義 9.1.13 (1) $\{x_n\}$ を距離空間 (X,d) の点列とする．任意の $\varepsilon > 0$ に対して $N > 0$ があり，$n,m > N$ なら $d(x_n,x_m) < \varepsilon$ となるとき，$\{x_n\}$ は**コーシー列**という．

(2) 距離空間 (X,d) の任意のコーシー列が X の点に収束するとき，(X,d) を**完備な距離空間**という．

(3) $X \subset \widehat{X}$ をそれぞれ $d, \widehat{d}$ を距離とする距離空間とする．(i) $\widehat{X}$ の任意の点 x に対し x に収束する X の点列があり，(ii) $\widehat{d}$ の $X \times X$ への制限が d であり，(iii) $\widehat{X}$ が完備であるとき，$\widehat{X}$ を X の**完備化**という． ◇

例 9.1.14 $\mathbb{R}$ は $\mathbb{Q}$ の通常の距離に関する完備化である． ◇

補題 9.1.15 (X,d) が距離空間で $x,y,z \in X$ なら，$|d(x,y) - d(x,z)| \leqq d(y,z)$ である．

証明 $d(x,y) \leqq d(x,z) + d(z,y) = d(x,z) + d(y,z)$ なので，$d(x,y) - d(x,z) \leqq d(y,z)$ である．y,z を交換すると，$d(x,z) - d(x,y) \leqq d(z,y) = d(y,z)$ である．したがって，補題の主張を得る． □

命題 9.1.16 (1) (X,d) が距離空間なら，**完備化が存在する**．
(2) $(X_1,d_1), (X_2,d_2)$ が X の完備化なら，全単射写像 $\phi: X_1 \to X_2$ で X の元は固定し，$x,y \in X_1$ なら，$d_2(\phi(x),\phi(y)) = d_1(x,y)$ となるものが

存在する.つまり,完備化は一意的である.

証明 d を X の距離とする.$\mathbb{X}$ を X のコーシー列全体の集合とする.$\{x_n\}$, $\{y_n\} \in \mathbb{X}$ なら,実数列 $\{d(x_n,y_n)\}$ が 0 に収束するとき,$\{x_n\} \sim \{y_n\}$ と定義する.これは同値関係になる (証明は略).$\widehat{X} = \mathbb{X}/\sim$ とおく.

$\{x_n\},\{y_n\} \in \mathbb{X}$ なら,実数列 $\{d(x_n,y_n)\}$ がコーシー列であることを示す.任意の $\varepsilon > 0$ に対し $N > 0$ があり,$n,m > N$ なら $d(x_n,x_m), d(y_n,y_m) < \varepsilon/2$ である.すると,補題 9.1.15 より
$$|d(x_n,y_n)-d(x_m,y_m)| = |d(x_n,y_n)-d(x_m,y_n)+d(x_m,y_n)-d(x_m,y_m)|$$
$$\leqq d(x_n,x_m)+d(y_n,y_m) < \varepsilon.$$
したがって,$\{d(x_n,y_n)\}$ はコーシー列である.よって,$\lim_{n\to\infty} d(x_n,y_n)$ が存在する.この値を $\widehat{d}(\{x_n\},\{y_n\})$ と定義する.

$\{x_n\} \sim \{x'_n\}$ なら,$\widehat{d}(\{x_n\},\{y_n\}) = \widehat{d}(\{x'_n\},\{y_n\})$ であることを示す.$n \to \infty$ のとき,$d(x_n,x'_n) \to 0$ なので,$|d(x_n,y_n)-d(x'_n,y_n)| \leqq d(x_n,x'_n) \to 0$ である.したがって,$d(x_n,y_n), d(x'_n,y_n)$ は同じ値に収束する.$\{y_n\}$ に関しても同様である.よって,$\widehat{d}$ は $\widehat{X} \times \widehat{X}$ 上定義されているとしてよい.

$\widehat{d}$ が定義 9.1.7 の性質 (1), (2) を満たすことは明らかである.$\{x_n\},\{y_n\},\{z_n\} \in \mathbb{X}$ なら $d(x_n,z_n) \leqq d(x_n,y_n)+d(y_n,z_n)$ なので,極限をとり $\widehat{d}(\{x_n\},\{z_n\}) \leqq \widehat{d}(\{x_n\},\{y_n\})+\widehat{d}(\{y_n\},\{z_n\})$ である.したがって,$(\widehat{X},\widehat{d})$ は距離空間になる.

$x \in X$ なら,すべての n に対し $x_n = x$ とした点列 $\{x_n\}$ で代表される $\widehat{X}$ の元を $i(x)$ とする.$x \neq y \in X$ なら $d(x,y) > 0$ である.すべての n に対し $x_n = x$, $y_n = y$ なら,$d(x_n,y_n)$ は恒等的に $d(x,y)$ なので,実数列 $\{d(x_n,y_n)\}$ は $d(x,y) \neq 0$ に収束する.したがって,$i(x) \neq i(y)$ であり,i は単射である.また,$x,y \in X$ なら $\widehat{d}(i(x),i(y)) = d(x,y)$ となることも示せた.

$\{x_n\} \in \mathbb{X}$ とする.$\varepsilon > 0$ に対し $N > 0$ があり,$n,m > N$ なら $d(x_n,x_m) < \varepsilon$ となる.$n,m > N$ なら,$i(x_n)$ の m 番目の項は x_n であり,$d(x_n,x_m) < \varepsilon$ なので,$\widehat{d}(i(x_n),\{x_n\}) \leqq \varepsilon$ である.よって,$\widehat{X}$ において $i(x_n) \to \{x_n\}$ である.

次に $(\widehat{X},\widehat{d})$ が完備であることを示す.$x_m = \{x_{m,n}\}_n \in \widehat{X}$ とし,$\{x_m\}_m$ がコーシー列であるとする.各 $m \geqq 0$ に対し $N_m > 0$ を $m_1 < m_2$ なら $N_{m_1} < N_{m_2}$ であり,$l_1,l_2 > N_m$ なら $d(x_{m,l_1},x_{m,l_2}) < 1/m$ となるように選ぶ.X の列 $\widetilde{x}$ を $\widetilde{x} = \{x_{m,N_m+1}\}_m$ と定める.$\widetilde{x}$ が X のコーシー列で $\lim_{m\to\infty} x_m = \widetilde{x}$ と

なることを示す.

$\varepsilon > 0$ とする. $\{x_m\}$ がコーシー列なので, 整数 $M_1(\varepsilon) > 1/\varepsilon$ があり, $m_1, m_2 > M_1(\varepsilon)$ なら $\widehat{d}(x_{m_1}, x_{m_2}) < \varepsilon$ となる. l を十分大きく取ると, $d(x_{m_1,l}, x_{m_2,l}) < 2\varepsilon$ となる. すると

$$d(x_{m_1, N_{m_1}+1}, x_{m_2, N_{m_2}+1}) \leqq d(x_{m_1, N_{m_1}+1}, x_{m_1,l}) + d(x_{m_1,l}, x_{m_2,l})$$
$$+ d(x_{m_2,l}, x_{m_2, N_{m_2}+1})$$
$$< \frac{1}{m_1} + 2\varepsilon + \frac{1}{m_2} < \frac{2}{M_1(\varepsilon)} + 2\varepsilon < 4\varepsilon$$

となるが, 得られた不等式は l に依らないので, $\widetilde{x}$ はコーシー列である.

$\varepsilon > 0$ に対し $M_1(\varepsilon)$ を上のように選び, $m > M_1(\varepsilon)$ とする. 定義より $\widehat{d}(x_m, \widetilde{x}) = \lim_{l \to \infty} d(x_{m,l}, x_{l, N_l+1})$ である. $l > m, N_m$ が十分大きければ, $|\widehat{d}(x_m, \widetilde{x}) - d(x_{m,l}, x_{l, N_l+1})| < \varepsilon$ である. $l > m > M_1(\varepsilon)$ なので, 上と同様に, $l_1 > N_m, N_l$ がさらに大きければ, $d(x_{m,l_1}, x_{l,l_1}) < 2\varepsilon$ となる. $l > m > M_1(\varepsilon)$ なので,

$$d(x_{m,l}, x_{l, N_l+1}) \leqq d(x_{m,l}, x_{m,l_1}) + d(x_{m,l_1}, x_{l,l_1}) + d(x_{l,l_1}, x_{l, N_l+1})$$
$$< \frac{1}{m} + 2\varepsilon + \frac{1}{l} < 4\varepsilon.$$

これより $d(x_m, \widetilde{x}) < 5\varepsilon$. したがって, $\lim_{m \to \infty} x_m = \widetilde{x}$ が成り立ち, $(\widehat{X}, \widehat{d})$ は完備である.

一意性を考える. $(X_1, d_1), (X_2, d_2)$ を完備化とする. 任意の $x \in X_1$ に対し x に収束する点列 $\{x_n\} \subset X$ をとれる. これはコーシー列である. X_2 も完備なので, $x_n \to \phi(x)$ となる $\phi(x) \in X_2$ がある. $\{x_n'\}$ が x に収束する別のコーシー列なら, $d(x_n, x_n') \to 0$ である. よって, $\{x_n'\}$ が X_2 で $\psi(x)$ に収束するなら, $\psi(x) = \phi(x)$ でなければならない. したがって $\phi(x)$ は well-defined である.

$x \in X$ ならすべての n に対し $x_n = x$ という $\{x_n\}$ をとれるので, ϕ は X の元を固定する. $x_n, y_n \in X, x, y \in X_1$ で $x_n \to x, y_n \to y$ とする. $d_1(x_n, x), d_1(y_n, y) \to 0$ なので,

$$|d_1(x,y) - d_1(x_n, y_n)| = |d_1(x,y) - d_1(x, y_n) + d_1(x, y_n) - d_1(x_n, y_n)|$$
$$\leqq d_1(y, y_n) + d_1(x, x_n) \to 0.$$

したがって, $d(x_n, y_n) = d_1(x_n, y_n) \to d_1(x,y)$ となる. 同様にして $d(x_n, y_n) \to d_2(\phi(x), \phi(y))$ となるので, ϕ は距離を保つ. 特に, ϕ は単射である. X は X_2 で稠密なので, ϕ は全射である. □

定義 9.1.17 $\mathbb{Q}$ の p 進距離による完備化を $\mathbb{Q}_p$ と定義し, $\mathbb{Q}_p$ の元を **p 進数**という. $\mathbb{Q}_p$ の距離 $\widehat{d}$ と $x \in \mathbb{Q}_p$ に対して $|x|_p = \widehat{d}(x,0)$ と定義する. ◇

なお, $\mathbb{R}$ は通常の絶対値により $\mathbb{Q}$ を完備化したもので, $\mathbb{C}$ は $\mathbb{R}$ に $\sqrt{-1}$ を添加した体である.

> **命題 9.1.18** X を距離空間, $Y \subset X$ を部分集合, $\widehat{X}$ を X の完備化とする. $\widehat{Y}$ を Y の点列の極限として得られる $\widehat{X}$ の点全体の集合とすると, $\widehat{Y}$ は Y の完備化である.

証明 $\widehat{Y}$ が完備化の定義の (i), (ii) を満たすことは明らかである. $\{y_n\}_n$ を $\widehat{Y}$ のコーシー列とすると, $x \in \widehat{X}$ があり, $y_n \to x$ となる. y_n に収束する Y の点列を $\{x_{n,m}\}_m$ とする. n に対し十分大きい N_n をとり, 点列 $\{x_{n,N_n}\}$ を考えると, 命題 9.1.16 の証明と同様にして, $x_{n,N_n} \to y$ となる (詳細は略). よって, $y \in \widehat{Y}$ となり, $\widehat{Y}$ は完備である. □

定義 9.1.19 命題 9.1.18 により, $\mathbb{Z}$ の点列の極限として得られる $\mathbb{Q}_p$ の元全体の集合は $\mathbb{Z}$ の p 進距離による完備化とみなせる. これを $\mathbb{Z}_p$ と書く. $\mathbb{Z}_p$ の元を **p 進整数**という. ◇

これで $\mathbb{Q}_p, \mathbb{Z}_p$ を集合としては定義できたが, $\mathbb{Q}$ は体で $\mathbb{Z}$ は環だったので, $\mathbb{Q}_p, \mathbb{Z}_p$ にも演算を考えたい. 群・環・体が位相空間であるとき, その演算が連続であるものを考えるのは自然なことである.

定義 9.1.20 群 G に位相が定義されていて次の条件 (1), (2) が満たされるとき, G を**位相群**という.

(1) G の演算 $G \times G \ni (a,b) \mapsto ab \in G$ は連続写像である. ただし, $G \times G$ には直積位相を考える.

(2) 逆元をとる写像 $G \ni a \mapsto a^{-1} \in G$ は連続写像である. ◇

定義 9.1.21 環 A が加法に関して位相群であり, 積を定義する写像 $A \times A \to A$ が連続[1]であるとき**位相環**という. ◇

---

[1] 上の定義で, $A \times A \to A$ の連続性などは, 当然 A を位相群とする位相に関しての連続性である.

定義 9.1.22 位相環 K が体であり、逆元をとる写像 $K^\times \ni x \mapsto x^{-1} \in K^\times$ が連続であるとき、**位相体**という． ◇

補題 9.1.23 p 進付値により $\mathbb{Z}$ は位相環で $\mathbb{Q}$ は位相体となる．

証明 $\varepsilon > 0$ とする．$x_1, x_2, y_1, y_2 \in \mathbb{Q}$ で $|x_1-x_2|_p, |y_1-y_2|_p < \varepsilon$ とする．
$$|(x_1+y_1)-(x_2+y_2)|_p \leq \max\{|x_1-x_2|_p, |y_1-y_2|_p\} < \varepsilon$$
なので、加法は連続である．x_2, y_2 がそれぞれ x_1, y_1 に十分近いとき、$|x_1|_p, |x_2|_p, |y_1|_p, |y_2|_p$ は有界である．
$$\begin{aligned}|(x_1 y_1)-(x_2 y_2)|_p &= |x_1(y_1-y_2)+y_2(x_1-x_2)|_p \\ &\leq \max\{|x_1|_p|y_1-y_2|_p, |y_2|_p|x_1-x_2|_p\} \\ &< \varepsilon \max\{|x_1|_p, |y_2|_p\}\end{aligned}$$
なので、積も連続である．よって、$\mathbb{Z}$ は位相環である．

$x \in \mathbb{Q}\setminus\{0\}$, $y \in \mathbb{Q}$, $\varepsilon > 0$ で $|x-y|_p < \varepsilon$ とする．ε が十分小さければ、$y \neq 0$ で $|y|_p > (1/2)|x|_p$ である．
$$\left|\frac{1}{x}-\frac{1}{y}\right|_p = \frac{|x-y|_p}{|xy|_p} < \frac{2\varepsilon}{|x|_p^2}$$
となるので、$\mathbb{Q}\setminus\{0\} \ni x \mapsto x^{-1} \in \mathbb{Q}\setminus\{0\}$ は連続である．よって、$\mathbb{Q}$ は位相体である． □

$\mathbb{Q}_p, \mathbb{Z}_p$ はまだ単なる集合だが、$\mathbb{Q}_p, \mathbb{Z}_p$ にそれぞれ体、環の構造を定義でき、位相体、位相環になることについて述べる．

補題 9.1.24 (1) $\{|x|_p \mid x \in \mathbb{Q}_p\} = \{p^a \mid a \in \mathbb{Z}\} \cup \{0\}$ である．つまり、p 進付値の値域は完備化により変わらない．

(2) $\mathbb{Q}_p$ の点列 $\{x_n\}$ が $x \in \mathbb{Q}_p$ に収束するとする．このとき、もし $|x|_p \neq 0$ なら、$N > 0$ があり、$n > N$ なら $|x_n|_p = |x|_p$. となる．

証明 $x_n \in \mathbb{Q}$ で $x_n \to x \in \mathbb{Q}_p$ とする．定義より $|x|_p = \lim_{n \to \infty} |x_n|_p$ である．$C = |x|_p$ とおく．$\varepsilon > 0$ を十分小さいとし、n が十分大きければ $|C-|x_n|_p| < \varepsilon$ であるとする．すると、$C-\varepsilon < |x_n|_p < C+\varepsilon$ である．ε が十分小さければ、これを満たす p^{-a} ($a \in \mathbb{Z}$) という形の数はただ一つである．よって、$|x_n|_p$ は一定

であり，$|x_n|_p = C$ でなければならない．これで (1) と (2) の $x_n \in \mathbb{Q}$ である場合が示せた．

p 進付値の値域が完備化で変わらないので，$x_n \in \mathbb{Q}_p$ で $x_n \to x \in \mathbb{Q}_p$ となる場合にも，上と同じ同じ議論が使え，(2) が成り立つ． □

補題 9.1.25 $x \in \mathbb{Q}$, $|x|_p \leqq 1$ とすると，任意の $n > 0$ に対し，$0 \leqq a_0, \cdots, a_n < p$ があり，$|x - (a_0 + pa_1 + \cdots + p^n a_n)|_p \leqq p^{-n-1}$ となる．

証明 $x = 0$ なら明らかなので，$x \neq 0$ とする．仮定より $b, c \in \mathbb{Z} \setminus \{0\}$, $p \nmid c$ で $x = b/c$ となる．c は p と互いに素なので，$cy_1 \equiv 1 \mod p$ となる $y_1 \in \mathbb{Z}$ がある．$x - by_1 = b(1 - cy_1)/c$ なので，

$$|x - by_1|_p = \left|\frac{b(1-cy_1)}{c}\right|_p = \left|\frac{b}{c}\right|_p |1 - cy_1|_p \leqq p^{-1} \left|\frac{b}{c}\right|_p = p^{-1}|x|_p$$

である．つまり，$|x - z_1|_p \leqq p^{-1}|x|_p \leqq p^{-1}$ となる $z_1 \in \mathbb{Z}$ がある．z_1 を p で割った余りを考え $0 \leqq z_1 < p$ としてよい．$|p^{-1}(x - z_1)|_p \leqq 1$ なので，$p^{-1}(x - z_1)$ に同じことをすれば，$|p^{-1}(x - z_1) - z_2|_p \leqq p^{-1}$ となる $z_2 \in \mathbb{Z}$ で $0 \leqq z_2 < p$ となるものがある．すると，$|x - z_1 - pz_2|_p \leqq p^{-2}$ である．これを繰り返せばよい． □

定理 9.1.26 (1) $\mathbb{Q}_p$ には $\mathbb{Q}$ の演算を延長する演算が定義でき，体となる．

(2) $\mathbb{Q}_p$ 上定義された関数 $|x|_p$ も命題 9.1.2 の性質を満たす．

(3) $\mathbb{Q}_p$ の和・積は $\mathbb{Q}_p \times \mathbb{Q}_p$ から $\mathbb{Q}_p$ への写像として連続である．

(4) $\mathbb{Q}_p^\times \ni x \mapsto x^{-1} \in \mathbb{Q}_p^\times$ は連続である．

(5) $\mathbb{Z}_p = \{x \in \mathbb{Q}_p \mid |x|_p \leqq 1\}$．

(6) $x \in \mathbb{Q}_p$ なら，$|x|_p \leqq p^{-n} \iff x \in p^n \mathbb{Z}_p$．

(7) $\mathbb{Z}_p$ は $\mathbb{Q}_p$ を商体とし，$p\mathbb{Z}_p$ を極大イデアルとする離散付値環である．

証明 (1)–(4) $x, y \in \mathbb{Q}_p$ とする．x, y に収束する $\mathbb{Q}$ の点列 $\{x_n\}, \{y_n\}$ をとる．$n, m > N$ なら $|x_n - x_m|_p, |y_n - y_m|_p < \varepsilon/2$ とすると，

$$|(x_n + y_n) - (x_m + y_m)|_p \leqq |x_n - x_m|_p + |y_n - y_m|_p < \varepsilon$$

なので，$\{x_n+y_n\}$ はコーシー列である．この極限を $x+y$ と定義する．

$$|x_ny_n-x_my_m|_p \leq |x_ny_n-x_ny_m|_p+|x_ny_m-x_my_m|_p$$
$$= |x_n|_p|y_n-y_m|_p+|y_m|_p|x_n-x_m|_p$$

だが，n,m が十分大きければ，$|x_n|_p, |y_m|_p$ は一定である．よって，$M>0$ があり，

$$|x_ny_n-x_my_m|_p \leq M(|y_n-y_m|_p+|x_n-x_m|_p)$$

となる．よって，$\{x_ny_n\}$ もコーシー列である．この極限を xy と定義する．$x+y, xy$ の定義が $\{x_n\}, \{y_n\}$ の取りかたによらないことの証明は省略し，$x+y, xy$ の定義が well-defined であることは認める．

n が十分大きければ，補題 9.1.24 より

$$|xy|_p = |x_ny_n|_p = |x_n|_p|y_n|_p = |x|_p|y|_p,$$
$$|x+y|_p = |x_n+y_n|_p \leq \max\{|x_n|_p,|y_n|_p\} = \max\{|x|_p,|y|_p\}$$

となる．$|-x|_p = |-1|_p|x|_p = |x|_p$ であることに注意すると，$y=x+y-x$ なので，

$$|y|_p \leq \max\{|x+y|_p,|x|_p\}$$

である．よって，$|y|_p > |x|_p$ なら $|y|_p \leq |x+y|_p$ である．$|x+y|_p \leq |y|_p$ はいつも成り立つので，$|x+y|_p = |y|_p$ である．$|x|_p > |y|_p$ の場合も同様である．これで (2) がいえた．この議論は命題 8.4.5 (1), (2) から命題 8.4.5 (3) が従うのと同じである．

補題 9.1.23 における和と積の連続性の証明は，命題 9.1.2 の性質しか使っていなかった．(2) がいえたので，補題 9.1.23 と同様にして，和と積が連続であることがわかる．$z \in \mathbb{Q}_p$ で $\mathbb{Q}$ の点列 $\{z_n\}$ が z に収束するなら，$(x_n+y_n)+z_n = x_n+(y_n+z_n)$ が成立するので，$(x+y)+z = x+(y+z)$ が成り立つ．その他の公理も同様で，$\mathbb{Q}_p$ は環になる．

$x \neq 0$ なら，n が十分大きければ，$|x_n|_p \neq 0$ は一定である．これを M とおけば，n,m が十分大きいと

$$\left|\frac{1}{x_n}-\frac{1}{x_m}\right|_p = \left|\frac{x_m-x_n}{x_nx_m}\right|_p = \frac{|x_m-x_n|_p}{M^2}$$

となるので，$\{x_n^{-1}\}$ もコーシー列である．その極限を y とおく．

$$x_n \cdot \frac{1}{x_n} = 1$$

なので，積の連続性より $x \cdot y = 1$ となる．つまり，$\{1/x_n\}_n$ の極限が x の積に関する逆元である．したがって，$\mathbb{Q}_p$ は体である．補題 9.1.23 と同様にして，$\mathbb{Q}_p^\times \ni x \mapsto x^{-1} \in \mathbb{Q}_p^\times$ が連続であることがわかる．したがって，$\mathbb{Q}_p$ は位相体で $\mathbb{Z}_p$ は位相環である．

(5) $\{x_n\}$ が $\mathbb{Z}$ の点列で $x_n \to x \in \mathbb{Z}_p$ なら，$|x_n|_p \leqq 1$ なので，補題 9.1.24 より $|x|_p \leqq 1$ である．逆に $x \in \mathbb{Q}_p$, $|x|_p \leqq 1$ とする．$0 \in \mathbb{Z}_p$ なので，$x \neq 0$ とする．$\mathbb{Q}$ の点列 $\{x_n\}$ で $x_n \to x$ となるものをとると，n が十分大きければ，$|x_n|_p = |x|_p \leqq 1$ である．補題 9.1.25 より，n が大きければ，x_n に対し $y_n \in \mathbb{Z}$ を $|x_n - y_n|_p < 1/n$ となるようにとれる．$x_n \to x$ なので，$y_n \to x$ でもある．よって，$x \in \mathbb{Z}_p$ である．

(6) $x \in \mathbb{Q}_p$, $|x|_p \leqq p^{-n}$ とする．$|p^{-n}x|_p \leqq 1$ なので，$p^{-n}x \in \mathbb{Z}_p$ である．よって，$x \in p^n \mathbb{Z}_p$ となる．逆は明らかである．

(7) $x \in \mathbb{Q}_p$ なら，$n > 0$ が十分大きければ $|p^n x|_p \leqq 1$ である．よって，$p^n x \in \mathbb{Z}_p$ である．$p \in \mathbb{Z}_p$ なので，$\mathbb{Q}_p$ は $\mathbb{Z}_p$ の商体である．

$x \in \mathbb{Z}_p$ で $|x|_p = 1$ なら，$|x^{-1}|_p = 1$ なので，$x^{-1} \in \mathbb{Z}_p$．よって，$x \in \mathbb{Z}_p^\times$ である．$x \in \mathbb{Z}_p$ で $|x|_p < 1$ なら，補題 9.1.24 (1) より $|x|_p \leqq p^{-1}$ である．$|p^{-1}x|_p \leqq 1$ なので，$p^{-1}x \in \mathbb{Z}_p$，よって $x \in p\mathbb{Z}_p$ である．したがって，$\mathbb{Z}_p^\times = \mathbb{Z}_p \setminus p\mathbb{Z}_p$ となるので，命題 6.5.8 より $\mathbb{Z}_p$ は $p\mathbb{Z}_p$ を極大イデアルとする局所環である．

$I \subset \mathbb{Z}_p$ を零でないイデアルとする．I の元 x で $|x|_p$ が最大のものをとる．補題 9.1.24 より $n \geqq 0$ があり，$|x|_p = |p^n|_p$ となる．$|p^{-n}x|_p = |(p^{-n}x)^{-1}|_p = 1$ なので，(5) より $p^{-n}x \in \mathbb{Z}_p^\times$ である．よって，$x\mathbb{Z}_p = p^n\mathbb{Z}_p$．$y \in I$ なら，$|x^{-1}y|_p \leqq 1$ である．よって，(5) より $x^{-1}y \in \mathbb{Z}_p$ である．したがって，$y \in x\mathbb{Z}_p$ となる．$y \in I$ は任意なので，$I = x\mathbb{Z}_p = p^n\mathbb{Z}_p$ である．これより，$\mathbb{Z}_p$ は単項イデアル整域で，すべての零でないイデアルは $p^n\mathbb{Z}_p$ という形である．特に，$\mathbb{Z}_p$ は正規環である．よって，$\mathbb{Z}_p$ はデデキント局所環，つまり離散付値環である． □

次の系は上の証明の中で既に述べたが，あらためて書いておく．

系 9.1.27 $\mathbb{Q}_p$ は位相体で $\mathbb{Z}_p$ は位相環である．

$\mathbb{Z}_p$ が仮定 8.3.2 を満たすことはこの後命題 9.1.31 で示すが，定理 9.1.26 (7) の証明で $\mathbb{Z}_p$ の任意のイデアルが $p^n\mathbb{Z}_p$ であることを示したので，定義 8.4.3

と同様にそのオーダーを定義できる．$a \in \mathbb{Q}$ なら，$a = p^n c/d$ ($c, d \in \mathbb{Z} \setminus \{0\}$ は p で割れない) とすると，定理 9.1.26 (6) と (7) の証明より $|c/d|_p = 1$, $a\mathbb{Z}_p = p^n \mathbb{Z}_p$ である．したがって，a の $\mathbb{Q}_p$ でのオーダーと $\mathbb{Z}$ の極大イデアル $p\mathbb{Z}$ による $\mathbb{Q}$ でのオーダーは一致する．これが成り立つので，$\mathbb{Q}_p$ におけるオーダーも $\mathrm{ord}_p(a)$ と書く．定理 9.1.26 (6) より，$|a|_p = p^{-\mathrm{ord}_p(a)}$ となる．したがって，$x, y \in \mathbb{Q}_p$ なら $|x-y|_p$ は加法的付値 ord_p により定まる距離である．補題 9.1.25 より $\mathbb{Q}$ は $\mathbb{Q}_p$ で稠密なので，$|x-y|_p$ で定まる距離により $\mathbb{Q}_p$ は $\mathbb{Q}$ の完備化となる．これはまとめて命題の形に書いておく．

命題 9.1.28 $\mathbb{Z}_p$ の極大イデアル $p\mathbb{Z}_p$ により定まる $\mathbb{Q}_p$ のオーダーを $\mathbb{Q}$ に制限すると，$\mathbb{Z}$ の極大イデアル $p\mathbb{Z}$ により定まる $\mathbb{Q}$ のオーダーである．また，$x \in \mathbb{Q}_p$ に対し $|x|_p = p^{-\mathrm{ord}_p(x)}$.

次に p 進展開の概念について解説する．

$x \in \mathbb{Q}_p$, $|x|_p \leqq 1$ とする．$n > 0$ なら，$y_n \in \mathbb{Q}$ で $|x-y_n|_p \leqq p^{-n-1}$ となるものがある．補題 9.1.25 より $0 \leqq a_0, \cdots, a_n < p$ があり，

$$y_n = a_0 + pa_1 + \cdots + p^n a_n + z_n, \qquad |z_n|_p \leqq p^{-n-1}$$

となる．すると，

$$x = a_0 + pa_1 + \cdots + p^n a_n + (x-y_n) + z_n$$

となるので，$w_n = (x-y_n) + z_n$ とおくと，$|w_n|_p \leqq p^{-n-1}$ である．

$n < m$ で

$$x = b_0 + pb_1 + \cdots + p^m b_m + w'_m, \qquad |w'_m|_p \leqq p^{-m-1}$$

なら，

$$|(a_0 - b_0) + p(a_1 - b_1) + \cdots + p^n(a_n - b_n)|_p \leqq p^{-n-1}$$

となる．これは

$$p^{n+1} \mid (a_0 - b_0) + p(a_1 - b_1) + \cdots + p^n(a_n - b_n)$$

を意味するが，これが成り立つのは，$a_0 = b_0, \cdots, a_n = b_n$ のときだけである．したがって，$\{0, \cdots, p-1\}$ の元 $a_0, a_1, \cdots$ があり，任意の $n > 0$ に対し

$$|x - (a_0 + pa_1 + \cdots + p^n a_n)|_p \leqq p^{-n-1}$$

となる．よって，列 $\{a_0+pa_1+\cdots+p^na_n\}_n$ の極限が x である．このとき，
$$(9.1.29) \qquad x = a_0+pa_1+\cdots+p^na_n+\cdots$$
と書き，x の **p 進展開**という．

$x \in \mathbb{Q}_p$ なら，定理 9.1.26 (6) より，$x \in p^n\mathbb{Z}_p$ となる $n \in \mathbb{Z}$ がある．したがって，$a_0, a_1, \cdots \in \{0, \cdots, p-1\}$ があり，
$$(9.1.30) \qquad x = p^n(a_0+pa_1+\cdots)$$
となる．これも p 進展開という．

命題 9.1.31 (1) $n, m \in \mathbb{Z}$, $n < m$ なら，自然な写像により
$$p^n\mathbb{Z}/p^m\mathbb{Z} \cong p^n\mathbb{Z}_{(p)}/p^m\mathbb{Z}_{(p)} \cong p^n\mathbb{Z}_p/p^m\mathbb{Z}_p.$$
また，これらは $\mathbb{Z}$ 加群として $\mathbb{Z}/p^{m-n}\mathbb{Z}$ と同型である．
(2) (9.1.29) が単数であることと $a_0 \neq 0$ であることは同値である．
(3) $\mathbb{Q}_p$ の分数イデアルは $p^n\mathbb{Z}_p$ ($n \in \mathbb{Z}$) という形である．
(4) $\mathbb{Z}_p$ は仮定 8.3.2 を満たす離散付値環である．
(5) $\mathbb{Z}_p$ はコンパクトである．

証明 (1) x を (9.1.30) で表される元とする．
$$x = p^n(a_0+pa_1+\cdots+p^{m-n-1}a_{m-n-1})+p^m(a_{m-n}+\cdots)$$
となり，$p^n(a_0+pa_1+\cdots+p^{m-n-1}a_{m-n-1}) \in p^n\mathbb{Z}$, $p^m(a_{m-n}+\cdots) \in p^m\mathbb{Z}_p$ である．したがって，自然な写像の合成
$$p^n\mathbb{Z}/p^m\mathbb{Z} \to p^n\mathbb{Z}_{(p)}/p^m\mathbb{Z}_{(p)} \to p^n\mathbb{Z}_p/p^m\mathbb{Z}_p$$
は全射である．よって，$p^n\mathbb{Z}_{(p)}/p^m\mathbb{Z}_{(p)} \to p^n\mathbb{Z}_p/p^m\mathbb{Z}_p$ も全射である．$x \in p^n\mathbb{Z} \cap p^m\mathbb{Z}_p$ なら $\mathrm{ord}_p(x) \geqq m$ なので，命題 9.1.28 より $x \in p^m\mathbb{Z}$ となる．よって，$p^n\mathbb{Z}/p^m\mathbb{Z} \cong p^n\mathbb{Z}_p/p^m\mathbb{Z}_p$ である．$p^n\mathbb{Z}_{(p)}/p^m\mathbb{Z}_{(p)} \cong p^n\mathbb{Z}_p/p^m\mathbb{Z}_p$ であることも同様である．このことと，上の合成写像が両方とも同型なので，$p^n\mathbb{Z}/p^m\mathbb{Z} \to p^n\mathbb{Z}_{(p)}/p^m\mathbb{Z}_{(p)}$ も同型である．p^n をかける写像は同型 $\mathbb{Z}/p^{m-n}\mathbb{Z} \cong p^n\mathbb{Z}/p^m\mathbb{Z}$ を引き起こすので，最後の主張が従う．

(2) $a_0 \neq 0$ なら $x \in \mathbb{Z}_p \setminus p\mathbb{Z}_p$ なので，定理 9.1.26 (7) より $x \in \mathbb{Z}_p^{\times}$ である．$a_0 = 0$ なら $x \in p\mathbb{Z}_p$ なので，$x \notin \mathbb{Z}_p^{\times}$ である．

(3) は定理 9.1.26 (7) と系 8.3.16 より従う.

(4) $\mathbb{Z}_p$ が離散付値環であることは既に定理 9.1.26 (7) で示した. (1) より $\mathbb{Z}_p$ は仮定 8.3.2 を満たす.

(5) $\{x_n\}$ が $\mathbb{Z}_p$ の元の無限列なら, 部分列があり, 収束することを示す. $\mathbb{Z}_p/p\mathbb{Z}_p \cong \mathbb{Z}/p\mathbb{Z}$ は有限集合なので, $0 \leq a_0 < p$ があり, $x_n \equiv a_0 \mod p$ となる n が無限個存在する. 部分列 $\{x_{1,n}\}$ をとり, すべての n に対して $x_{1,n} \equiv a_0 \mod p$ となるようにできる. $p \mid (x_{1,n} - a_0)$ なので, $x_{1,n} = a_0 + py_{1,n}$ と書ける. 上と同様に $0 \leq a_1 < p$ があり, 無限個の n に対し $y_{1,n} \equiv a_1 \mod p$ となる. この部分列をとる, ということを繰り返し, $0 \leq a_0, a_1, \cdots < p$ があり, $\{x_{m,n}\}$ は $\{x_{m-1,n}\}$ の部分列で, すべての n に対し,

$$x_{m,n} \equiv a_0 + pa_1 + \cdots + p^{m-1}a_{m-1} \mod p^m$$

となるようにできる.

$\{x_{m+1,n}\}$ は $\{x_{m,n}\}$ の部分列なので, n に対し $x_{n+1,n+1} = x_{n,\ell}$ となる $\ell \geq n+1$ がある. よって, $y_n = x_{n,n}$ とおけば, $\{y_n\}$ は $\{x_n\}$ の部分列である. $n > N$ なら

$$x_{n,n} \equiv a_0 + pa_1 + \cdots + p^N a_N \mod p^{N+1}$$

となるので, $\{y_n\}$ は極限

$$a_0 + pa_1 + \cdots + p^n a_n + \cdots$$

を持つ. □

ヘンゼルの補題は $\mathbb{Z}_p$ を使うと, 次のように定式化することができる.

定理 9.1.32 p を素数, $F(x) = a_0 x^m + a_1 x^{m-1} + \cdots + a_m$ を $\mathbb{Z}_p$ 係数の多項式, $x_0 \in \mathbb{Z}_p$, $\delta_1 = \mathrm{ord}_p(F(x_0))$, $\delta_2 = \mathrm{ord}_p(F'(x_0))$ とする. もし $\delta_1 > 2\delta_2$ なら, $x \in \mathbb{Z}_p$ があり, $F(x) = 0$, $x \equiv x_0 \mod p^{\delta_1 - \delta_2}$ となる.

証明 定理 9.1.4 の証明と少し重複するが, $\mathbb{Z}_p$ における証明を実行する. 仮定より $F(x_0) \equiv 0 \mod p^{\delta_1}$ である. $x_i \in \mathbb{Z}_p$ を帰納的に $i = 1, \cdots, n$ に対し

(9.1.33) $$\mathrm{ord}(F'(x_i)) = \delta_2, \quad F(x_i) \equiv 0 \mod p^{\delta_1 + i},$$
$$x_i \equiv x_{i-1} \mod p^{\delta_1 - \delta_2 + i - 1}$$

となるように構成できたとする.

$$x_{n+1} = x_n - \frac{F(x_n)}{F'(x_n)}$$

と定義する (ここは定理 9.1.4 の証明より見通しがよくなる). (9.1.33) より $x_{n+1} \equiv x_n \mod p^{\delta_1 - \delta_2 + n}$ である.

補題 1.10.5 と同様にして,

$$F(x) - F(x_n) = (x - x_n)F'(x_n) + (x - x_n)^2 G_n(x)$$

となる $\mathbb{Z}_p$ 係数の多項式 $G_n(x)$ がある. すると,

$$F(x_{n+1}) = F(x_n) - \frac{F(x_n)}{F'(x_n)} F'(x_n) + \left(\frac{F(x_n)}{F'(x_n)}\right)^2 G_n(x_{n+1})$$
$$= \left(\frac{F(x_n)}{F'(x_n)}\right)^2 G_n(x_{n+1})$$

である. $2(\delta_1 - \delta_2 + n) \geqq \delta_1 + n + 1$ から,

$$F(x_{n+1}) \equiv 0 \mod p^{\delta_1 + n + 1}$$

である. 定義より $x_{n+1} \equiv x_n \mod p^{\delta_1 - \delta_2 + n}$ なので, $x_{n+1} \equiv x_0 \mod p^{\delta_1 - \delta_2}$ である. $\delta_1 - \delta_2 \geqq \delta_2 + 1$ より,

$$F'(x_{n+1}) \equiv F'(x_0) \mod p^{\delta_2 + 1}$$

である. $\mathrm{ord}_p(F'(x_0)) = \delta_2$ なので, $\mathrm{ord}_p(F'(x_{n+1})) = \delta_2$ である. したがって, (9.1.33) が $i = n+1$ に対しても成り立つ.

$\{x_n\}$ はコーシー列であることより, 極限が存在する. それを x とすれば, $\mathbb{Z}_p$ における演算は連続なので,

$$F(x) = \lim_{n \to \infty} F(x_n) = 0$$

である. $x_n \equiv x_0 \mod p^{\delta_1 - \delta_2}$ なので, $x \equiv x_0 \mod p^{\delta_1 - \delta_2}$ である. □

例 9.1.34 (1) ヘンゼルの補題の例を考えるのは楽しい. 例えば, $F(x) = x^2 + 7$ とおくと, $\mathrm{ord}_2(F(1)) = 3$ である. $\mathrm{ord}_2(F'(1)) = \mathrm{ord}_2(2) = 1$ なので, $F(x) = 0$, $x \equiv 1 \mod 2$ となる $x \in \mathbb{Z}_2$ がある. したがって, $\sqrt{-7} \in \mathbb{Z}_2$ である.

(2) $F(x) = x^2 - 2$ とおく. $\mathbb{Z}_3$ は単項イデアル整域なので, 正規環である. よって, $x \in \mathbb{Q}_3$, $F(x) = 0$ なら, $x \in \mathbb{Z}_3$ である. $F(x) = 0$ となる $x \in \mathbb{Z}_3$ があれば, $F(x) \equiv 0 \mod 3$ となる $x \in \mathbb{Z}$ がある. これは 2 が 3 を法とする平方剰余ということであり, 矛盾である. よって, $F(x) = 0$ となる $x \in \mathbb{Q}_3$ はない.

(3) p が奇素数で $a \in \mathbb{Z} \setminus p\mathbb{Z}$ が平方剰余なら, $\sqrt{a} \in \mathbb{Z}_p$ である. a が平方非剰余なら, (2) と同様に $\sqrt{a} \notin \mathbb{Q}_p$ である.

(4) $F(x) = x^3 - 2x^2 + 7x + 5$ とする. $F'(x) = 3x^2 - 4x + 7$ である. $F(-1) = -5 \equiv 0 \mod 5$, $F'(-1) = 14$ は $\mathbb{Z}_5$ の単数なので, $F(x) = 0$ となる $x \in \mathbb{Z}_5$ がある.

(2) と同様に $\mathbb{Z}_2$ は正規環である. よって, $x \in \mathbb{Q}_2$ で $F(x) = 0$ なら, $x \in \mathbb{Z}_2$ である. $F(0) = 5$, $F(1) = 11 \not\equiv 0 \mod 2$ なので, $F(x) = 0$ となる $x \in \mathbb{Z}_2$ はない. よって, $F(x) = 0$ となる $x \in \mathbb{Q}_2$ はない.

(5) 多変数の多項式の場合も, 一つの変数以外を固定すれば, ヘンゼルの補題が適用できる場合がある (演習問題 9.1.4 も参照). 例えば, $F(x,y) = x^2 + 3y^2 - 1$ とすれば, $F(3,2) = 20 \equiv 0 \mod 5$ である. $y = 2$ を固定して考えると, x に関する偏微分は $F_x(x,y) = 2x$. よって, $F_x(3,2) = 6 \not\equiv 0 \mod 5$. したがって, $F(x,2) = 0$ となる $x \in \mathbb{Z}_5$ が存在する. ◇

p 進数の概念はヘンゼルにより 1897 年に導入された ([32]). この概念は当時は注目されなかったと思われるが, 現在の整数論は p 進数なくしては語れないくらいに基本的な概念となっている.

9.2 2次形式とヒルベルト記号

この節では $ax^2 + by^2 = 1$ という形の 2 次方程式の $\mathbb{Q}, \mathbb{R}, \mathbb{Q}_p$ 上の解について考える. この方程式が解を持つかどうかによって, ヒルベルト記号を定義するが, ヒルベルト記号は 2 次形式論の基本である. ヒルベルト記号は後で述べる積公式やハッセの原理を満たすなど, よい性質を持っている. 本書では解説しないが, 局所体上の一般変数の 2 次形式に対し「ハッセ不変量」というものがヒルベルト記号を使って定義され, 判別式とハッセ不変量で 2 次形式の同値類が決定できることが知られている.

まずヒルベルト記号を定義する.

定義 9.2.1 (ヒルベルト記号) K を標数 0 の体, $a, b \in K^\times$ とする.

$$(a,b)_K = 1 \quad \stackrel{\text{def}}{\Longleftrightarrow} \quad ax^2 + by^2 = 1 \text{ が解を持つ,}$$
$$(a,b)_K = -1 \quad \stackrel{\text{def}}{\Longleftrightarrow} \quad ax^2 + by^2 = 1 \text{ が解を持たない}$$

と定義し，$(a,b)_K$ を**ヒルベルト記号**という．単に (a,b) と書くことも多い．$(a,b)_K$ を $K=\mathbb{Q}_p$ なら $(a,b)_p$, $K=\mathbb{R}$ なら $(a,b)_\infty$ とも書く． ◇

まずやさしい性質から考えよう．以下，ch$K=0$ と仮定する．

命題 9.2.2 $a,b,c \in K^\times$ に対し，次の性質が成り立つ．

(1) $(a,b)=(b,a)$, $(a,b^2)=1$.

(2) $(a,-a)=1$, $(a,1-a)=1$ $(a \neq 1)$.

(3) p が奇素数で，$K=\mathbb{Q}_p$, $a,b \in \mathbb{Z}_p^\times$ なら，$(a,b)_p=1$.

(4) $a,b \in \mathbb{Q}^\times$ なら，$(a,b)_p$ は有限個の p を除き 1 である．

(5) $K=\mathbb{R}$ なら $(a,b)_\infty = -1$ となることと，$a,b<0$ は同値である．

証明 (1) $(a,b)=(b,a)$ はあたりまえである．$ax^2+b^2y^2=1$ は $(0,b^{-1})$ を解に持つので，$(a,b^2)=1$ である．

(2) $ax^2-ay^2=a(x+y)(x-y)$ だが，ch$K=0$ なので，$u=x+y$, $v=x-y$ とおくと，$x=(1/2)(u+v)$, $y=(1/2)(u-v)$ である．よって，$uv=(x+y)(x-y)$ はどんな値もとりえる．よって，$ax^2-ay^2=1$ となる $x,y \in K$ がある．$a \cdot 1^2 + (1-a) \cdot 1^2 = 1$ なので，$(a,1-a)=1$ である．

(3) 命題 2.4.3 より，$x_0, y_0 \in \mathbb{Z}$ があり，$ax_0^2+by_0^2 \equiv 1 \mod p$ となる．x_0, y_0 のどちらかは p で割れない．$p \nmid x_0$ とする．$F(x)=ax^2+by_0^2-1$ とすると，$F'(x)=2ax$ である．x_0 は $\mathbb{Z}_p$ の単数なので，$\operatorname{ord}_p(F'(x_0))=0$ である．$F(x_0) \equiv 0 \mod p$ なので，ヘンゼルの補題より $F(x)=0$, $x \equiv x_0 \mod p$ となる $x \in \mathbb{Z}_p$ がある．$p \nmid y_0$ である場合も同様である．

(4) 素数 2 と有限個の p を除いて，$a,b \in \mathbb{Z}_p^\times$ である．よって，(3) より $(a,b)_p=1$ である．

(5) $ax^2+by^2=1$ は a,b どちらかが正なら解を持つ．$a,b<0$ なら解を持たない．よって，$(a,b)=-1$ となるのは $a,b<0$ のときだけである． □

次にあたりまえでない性質について考えるが，その前に $\mathbb{Q}_p$ の 2 次拡大について解説しておく．

次の補題はクンマー理論 (定理 II–2.2.8) の特別な場合だが，ここでは初等的に考察する．

補題 9.2.3 K を標数 0 の体, $a,b \in K^\times$ とする. このとき, $K(\sqrt{a}) = K(\sqrt{b})$ であることと $a \in b(K^\times)^2$ は同値である.

証明 $a \in b(K^\times)^2$ なら, $K(\sqrt{a}) = K(\sqrt{b})$ である.

$K(\sqrt{a}) = K(\sqrt{b}) = K$ なら $a,b \in (K^\times)^2$ なので, $a \in b(K^\times)^2$ である. よって, $a,b \notin (K^\times)^2$ と仮定する. $K(\sqrt{a}) = K(\sqrt{b}) \neq K$ なら, $t,s \in K$ があり $\sqrt{a} = t\sqrt{b} + s$ である. $t = 0$ なら $\sqrt{a} \in K$ となり矛盾なので, $t \neq 0$ である.
$$a = (t\sqrt{b}+s)^2 = t^2 b + s^2 + 2ts\sqrt{b} \in K$$
となるが, $\sqrt{b} \notin K$ なので, $s = 0$ である. よって, $a = bt^2$ である. □

補題 9.2.4 (1) p を奇素数とする. $\mu \in \mathbb{Z}_p^\times$ が平方であることと, $\mu \bmod p$ が平方剰余であることは同値である. よって, μ を $\mu \bmod p$ が平方非剰余である単数とすると, $\{1,\mu\}$ は $\mathbb{Z}_p^\times / (\mathbb{Z}_p^\times)^2$ の完全代表系である. また, $a,b \in \mathbb{Z}_p^\times$, $a \equiv b \bmod p$ なら, $\mathbb{Q}_p(\sqrt{a}) = \mathbb{Q}_p(\sqrt{b})$ である.

(2) $\mu \in \mathbb{Z}_2^\times$ が平方であることと, $\mu \equiv 1 \bmod 8$ であることは同値である. $\{1,3,5,7\}$ は $\mathbb{Z}_2^\times / (\mathbb{Z}_2^\times)^2$ の完全代表系である. また, $a,b \in \mathbb{Z}_2^\times$, $a \equiv b \bmod 8$ なら, $\mathbb{Q}_2(\sqrt{a}) = \mathbb{Q}_2(\sqrt{b})$ である.

証明 (1) $\mu = a^2$ ($a \in \mathbb{Z}_p$) なら, $a \in \mathbb{Z}_p^\times$ である. 当然 $\mu \equiv a^2 \bmod p$ なので, $\mu \bmod p$ は平方剰余である. 逆に $a \in \mathbb{Z}$ で $\mu \equiv a^2 \bmod p$ なら, $a \in \mathbb{Z}_p^\times$ であり, $f(x) = x^2 - \mu$ とおくと,
$$f(a) \equiv 0 \mod p, \quad f'(a) = 2a \in \mathbb{Z}_p^\times$$
となる. よって, ヘンゼルの補題より, μ は $\mathbb{Z}_p^\times$ で平方である. $\mathbb{F}_p^\times / (\mathbb{F}_p^\times)^2$ は 1 と平方非剰余で代表されている. $\mu \in \mathbb{Z}_p^\times$ で $\mu \bmod p$ は平方非剰余とする. $\nu \in \mathbb{Z}_p^\times$ も $\nu \bmod p$ が平方非剰余なら, $\mu^{-1}\nu \bmod p$ は平方剰余である. 上の考察より, $\mu^{-1}\nu \in (\mathbb{Z}_p^\times)^2$ である. よって, $\{1,\mu\}$ が $\mathbb{Z}_p^\times / (\mathbb{Z}_p^\times)^2$ の完全代表系である. $a,b \in \mathbb{Z}_p^\times$, $a \equiv b \bmod p$ なら, $b^{-1}a \equiv 1 \bmod p$ なので, $b^{-1}a \in (\mathbb{Z}_p^\times)^2$ である.

(2) 例 1.4.14 より, a が奇数なら $a^2 \equiv 1 \bmod 8$. 逆に $\mu \equiv 1 \bmod 8$ なら, $f(x) = x^2 - \mu$ とおくと, $f(1) \equiv 0 \bmod 2^3$, $f'(1) = 2$ なので, $\mathrm{ord}_2(f(1)) \geq 3$, $\mathrm{ord}_2(f'(1)) = 1$ である. よって, ヘンゼルの補題より, μ は $\mathbb{Z}_2^\times$ で平方である. $a,b \in \mathbb{Z}_2^\times$, $b^{-1}a = c^2$ ($c \in \mathbb{Z}_2^\times$) なら, $c^2 \equiv 1 \bmod 8$ なので, $a \equiv bc^2 \equiv b \bmod 8$

である.逆に $a \equiv b \mod 8$ なら, $b^{-1}a \equiv 1 \mod 8$ なので, $b^{-1}a \in (\mathbb{Z}_2^\times)^2$ である. $(\mathbb{Z}/8\mathbb{Z})^\times$ は $\{1,3,5,7\}$ で代表されるので, これが $\mathbb{Z}_2^\times/(\mathbb{Z}_2^\times)^2$ の完全代表系である. □

命題 9.2.5 p が奇素数なら, 次の (1), (2) が成り立つ.

(1) $\mathbb{Q}_p$ の 2 次拡大は全部で三つあり, $\mu \in \mathbb{Z}_p^\times$ を平方でない単数とすると, $K = \mathbb{Q}_p(\sqrt{\mu}), \mathbb{Q}_p(\sqrt{p}), \mathbb{Q}_p(\sqrt{p\mu})$ がそれらである.

(2) $a \in \mathbb{Z}_p^\times$ で
$a \mod p$ が平方剰余 $\implies \mathbb{Q}_p(\sqrt{a}) = \mathbb{Q}_p$, $\mathbb{Q}_p(\sqrt{pa}) = \mathbb{Q}_p(\sqrt{p})$,
$a \mod p$ が平方非剰余 $\implies \mathbb{Q}_p(\sqrt{a}) = \mathbb{Q}_p(\sqrt{\mu})$, $\mathbb{Q}_p(\sqrt{pa}) = \mathbb{Q}_p(\sqrt{p\mu})$.

証明 補題 9.2.3 より $\mathbb{Q}_p$ の 2 次拡大は $\mathbb{Q}_p^\times/(\mathbb{Q}_p^\times)^2$ と 1 対 1 に対応する. $a \in \mathbb{Q}_p^\times$ なら, $(\mathbb{Q}_p^\times)^2$ の元をかけ, $\mathrm{ord}_p(a) = 0, 1$ にできる. $(\mathbb{Q}_p^\times)^2$ の元のオーダーは偶数なので, オーダーが $0,1$ の元は $\mathbb{Q}_p^\times/(\mathbb{Q}_p^\times)^2$ の異なる元を定める.

a のオーダーが 0 なら, 補題 9.2.4 より $\mathbb{Q}_p(\sqrt{a})$ の $\mathbb{Q}_p$ 上の同型類は $a \mod p$ が平方剰余かどうかで決まり, $a \mod p$ が平方剰余なら $\mathbb{Q}_p(\sqrt{a}) = \mathbb{Q}_p$, $a \mod p$ が平方非剰余なら $\mathbb{Q}_p(\sqrt{a}) = \mathbb{Q}_p(\sqrt{\mu})$ である.

a のオーダーが 1 なら, $a = pa_1$ とする. $b = pb_1$ $(b_1 \in \mathbb{Z}_p^\times)$ なら $b^{-1}a = b_1^{-1}a_1$ なので, $b^{-1}a$ の $(\mathbb{Q}_p^\times)^2$ を法とする類は $b_1^{-1}a_1$ の $(\mathbb{Z}_p^\times)^2$ を法とする類で定まる. それは $\{1, \mu\}$ で代表されるので, $\mathbb{Q}_p(\sqrt{a})$ の $\mathbb{Q}_p$ 上の同型類は $a_1 \mod p$ が平方剰余かどうかで決まり, $a_1 \mod p$ が平方剰余なら $\mathbb{Q}_p(\sqrt{a}) = \mathbb{Q}_p(\sqrt{p})$, $a_1 \mod p$ が平方非剰余なら $\mathbb{Q}_p(\sqrt{a}) = \mathbb{Q}_p(\sqrt{p\mu})$ である. □

補題 9.2.4 (1) より命題 9.2.5 が従ったように, 補題 9.2.4 (2) より次の命題が従う. 詳細は省略する.

命題 9.2.6 (1) $\mathbb{Q}_2$ の 2 次拡大は全部で七つあり,
$K = \mathbb{Q}_2(\sqrt{3}), \mathbb{Q}_2(\sqrt{5}), \mathbb{Q}_2(\sqrt{7}), \mathbb{Q}_2(\sqrt{2}), \mathbb{Q}_2(\sqrt{6}), \mathbb{Q}_2(\sqrt{10}), \mathbb{Q}_2(\sqrt{14})$
がそれらである.

(2) $a \in \mathbb{Z}_2^\times$ で $a \equiv 1, 3, 5, 7 \mod 8$ なら, それぞれ
$$\mathbb{Q}_2(\sqrt{a}) \cong \mathbb{Q}_2, \mathbb{Q}_2(\sqrt{3}), \mathbb{Q}_2(\sqrt{5}), \mathbb{Q}_2(\sqrt{7}),$$

$$\mathbb{Q}_2(\sqrt{2a}) \cong \mathbb{Q}_2(\sqrt{2}), \ \mathbb{Q}_2(\sqrt{6}), \ \mathbb{Q}_2(\sqrt{10}), \ \mathbb{Q}_2(\sqrt{14}).$$

ヒルベルト記号の性質について述べる前に次の補題を証明しておく.

補題 9.2.7 $a \in K$, $\sqrt{a} \notin K$, $b \in K^\times$ なら, 次の (1), (2) は同値である.

(1) $(a,b) = 1$.

(2) $b \in \mathrm{N}_{K(\sqrt{a})/K}(K(\sqrt{a})^\times)$.

証明 **(1)** $\Rightarrow$ **(2)** $F = K(\sqrt{a})$ とおく. $ax^2 + by^2 = 1$ となる $x, y \in K$ が存在する. $\sqrt{a} \notin K$ なので, $y \neq 0$ である. よって, $b = (y^{-1})^2 - a(x/y)^2$ とかけ, $b \in \mathrm{N}_{F/K}(F^\times)$ である.

(2) $\Rightarrow$ **(1)** $t, s \in K$, $b = \mathrm{N}_{F/K}(t + s\sqrt{a}) = t^2 - as^2$ とする. $t \neq 0$ なら $a(s/t)^2 + b(t^{-1})^2 = 1$ となり, $(a,b) = 1$ である. $t = 0$ なら $b = -as^2$ となるので, $s \neq 0$ であり, $x, y \in K$ に対し, $ax^2 + by^2 = a(x-sy)(x+sy)$ となる. これは任意の値をとる. したがって, $(a,b) = 1$ である. □

p が奇素数で $a \in \mathbb{Z}_p$ なら $a \equiv a_0 \mod p$ となる $a_0 \in \mathbb{Z}$ ととり $(a/p) = (a_0/p)$ とおく (右辺はルジャンドル記号). また, $a, b \in \mathbb{Z}_2^\times$ に対し十分大きい N により $a \equiv a_0$, $b \equiv b_0 \mod 2^N$ となる $a_0, b_0 \in \mathbb{Z}$ をとり $(-1)^{(a_0-1)(b_0-1)/4}$ を $(-1)^{(a-1)(b-1)/4}$ とおく. $(-1)^{(a^2-1)/8}$ も同様である.

定理 9.2.8 $a, b, c \in K^\times$ に対し, 次の性質が成り立つ.

(1) $p \neq 2$, $a, b \in \mathbb{Z}_p^\times$, $c \in \mathbb{Q}_p^\times$ で $a \equiv b \mod p$ なら $(a,c)_p = (b,c)_p$.

(2) $a, b \in \mathbb{Z}_2^\times$, $c \in \mathbb{Q}_2^\times$ で $a \equiv b \mod 8$ なら $(a,c)_2 = (b,c)_2$.

(3) $K = \mathbb{Q}_p, \mathbb{R}$ で $a, b, c \in K^\times$ なら, $(ab, c) = (a,c)(b,c)$.

(4) $p \neq 2$, $a \in \mathbb{Z}_p^\times$ なら, $(a,p)_p = \left(\dfrac{a}{p}\right)$.

(5) $a, b \in \mathbb{Z}_2^\times$ なら,
$$(a,b)_2 = (-1)^{(a-1)(b-1)/4},$$
$$(a,2)_2 = (-1)^{(a^2-1)/8}.$$

(6) $K = \mathbb{Q}_p, \mathbb{R}$ ですべての $b \in K^\times$ に対し $(a,b) = 1$ なら, $a \in (K^\times)^2$.

(7) (積公式) $a, b \in \mathbb{Q}^\times$ なら, $(a,b)_\infty \prod_p (a,b)_p = 1$.

証明 (1), (2) p を素数 ($p=2$ を含む) とする. 命題 9.2.5 (2) と命題 9.2.6 (2) より $\mathbb{Q}_p(\sqrt{a}) = \mathbb{Q}_p(\sqrt{b})$ なので, a が平方であることは b が平方であることと同値である. a,b が平方なら, $(a,c)_p = (b,c)_p = 1$ である. a,b が平方でなければ,

$$(a,c)_p = 1 \iff c \in \mathrm{N}_{\mathbb{Q}_p(\sqrt{a})/\mathbb{Q}_p}(\mathbb{Q}_p(\sqrt{a})^\times) = \mathrm{N}_{\mathbb{Q}_p(\sqrt{b})/\mathbb{Q}_p}(\mathbb{Q}_p(\sqrt{b})^\times)$$
$$\iff (b,c)_p = 1.$$

(3) $K = \mathbb{R}$ なら, 命題 9.2.2 (5) より従うので, $K = \mathbb{Q}_p$ とする.
$c \in (K^\times)^2$ なら, 命題 9.2.2 (1) より $(ab,c)_p = (a,c)_p = (b,c)_p = 1$ である. $c \notin (K^\times)^2$, $F = K(\sqrt{c})$ とする. $(a,c)_p = (b,c)_p = 1$ なら, 補題 9.2.7 より

$$\exists d,e \in F^\times, \ a = \mathrm{N}_{F/K}(d), \ b = \mathrm{N}_{F/K}(e)$$
$$\implies ab = \mathrm{N}_{F/K}(de)$$

となるので, 補題 9.2.7 より $(ab,c)_p = 1$ である.

$(a,c)_p = 1$, $(b,c)_p = -1$ とする.

$$a \in \mathrm{N}_{F/K}(F^\times), \ b \notin \mathrm{N}_{F/K}(F^\times)$$
$$\implies ab \notin \mathrm{N}_{F/K}(F^\times)$$

なので, $(ab,c)_p = -1$ である. $(a,c)_p = -1$, $(b,c)_p = 1$ の場合も同様である.

$(a,c)_p = (b,c)_p = -1$ とする. $\mathrm{N}_{F/K}(F^\times) \subset K^\times$ は部分群である.

(9.2.9) $$(K^\times : \mathrm{N}_{F/K}(F^\times)) \leqq 2$$

であることを示せば, $a,b \notin \mathrm{N}_{F/K}(F^\times)$ なので, $ab \in \mathrm{N}_{F/K}(F^\times)$ となる. よって, $(ab,c) = 1$ となる. 以下, (9.2.9) を示す.

$p \neq 2$ とする. 命題 9.2.5 より $c \in \mathbb{Z}_p^\times$ または $c \in p\mathbb{Z}_p^\times$ としてよい. $c \in \mathbb{Z}_p^\times$ なら, 命題 2.4.3 より任意の $e \in \mathbb{Z}_p^\times$ に対し $x^2 - cy^2 \equiv e \mod p$ となる $x,y \in \mathbb{Z}$ がある. x,y どちらかは p で割れないので, ヘンゼルの補題より, $x^2 - cy^2 = e$ となる $x,y \in \mathbb{Z}_p$ がある. よって, $\mathbb{Z}_p^\times \subset \mathrm{N}_{F/K}(F^\times)$ である. $p^2 = \mathrm{N}_{F/K}(p)$ なので, $(K^\times : \mathrm{N}_{F/K}(F^\times)) \leqq 2$ である.

$p \neq 2$, $c \in p\mathbb{Z}_p^\times$ なら, $(x,y) = (0,1)$ とすれば, $x^2 - cy^2 = -c \in \mathrm{N}_{F/K}(F^\times)$ となり, また, $\mathrm{ord}_p(-c) = 1$ である. 明らかに $(\mathbb{Z}_p^\times)^2 \subset \mathrm{N}_{F/K}(F^\times)$ である. $(\mathbb{Z}_p^\times : (\mathbb{Z}_p^\times)^2) = 2$ なので, $(K^\times : \mathrm{N}_{F/K}(F^\times)) \leqq 2$ である.

次に $p = 2$ の場合を考える. $(\mathbb{Q}_2^\times)^2 \subset \mathrm{N}_{F/\mathbb{Q}_2}(F^\times)$ で $|\mathbb{Q}_2^\times/(\mathbb{Q}_2^\times)^2| = 8$ なの

で，$\alpha, \beta \in \mathrm{N}_{F/\mathbb{Q}_2}(F^\times)$ で $\alpha, \beta, \alpha\beta \notin (\mathbb{Q}_2^\times)^2$ であるものがあればよい．α, β は各々の場合に，次のように選べばよい．

c	α	β
3	$\mathrm{N}_{F/\mathbb{Q}_2}(\sqrt{3}) = -3 \equiv 5 \mod 8$	$\mathrm{N}_{F/\mathbb{Q}_2}(3+\sqrt{3}) = 6$
5	$\mathrm{N}_{F/\mathbb{Q}_2}(\sqrt{5}) = -5 \equiv 3 \mod 8$	$\mathrm{N}_{F/\mathbb{Q}_2}(5+2\sqrt{5}) = 5$
7	$\mathrm{N}_{F/\mathbb{Q}_2}(2+\sqrt{7}) = -3 \equiv 5 \mod 8$	$\mathrm{N}_{F/\mathbb{Q}_2}(3+\sqrt{7}) = 2$
2	$\mathrm{N}_{F/\mathbb{Q}_2}(2+\sqrt{2}) = 2$	$\mathrm{N}_{F/\mathbb{Q}_2}(3+\sqrt{2}) = 7$
6	$\mathrm{N}_{F/\mathbb{Q}_2}(3+\sqrt{6}) = 3$	$\mathrm{N}_{F/\mathbb{Q}_2}(4+\sqrt{6}) = 10$
10	$\mathrm{N}_{F/\mathbb{Q}_2}(4+\sqrt{10}) = 6$	$\mathrm{N}_{F/\mathbb{Q}_2}(10+3\sqrt{10}) = 10$
14	$\mathrm{N}_{F/\mathbb{Q}_2}(3+\sqrt{14}) = -5 \equiv 3 \mod 8$	$\mathrm{N}_{F/\mathbb{Q}_2}(4+\sqrt{14}) = 2$

これで (3) の証明が完了した．

(4) $a_0 \in \mathbb{Z} \setminus p\mathbb{Z}$, $a \equiv a_0 \mod p$ とする．$ax^2 + py^2 = 1$ なら，$\mathrm{ord}_p(ax^2)$ は偶数，$\mathrm{ord}_p(py^2)$ は奇数なので，$ax^2, py^2 \in \mathbb{Z}_p$ でなければならない．$\mathrm{ord}_p(p) = 1$ なので，$x, y \in \mathbb{Z}_p$ である．よって，
$$ax^2 \equiv a_0 x^2 \equiv 1 \mod p.$$
これより $x \in \mathbb{Z}_p^\times$, $a_0 \equiv (x^{-1})^2 \mod p$ となり，$(a/p) = (a_0/p) = 1$ である．逆に $(a/p) = 1$ なら，$a \equiv a_0 \equiv t^2 \mod p$ とすると，$t \in \mathbb{Z}_p^\times$ なので，$a(t^{-1})^2 \equiv 1 \mod p$ となる．$f(x) = ax^2 + p \cdot 1 - 1$ とおくと，$f(t^{-1}) \equiv 0 \mod p$, $f'(t^{-1}) = 2at^{-1} \in \mathbb{Z}_p^\times$ なので，ヘンゼルの補題より，$f(x)$ は根を持つ．したがって，$(a,p)_p = 1$ である．

(5) $(a,2)_2 = 1$ なら $ax^2 + 2y^2 = 1$ は解を持つ．1 は奇数なので，$a, x \in \mathbb{Z}_2$, $2 \nmid a, x$ である．よって，$a + 2y^2 \equiv 1 \mod 8$ である．これより y が偶数なら $a \equiv 1 \mod 8$ で，y が奇数なら $a \equiv -1 \mod 8$ であることがわかる．したがって，$(a^2 - 1)/8$ は偶数である．逆に $(a^2 - 1)/8$ が偶数なら，$a \equiv \pm 1 \mod 8$ となり，$\pm a = x^2$ ($x \in \mathbb{Z}_2^\times$) となる．
$$a = x^2 \implies a(x^{-1})^2 + 2 \cdot 0 = 1,$$
$$-a = x^2 \implies a(x^{-1})^2 + 2 \cdot 1 = 1$$
となるので，$(a,2)_2 = 1$ である．

$a, b \in \mathbb{Z}_2^\times$ とする．まず，a, b どちらかが 4 を法として 1 と合同なら $(a,b) = 1$ であることを示す．$a \equiv 1 \mod 4$ としてよい．$a \equiv 1 \mod 8$ なら a は平方

なので, $(a,b)_2 = 1$ である. $a \equiv 5 \mod 8$ とする. (2) と命題 9.2.2 (2) より $(5,-5)_2 = (5,3)_2 = 1$ である.

$$5 \cdot 1^2 + 5 \cdot 2^2 = 25 = 5^2 \implies (5,5)_2 = 1,$$
$$5 \cdot 1^2 + 7 \cdot 2^2 = 33 \equiv 1 \mod 8 \implies (5,7)_2 = 1$$

となるので, $b \in \mathbb{Z}_2^\times$ に対し $(a,b)_2 = 1$ である.

逆に $(a,b)_2 = 1$ とする. $ax^2 + by^2 = z^2$ は $x,y,z \in \mathbb{Z}_2$ である解を持つ. どれかは $\mathbb{Z}_2^\times$ の元としてよい. $2 \mid z$ なら $ax^2 + by^2 \equiv 0 \mod 4$ なので, $x,y \in \mathbb{Z}_2^\times$. すると, $x^2, y^2 \equiv 1 \mod 8$ なので, $a + b \equiv 0 \mod 4$ となり, a,b どちらかは 4 を法として 1 と合同である.

$z \in \mathbb{Z}_2^\times$ なら $ax^2 + by^2 \equiv 1 \mod 8$ である. すると, x,y の片方だけが $\mathbb{Z}_2^\times$ の元である. $x \in \mathbb{Z}_2^\times$ とすると, $ax^2 \equiv a \equiv 1 \mod 4$ となる. $y \in \mathbb{Z}_2^\times$ なら $b \equiv 1 \mod 4$ となる.

(6) $K = \mathbb{R}$ とする. $a \notin (\mathbb{R}^\times)^2$ なら, $a < 0$ である. すると $b < 0$ なら $(a,b)_\infty = -1$ となり, 矛盾である. よって, $a > 0$ となり, $a \in (\mathbb{R}^\times)^2$ である.

p を奇素数とする. a に p^2 のべきをかけても a が平方であるかどうかということと $(a,b)_p$ は変わらないので, $\mathrm{ord}_p(a) = 0, 1$ としてよい. $\mathrm{ord}_p(a) = 1$ なら $a = pa_1$ とすると, $b \in \mathbb{Z}_p^\times$ に対し $(a,b)_p = (p,b)_p(a_1,b)_p = (p,b)_p$ である. なお命題 9.2.2 (3) より $(a,b)_p = 1$ である. $(b/p) = -1$ となる b はあるので, 矛盾である. よって, $\mathrm{ord}_p(a) = 0$, つまり $a \in \mathbb{Z}_p^\times$ である. $(a,p)_p = (a/p) = 1$ なので, $a \mod p$ は平方剰余である. ヘンゼルの補題より a 自身平方である.

$p = 2$ なら, 上と同様に $\mathrm{ord}_2(a) = 0, 1$ としてよい. $\mathrm{ord}_2(a) = 1$ なら $a = 2a_1$ とすると, $b \in \mathbb{Z}_2^\times$ に対し

$$(a,b)_2 = (a_1,b)_2(2,b)_2 = (-1)^{(a_1-1)(b-1)/4}(-1)^{(b^2-1)/8}$$

である. $b \equiv 5 \mod 8$ とすると $(a,b)_2 = -1$ である. これは矛盾なので, $\mathrm{ord}_2(a) = 0$ である.

$(a,2)_2 = 1$ なので, $a \equiv \pm 1 \mod 8$ である. $a \equiv -1 \mod 8$ なら $(a,3)_2 = -1$ なので, 矛盾である. したがって, $a \equiv 1 \mod 8$ で a は平方である.

(7) 命題 9.2.2 (4) より積が定まることに注意する. (a,b) は乗法的なので, a,b は異なる素数か $a = p, b = -1$ または $a = -1, b = -1$ としてよい. なお, 命題 9.2.2 (2) より, p が素数なら $a = p, b = -p$ に対して (7) のすべての因子

は 1 である．よって，$a=p$, $b=-1$ の場合に (7) が成り立てば，$a=p$, $b=p$ の場合にも (7) が成り立つ．

$a=p$, $b=q$ が異なる奇素数なら，$(p,q)_\infty = 1$ で平方剰余の相互法則より
$$(p,q)_2(p,q)_p(p,q)_q = (-1)^{(p-1)(q-1)/4}\left(\frac{q}{p}\right)\left(\frac{p}{q}\right) = 1$$
であるので (7) が成り立つ．$a=p$ が奇素数で $b=2$ なら，(4), (5) と平方剰余の相互法則より $(p,2)_2 = (p,2)_p$．よって，$(p,2)_2(p,2)_p = 1$ であるので (7) が成り立つ．

$a=p$ が奇素数で $b=-1$ なら，(5) と平方剰余の相互法則より
$$(p,-1)_2 = (-1)^{(p-1)(-1-1)/4} = (-1)^{(p-1)/2} = \left(\frac{-1}{p}\right).$$
よって，$(p,-1)_2(p,-1)_p = 1$ である．$(p,-1)_\infty = 1$ なので，(7) が成り立つ．

(5) より $(2,-1)_2 = 1$ である．$(2,-1)_\infty = 1$ であり，すべての奇素数 p に対し $(2,-1)_p = 1$ である．よって，$a=2$, $b=-1$ に対し (7) が従う．

p が奇素数なら $(-1,-1)_p = 1$ で $(-1,-1)_\infty = -1$ である．(5) より $(-1,-1)_2 = -1$ なので，$a=1$, $b=-1$ に対し (7) が従う．　□

例題 9.2.10　(1)　$(15,21)_3$ を求めよ．
(2)　$(6,10)_2$ を求めよ．

解答　(1)　p が素数なら $(p,p)_p = (p,-p)_p(p,-1)_p = (p,-1)_p$ であることに注意すると，
$$(15,21)_3 = (3,3)_3(3,7)_3(5,3)_3(5,7)_3 = (3,-1)_3\left(\frac{7}{3}\right)\left(\frac{5}{3}\right)\cdot 1 = 1.$$
なお，3 は奇素数なので，$(5,7)_3 = 1$ である．

(2)　$(6,10)_2 = (2,2)_2(2,5)_2(3,2)_2(3,5)_2$
$= (2,-1)_2(-1)^{(25-1)/8}(-1)^{(9-1)/8}(-1)^{(3-1)(5-1)/4}$
$= 1\cdot(-1)\cdot(-1)\cdot 1 = 1.$　□

定理 9.2.11 (ハッセの原理)　$a,b \in \mathbb{Q}^\times$ とするとき，次の (1), (2) は同値である．

(1)　$(a,b) = 1$.

(2) $(a,b)_\infty = 1$ かつすべての p に対し $(a,b)_p = 1$.

証明 (1) ⇒ (2) は明らかなので，(2) ⇒ (1) を証明する．a,b に平方数をかけても $(a,b), (a,b)_\infty, (a,b)_p$ は変わらないので，$a,b \in \mathbb{Z}$ であり，a,b は平方因子がないとしてよい．$|a|+|b|$ に関する帰納法で証明する．a,b どちらかが 1 なら明らかなので，$a,b \neq 1$ とする．

$|a|+|b|=2$ なら $a,b=-1$ だが，$(-1,-1)_\infty = 1$ となり，矛盾である．

$|a|+|b|>2$ とする．$|a| \leqq |b|$ としてよい．よって，$|b| \geqq 2$ である．a が b を法として平方であることを示す．b は平方因子を持たないので，中国式剰余定理により b のすべての素因子 p に対して $a \equiv c^2 \mod p$ となる $c \in \mathbb{Z}$ があればよい．

$p=2$ なら明らかなので，p を b を割る奇素数とする．仮定より $ax^2 + by^2 = z^2$ は $\mathbb{Q}_p$ で解を持つ．$\mathbb{Z}_p \setminus \{0\}$ の元をかけることにより，$x,y,z \in \mathbb{Z}_p$ であり，そのうちのどれかは $\mathbb{Z}_p^\times$ の元としてよい．$\mathrm{ord}_p(b) = 1$ なので，$\mathrm{ord}_p(by^2)$ は奇数で $\mathrm{ord}_p(z^2)$ は偶数である．$ax^2 = z^2 - by^2$ なので，$\mathrm{ord}_p(ax^2) = \min\{\mathrm{ord}_p(z^2), \mathrm{ord}_p(by^2)\}$ である．$p \mid x$ なら $p \mid z$ となり，$p^2 \mid by^2$ である．$\mathrm{ord}_p(b) = 1$ なので，$p \mid y$ となり，x,y,z のどれかが $\mathbb{Z}_p^\times$ の元であることに矛盾する．よって，$x \in \mathbb{Z}_p^\times$ である．すると，$a \equiv (z/x)^2 \mod p$ となり，a は p を法として平方である．したがって，$a \equiv c^2 \mod b$ となる $c \in \mathbb{Z}$ がある．$|c| \leqq b/2$ としてよい．

$c^2 = a + bd$ $(d \in \mathbb{Z})$ とおく．$|b| \geqq 2$ なので，
$$|d| = \frac{|c^2 - a|}{|b|} \leqq \frac{|c^2|}{|b|} + \frac{|a|}{|b|} \leqq \frac{|b|}{4} + 1 < |b|$$
である．a は平方因子がなく 1 ではないので，平方ではない．$F = \mathbb{Q}(\sqrt{a})$，$F_p = \mathbb{Q}_p(\sqrt{a})$，$F_\infty = \mathbb{R}(\sqrt{a})$ とおく．

(9.2.12) $\qquad bd(z^2 - ax^2) = (c^2 - a)(z^2 - ax^2) = (cz+ax)^2 - a(z+cx)^2$

であり，$cz+ax, z+cx$ は x,z と 1 対 1 に対応する $(c^2 - a \neq 0)$．よって，$\sqrt{a} \notin \mathbb{Q}_p$ なら $bd \in \mathrm{N}_{F_p/\mathbb{Q}_p}(F_p^\times)$，$\sqrt{a} \notin \mathbb{R}$ なら $bd \in \mathrm{N}_{F_\infty/\mathbb{R}}(F_\infty^\times)$ である．このとき，$(a,b)_p = 1$ $((a,b)_\infty = 1)$ なので，$b \in \mathrm{N}_{F_p/\mathbb{Q}_p}(F_p^\times)$ $(b \in \mathrm{N}_{F_\infty/\mathbb{R}}(F_\infty^\times))$．よって，$d \in \mathrm{N}_{F_p/\mathbb{Q}_p}(F_p^\times)$ $(d \in \mathrm{N}_{F_\infty/\mathbb{R}}(F_\infty^\times))$．したがって，$(a,d)_p = 1$ $((a,d)_\infty = 1)$ である．

$\sqrt{a} \in \mathbb{Q}_p$ なら $(a,d)_p = 1$ である.また,$\sqrt{a} \in \mathbb{R}$ なら $(a,d)_\infty = 1$ である.したがって,すべての p に対し $(a,d)_p = 1$ で $(a,d)_\infty = 1$ である.$|d| < |b|$ なので,帰納法より $\mathbb{Q}$ 上で $(a,d) = 1$ である.$\sqrt{a} \notin \mathbb{Q}$ なので,$d \in \mathrm{N}_{\mathbb{Q}(\sqrt{a})/\mathbb{Q}}(\mathbb{Q}(\sqrt{a})^\times)$ である.(9.2.12) より $b \in \mathrm{N}_{\mathbb{Q}(\sqrt{a})/\mathbb{Q}}(\mathbb{Q}(\sqrt{a})^\times)$ となるので,$(a,b) = 1$ である. □

定理 9.2.8 (3), (7) と定理 9.2.11 は一般の代数体で成り立つ.ヒルベルト記号が乗法的であることは,オミアラの本 [42, p.166] では四元数環のテンソル積とヴェーダーバーンの定理を使って証明しているが,[34] のように直接証明することも可能である.これについては分岐・不分岐の概念を必要とするので,第 2 巻 1 章の演習問題 II–1.14.1 とする.積公式は本書では,a, b を素因数分解して証明したが,一般の代数体の整数環は一意分解環とはかぎらない.このような状況では,「アデール・イデール」を使って証明するのが標準的な方法である.これについては [42, Chapter VII] を参照せよ.ハッセの原理も一般の代数体上で成り立つ.これは代数体 K の 2 次拡大があるとき,K の元がノルムになることと,すべての完備化 (ほとんどすべてでよい) でノルムになることが同値であることを示せばよい.これについても [42, p.186, 65:23] を参照せよ.

9 章の演習問題

9.1.1 次の値を求めよ.

(1) $\mathrm{ord}_2(96)$ (2) $\mathrm{ord}_3(14/81)$ (3) $\mathrm{ord}_3(-87)$

(4) $\mathrm{ord}_5(100000)$ (5) $\mathrm{ord}_5(0.0034)$ (6) $\mathrm{ord}_7(1/98)$

9.1.2 与えられた p による p 進距離での,2 点の距離を求めよ.

(1) $p = 2$ 4097, 1   (2) $p = 2$ 4096, 1   (3) $p = 3$ 4096, 1

(4) $p = 3$ 125/243, 0   (5) $p = 5$ 125/243, 0   (6) $p = 5$ 23, 23.0001

9.1.3 (1) $x^2 + 17$ は $\mathbb{Z}_3$ に根を持つか?

(2) $x^3 - 4x^2 + 3x + 1$ は $\mathbb{Z}_5$ に根を持つか?

(3) $x^3 - 6$ は $\mathbb{Z}_2$ に根を持つか?

(4) $x^2 + 17$ は $\mathbb{Z}_2$ に根を持つか?

(5) $x^4 - x^3 + 7x^2 + 4x + 1$ は $\mathbb{Z}_5$ に根を持つか？

(6) $x^3 - 4x^2 + 3x + 1$ は $\mathbb{Z}_7$ に根を持つか？

9.1.4 $f(x,y), g(x,y) \in \mathbb{Z}_p[x,y]$, $a,b \in \mathbb{Z}$, $f(a,b) \equiv g(a,b) \equiv 0 \mod p$ で
$$\det \begin{pmatrix} \dfrac{\partial f}{\partial x}(a,b) & \dfrac{\partial f}{\partial y}(a,b) \\ \dfrac{\partial g}{\partial x}(a,b) & \dfrac{\partial g}{\partial y}(a,b) \end{pmatrix} \in \mathbb{Z}_p^\times$$
とする．このとき，$f(c,d) = g(c,d) = 0$ となる $c, d \in \mathbb{Z}_p$ で $c \equiv a$, $d \equiv b \mod p$ であるものが存在することを証明せよ．

9.2.1 次のヒルベルト記号の値を求めよ．

(1) $(3,5)_3$ (2) $(3,7)_3$ (3) $(5,5)_5$ (4) $(5,7)_5$

(5) $(2,5)_2$ (6) $(2,7)_2$ (7) $(-3,4)_\infty$ (8) $(-3,-3)_\infty$

(9) $(15,21)_3$ (10) $(-10,55)_5$ (11) $(54,30)_3$ (12) $(-40,42)_2$

演習問題の略解

証明問題はヒントを書くことはあるが，解答を割愛することが多い．問題に対する答えを書く場合でも，その証明をつけない場合も多い．そのような場合には，自分で証明をつけて欲しい．

1 章

1.1.1 (1) $\{3,4\}$ (2) $f^{-1}(S_1) = \emptyset$, $f^{-1}(S_2) = \{1,3,4\}$ (3) 全射でない ($f^{-1}(S_1) = \emptyset$)．また，単射でもない ($f(1) = f(4)$)．

1.1.2 (1) $z \in C$ に対し $g(y) = z$ となる $y \in B$ がある．この y に対し $f(x) = y$ となる $x \in A$ がある．すると，$g(f(x)) = g(y) = z$ である．よって，$g \circ f$ は全射である．

(2), (3) 略

(4) $x, y \in A$ で $f(x) = f(y)$ とする．g を適用すると，$g(f(x)) = g(f(y))$ である．$g \circ f$ が単射なので，$x = y$ である．よって，f は単射である．

1.1.3 略

1.1.4 (1) (a) (2) (b)

1.1.5 (1) 例えば
$$A = \begin{pmatrix} 1 & 2 \\ 0 & 3 \end{pmatrix}, \quad B = \begin{pmatrix} 4 & 5 \\ 0 & 6 \end{pmatrix}$$
とすると，
$$AB = \begin{pmatrix} 4 & 17 \\ 0 & 18 \end{pmatrix}, \quad BA = \begin{pmatrix} 4 & 23 \\ 0 & 18 \end{pmatrix}.$$

(2) $[x_1, x_2] = [y_1, y_2] = (1/2)[1,0]$ とすると，両方とも $V \setminus \{[1,0]\}$ の元だが，$[x_1, x_2] + [y_1, y_2] = [1,0] \notin V \setminus \{[1,0]\}$．なお，$V \setminus \{[1,0]\}$ の元であることの否定は $[1,0]$ と等しいことであることに注意せよ．

(3) $A = B = \mathbb{R}$ で $f(x) = |x|$ とする．すると，$S = \{1\}$ なら，$f^{-1}(f(S)) = $

$\{1, -1\} \neq S$.

1.2.1 $(x,y) = p^a(x_1, y_1)$, $a \in \mathbb{Z}$, $x_1, y_1 \in \mathbb{Z}$ とし，まず $a=0$ の場合に $x_1^2 - 5y_1^2$ を割る最大の p べきを調べよ．

1.2.2 $x, y \in \mathbb{Z}$ でどちらかが 5 で割れなければ，$x^2 - 2y^2$ も 5 で割れないことを証明せよ．x, y, z, w に 5 のべきをかけ，$x, y, z, w \in \mathbb{Z}$ でどれかが 5 で割れないという状況に帰着して考えよ．

1.4.1 (1) 真 (2) 偽 ($c < 0$ かもしれないので) (3) 真 (4) 偽 ($(a,b,c) = (4,6,7)$ が反例) (5) 偽 ($(a,b,c) = (4,7,8)$ が反例)

1.4.2 (1) $\pm 1, \pm 2, \pm 3, \pm 4, \pm 6, \pm 9, \pm 12, \pm 18, \pm 36$

(2) $\gcd(24, 32) = 8$, $\mathrm{lcm}(24, 32) = 96$

(3) 3 余り 7 (4) -7 余り 6 (5) 19 余り 7

(6) $2+5+3+4+6+8+1+1 = 30$ は 3 で割れるが，9 では割れない．よって，3 の倍数だが，9 の倍数ではない．

(7) Maple なら

> iquo(132754658937,34294868);

> irem(132754658937,34294868);

として商 3870 と余り 33519777 がわかる．

1.4.3 略

1.4.4 (1) 25 (2) 1 (3) 686 (4) 123^{456} mod 2543278 で 441095 となる．(5) 5444769 (6) 9

1.4.5 略

1.4.6 2^k を n 以下の最大の 2 べきとするとき，n 以下の整数で 2^k で割り切れるものは 2^k だけであることを証明せよ．

1.5.1 (7) だけ詳しく書く．
$$113 = 98 + 15, \quad 98 = 15 \cdot 6 + 8, \quad 15 = 8 + 7, \quad 8 = 7 + 1$$
なので，$d = 1$,
$$1 = 8 - 7 = 8 - (15 - 8) = -15 + 8 \cdot 2 = -15 + (98 - 15 \cdot 6) \cdot 2 = 98 \cdot 2 + 15 \cdot (-13)$$
$$= 98 \cdot 2 + (113 - 98) \cdot (-13) = 113 \cdot (-13) + 98 \cdot 15$$

(1) $d = 5$, $15 \cdot (-2) + 35 = 5$. (2) $d = 14$, $42 \cdot 1 - 28 \cdot 1 = 14$.

(3) $d = 2$, $38 \cdot (-5) + 24 \cdot 8 = 2$. (4) $d = 6$, $-30 \cdot (-5) + 72 \cdot (-2) = 6$.

(5) $d=7$, $35\cdot(-3)+56\cdot 2=7$.　　(6) $d=1$, $37\cdot(-27)+125\cdot 8=1$.
(8) $d=23$, $1242\cdot(-4)+713\cdot 7=23$.

1.5.2, **1.5.3** 略

1.5.4 $a+b$ と ab は互いに素か？

1.5.5–**1.6.1** 略

1.7.1 (5) だけ詳しく書く．
$$43=35+8,\quad 35=8\cdot 4+3,\quad 8=3\cdot 2+2,\quad 3=2+1$$
なので，
$$1=3-2=3-(8-3\cdot 2)=8\cdot(-1)+3\cdot 3=8\cdot(-1)+(35-8\cdot 4)\cdot 3$$
$$=35\cdot 3+8\cdot(-13)=35\cdot 3+(43-35)\cdot(-13)=43\cdot(-13)+35\cdot 16.$$
$c_0=35\cdot 16\cdot 25+43\cdot(-13)\cdot 12=7292$. よって，すべての解は $7292+1505t$ ($t\in\mathbb{Z}$) という形．$0\leqq 7292+1505t\leqq 3000$ なので，$-4.9\leqq t\leqq -2.8$ である．よって，$t=-4,-3$. これを代入すると，$c=1272, 2777$.

(1) $11, 26, 41, 56, 71, 86$　　(2) $-88, -53, -18$　　(3) 175　　(4) 解はない．

1.7.2 (1) $1\cdot 35\cdot(-1)+3\cdot 21\cdot 1+4\cdot 15\cdot 1=88$,　$88+105t$
(2) $2\cdot 35\cdot(-1)+1\cdot 21\cdot 1+5\cdot 15\cdot 1=26$,　$26+105t$
(3) $2\cdot 40\cdot 1+1\cdot 24\cdot(-1)+5\cdot 15\cdot(-1)=-19$,　$-19+120t$
(4) $1\cdot 40\cdot 1+4\cdot 24\cdot(-1)+3\cdot 15\cdot(-1)=-101$,　$19+120t$
(5) $1\cdot 70\cdot 1+3\cdot 30\cdot(-3)+7\cdot 21\cdot 1=-53$,　$-53+210t$

1.8.1 (2) だけ詳しく書く．$5\cdot 3+7\cdot(-2)=1$ なので，$55(3,-2)$ は $5x+7y=55$ の解．すべての解は $55(3,-2)+t(7,-5)=(165+7t,-110-5t)$. このなかで $x,y>0$ であるものは $165+7t,-110-5t>0$. よって，$-165/7<t<-22$. したがって，$t=-23$. $(165+7t,-110-5t)=(4,5)$ がただ一つの解である．

(1) $(105+8s,-35-3s)$ $(s\in\mathbb{Z})$　　(3) $(7+13s,71-11s)$ $(s=0,\cdots,6)$.
(4) $(2,-2),(13,4)$　　(5) $(18+23t,8+13t)$ $(t\geqq 0)$.

1.8.2 (1) $x=-1+12t$ $(t\in\mathbb{Z})$　　(2) $x=7+9t$ $(t\in\mathbb{Z})$
(3) $\gcd(14,35)=7$ が 5 を割らないので，解はない．
(4) $x=10+21t$ $(t=-5,\cdots,4)$　　(5) $x=14+43t$ $(t=0,\cdots,22)$

1.9.1 $\{1,5,7,11\}$, $\{13,5,-5,11\}$, $\{-11,-7,7,35\}$ などいくらでもある．

1.9.2 (1) $05,31,45,03\to 53,145,30\to 780,205,1056$
(2) $10,58,27,17,31\to 105,827,173,100\to 955,896,808,75$

(3) $11, 45, 03, 26, 51 \to 114, 503, 265, 100 \to 574, 640, 210, 75$

1.9.3 (1) $130, 306, 590, 800$ すうがく   (2) $140, 213, 35, 558$ せいすうろん
(3)–(7) は答えを書かないでおく.

1.9.4 (1) だけ詳しく書く. $\text{lcm}(36, 42) = 252$.
$$252 = 5 \cdot 50 + 2, \quad 5 = 2 \cdot 2 + 1$$
なので,
$$1 = 5 - 2 \cdot 2 = 5 - 2(252 - 5 \cdot 50) = 252 \cdot (-2) + 5 \cdot 101.$$
よって, $d = 101$.

(2) 223   (3) 387   (4) 17   (5) 277

1.10.1 (1) だけ詳しく書く. $f(x) = x^3 - x^2 + 3x + 1$ とおくと, $f(0) = 1$, $f(1) = 4$, $f(2) = 11$, $f(3) = 28$, $f(4) = 61$, $f(5) = 116$, $f(6) = 199$. このなかで 7 で割れるのは, $x \equiv 3 \mod 7$ の場合だけ.

(2) (1) と同じ多項式なので, 上の値より解はない.

(3) 解はない.   (4) 解はない.   (5) $x \equiv 1 \mod 3$.   (6) $x \equiv 3 \mod 5$.

1.10.2 (1) 5 を法として考えると, $x^2 - 2 \equiv 0 \mod 5$ となる x はないので, 解はない.

(5) $f(x) = 2x^3 - 3x^2 + 5x - 2$ とおくと, $f'(x) = 6x^2 - 6x + 5$ である.
$$f(0) = -2, \quad f(1) = 2, \quad f(2) = 12, \quad f(3) = 40, \quad f(4) = 98$$
$$\implies \begin{cases} 4 \text{ を法として考え}, x \equiv 2, 3 \mod 4, \\ 5 \text{ を法として考え}, x \equiv 3 \mod 5, \\ 3 \text{ を法として考え}, x \equiv 2 \mod 3. \end{cases}$$
$x = 2 + 3y$ とおくと, $f'(2) = 17$ なので, $4 + 17y \equiv 0 \mod 3$. よって $y \equiv 1 \mod 3$ となり, $x \equiv 5 \mod 9$ である. 命題 1.7.5 を使うと (詳細は略),
$$x \equiv 2 \mod 4 \implies x \equiv 158 \mod 180,$$
$$x \equiv 3 \mod 4 \implies x \equiv 23 \mod 180$$

(2) 解はない.

(3) $x \equiv 7 \mod 9$ $(x \equiv 7, 16 \mod 18)$.

(4) $x \equiv 3, 31 \mod 36$.

(6) $x \equiv 59 \mod 66$.

1.11.1 (7) $\left(\dfrac{322}{457}\right) = \left(\dfrac{2}{457}\right)\left(\dfrac{161}{457}\right) = \left(\dfrac{457}{161}\right) = \left(\dfrac{135}{161}\right) = \left(\dfrac{15}{161}\right) = \left(\dfrac{161}{15}\right) = \left(\dfrac{11}{15}\right) = -\left(\dfrac{15}{11}\right) = -\left(\dfrac{4}{11}\right) = -1$

(1) 1　(2) -1　(3) -1　(4) -1　(5) -1　(6) 1　(8) 1

2 章

2.1.1　(1)　$13 = 2^2+3^2$　(2)　$17 = 1^2+4^2$　(3)　$29 = 2^2+5^2$　(4)　$37 = 1^2+6^2$　(5)　$137 = 4^2+11^2$　(6)　$173 = 2^2+13^2$　(7)　$193 = 7^2+12^2$　(8)　$233 = 8^2+13^2$　(9)　$26 = 1^2+5^2$　(10)　$221 = 5^2+14^2$　(11)　$153 = 3^2+12^2$　(12)　$6409 = 28^2+75^2$

2.1.2　(1)　$5 = 0^2+0^2+1^2+2^2$　(2)　$6 = 0^2+1^2+1^2+2^2$　(3)　$7 = 1^2+1^2+1^2+2^2$　(4)　$8 = 0^2+0^2+2^2+2^2$　(5)　$10 = 0^2+0^2+1^2+3^2$　(6)　$11 = 0^2+1^2+1^2+3^2$　(7)　$15 = 1^2+1^2+2^2+3^2$　(8)　$23 = 1^2+2^2+3^2+3^2$　(9)　$39 = 1^2+1^2+1^2+6^2$　(10)　$87 = 1^2+1^2+2^2+9^2$　(11)　$348 = 2^2 87 = 2^2+2^2+4^2+18^2$　(12)　$479 = 1^2+1^2+6^2+21^2$

2.1.3–2.2.2　略

3 章

3.1.1　(1)　$d(20) = 6$　(2)　$d(30) = 8$　(3)　$d(40) = 8$　(4)　$d(48) = 10$　(5)　$d(100) = 9$　(6)　$d(120) = 16$　(7)　$d(144) = 15$　(8)　$d(1000) = 16$

3.1.2　(1)　$\sigma_k(n) = \dfrac{p_1^{k(a_1+1)}-1}{p_1^k-1} \cdots \dfrac{p_t^{k(a_t+1)}-1}{p_t^k-1}$

(2)　(1)　$\sigma_{-1}(20) = \dfrac{2^{-3}-1}{2^{-1}-1}\dfrac{5^{-2}-1}{5^{-1}-1} = \dfrac{21}{10}$,　$\sigma_2(20) = \dfrac{2^{2\cdot 3}-1}{2^2-1}\dfrac{5^{2\cdot 2}-1}{5^2-1} = 546$

(2)　$\sigma_{-1}(30) = \dfrac{12}{5}$,　$\sigma_2(30) = 1300$

(3)　$\sigma_{-1}(40) = \dfrac{9}{4}$,　$\sigma_2(40) = 2210$

(4)　$\sigma_{-1}(48) = \dfrac{31}{12}$,　$\sigma_2(48) = 3410$

3.1.3, **3.1.4**　略

3.1.5　命題 3.1.7 を使って, n が素数べきのときを考えればよい.

3.1.6　略

3.1.7　n

3.2.1　$2^6 M_7 = 64\cdot 127 = 8128$.

3.3.1 (1) $\phi(20) = 8$ (2) $\phi(30) = 8$ (3) $\phi(40) = 16$ (4) $\phi(48) = 16$ (5) $\phi(100) = 40$ (6) $\phi(120) = 32$ (7) $\phi(144) = 48$ (8) $\phi(1000) = 400$

3.3.2 (1) n が 2 のべきのとき．n を割る最大の素因子に注目せよ．

(2) $n = 13, 26, 21, 42, 28, 36$．まず n が 17 以上の素因子を持たないことを示し，その後素因子のべきの可能性を決定せよ．

4 章

4.1.1 (1) $7/4 = [1,1,3]$ (2) $23/5 = [4,1,1,2]$ (3) $102/35 = [2,1,10,1,2]$ (4) $-120/41 = [-3,13,1,2]$ (5) $231/86 = [2,1,2,5,2,2]$ (6) $489/211 = [2,3,6,1,2,3]$ (7) $-345/701 = [-1,1,31,2,1,3]$ (8) $1231/682 = [1,1,4,7,1,4,1,2]$
なお Maple なら，

> with(numtheory);

> cfrac(7/4);

などとして連分数展開を求めることができる．

4.1.2 (1) $1, 3, 1, 5, 1$ (2) $12, 1, 11, 1, 24$ (3) $2, 1, 2, 1, 1$ (4) $0, 1, 5, 3, 4$

4.1.3 $\pi = [3, 7, 15, 1, 292, \theta]$．$p_5/q_5 = 103993/33102 = 3.1415926530\cdots$ なので，$|p_5/q_5 - \pi| < 10^{-9}$．$p_4/q_4 = 355/113 = 3.1415929\cdots$ となり，$355/113$ がよい近似．$1/292$ がかなり小さいので，ここでよい近似になっている．

4.2.1 (10) だけ詳しく書く．
$$4 + \sqrt{22} = 8 + \sqrt{22} - 4,$$
$$\frac{1}{\sqrt{22}-4} = \frac{\sqrt{22}+4}{6} = 1 + \frac{\sqrt{22}-2}{6},$$
$$\frac{6}{\sqrt{22}-2} = \frac{\sqrt{22}+2}{3} = 2 + \frac{\sqrt{22}-4}{3},$$
$$\frac{3}{\sqrt{22}-4} = \frac{\sqrt{22}+4}{2} = 4 + \frac{\sqrt{22}-4}{2},$$
$$\frac{2}{\sqrt{22}-4} = \frac{\sqrt{22}+4}{3} = 2 + \frac{\sqrt{22}-2}{3},$$
$$\frac{3}{\sqrt{22}-2} = \frac{\sqrt{22}+2}{6} = 1 + \frac{\sqrt{22}-4}{6},$$
$$\frac{6}{\sqrt{22}-4} = \sqrt{22}+4$$
となるので，$\theta = 4 + \sqrt{22}$ とおくと，
$$\theta = [8, 1, 2, 4, 2, 1, \theta] = 8 + \frac{29\theta + 20}{42\theta + 29}$$

(途中省略). よって, $\varepsilon = 42\theta + 29 = 42\sqrt{22} + 197$. なお, Maple では

> with(numtheory);

> cfrac(4+22^(1/2));

とすれば連分数展開が求まり,

> 1/(1+1/(2+1/(4+1/(2+1/(1+1/t)))));

> simplify(%)

とすれば, ε が求まる.

(1) $1+\sqrt{2}$ (2) $8+3\sqrt{7}$ (3) $3+\sqrt{10}$ (4) $10+3\sqrt{11}$ (5) $(3+\sqrt{13})/2$ (6) $18+5\sqrt{13}$ ($D=13$ ではないことに注意) (7) $(7+3\sqrt{5})/2$ (D に 2 以外の平方因子があってもよい) (8) $170+39\sqrt{19}$ (9) $(5+\sqrt{21})/2$

5 章

5.1.1 1,1 は関係がなく, 1,2 は関係がある.

5.2.1 群ではない. 理由は略

5.2.2 $x = z^{-1}y^2zy^{-2}$

5.2.3 略

5.2.4 $\sigma\tau = (1\,2\,3\,4\,5)$, $\tau\sigma\tau^{-1} = (1\,2\,4)$.

5.2.5 (1) 6 (2) 8 (8) 35

5.2.6, **5.2.7** 略

5.2.8 (1) $(1\,2\,3)^2 = (1\,3\,2) \notin H$ なので, H は積について閉じていない. よって, 部分群ではない.

(2) 部分群. 理由は略

(3) $\begin{pmatrix} 1 & 2 \\ 3 & 4 \end{pmatrix} \in H$ だが, $\begin{pmatrix} 1 & 2 \\ 3 & 4 \end{pmatrix}^{-1} = -(1/2)\begin{pmatrix} 4 & -2 \\ -3 & 1 \end{pmatrix} \notin H$ なので, H は逆元について閉じていない.

(4) 部分群. 理由は略

5.2.9 「$z \in H$ なら, $1, z, z^2, \cdots, z^n = 1$ だから巡回群」は完全な間違い. これと違う証明を書くこと.

5.2.10 (1) 巡回群ではない. (2) 巡回群 (3) 巡回群ではない. (4) 巡回群ではない. 理由はすべて略

5.2.11 略

5.2.12 (1), (2) H_1, H_2 は両方とも位数 8 の部分群．このことは H_1, H_2 の元を実際に書き出し，積について閉じていることなどを示す必要がある．
(3) 位数 4 の元の個数に注目せよ．

5.2.13–5.2.15 略

5.2.16 $H_1 = \{1, (12)\}, H_2 = \{1, (13)\}, H_3 = \{1, (23)\}, H_4 = \{1, (123), (132)\}$. 正規部分群は H_4 だけ．証明は略

5.2.17 (1) 正規部分群でない．　(2) 正規部分群．　(3) 正規部分群でない．

5.2.18 準同型である．$e^{x+y} = e^x e^y$ なので．

5.2.19–5.2.21 略

5.2.22 4 個

5.3.1 (1) $y^2xy^{-2} = x^4$, $y^3xy^{-3} = x^8 = x^3$, $y^4xy^{-4} = x^6 = x$. よって，$y^{99}xy^{-99} = y^3(y^{4\cdot24}xy^{-4\cdot24})y^{-3} = y^3xy^{-3} = x^3$.
(2) x^6

5.3.2 $(13) = (123)(12)$ なので，$\rho((13)) = (123)(23) = (12)$. しかし，例 5.3.6 のようにして $\rho((13))$ を求めて欲しい．

5.3.3 $\{1, t, t^2, t^3\}$ を G/H の完全代表系にとれる (証明せよ)．この順番に番号をつけると，$\rho(t) = (1\,2\,3\,4)$, $\rho(r) = (2\,4)$.

5.3.4 略

5.3.5 (2) $\mathrm{Ker}(\rho) = \{1\} \cup X$. それ以外は略

5.3.6 $\mathfrak{S}_3$ の元を二つ選んで，それらと可換であるものを求めよ．

5.3.7 略

5.3.8 G の中心は $\left\{ \begin{pmatrix} 1 & 0 & 0 \\ 0 & 1 & 0 \\ b & 0 & 1 \end{pmatrix} \,\middle|\, b \in \mathbb{R} \right\}$. 証明は略

5.3.9 (1) $\left\{ \begin{pmatrix} 1 & a \\ 0 & b \end{pmatrix} \,\middle|\, a \in \mathbb{R}, b \in \mathbb{R}\setminus\{0\} \right\}$　(2) $\mathbb{R}^2 \setminus \{0\}$

5.3.10 (1)–(3) は略．　(4) $\sqrt{-1}$ の安定化群は $\left\{ \begin{pmatrix} \cos\theta & -\sin\theta \\ \sin\theta & \cos\theta \end{pmatrix} \right\}$.

5.3.11–5.3.14 略

6 章

6.1.1 $I+J = 6\mathbb{Z}$, $IJ = 504\mathbb{Z}$

6.1.2 (1) 1,5 の類 (2) 1,3,5,7 の類 (3) 1,2,4,5,7,8 の類 (4) 1,5,7,11 の類

6.2.1 (1) $3x^3-x^2+x-1 = (3x+8)(x^2-3x+1)+22x-9$.
(2) $g(x,y) = (xy^2-3y^5-2y)f(x,y)+3xy^3+x-3+7xy^4+3xy^2+9xy^8-3y^7-9y^5-2y^3-6y$

例えば (2) は Maple では

```
> quo(x^3*y^2+3*x*y^3-2*x^2*y+x-3,x^2+3*x*y^3-y^2-3,x);
> rem(x^3*y^2+3*x*y^3-2*x^2*y+x-3,x^2+3*x*y^3-y^2-3,x);
```

で求めることができる. しかし, 手計算で求めよ. なお整数だったら, `iquo(37,4);` や `irem(37,4);` などで求めることができる.

6.2.2 t^4-t^2+t+3.

6.2.3 (1) 3 次の斉次式, 単項式ではない. (2) 4 次式, 斉次式でも単項式でもない. (3) 9 次の斉次式, 単項式. (4) 10 次の斉次式, 単項式ではない.

ただし単項式の定義が違う場合には注意せよ.

6.2.4–6.2.6 略

6.2.7–6.2.9 割り算を使えばよい.

6.2.10 (1) a/b $(a,b \in \mathbb{Q}\setminus\{0\})$ を既約分数で $(a/b)^3 = 2$ とする. $a^3 = 2b^3$ なので, $2 \mid a$. すると, 左辺は 2^3 で割り切れることより, $2 \mid b$. これは矛盾なので, $\alpha \in \mathbb{Q}$ なら, $\alpha^3 \neq 2$ である.

x^3-2 は $\mathbb{Q}$ に根を持たないが, 二つの 2 次以上の多項式の積の次数は 4 以上なので, もし可約なら 1 次式と 2 次式の積になる. すると x^3-2 が $\mathbb{Q}$ に根を持つので, 矛盾である. したがって, x^3-2 は $\mathbb{Q}$ 上既約である. この場合は, 後で解説する定理 7.1.15 を直接適用することができる.

(2) は割り算を使えばよい.

6.3.1 $I = (x(x-1)(x+2)^2) \subset \mathbb{C}[x]$, $\phi: A \to \mathbb{C}$ を $\mathbb{C}$ 準同型とする. $\mathfrak{m}$ を合成 $\mathbb{C}[x] \to A \to \mathbb{C}$ の核とすると, $\mathfrak{m}$ は I を含むイデアルである. $\mathbb{C}[x]/\mathfrak{m}$ は $\mathbb{C}$ の部分環とみなせ, $\mathbb{C} \to \mathbb{C}[x] \to \mathbb{C}$ は恒等写像なので, $\mathbb{C}[x]/\mathfrak{m} \cong \mathbb{C}$ である. よって, $\mathfrak{m}$ は極大イデアルであり, 素イデアルである. $x(x-1)(x+2)^2 \in \mathfrak{m}$ なので, $x, x-1, x+2$ のどれかは $\mathfrak{m}$ の元である. $(x),(x-1),(x+2)$ のどれかは $\mathfrak{m}$ に含まれるが, 例 6.3.7

より，すべて極大イデアルである．よって，$\mathfrak{m} = (x), (x-1), (x+2)$ である．

$\mathfrak{m} = (x)$ とする．$a \in \mathbb{C}$ なら，ϕ が $\mathbb{C}$ 準同型なので，$\phi(a) = a$ である．$f(x) \in \mathbb{C}[x]$ なら，$f(x) - f(0) \in (x)$ なので，$\phi(f(x) + I) = \phi(f(0) + I) = f(0)$ である．したがって，ϕ は $f(x) \mapsto f(0)$ により定まる $\mathbb{C}$ 準同型である．同様にして $\mathfrak{m} = (x-1), (x+2)$ なら，ϕ はそれぞれ $f(x) \mapsto f(1), f(-2)$ により定まる $\mathbb{C}$ 準同型である．逆に $\mathbb{C}[x] \ni f(x) \mapsto f(0), f(1), f(-2) \in \mathbb{C}$ は $\mathbb{C}$ 準同型で核は I を含む．よって，定理 6.1.35 より，A から $\mathbb{C}$ への準同型を引き起こす．したがって，これら三つが A から $\mathbb{C}$ へのすべての $\mathbb{C}$ 準同型である．

6.3.2 $\phi_1, \phi_2, \phi_3 : \mathbb{C}[x,y] \to \mathbb{C}$ を $\phi_1(f(x,y)) = f(0,0)$，$\phi_2(f(x,y)) = f(1,1)$，$\phi_3(f(x,y)) = f(-1,1)$ により定まる $\mathbb{C}$ 準同型 $A \to \mathbb{C}$ とすると，ϕ_1, ϕ_2, ϕ_3 がすべて．

6.4.1 $x - (x-1) = 1$, $y - (y-1) = 1$ なので，最初の式を 2 乗すると
$$x^2 - 2x(x-1) + (x-1)^2 = x^2 - (x+1)(x-1) = 1.$$
同様に $y^2 - (y+1)(y-1) = 1$．これらをかけ，
$(x^2 - (x+1)(x-1))(y^2 - (y+1)(y-1))$
$= x^2 y^2 - (x+1)(x-1)y^2 - (y+1)(y-1)x^2 + (x+1)(y+1)(x-1)(y-1) = 1.$
よって，
$$a = (x+1)(y+1)(x-1)(y-1) + x(x^2 y^2 - (x+1)(x-1)y^2 - (y+1)(y-1)x^2)$$
とおけば，a が条件を満たす．

6.4.2, 6.5.1 略

6.5.2 $f \cdot (1/f) - 1 = 0$ なので，A 準同型 $\phi : A[x]/(fx-1) \to A[1/f]$ で $\phi(x) = 1/f$ であるものがある．環 $A[x]/(fx-1)$ において，$x + (fx-1) = \alpha$ とおくと，$\alpha f = 1$ なので，f (の像) は単元である．よって，すべての $n > 0$ に対し，f^n は単元である．局所化の普遍性より，A 準同型 $\psi : A[1/f] \to A[x]/(fx-1)$ で $\psi(1/f) = \alpha$ となるものがある．ϕ, ψ は互いの逆写像である．よって，$A[1/f] \cong A[x]/(fx-1)$ である．

6.5.3 略

6.5.4 $15\mathbb{Z}$．証明は略

6.6.1 (1), (2) ともに約数．割り算をすればよい．

6.6.2 最大公約元 $(x-1)(x+2)$　最小公倍元 $x^3(x-1)^2(x+2)^2(x-3)^3$

6.6.3 略

6.6.4 (1) $\mathbb{Z}[\sqrt{-5}] \cong \mathbb{Z}[x]/(x^2-5)$ なので，
$$\mathbb{Z}[\sqrt{-5}]/(7,\sqrt{-5}-3) \cong \mathbb{Z}[x]/(x^2+5,7,x-3) \cong \mathbb{F}_7[x]/(x^2+5,x-3)$$
となるが，$x^2+5 = (x-3)(x-4)$ なので，$(x^2+5,x-3) = (x-3)$ である．$x=3$ を代入することにより，$\mathbb{F}_7[x]/(x-3) \cong \mathbb{F}_7$ である．これは体なので，$(7,\sqrt{-5}-3)$ は極大イデアルである．

(2) $\mathbb{Z}[\sqrt{-5}]/(3) \cong \mathbb{Z}[x]/(x^2+5,3) \cong \mathbb{F}_3[x]/(x^2+2) \cong \mathbb{F}_3[x]/((x-1)(x+1))$
となるが，$(x-1)+(x+1) = (1)$ なので，中国式剰余定理より，
$$\mathbb{Z}[\sqrt{-5}]/(3) \cong \mathbb{F}_3 \times \mathbb{F}_3$$
である．$(1,0)(0,1) = (0,0)$ なので，$\mathbb{F}_3 \times \mathbb{F}_3$ は整域ではない．したがって，(3) は素イデアルではない．

6.7.1 $\begin{pmatrix} x & -(x^2+x+1) \\ -(x-1) & x^2 \end{pmatrix}$

6.8.1 $\mathbb{Z}/4\mathbb{Z} \oplus \mathbb{Z}/3\mathbb{Z}$

6.8.2 $\mathbb{C}[x,y]/(x,y) \cong \mathbb{C}$

6.8.3, **6.8.4** 略

6.8.5 $(-\sqrt{-5},2)$ が $\mathrm{Ker}(\phi)$ を生成する．証明は略

6.8.6 $(x,-p)$ が $\mathrm{Ker}(\phi)$ を生成する．証明は略

6.8.7 略

6.8.8 もし $\mathbb{Q}$ が自由加群なら，階数が 1 であることを示し，さらに，基底となる元の分母に注目せよ．

6.8.9 $P = \bigoplus_I A$ とする．$i \in I$ に対し e_i を i の成分が 1 で他の成分が 0 である P の元とする．$\{\mathrm{e}_i \mid i \in I\}$ は P の基底である．ϕ が全射なので，$m_i \in M$ を $\phi(m_i) = \mathrm{e}_i$ となる元とする．
$$\psi\left(\sum_i a_i \mathrm{e}_i\right) = \sum a_i m_i$$
と定義すれば，$\psi: P \to M$ は A 準同型で $\phi \circ \psi = \mathrm{id}_P$ である．

7章

7.1.1–7.1.4 7.1.1–7.1.4 はほぼ同様にできるので，7.1.2 についてだけ述べる．

(1) $\sqrt[7]{25} \in \mathbb{Q}(\sqrt[7]{5})$ は明らかである．$2 \cdot 4 = 7+1$ なので，$\sqrt[7]{5} = \sqrt[7]{5}^{2\cdot 4-7} = \sqrt[7]{25}^4/5 \in \mathbb{Q}(\sqrt[7]{25})$．したがって，$\mathbb{Q}(\sqrt[7]{25}) = \mathbb{Q}(\sqrt[7]{5})$ である．

(2) アイゼンシュタインの判定法より x^7-5 は $\mathbb{Q}$ 上既約である．よって，$[\mathbb{Q}(\sqrt[7]{25}):\mathbb{Q}] = [\mathbb{Q}(\sqrt[7]{5}):\mathbb{Q}] = 7$ である．もし $\sqrt{5} \in \mathbb{Q}(\sqrt[7]{25})$ なら，$\mathbb{Q}(\sqrt{5}) \subset \mathbb{Q}(\sqrt[7]{25})$ となり，$[\mathbb{Q}(\sqrt{5}):\mathbb{Q}] = 2$ が $[\mathbb{Q}(\sqrt[7]{25}):\mathbb{Q}] = 7$ を割り，矛盾である．

7.1.5 $x^3-2x+2,\ x^3-6x^2+9x+6,\ x^4-100x^2+5,\ x^4-7x^3+21,\ x^5+49x^3+14x^2-35$

7.1.6 まず，多項式環 $K[x,y]$ の自己同型を作り，局所化により，$K(x,y)$ の自己同型に延長できることを示せ．

7.1.7 (1) K が無限体なら，$(x-a)$ という形の極大イデアルは無限個ある．しかし，この議論は K が有限体なら成り立たない．素数が無限個あるという証明の類似で極大イデアルが無限個あることを示せ．なお，$K[x]$ の零でない素イデアルは極大イデアルである．

(2) $K(x)$ が K 代数として，$f_i(x)/g_i(x)\ (i=1,\cdots,t)$ で生成されるとする．$f_i(x)/g_i(x)\ (i=1,\cdots,t)$ の多項式で表される有理式は分母に $g_1(x),\cdots,g_t(x)$ のべきしか現れない．よって，$K[f_1(x)/g_1(x),\cdots,f_t(x)/g_t(x)]$ の元は $F(x) \in K[x]$ と $p_1,\cdots,p_t \geqq 0$ により $F(x)/(g_1(x)^{p_1}\cdots g_t(x)^{p_t})$ という形をしている．ここで $K[x]$ の同伴でない素元が無限個あることから矛盾を導け．

7.3.1 (1) $\mathbb{Q}(\sqrt[4]{2},\sqrt{-1})$

(2) $\mathbb{Q}(\sqrt{(1+\sqrt{-3})/2},\sqrt{(1-\sqrt{-3})/2})$ だが，
$$\sqrt{\frac{1+\sqrt{-3}}{2}}\sqrt{\frac{1-\sqrt{-3}}{2}} = 1$$
なので，$\mathbb{Q}(\sqrt{(1+\sqrt{-3})/2})$ が最小分解体である．なお $\sqrt{(1+\sqrt{-3})/2} = (\sqrt{3}+\sqrt{-1})/2$ である．

(3) $\mathbb{Q}(\sqrt{(1+\sqrt{13})/2},\sqrt{(1-\sqrt{13})/2}) = \mathbb{Q}(\sqrt{(1+\sqrt{13})/2},\sqrt{-3})$ が最小分解体．

7.4.1 以下，$\bar{a} = a+11\mathbb{Z}$ などと書く．

(1) $|\mathbb{F}_{11}^\times| = 10$ なので，$\bar{a}$ が原始根であることを確かめるには，$\bar{a}^2, \bar{a}^5 \neq \bar{1}$ であることを示せばよい．$\bar{2}^2 = \bar{4} \neq \bar{1}$，$\bar{2}^4 = \bar{5}$，$\bar{2}^5 = \overline{10} \neq \bar{1}$ なので，$\bar{2}$ は $\mathbb{F}_{11}^\times$ の生成元である．

$\bar{2}^a$ が $\mathbb{F}_{11}^\times$ の生成元になるのは，a が 10 と互いに素であるとき．よって，$\mathbb{F}_{11}^\times$ の生成元は $\bar{2},\ \bar{2}^3 = \bar{8},\ \bar{2}^7 = \bar{7},\ \bar{2}^9 = \bar{6}$ がすべてである．

(2) $\bar{2}, \bar{6}, \overline{11}, \bar{7}$ (3) $\bar{3}, \overline{10}, \bar{5}, \overline{11}, \overline{14}, \bar{7}, \overline{12}, \bar{6}$ (4) $\bar{2}, \overline{10}, \overline{13}, \overline{14}, \overline{15}, \bar{3}$

7.4.2 (1) $\bar{2}$ は生成元で，$x = \bar{2}^a$ が $x^3 = 1$ となるのは，$4 \mid a$ となるとき．よって，$\bar{1}, \bar{2}^4 = \bar{3}, \bar{2}^8 = \bar{9}$.

(2) $\overline{1}, \overline{13}, \overline{16}, \overline{4}$

7.4.3 略

7.4.4 $L = \bigcup_{n=1}^{\infty} \mathbb{F}_{p^{2^n}}$ とすれば，$[L:\mathbb{F}_p] = \infty$ である．m が奇数なら，$\mathbb{F}_{p^m} \not\subset L$ なので，$L \neq \overline{\mathbb{F}}_p$ である．

7.4.5 $F = \mathbb{Q}(\sqrt[3]{3}, \sqrt{-3})$, $\mathrm{Gal}(F/\mathbb{Q}) \cong \mathfrak{S}_3$.

7.4.6 (1) $\sqrt{5} = \alpha^2 - 2 \in L$ である．$\alpha \notin \mathbb{Q}(\sqrt{5})$ であることを示す．$a, b \in \mathbb{Q}$, $(a+b\sqrt{5})^2 = 2+\sqrt{5}$ なら，$2ab = 1$, $a^2 + 5b^2 = 2$ である．$b = 1/2a$ なので，$4a^4 + 5 = 8a^2$ である．$4a^4 - 8a^2 + 5 = 4(a^2-1)^2 + 1 = 0$ となり，矛盾である．よって，$\alpha \notin \mathbb{Q}(\sqrt{5})$ である．したがって，$[L:\mathbb{Q}] = 4$ である．$L = \mathbb{Q}(\alpha)$ なので，α の最小多項式の次数は 4 である．

$f(x) = (x-\alpha)(x+\alpha)(x-\beta)(x+\beta)$ とおくと，$f(x) = (x^2-2)^2 - 5 = x^4 - 4x^2 - 1 \in \mathbb{Q}[x]$ である．よって，$f(x)$ が α の $\mathbb{Q}$ 上の最小多項式で $\pm\alpha, \pm\beta$ が α の $\mathbb{Q}$ 上の共役である．

(2) $F = \mathbb{Q}(\alpha, \beta)$ となるが，$\alpha\beta = \sqrt{-1}$ なので，$\sqrt{-1} \in F$, $\beta = \sqrt{-1}/\alpha \in L(\sqrt{-1})$ である．したがって，$F = L(\sqrt{-1})$ である．$L \subset \mathbb{R}$ なので，$[F:L] = 2$ となり，$[F:\mathbb{Q}] = 8$ である．

(3) σ を複素共役の制限とすると，$\alpha \in \mathbb{R}$ なので，$\sigma(\alpha) = \alpha$ である．$\sqrt{5} = \beta^2 + 2$ なので，$\sqrt{5} = \sigma(\beta)^2 + 2$ である．よって，$\sigma(\beta) = \pm\beta$ である．$\alpha\beta = \sqrt{-1}$ なので，$\sigma(\alpha)\sigma(\beta) = -\sqrt{-1}$ である．よって，$\sigma(\beta) = -\beta$ である．したがって，置換表現により σ は (24) に対応する．

(4) 命題 7.2.7 より $\tau \in \mathrm{Hom}_K^{\mathrm{al}}(L, \overline{\mathbb{Q}})$ で $\tau(\alpha) = \beta$ となるものがある．τ は $\mathrm{Gal}(F/\mathbb{Q})$ の元に延長できる．$\alpha\beta = \sqrt{-1}$ なので，$(\alpha\beta)^2 = -1$ である．よって，$\tau(\alpha)^2 \tau(\beta)^2 = -1$ である．よって，$\beta\tau(\beta) = \pm\sqrt{-1}$．したがって，$\tau(\beta) = \pm\sqrt{-1}/\beta = \pm\alpha$ である．

もし $\tau(\beta) = \alpha$ なら，$\tau(-\alpha) = -\beta$, $\tau(-\beta) = -\alpha$ なので，τ は $(12)(34)$ に対応する．$\tau(\beta) = -\alpha$ なら，同様にして τ は (1234) に対応する．$(12)(34)(24) = (1234)$ なので，どちらの場合も σ, τ は D_4 を生成する．$[F:\mathbb{Q}] = 8$ なので，$\mathrm{Gal}(F/\mathbb{Q}) \cong D_4$ である．

7.4.7 略

7.4.8 (1) $(\alpha^2-5)^2 = 5$, つまり $x^4 - 10x^2 + 20$ が最小多項式．
(2) 略
(3) $\mathbb{Z}/4\mathbb{Z}$

(4) $\mathbb{Q}(\gamma)/\mathbb{Q}$ がガロア拡大であることは略．$\mathbb{Q}(\alpha), \mathbb{Q}(\gamma)$ は $\mathbb{Q}$ のガロア拡大なので，$\gamma \notin \mathbb{Q}(\alpha)$ であることを示せばよい．$M = \mathbb{Q}(\sqrt{5})$ とおくと，$\mathbb{Q}(\alpha) = M(\alpha)$ なので，$a, b \in M$, $(a+b\alpha)^2 = 5+2\sqrt{5}$ として矛盾を導く．$a^2+b^2(5+\sqrt{5})+2ab\alpha = 5+2\sqrt{5}$ だが，$\alpha \notin M$ なので，$ab = 0$ である．$b = 0$ なら，$\gamma \in M$ となり，矛盾である．$a = 0$ なら，
$$b^2 = \frac{5+2\sqrt{5}}{5+\sqrt{5}} = \frac{(5+2\sqrt{5})(5-\sqrt{5})}{20} = \frac{3+\sqrt{5}}{4}$$
となる．$b = c+d\sqrt{5}$ とおくと，
$$c^2+5d^2+2cd\sqrt{5} = \frac{3+\sqrt{5}}{4}.$$
よって，
$$c^2+5d^2 = \frac{3}{4}, \quad 2cd = \frac{1}{4}$$
である．これより
$$c^4 - \frac{3}{4}c^2 + \frac{5}{64} = 0.$$
したがって，
$$c^2 = \frac{3}{8} \pm \frac{1}{4} = \frac{5}{8}, \frac{1}{8}$$
となり，$c \in \mathbb{Q}$ であることに矛盾する．したがって，$\gamma \notin \mathbb{Q}(\alpha)$ である．

また，第 2 巻 2.6 節でこういった体について解説するが，$\mathbb{Q}(\alpha), \mathbb{Q}(\gamma)$ の「判別式」はそれぞれ $8000, 2000$ となり，$8000 \neq 2000$ なので，これらの体が区別できるのである．

7.4.9 略

7.4.10 $\sqrt{7} \in \mathbb{Q}(\alpha)$ なら，$\mathbb{Q}(\alpha)/\mathbb{Q}$ がガロア拡大になることを示し，$\mathrm{Gal}(\mathbb{Q}(\alpha)/\mathbb{Q}) \cong \mathbb{Z}/4\mathbb{Z}$ なら $\mathbb{Q}$ 上 2 次の中間体がただ一つであることと，$\mathrm{Gal}(\mathbb{Q}(\alpha)/\mathbb{Q}) \cong \mathbb{Z}/2\mathbb{Z} \times \mathbb{Z}/2\mathbb{Z}$ なら $a+b\sqrt{7}$ ($a, b \in \mathbb{Q}(\sqrt{2})$) という形の元の平方は $3+\sqrt{2}$ にならないことを示すことにより，矛盾を導け．演習問題 7.4.6 では，$\sqrt{-1} \notin \mathbb{R}$ より考察が簡単だったが，一般にはこのような考察が必要である．残りの部分は演習問題 7.4.6 と同様である．

7.4.11 $\omega = (-1+\sqrt{-3})/2$ とおくと，$L = \mathbb{Q}(\sqrt[3]{3}, \omega)$．$\mathbb{Q}, L$ 以外の中間体は $\mathbb{Q}(\sqrt[3]{3}), \mathbb{Q}(\omega\sqrt[3]{3}), \mathbb{Q}(\omega^2\sqrt[3]{3}), \mathbb{Q}(\omega)$．ガロア拡大なのは $\mathbb{Q}(\omega) = \mathbb{Q}(\sqrt{-3})$．

7.4.12 $\mathbb{Q}, \mathbb{Q}(\sqrt{3}, \sqrt{5}), \mathbb{Q}(\sqrt{3}), \mathbb{Q}(\sqrt{5}), \mathbb{Q}(\sqrt{15})$．

7.4.13 $\mathbb{Q}, \mathbb{Q}(\sqrt{5+\sqrt{5}}), \mathbb{Q}(\sqrt{5})$．

7.4.14 $\alpha_1 = \sqrt{2+\sqrt{5}}$, $\alpha_2 = \sqrt{2-\sqrt{5}}$, $\alpha_3 = -\sqrt{2+\sqrt{5}}$, $\alpha_4 = -\sqrt{2-\sqrt{5}}$ と

おくと，$\mathrm{Gal}(L/\mathbb{Q}) = D_4$ は $\sigma = (1\,2\,3\,4)$, $\tau = (2\,4)$ で生成されている．

G の位数 2 の元は $\tau, \sigma\tau, \sigma^2\tau, \sigma^3\tau, \sigma^2$ で位数 4 の元は σ, σ^3 である．2 は素数なので，位数 2 の部分群は位数 2 の元により生成される．したがって，位数 2 の部分群は $\langle\tau\rangle, \langle\sigma\tau\rangle, \langle\sigma^2\tau\rangle, \langle\sigma^3\tau\rangle, \langle\sigma^2\rangle$ の五つである．

H を位数 4 の部分群とする．$H \cong \mathbb{Z}/4\mathbb{Z}$ なら H は位数 4 の元で生成されるので，$H = \langle\sigma\rangle = \langle\sigma^3\rangle$ である．$H \neq \langle\sigma\rangle = \langle\sigma^3\rangle$ とする．$\mu \in H$ なら，$\mu^2 = 1$ である．$\mu, \nu \in H$ なら，$\mu\nu\mu\nu = 1$ である．よって，$\mu\nu = \nu\mu$ となり，H は可換群である．

$\tau \in H$ とする．$\sigma\sigma^i\tau\sigma^{-1} = \sigma^{i-2}\tau$ なので，σ^2 以外の位数 2 の元は G の中心の元ではない．$\sigma^2 \in \mathrm{Z}(G)$ なので，$\langle\tau, \sigma^2\rangle$ の元は τ と可換である．$\mathrm{Z}_G(\tau) \neq G$ なので，$\mathrm{Z}_G(\tau) = \langle\tau, \sigma^2\rangle$．したがって，$\tau$ を含む G の位数 4 の部分群は $\langle\tau, \sigma^2\rangle = \langle\sigma^2\tau, \sigma^2\rangle$ である．H は $\tau, \sigma\tau, \sigma^2\tau, \sigma^3\tau$ のどれかを含む．$\sigma\tau, \sigma^3\tau$ を含む場合は $\langle\sigma\tau, \sigma^2\rangle = \langle\sigma^3\tau, \sigma^2\rangle$ である．$|G| = 8$ なので，自明でない部分群はこれだけである．

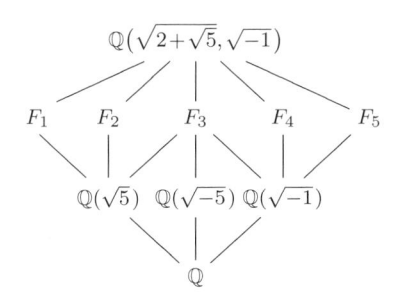

$$\begin{array}{c}
\mathbb{Q}(\sqrt{2+\sqrt{5}}, \sqrt{-1}) \\
F_1 \quad F_2 \quad F_3 \quad F_4 \quad F_5 \\
\mathbb{Q}(\sqrt{5}) \quad \mathbb{Q}(\sqrt{-5}) \quad \mathbb{Q}(\sqrt{-1}) \\
\mathbb{Q}
\end{array}$$

(ただし，上の図で
$$F_1 = \mathbb{Q}(\alpha_1), \quad F_2 = \mathbb{Q}(\alpha_2), \quad F_3 = \mathbb{Q}(\sqrt{5}, \sqrt{-1}),$$
$$F_4 = \mathbb{Q}(\alpha_1+\alpha_2), \quad F_5 = \mathbb{Q}(\alpha_1+\alpha_4).)$$

位数 4 の部分群は指数 2 なので，すべて正規部分群である（演習問題 5.2.13）．$\langle\sigma^2\rangle$ は中心なので正規部分群である．$\sigma\sigma^i\tau\sigma^{-1} = \sigma^{i-2}\tau$ なので，それ以外の位数 2 の部分群は正規部分群ではない．

$\sigma\tau = (1\,2)(3\,4)$, $\sigma^2\tau = (1\,3)$, $\sigma^3\tau = (1\,4)(2\,3)$, $\sigma^2 = (1\,3)(2\,4)$ である．

$\sigma(\sqrt{5}) = -\sqrt{5}$ なので，$\sigma^2(\sqrt{5}) = \sqrt{5}$ である．$\alpha_1\alpha_2 + \alpha_3\alpha_4 = 2\sqrt{-1}$ も σ^2 で不変である．$\sqrt{-1}$ は実数ではないので，$[\mathbb{Q}(\sqrt{5}, \sqrt{-1}) : \mathbb{Q}] = 4$ である．よって，$\mathbb{Q}(\sqrt{5}, \sqrt{-1})$ が σ^2 の不変体である．$t = \alpha_1 + \alpha_2 = \sqrt{2+\sqrt{5}} + \sqrt{2-\sqrt{5}}$ は $\sigma\tau$ で不変である．$t^2 = 4 + 2\sqrt{-1}$, $\alpha_1\alpha_2 = \sqrt{-1}$ なので，$\mathbb{Q}(\alpha_1+\alpha_2, \alpha_1\alpha_2) = \mathbb{Q}(t)$ である．α_1 は $\mathbb{Q}(\alpha_1+\alpha_2, \alpha_1\alpha_2)$ 上高々 2 次で $\mathbb{Q}(\alpha_1+\alpha_2, \alpha_1\alpha_2, \alpha_1) = \mathbb{Q}(\alpha_1, \alpha_2) = L$ なので，$[L : \mathbb{Q}(t)] \leqq 2$ である．したがって，$\mathbb{Q}(t)$ が $\sigma\tau$ の不変体である．同様にして，$\mathbb{Q}(\sqrt{2+\sqrt{5}} - \sqrt{2-\sqrt{5}})$ が $\sigma^3\tau$ の不変体である．

$\mathbb{Q}(\sqrt{2-\sqrt{5}})$ は $\sigma^2\tau$ で不変で $[\mathbb{Q}(\sqrt{2-\sqrt{5}}):\mathbb{Q}]=4$ なので，これが $\sigma^2\tau$ の不変体である．

$\alpha_1\alpha_3 = -2-\sqrt{5}$ は τ, σ^2 で不変なので，$\mathbb{Q}(\sqrt{5})$ が $\langle \tau, \sigma^2 \rangle$ の不変体である．$\alpha_1\alpha_2+\alpha_3\alpha_4 = 2\sqrt{-1}$ は $\sigma\tau, \sigma^2$ で不変なので，$\mathbb{Q}(\sqrt{-1})$ が $\langle \sigma\tau, \sigma^2 \rangle$ の不変体である．したがって，$\mathbb{Q}(\sqrt{-5})$ が $\langle \sigma \rangle$ の不変体である．

7.4.15, 7.4.16 略

7.4.17 (1) 例えば $\sqrt{3}+\sqrt{5}$．   (2) 例えば $\sqrt[3]{2}+\sqrt{-3}$．

7.4.18 $\sigma \in \mathrm{Aut}_{\mathbb{Q}}^{\mathrm{al}} \mathbb{R}$ とする．正の実数が平方数であることを使い，$x>0$ なら，$\sigma(x)>0$ であることを証明せよ．これを使い，σ が連続であることを証明せよ．なお，$\mathrm{Aut}_{\mathbb{Q}}^{\mathrm{al}} \mathbb{C}$ は膨大な群である．

8 章

8.1.1 (1) 変数変換 $(x+1)^3-2 = x^3+3x^2+3x-1$ でよい．
(2) $x^3+18x+106$
(3) $\alpha = \sqrt{2}-\sqrt[4]{2}$ とおくと，

$$\begin{array}{rcl}
\alpha \cdot 1 &=& -\sqrt[4]{2}+\sqrt{2} \\
\alpha \cdot \sqrt[4]{2} &=& -\sqrt{2}+\sqrt[4]{8} \\
\alpha \cdot \sqrt{2} &=& 2 \qquad -\sqrt[4]{8} \\
\alpha \cdot \sqrt[4]{8} &=& -2+2\sqrt[4]{2}
\end{array}$$

となるので，

$$P = \begin{pmatrix} 0 & -1 & 1 & 0 \\ 0 & 0 & -1 & 1 \\ 2 & 0 & 0 & -1 \\ -2 & 2 & 0 & 0 \end{pmatrix}$$

とおくと，$\det(xI_4-P) = x^4-4x^2-8x+2$ は α を根に持つ．

(4) x^3-4x^2-x．なお，t^3-2t-1 は既約多項式ではなく，$(t+1)(t^2-t-1)$ となるが，それでも $\alpha^2+\alpha$ を根に持つモニック多項式をみつけることができる．

8.1.2 $A = \mathbb{C}[t^3, t^5]$，B を A の $\mathbb{C}(t)$ における整閉包とする．明らかに $A \subset \mathbb{C}[t]$ である．$\mathbb{C}[t]$ は単項イデアル整域なので，一意分解環，よって正規環である．t は $A[x]$ のモニック多項式 x^3-t^3 の根である．したがって，t は A 上整となり，$t \in B$ である．すると，$\mathbb{C}[t] \subset B$ である．$b \in B$ なら b は A 上整なので，$\mathbb{C}[t]$ 上も整である．$B \subset \mathbb{C}(t)$ で $\mathbb{C}[t]$ が正規環なので，$b \in \mathbb{C}[t]$ である．よって，$B \subset \mathbb{C}[t]$ となり，$B = \mathbb{C}[t]$ である．

8.1.3 (1) $\mathrm{Tr}_{K/\mathbb{Q}}(\alpha) = 6$, $\mathrm{N}_{K/\mathbb{Q}}(\alpha) = 7$.

(2) $\mathrm{Tr}_{K/\mathbb{Q}}(\alpha) = 0$, $\mathrm{N}_{K/\mathbb{Q}}(\alpha) = -2$

(3) α の $\mathbb{Q}$ 上の共役を $\alpha_1 = \alpha$, α_2, α_3 とすると,
$$\begin{aligned}\mathrm{Tr}_{K/\mathbb{Q}}(2\alpha - \alpha^2) &= -(\alpha_1^2 + \alpha_2^2 + \alpha_3^2) \\ &= -(\alpha_1 + \alpha_2 + \alpha_3)^2 + 2(\alpha_1\alpha_2 + \alpha_1\alpha_3 + \alpha_2\alpha_3) \\ &= -4,\\ \mathrm{N}_{K/\mathbb{Q}}(2\alpha - \alpha^2) &= (2\alpha_1 - \alpha_1^2)(2\alpha_2 - \alpha_2^2)(2\alpha_3 - \alpha_3^2) \\ &= \alpha_1\alpha_2\alpha_3(2-\alpha_1)(2-\alpha_2)(2-\alpha_3) \\ &= 2(2-\alpha_1)(2-\alpha_2)(2-\alpha_3).\end{aligned}$$
$t^3 - 2t - 2 = (t-\alpha_1)(t-\alpha_2)(t-\alpha_2)$ に $t=2$ を代入して 2 倍すると,
$$\mathrm{N}_{K/\mathbb{Q}}(2\alpha - \alpha^2) = 4.$$

8.2.1 (1) $f(x)$ が $\mathbb{Q}$ に根を持てば, 2 の約数である. $f(1) = -4$, $f(-1) = 8$, $f(2) = -4$, $f(-2) = 8$ なので, $f(x)$ は $\mathbb{Q}$ に根を持たない. $f(x)$ の次数は 3 なので, $f(x)$ は $\mathbb{Q}$ 上既約である.

(2) は (1) と同様.

(3)–(5) は例題 8.2.3 と同様.

(6) 2 を法として考えよ.

(7) 3 の約数を $f(x)$ の x に代入してもよいが, $f'(x) = 5x^4 - 1 = 0$ なら, $x = \pm 1/\sqrt[4]{5}$. $f(-1/\sqrt[4]{5}) < -2$ なので, $f(x) = 0$ はただ一つの実数解を持つ. $f(1) = -3 < 0$, $f(2) = 27 > 0$ なので, $f(x) = 0$ の解は整数ではない. よって, $f(x)$ は 1 次因子を持たない.
$$x^5 - x - 3 = (x^3 + ax^2 + bx + c)(x^2 + dx + e)$$
なら,
$$a+d = 0, \quad ad+b+e = 0, \quad bd+c+ae = 0, \quad be+cd = -1, \quad ce = -3.$$
最後の条件より $(c,e) = (3,-1), (1,-3), (-1,3), (-3,1)$ である. 最初の条件より $a = -d$ である.

$(c,e) = (3,-1)$ なら,
$$b = d^2 + 1, \quad bd + 3 + d = 0, \quad -b + 3d = -1.$$
すると, $d^3 + 2d + 3 = (d+1)(d^2 - d + 3) = 0$. $d^2 - d + 3 > 0$ なので, $d = -1$. しかし, $b = d^2 + 1 = 2$, $-b - 3 = -5 \neq -1$ なので, 矛盾である.

$(c,e) = (1,-3)$ なら,
$$b = d^2 + 3, \quad bd + 1 + 3d = 0, \quad -3b + d = -1.$$
$d^3 + 6d + 1 = 0$ となるが, $d = \pm 1$ はこれを満たさないので, 矛盾である.

$(c,e) = (-1,3)$ なら,
$$b = d^2 - 3, \quad bd - 1 - 3d = 0, \quad 3b - d = -1.$$
すると, 最初と最後の条件より $3d^2 - d - 8 = 0$. これは整数解を持たないので, 矛盾である.

$(c,e) = (-3,1)$ なら,
$$b = d^2 - 1, \quad bd - 3 - d = 0, \quad -3b + d = -1.$$
$d^3 - 2d - 3 = 0$ となるが, $d = \pm 1, \pm 3$ はこれを満たさないので, 矛盾である. これで $x^5 - x - 3$ が既約であることがわかった.

(8) 1 次因子がないことを示し, 2 を法として考えよ.

8.2.2 2 次の既約なモニック多項式をすべて決定して, それと 2 次式との積を考え, 2 次の因子を持つものを除き, そのなかから 1 次因子を持たないものを求めると, 既約な 4 次多項式をすべて求めることができる. あてずっぽうに $x^4 + ax + b$ という形のもので 1 次因子と 2 次因子を持たないものを探してもよい. 例えば, $x^4 + x + 2$ は既約であることがわかる. これは自分で試されたい. 命題 8.2.1 より
$$x^4 + x + 2, \ x^4 + x + 5, \ x^4 + x - 1, \ x^4 + 3x + 2, \ x^4 + 4x - 1$$
など, 3 を法として $x^4 + x + 2$ となるものはいくらでも作れる.

8.2.3 (1) もし $x^4 + ax^2 + b$ が 2 次因子を持てば,
$$x^4 + ax^2 + b = (x^2 + cx + d)(x^2 + ex + f)$$
となる $c, d, e, f \in \mathbb{Z}$ がある. $c = e = 0$ なら, $t^2 + at + b = (t+d)(t+f)$ となるので, $a^2 - 4b = (d - f)^2$ は平方である. よって, c, e のどちらかは 0 でないと仮定する. すると,
$$c + e = 0, \quad d + f + ce = a, \quad cf + de = 0, \quad df = b$$
である. $c = -e$ なので, どちらも 0 でない. $cf + de = 0$ なので, $f = d$ である. すると, $b = f^2$ となり, b は平方である.

(2) $x^4 + x^2 + 2$ は $x \in \mathbb{R}$ なら $x^4 + x^2 + 2 > 0$. よって, 1 次因子を持たない. $a^2 - 4b = -7$, $b = 2$ はどちらも平方ではない. したがって, $x^4 + x^2 + 2$ は $\mathbb{Q}$ 上既約である. 同様な考察で $x^4 + x^2 + 3$, $x^4 + 5x^2 + 2$, $x^4 + 5x^2 - 2$, $x^4 + 4x^2 + 1$ などは既約である.

8.4.1 演習問題 8.2.1 (7) で $x^5 - x - 3$ の実数根がただ一つであることがわかった. よって, $r_1 = 1$ である. $r_1 + 2r_2 = 5$ なので, $r_2 = 2$ である.

8.5.1 例 8.5.5 と同様.

8.5.2 $(3)(2,\sqrt{-13}-1)(7,\sqrt{-13}-1)$.

8.6.1 (1) $(x,y)=(2,1)$ (2) $(x,y)=(3,1)$ (3) $(x,y)=(3,2)$ (4) $(x,y)=(5,1)$

8.6.2 $n=p_1^{a_1}\cdots p_t^{a_t}$ を素因数分解とするとき, $p_i \equiv 2 \mod 3$ なら, a_i は偶数.

8.6.3, **8.6.4** 通常の絶対値を使い, $\mathbb{Z}[\sqrt{-1}]$ の場合と同様に証明できる.

8.6.5 $p=2$ または, $p \equiv 1,3 \mod 8$.

8.8.1 (8) だけ詳しく書く. b の可能性は $|b|<\sqrt{88/3}$ なので, $|b|\leqq 5$. b は偶数なので, $b=0,\pm 2,\pm 4$.

$$\begin{aligned} b=0 &\implies ac=22, (a,c)=(1,22),(2,11), \\ b=2 &\implies ac=23, (a,c) \text{ 該当なし}, \\ b=4 &\implies ac=26, (a,c) \text{ 該当なし}, \\ b=-2 &\implies ac=23, (a,c) \text{ 該当なし}, \\ b=-4 &\implies ac=26, (a,c) \text{ 該当なし}. \end{aligned}$$

よって, 類数は 2 でイデアル類群の代表元は

$$[1,\sqrt{-22}]=\mathcal{O}_K, [2,\sqrt{-22}]$$

(1) $(a,b,c)=(1,1,2)$ だけなので, 類数は 1. 当然 $\mathcal{O}_K$ が代表元. (演習問題 8.6.4 からもわかる.)

(2) 類数は 2 で $(a,b,c)=(1,0,10),(2,0,5)$. 対応するイデアルは $\mathcal{O}_K, [2,\sqrt{-10}]$.

(3) $(a,b,c)=(1,1,3)$ だけなので, 類数は 1. $\mathcal{O}_K$ が代表元.

(4) 類数は 2 で $(a,b,c)=(1,0,13),(2,2,7)$. 対応するイデアルは $\mathcal{O}_K, [2,-1+\sqrt{-13}]$.

(5) 類数は 4 で $(a,b,c)=(1,0,17),(2,2,9),(3,2,6),(3,-2,6)$. 対応するイデアルは

$$\mathcal{O}_K, [2,-1+\sqrt{-17}], [3,-1+\sqrt{-17}], [3,1+\sqrt{-17}].$$

$[3,-1+\sqrt{-17}],[3,1+\sqrt{-17}]$ どちらもイデアル類群の生成元となり, イデアル類群は $\mathbb{Z}/4\mathbb{Z}$ となるが, それは問われていない.

(6) $(a,b,c)=(1,1,5)$ だけなので, 類数は 1. $\mathcal{O}_K$ が代表元.

(7) 類数は 4 で $(a,b,c)=(1,0,21),(3,0,7),(2,2,11),(5,4,5)$. 対応するイデアルは

$$\mathcal{O}_K, I_1=[3,\sqrt{-21}], I_2=[2,-1+\sqrt{-21}], I_3=[5,-2+\sqrt{-21}].$$

I_1^2, I_2^2, I_3^2 はすべて単項イデアルになることを確かめることができ, イデアル類群は

$(\mathbb{Z}/2\mathbb{Z})^2$ となる.

8.8.2 (7) だけ詳しく書く. $|b| < 2\sqrt{19}$ なので, $|b| \leqq 8$. $b < 0$ は偶数なので, $b = -2, -4, -6, -8$.

$$b = -2 \implies ac = -18, \ (a,c) \text{ 該当なし},$$
$$b = -4 \implies ac = -15, \ (a,c) = (5,-3), (3,-5),$$
$$b = -6 \implies ac = -10, \ (a,c) = (5,-2), (2,-5),$$
$$b = -8 \implies ac = -3, \ (a,c) = (3,-1), (1,-3).$$

対応する無理数を連分数展開すると,
$$\frac{2+\sqrt{19}}{5} = 1 + \frac{\sqrt{19}-3}{5},$$
$$\frac{5}{\sqrt{19}-3} = \frac{\sqrt{19}+3}{2} = 3 + \frac{\sqrt{19}-3}{2},$$
$$\frac{2}{\sqrt{19}-3} = \frac{\sqrt{19}+3}{5} = 1 + \frac{\sqrt{19}-2}{5},$$
$$\frac{5}{\sqrt{19}-2} = \frac{\sqrt{19}+2}{3} = 2 + \frac{\sqrt{19}-4}{3},$$
$$\frac{3}{\sqrt{19}-4} = \sqrt{19}+4 = 8 + \sqrt{19}-4,$$
$$\frac{1}{\sqrt{19}-4} = \frac{\sqrt{19}+4}{3} = 2 + \frac{\sqrt{19}-2}{3},$$
$$\frac{3}{\sqrt{19}-2} = \frac{\sqrt{19}+2}{5}$$

なので, $\frac{2+\sqrt{19}}{5} = [\overline{1,3,1,2,8,2}]$.

$$\frac{2+\sqrt{19}}{3}, \ \frac{3+\sqrt{19}}{5}, \ \frac{3+\sqrt{19}}{2}, \ \frac{4+\sqrt{19}}{3}, \ 4+\sqrt{19}$$

はすべて上の連分数展開に現れるので, 類数は 1 で $\mathcal{O}_K$ が代表元である.

(1) $(a,b,c) = (1,-2,-1)$ だけなので, 類数は 1. $\mathcal{O}_K$ が代表元.

(2) $(a,b,c) = (1,-2,-2), (2,-2,-1)$. 対応する無理数が同じ循環節を持つので, 類数は 1.

(3) $(a,b,c) = (1,-1,-1)$ だけなので, 類数は 1. $\mathcal{O}_K$ が代表元.

(4) $(a,b,c) = (2,-4,-1), (1,-4,-2)$. 対応する無理数が同じ循環節を持つので, 類数は 1.

(5) $(a,b,c) = (3,-2,-2), (2,-2,-3), (3,-4,-1), (1,-4,-3)$. 対応する無理数が同じ循環節を持つので, 類数は 1.

(6) $(a,b,c) = (6,-6,-1), (3,-6,-2), (2,-6,-3), (1,-6,-6)$. 対応する無理数は

$$\frac{3+\sqrt{15}}{6}, \frac{3+\sqrt{15}}{3}, \frac{3+\sqrt{15}}{2}, 3+\sqrt{15},$$

最初と最後，それから 2 番目と 3 番目が同じ循環節を持つので，類数は 2.

(8) $(a,b,c) = (5,-8,-2), (5,-2,-5), (2,-8,-5), (1,-10,-1)$. 対応する無理数は
$$\frac{4+\sqrt{26}}{5}, \frac{1+\sqrt{26}}{5}, 5+\sqrt{26}, \frac{4+\sqrt{26}}{2},$$
であり，3 番目の数以外は同じ循環節を持つので，類数は 2.

8.9.1 (5) だけ詳しく書く．$K = \mathbb{Q}(\sqrt{23})$ とおく．$p = 23$ なら $x = 0$, $y = 1$ が条件を満たす．$p = 2$ なら $x = 5$, $y = 1$ が条件を満たす．よって，$p \neq 2, 23$ と仮定する．$p = \pm(x^2 - 23y^2)$ とする．$p \mid y$ なら $p \mid x$ ともなり，右辺が p^2 で割り切れ，矛盾である．よって，$p \nmid y$. y は $\mathbb{F}_p$ で単元になるので，$(23/p) = 1$ である．

逆に $(23/p) = 1$ とする．
$$\mathbb{Z}[\sqrt{23}]/(p) \cong \mathbb{Z}[x]/(x^2 - 23, p) \cong \mathbb{F}_p[x]/(x^2 - 23).$$
となるが，$x^2 - 23$ は $\mathbb{F}_p$ に根を持つので，p は $\mathbb{Z}[\sqrt{23}]$ で素元ではない．$\mathbb{Z}[\sqrt{23}]$ は一意分解環なので，$p = q_1 \cdots q_t$ ($t \geq 2$) と素元分解すると，ノルムをとり，$p^2 = \mathrm{N}_{K/\mathbb{Q}}(q_1) \cdots \mathrm{N}_{K/\mathbb{Q}}(q_t)$ である．q_i は単元ではないので，$\mathrm{N}_{K/\mathbb{Q}}(q_i) \neq \pm 1$ である．よって，$t = 2$ で $\mathrm{N}_{K/\mathbb{Q}}(q_1) = \pm p$ となる．$q_1 = x + y\sqrt{23}$ とすれば，$x^2 - 23y^2 = \pm p$ である．

したがって，$(23/p) = 1$ となる条件を求めればよい．$p \equiv 1 \mod 4$ なら，$(23/p) = (p/23)$ なので，
$$p \equiv 1, 4, 9, 16, 2, 13, 3, 18, 12, 8, 6 \mod 23.$$
よって，
$$p \equiv 1, 73, 9, 85, 25, 13, 49, 41, 81, 77, 29 \mod 92.$$
$p \equiv 3 \mod 4$ なら，$(23/p) = -(p/23)$ なので，
$$p \equiv 5, 7, 10, 11, 14, 15, 17, 19, 20, 21, 22 \mod 23.$$
したがって，
$$p \equiv 51, 7, 79, 11, 83, 15, 63, 19, 43, 67, 91 \mod 92.$$

(1) $p = 2, 3$ または，$p \equiv 1, 11 \mod 12$.

(2) $p = 2, 7$ または，$p \equiv 1, 3, 9, 19, 25, 27 \mod 28$.

(3) $p = 2, 11$ または，$p \equiv 1, 5, 7, 9, 19, 25, 35, 37, 39, 43 \mod 44$.

(4) $p = 2, 19$ または，
$$p \equiv 1, 3, 5, 9, 15, 17, 25, 27, 31, 45, 49, 51, 59, 61, 67, 71, 73, 75 \mod 76.$$

8.9.2 (4) だけ詳しく書く. $p = \pm(x^2+xy-7y^2)$ $(x,y \in \mathbb{Z})$ と書ける条件を求めることになる. x,y 両方偶数の場合以外 $x^2+xy-7y^2$ は奇数である. x,y 両方偶数なら $x^2+xy-7y^2$ は 4 の倍数になるので, $p=2$ は $\pm(x^2+xy-7y^2)$ とはならない. $p=29$ なら $x=-1$, $y=2$ が条件を満たす.

$K = \mathbb{Q}(\sqrt{29})$ とおくと, $\mathcal{O}_K = \mathbb{Z}[(\sqrt{29}+1)/2]$ は一意分解環である. $\theta = (\sqrt{29}+1)/2$ とおく. $p \neq 29$ を奇素数とする. $p = \pm(x^2+xy-7y^2)$ であることと $(29/p) = 1$ であることが同値であることを示す.

$p = \pm(x^2+xy-7y^2)$ $(x,y \in \mathbb{Z})$ とする. p が x,y のどちらかを割れば, もう一方も割るので, 右辺が p^2 の倍数になり, 矛盾である. よって, $p \nmid x,y$ である. $\overline{x} = x \bmod p$ などと書くと, $\overline{2} \in \mathbb{F}_p^\times$ なので,

$$\overline{x}^2 + \overline{x}\,\overline{y} - 7\overline{y}^2 = \left(\overline{x} + \frac{\overline{1}}{\overline{2}}\overline{y}\right)^2 - \frac{\overline{29}}{\overline{4}}\overline{y}^2 = \overline{0}$$

である. よって,

$$\overline{29} = \overline{y}^{-2}\left(\overline{2}\overline{x}+\overline{y}\right)^2$$

となり, $(29/p) = 1$ である.

逆に $(29/p) = 1$ とする. $\overline{29} = \overline{a}^2$ $(a \in \mathbb{Z})$ とすると, $\overline{2b}+\overline{1} = \overline{a}$ となるように $b \in \mathbb{Z}$ をとれば, $\overline{b}^2+\overline{b}-\overline{7} = \overline{0}$ である.

$$\mathbb{Z}[\theta]/(p) \cong \mathbb{Z}[x]/(x^2-x-7,p) \cong \mathbb{F}_p[x]/(x^2-x-\overline{7})$$

であり, $x^2-x-\overline{7}$ は $\mathbb{F}_p$ に根 $-\overline{b}$ を持つので, (p) は $\mathbb{Z}[\theta]$ で素イデアルではない.

$\mathbb{Z}[\theta]$ は一意分解環なので, 前間と同様に p の素元分解は $p = q_1 q_2$ $(q_1, q_2 \in \mathcal{O}_K)$ という形であり, $\mathrm{N}_{K/\mathbb{Q}}(q_1) = \pm p$ となる. $q_1 = x+y\theta$ と書くと, $p = \pm \mathrm{N}_{K/\mathbb{Q}}(q_1) = \pm(x^2+xy-7y^2)$ である. よって, $p = \pm(x^2+xy-7y^2)$ となることと, $(29/p) = 1$ は同値である. 平方剰余の相互法則より $(29/p) = (p/29)$ となるので, $(29/p) = 1$ は

$$p \equiv 1, 4, 9, 16, 25, 7, 20, 6, 23, 13, 5, 28, 24, 22 \mod 29$$

と同値である.

(1) $p=13$ または, $p \equiv 1,4,9,3,12,10 \mod 13$.

(2) $p=17$ または, $p \equiv 1,4,9,16,8,2,15,13 \mod 17$.

(3) $p=3,7$ または, $p \equiv 1,4,5,16,17,20 \mod 21$.

8.9.3 (3) だけ詳しく書く. $p = x^2+xy+5y^2$ $(x,y \in \mathbb{Z})$ と書ける条件を求めることになる. x,y 両方偶数の場合以外 $x^2+xy+5y^2$ は奇数である. x,y 両方偶数なら $x^2+xy+5y^2$ は 4 の倍数になるので, $p=2$ は $x^2+xy+5y^2$ とはならない. $p=19$ なら $x=-1$, $y=2$ が条件を満たす.

$K = \mathbb{Q}(\sqrt{-19})$ とおくと, $\mathcal{O}_K = \mathbb{Z}[(\sqrt{-19}+1)/2]$ は一意分解環である. $\theta =$

$(\sqrt{-19}+1)/2$ とおく. $p \neq 19$ を奇素数とする. $p = x^2+xy+5y^2$ であることと $(-19/p) = 1$ であることが同値であることを示す.

$p = x^2+xy+5y^2$ $(x,y \in \mathbb{Z})$ とする. p が x,y のどちらかを割れば, もう一方も割るので, 右辺が p^2 の倍数になり, 矛盾である. よって, $p \nmid x,y$ である. $\overline{x} = x$ mod p などと書くと, $\overline{2} \in \mathbb{F}_p^\times$ なので,

$$\overline{x}^2 + \overline{x}\,\overline{y} + \overline{5}\,\overline{y}^2 = \left(\overline{x} + \frac{\overline{1}}{\overline{2}}\overline{y}\right)^2 + \frac{\overline{19}}{\overline{4}}\overline{y}^2 = \overline{0}$$

である. よって,

$$-\overline{19} = \overline{y}^{-2}\left(\overline{2}\overline{x}+\overline{y}\right)^2$$

となり, $(-19/p) = 1$ である.

逆に $(-19/p) = 1$ とする. $-\overline{19} = \overline{a}^2$ $(a \in \mathbb{Z})$ とすると, $\overline{2b}+\overline{1} = \overline{a}$ となるように $b \in \mathbb{Z}$ をとれば, $\overline{b}^2+\overline{b}+\overline{5} = \overline{0}$ である.

$$\mathbb{Z}[\theta]/(p) \cong \mathbb{Z}[t]/(t^2-t+5,p) \cong \mathbb{F}_p[t]/(t^2-t+\overline{5})$$

であり, $t^2-t+\overline{5}$ は $\mathbb{F}_p$ に根 $-\overline{b}$ を持つので, (p) は $\mathbb{Z}[\theta]$ で素イデアルではない. $p = \pm q_1 \cdots q_N$ を素元分解とすれば, ノルムをとることにより, $N = 2$, $p = N_{K/\mathbb{Q}}(q_1)$ となる. $q_1 = x+y\theta$ とすれば, $p = x^2+xy+5y^2$ となる.

$p \equiv 1 \mod 4$ なら, $(-19/p) = (19/p) = (p/19)$ となる. $p \equiv 3 \mod 4$ なら, $(-19/p) = -(19/p) = (p/19)$ となる. よって, $p \equiv 1,4,5,6,7,9,11,16,17 \mod 19$.

(1) $p = 7$ または, $p \equiv 1,2,4 \mod 7$ (2) $p = 11$ または, $p \equiv 1,3,4,5,9 \mod 11$

8.10.1 (1), (2), (4), (5) 整数解はない. (3) $(x,y) = (17, \pm 70)$.

(6) $a \equiv 3 \mod 4$ なら, $\mathbb{Q}(\sqrt{-a})$ の整数環は $\mathbb{Z}[(\sqrt{-a}+1)/2]$ なので, 整数環が $\mathbb{Z}[\sqrt{-a}]$ の場合とはいくぶん違った考察が必要である. (6) の場合だけ詳しく書く.

$\omega = (-1+\sqrt{-3})/2$, $A = \mathbb{Z}[\omega]$ とおくと, $A \cong \mathbb{Z}[t]/(t^2+t+1)$ である. (x,y) を方程式 $y^2+3 = x^3$ の整数解とする. 素イデアル $\mathfrak{p} \subset A$ が $(y+\sqrt{-3}), (y-\sqrt{-3})$ 両方を割るとする. すると, $\mathfrak{p}$ は $2\sqrt{-3}$ を割る.

$$A/(\sqrt{-3}) \cong \mathbb{Z}[t]/(2t-1, t^2+t+1) \cong \mathbb{F}_3[t]/(2t-1, t^2+t+1) \cong \mathbb{F}_3$$
$$A/(2) \cong \mathbb{F}_2[t]/(t^2+t+1) \cong \mathbb{F}_4$$

なので, $\mathfrak{p}_1 = (2)$, $\mathfrak{p}_2 = (\sqrt{-3})$ は素イデアルで $\mathfrak{p}$ は $\mathfrak{p}_1, \mathfrak{p}_2$ のどちらかである.

$\mathfrak{p} = \mathfrak{p}_1$ なら, $\mathfrak{p}_1 \mid y+\sqrt{-3}$ なので, y は奇数である. $y^2+3 = x^3$ なので, x は偶数になるが, 8 を法として考えると, $4 \equiv 0 \mod 8$ となり, 矛盾である. $\mathfrak{p} = \mathfrak{p}_2$ なら, $y \in \mathfrak{p}_2$ となる. ノルムを考え, y は 3 で割り切れる. $y^2+3 = x^3$ なので, x も 3 で割り切れる. すると, $3 = x^3 - y^2$ が 9 で割り切れ, 矛盾である. したがって,

$(y+\sqrt{-3}), (y-\sqrt{-3})$ は互いに素である.

命題 8.3.18 より, イデアル I があり, $(y+\sqrt{-3}) = I^3$ となる. A は単項イデアル整域なので, $I = (a+b\omega)$ となる $a, b \in \mathbb{Z}$ がある. よって, $\varepsilon \in \mathbb{Z}[\sqrt{-3}]^\times = \{\pm 1, \pm\omega, \pm\omega^2\}$ があり,
$$y+\sqrt{-3} = \varepsilon(a+b\omega)^3 = \varepsilon(a^3+3a^2b\omega+3ab^2\omega^2+b^3)$$
となる. $\sqrt{-3}$ の係数を比べる.

$\varepsilon = \pm 1$ なら, $3a^2b - 3ab^2 = \pm 2$ である. 右辺は 3 の倍数ではないので, これは矛盾である. $\varepsilon = \pm\omega$ なら, $a^3 - 3a^2b + b^3 = \pm 2$ である. 左辺が偶数になるのは, a, b 両方偶数の場合しかない. しかしその場合, 左辺は 4 で割り切れ, 矛盾である. $\varepsilon = \pm\omega^2$ なら, $a^3 - 3ab^2 + b^3 = \pm 2$ である. 左辺が偶数になるのは, a, b 両方偶数の場合しかない. しかしその場合, 左辺は 4 で割り切れ, 矛盾である. したがって, 整数解はない.

(7) $(x, y) = (3, \pm 4), (15, \pm 58)$. (8) 整数解はない. (9) $(7, \pm 18)$. (10) $(11, \pm 36)$.

8.11.1 (1) $x^2 - x + 1$ (2) $x^6 + x^3 + 1$ (3) $x^4 - x^3 + x^2 - x + 1$ (4) $x^{10} + \cdots + 1$ (5) $x^4 - x^2 + 1$ (6) $x^6 - x^5 + x^4 - x^3 + x^2 - x + 1$ (7) $x^8 - x^7 + x^5 - x^4 + x^3 - x + 1$ (8) $x^8 + 1$

8.11.2 (1) $x^3 + x^2 - 2x - 1$ (2) $x^3 - 3x + 1$ (3) $x^5 + x^4 - 4x^3 - 3x^2 + 3x + 1$

8.11.3 (1)–(3) は略.
(4) $\sum_{i=0}^{n} i^4 = \frac{1}{30}n(n+1)(2n+1)(3n^2+3n-1),$
$\sum_{i=0}^{n} i^5 = \frac{1}{12}n^2(n+1)^2(2n^2+2n-1),$
$\sum_{i=0}^{n} i^6 = \frac{1}{42}n(n+1)(2n+1)(3n^4+6n^3-3n+1)$

9 章

9.1.1 (1) 5 (2) -4 (3) 1 (4) 5 (5) -4 (6) -2

9.1.2 (1) 2^{-12} (2) 1 (3) 3^{-2} (4) 3^5 (5) 5^{-3} (6) 5^4

9.1.3 (1) $f(x) = x^2 + 17$ とおくと, $f(1) = 18 \equiv 0 \mod 3$, $f'(1) = 2 \not\equiv 0 \mod 3$ なので, ヘンゼルの補題より $\mathbb{Z}_3$ に根を持つ.
(2) $x = 0, \cdots, 4$ を代入することにより, 根を持たないことがわかる.

(3) 8 を法として考え，根を持たないことがわかる．
(4) 根を持たない．
(5) 根を持つ．
(6) 根を持たない (7 を法として考えた後 49 を法として考えよ)．

9.1.4 略

9.2.1 (1) -1 (2) 1 (3) $(5,5)_5 = (5,-1)_5 = 1$ (4) -1 (5) -1 (6) 1 (7) 1 (8) -1 (9) $(15,21)_3 = (3,3)_3(5,3)_3(3,7)_3(5,7)_3 = (3,-1)_3 \cdot (-1) \cdot 1 \cdot 1 = 1$. (10) -1 (11) 1 (12) 1

参考文献

　整数論の教科書はたくさんあるが，高木貞治の [12], [13] は特に有名である．本書や第 2 巻でも大いに参考にした．名著なので，読者もぜひ一読されたい．また，[3], [18], [22], [26], [30], [31], [33], [37], [41] (訳本は [17]), [42], [43], [48], [49] も参考にした．整数論の初等的な話題を扱った文献としては，[24] は例の豊富な教科書である．また，[19] も興味深い．[15] は整数論だけでなく，代数学の基礎も扱った本である．訳書では，[8], [9] が初心者向けに丁寧に解説されている．最近では [1], [23] など，比較的薄めで短期間で読むことができる入門書もいくつかある．[23] は abc 予想の関数体の場合を含む，有限体上の関数体の整数論の解説に詳しい．

　洋書では，学部高学年のセミナーなどでよく読まれている本として，[33] がある．この本は比較的高度な話題までも扱っている割には初等的に書いてあり，例や演習問題も多く，読んでいて楽しい本である．[30], [43] などもとてもよい本である．[44] はさまざまな話題を簡潔に扱った，とても興味深い入門書である．これには訳書 [11] もある．

　少し進んだ話題を扱った本としては，[4], [5], [7] などがある．[45], [48] はそれぞれ楕円曲線，岩澤理論の標準的な教科書である．類体論・楕円曲線・岩澤理論・保型形式・解析的整数論といった進んだ話題に関する文献については，第 3 巻で述べる．

　代数の教科書としては，拙著 [25] の他にも [2], [16], [21] などたくさんある．洋書でも良書はたくさんあり，[27], [35], [39] などは代表的である．

参考文献

- [1] 青木昇，『素数と2次体の整数論』(数学のかんどころ)，共立出版，2012.
- [2] 桂利行，『代数学 (I–III)』，東京大学出版会，2007.
- [3] 河田敬義，『数論――古典数論から類体論へ』，岩波書店，1992.
- [4] 栗原将人，黒川信重，斎藤毅，『数論2――岩沢理論と保型形式』，岩波書店，2005.
- [5] 黒川信重，加藤和也，斎藤毅，『数論1――Fermat の夢と類体論』，岩波書店，2005.
- [6] 小島聡史，「数体ふるい法による素因数分解について」，修士論文，東北大学，2010.
- [7] 斎藤毅，『フェルマー予想』，岩波書店，2009.
- [8] D. B. ザギヤー (著), 片山孝次 (訳), 『数論入門――ゼータ関数と2次体』, 岩波書店, 1990.
- [9] ジョセフ・H・シルヴァーマン (著), 鈴木治郎 (訳), 『はじめての数論 (原著第3版)――発見と証明の大航海 ピタゴラスの定理から楕円曲線まで』, ピアソンエデュケーション, 2007.
- [10] 数学セミナー編集部 (編), 『数学100の発見』, 日本評論社, 1998.
- [11] J. P. セール (著), 彌永健一 (訳), 『数論講義』, 岩波書店, 2002.
- [12] 高木貞治，『初等整数論講義 (第2版)』，共立出版，1971.
- [13] 高木貞治，『代数的整数論 (第2版)』，岩波書店，1971.
- [14] リュウエル・V. チャーチル, ジェームズ・ウォード・ブラウン (著), 中野實 (訳), 『複素関数入門 (新装版)』, 数学書房, 2008.
- [15] 中島匠一，『代数と数論の基礎』(共立講座 21世紀の数学)，共立出版，2000.
- [16] 中島匠一，『代数方程式とガロア理論』(共立叢書 現代数学の潮流)，共立出版，2006.
- [17] J. ノイキルヒ (著), 梅垣敦紀 (訳), 『代数的整数論』, 丸善出版, 2012.
- [18] 藤崎源二郎，『代数的整数論 (上，下)』(基礎数学選書)，裳華房，1975.
- [19] 藤崎源二郎，山本芳彦，森田康夫，『数論への出発 (増補版)』，日本評論社，2004.
- [20] 松坂和夫，『集合・位相入門』，岩波書店，1968.
- [21] 松坂和夫，『代数系入門』，岩波書店，1976.

[22] 森田康夫,『整数論』(基礎数学), 東京大学出版会, 1999.

[23] 山崎隆雄,『初等整数論』, 共立出版, 2015.

[24] 山本芳彦,『数論入門』(現代数学への入門), 岩波書店, 2003.

[25] 雪江明彦,『代数学 (1–3)』, 日本評論社, 2010, 2011.

[26] T. M. Apostol, *Introduction to analytic number theory*, Undergraduate Texts in Mathematics, Springer-Verlag, 1976.

[27] M. Artin, *Algebra*, Prentice Hall Inc., 1991.

[28] A. Baker, *Linear forms in the logarithms of algebraic numbers* I, II, III, Mathematika vol.13, 1966, pp.204–216; ibid. vol.14, 1967, pp.102–107; ibid. vol.14, 1967, pp.220–228.

[29] A. I. Borevich, I. R. Shafarevich, *Number theory*, Academic Press. 1966.

[30] J. W. S. Cassels, *Local fields*, London Mathematical Society Student Texts 3, Cambridge University Press, 1986.

[31] K. Chandrasekharan, *Introduction to analytic number theory*, Die Grundlehren der mathematischen Wissenshaften 148, Springer-Verlag, 1968.

[32] K. Hensel, *Über eine neue Begründung der Theorie der algebraischen Zahlen*, Jahresbericht der Deutschen Mathematiker Vereinigung vol.6 (3), 1897, pp.83–88.

[33] K. Ireland, M. Rosen, *A classical introduction to modern number theory*, second edition, Graduate Texts in Mathematics 84, Springer-Verlag, 1990.

[34] R. Jacobowitz, *Multiplicativity of the local Hilbert symbol*, Pacific J. Math. vol.14, 1964, pp.187–190.

[35] N. Jacobson, *Basic Algebra* I, II, second edition, W. H. Freeman and Company, 1985, 1989.

[36] W. Johnson, *On the vanishing of the Iwasawa invariant μ_p for $p < 8000$*, Math. Comp. vol.27, 1973, pp.387–396.

[37] Y. Kitaoka, *Arithmetic of quadratic forms*, Cambridge Tracts in Mathematics 106, Cambridge University Press, 1993.

[38] J. -L. Lagrange, *Mécanique analytique* vol.1, 2, Cambridge Library Collection, Cambridge University Press, 2009.

[39] S. Lang, *Algebra*, third edition, Graduate Texts in Mathematics 211, Springer-Verlag, 2002.

[40] A. K. Lenstra, H. W. Lenstra, Jr., editors, *The development of the number field sieve*, Lecture Notes in Mathematics 1554. Springer-Verlag, 1993.

[41] J. Neukirch, *Algebraic number theory*, Grundlehren der Mathematischen Wissenschaften 322, Springer-Verlag, 1999.

[42] O. T. O'Meara, *Introduction to quadratic forms*, Classics in Mathematics, Springer-Verlag, 2000.

[43] H. E. Rose, *A course in number theory*, second edition, Oxford Scientific publications, Oxford University Press, 1995.

[44] J. -P. Serre, *A course in arithmetic*, Graduate Texts in Mathematics 7, Springer-Verlag, 1973.

[45] J. H. Silverman, *The arithmetic of elliptic curves*, second edition, Graduate Texts in Mathematics 106, Springer, 2009.

[46] H. M. Stark, *A complete determination of the complex quadratic fields of class-number one*, Michigan Math. J. vol.14, 1967, pp.1–27.

[47] R. Taylor, A. Wiles, *Ring-theoretic properties of certain Hecke algebras*, Ann. of Math. vol.141, 1995, pp.553–572.

[48] L. C. Washington, *Introduction to cyclotomic fields*, second edition, Graduate Texts in Mathematics 83. Springer-Verlag, 1997.

[49] A. Weil, *Basic number theory*, Springer-Verlag, 1974.

[50] A. Wiles, *Modular elliptic curves and Fermat's last theorem*, Ann. of Math. vol.141, 1995, pp.443–551.

索引

記号・数字・アルファベット

$A^\times$	139
${}^t A$	177
$A_1 \times \cdots \times A_n$	2
$A[1/f]$	165
$A \cap B$	2
$A \cup B$	2
$A \subset B$	2
$A \cong B$	154
$a \equiv b \mod m$	18
$a \mid b$	167
$(a,b)_K$	321
$(a,b)_\mathfrak{p}$	322
$(a,b)_\infty$	322
$A_\mathfrak{p}$	165
$\left(\dfrac{a}{m}\right)$	59
$\left(\dfrac{a}{p}\right)$	51
$As_1 + \cdots + As_n$	142
$\mathrm{Aut}^{\mathrm{al}} A$	141
$\mathrm{Aut}^{\mathrm{al}}_k A$	155
$\mathrm{Aut}\, G$	115
$A[x]$	148
$A[x_1, \cdots, x_n]$	152
B_n	293
$\mathbb{C}$	1
$\mathrm{Coker}(f)$	183
$\deg f(x)$	148, 153
$\det A$	178
$d(n)$	77
e_1	177
f^{-1}	3
$f : A \to B$	2
$\mathbb{F}_p$	148
$\mathbb{F}_q$	216
Frob_q	196
$|G|$	108
$G_1, \cdots, G_t$	108
$\gcd(a,b)$	14
$g \circ f$	3
$(G : H)$	113
$G \backslash H$	113
G/H	113
$\mathrm{GL}_n(\mathbb{C})$	106
$\mathrm{GL}_n(\mathbb{R})$	106
$G \cdot x$	130
G_x	130
h_A	257
$H \triangleleft G$	115
$G \triangleright H$	115
h_K	257
$\mathrm{Hom}^{\mathrm{al}}_k(A, B)$	154
$\mathrm{Hom}_A(M, N)$	182
IB	143
I^{-1}	249
IJ	249

$(i\,j)$	107	$\mathrm{sgn}(\sigma)$	178
$(i_1\cdots i_m)$	107	$\mathfrak{S}_n$	107
$\mathrm{Im}(f)$	183	$\mathrm{SO}(n)$	111
$\mathrm{Im}(\phi)$	114, 143	$\mathrm{Tr}_{L/K}(x)$	235
I_n	177	$|x|$	11
$[k_0,k_1,\cdots]$	86	$[x_1,\cdots,x_n]$	176
$[\overline{3,6}]$	92	$|x|_p$	303
$\mathrm{Ker}(f)$	183	$x\equiv y \mod I$	145
$\mathrm{Ker}(\phi)$	114, 143	$\mathbb{Z}$	1
$K(S)$	197	$\mathbb{Z}_{>}$	1
$k[S]$	155	$Z(G)$	131
$K(x_1,\cdots,x_n)$	164	$Z_G(H)$	131
$\mathrm{lcm}(a,b)$	14	$\mathbb{Z}_p$	312
$[L:K]$	196	$\mu(n)$	82
$M_1\cdot M_2$	197	$\phi(m)$	36
M_k	80	$\sigma_k(n)$	80
$\mathrm{M}_{m,n}(R)$	176	$\sigma(n)$	80
$\mathrm{M}_n(R)$	176	$\prod_{i\in I} A_i$	98
$M\cong N$	182	$\coprod_{i\in I} A_i$	99
$\mathbb{N}$	1, 10	$\prod_{i\in I} M_i$	185
$n\cdot 1_A$	141	$\bigoplus_{i\in I} M_i$	185
$\mathrm{N}_G(H)$	131	1 次結合 linear combination	180
$\mathrm{N}_{L/K}(x)$	235	1 次従属 linearly dependent	180
$\mathcal{O}_K$	231	1 次独立 linearly independent	180
$\mathrm{O}(n)$	111	1 対 1 one-to-one	3
$\mathrm{ord}_p(a)$	257	1 の n 乗根 n-th root of unity	281
$\mathrm{ord}_\mathfrak{p}(a)$	257	1 の原始 n 乗根 primitive n-th root of unity	281
p_n/q_n	89	1 のべき根 root of unity	281
$\mathbb{Q}$	1	2 次体 quadratic field	259
$\mathbb{Q}_p$	312	A 基底 A-basis	180
$\mathbb{R}$	1	d 次体 degree d field	231
$\mathbb{R}_{>}$	1	k (K) 自己同型群 $k(K)$-automorphism group	155, 197
$\mathbb{R}_{\geqq}$	1	k (K) 準同型 $k(K)$-homomorphism	154, 196
$\langle S\rangle$	110	k 乗因子 k-th power factor	79
$s_1 A+\cdots+s_n A$	142		
$S_1 S_2$	112		
S_1+S_2	112		
$(s_1,\cdots,s_n)$	142		
$S^{-1}A$	163		

$k\,(K)$ 代数 $k(K)$-algebra	154		168
$k\,(K)$ 同型 $k(K)$-isomorphism	154, 196	一般線形群 general linear group	106
ℓ 進法 ℓ-adic expansion	19	イデアル ideal	141
n 次形式 degree n form	153	イデアル類群 ideal class group	257
p 群 p-group	132	因子 factor	167
p 進距離 p-adic distance	304	ウイルソン John Wilson (1741–1793)	52
p 進数 p-adic number	312	ウィルソンの定理 Wilson's theorem	52
p 進整数 p-adic integer	312	上にある (素イデアルが) over, above (a	
p 進展開 p-adic expansion	318	prime ideal)	235
p 進付値 p-adic valuation	303	エラトステネスのふるい sieve of Eratos-	
RSA 暗号 RSA cryptography	40	thenes	16
well-defined	103	演算 binary operation	104
		延長 (写像の) extension	2
あ行		円分体 cyclotomic field	280
アーベル Niels Henrik Abel (1802–1829)		円分多項式 cyclotomic polynomial	281
	213	円分単数 cyclotomic unit	287
アーベル拡大 abelian extension	213	オイラー Leonhard Euler (1707–1783)	
アイゼンシュタイン Ferdinand Gotthold			36, 81, 82, 281
Max Eisenstein (1823–1852)	201	オイラーの判定法 Euler's criterion	53
アイゼンシュタイン多項式 Eisenstein		オイラーの ϕ 関数 The Euler ϕ function	
polynomial	201		36, 82, 281
アイゼンシュタインの判定法 Eisenstein's		オーダー (デデキント環の素イデアルに関	
criterion	201	する) order	257
アダマール Jacques Salomon Hadamard			
(1865–1963)	8	**か行**	
余り remainder	18	解 solution	4
アルキメデスの公理 the axiom of Archimedes		開基 base, basis (for the topology)	308
	12	開集合 open set	307
暗号 cryptography	38	解析的整数論 analytic number theory	9
暗号化 encryption, enciphering	38	ガウス Johann Carl Friedrich Gauss (1777–	
暗号文 ciphered text	38	1855)	54, 173, 207, 275
安定化群 stabilizer	130	ガウス記号	13
位数 (群の, 群の元の) order	108	ガウスの補題 Gauss' lemma	54
位相 topology	307	ガウスの補題 (原始多項式に関する)	
位相環 topological ring	312	Gauss's lemma	173
位相空間 topological space	307	可換 (環の元が) commutative	138
位相群 topological group	312	可換 (群の元が) commutative	104
位相体 topological field	313	可換環 commutative ring	139
一意分解環 unique factorization domain		可換群 commutative group, abelian group	

	104	完備化 completion	309
可換図式 commutative diagram	119	簡約形式 reduced form	274
鍵 (暗号の) key	39	基底 basis	180
可逆行列 invertible matrix	178	軌道 orbit	130
可逆元 invertible element	139	基本近傍系 fundamental system of neigh-	
核 (加群の準同型の) kernel	183	borhoods	307
核 (環準同型の) kernel	143	基本単数 fundamental unit	94
核 (群の準同型の) kernel	114	既約 irreducible	168
拡大環 extension ring	143	逆関数 inverse function	3
拡大次数 extension degree	196	逆行列 inverse of a matrix	178
拡大体 extension field	196	逆元 inverse	104
拡張 (写像の) extension	2	逆写像 inverse of a map	3
確率論的アルゴリズム probabilistic algo-		既約性 (多項式の) irreducibility	241, 281
rithm	295	逆像 inverse image	3
加群 additive group	104	既約多項式 irreducible polynomial	172
加群 (環上の) module	179	既約分数 reduced fraction	27
可除環 division ring	139	共通鍵暗号 symmetric-key cryptography	
加法群 additive group	104		39
加法的付値 additive valuation	257	共通集合 intersection	2
可約 reducible	168	行ベクトル row vector	176
ガロア Évariste Galois (1811–1832)	213	虚埋め込み (代数体の) imaginary imbed-	
ガロア拡大 Galois extension	213	ding	259
ガロア群 Galois group	213	共役 (群の元の) conjugate	126
ガロアの基本定理 the fundamental theo-		共役 (体の元の) conjugate	204
rem of Galois theory	220	行列式 determinant	178
ガロア閉包 Galois closure	213	極限 limit	308
環 ring	138	局所化 (f による) localization	165
関係 relation	100	局所化 (環の) localization	163
関数 function	2	局所化 (素イデアルによる) localization	
完全乗法的 completely multiplicative func-			165
tion	78	局所環 local ring	165
完全剰余系 complete residue system	36	局所的な準同型 local homomorphism	166
完全数 perfect number	80	極大イデアル maximal ideal	157
完全体 perfect field	207	虚 2 次体 imaginary quadratic field	259
完全代表系 (同値関係の) complete system		距離空間 metric space	306
of representatives	102	近似分数 (連分数の) n-th convergent for θ	
完全被約剰余系 reduced complete residue			89
system	36	近傍 neighborhood	307
完備 (距離空間が) complete	309	グラフ graph	2

群 group　104
クンマー Ernst Eduard Kummer (1810–1893)　293
クンマーの合同式 Kummer's congruences　293
形式的な有限和 formal finite sum　186
係数 coefficient　152
ケーリー Arthur Cayley (1821–1895)　125
結合法則 associative law　104
決定的アルゴリズム deterministic algorithm　295
原始根 primitive root　218
原始多項式 primitive polynomial　173
原始的 primitive　67
元の個数 (集合の) cardinality　3
項 term　148, 152
公開鍵暗号 public key cryptography　40
交換法則 commutative law　104
格子点 lattice point　57
合成 (関数の) composition　3
合成数 composite number　13
合成体 composition field　197
合同 congruent　17, 145
恒等写像 the identity map　3
合同方程式 congruence equation　33
公倍元 (一意分解環で) common multiple　169
公約元 (一意分解環で) common divisor　169
コーシー Augustin Louis Cauchy (1789–1857)　105, 309
コーシー列 Cauchy sequence　309
根 root　4
コンパクト compact　309

さ行

最小公倍元 (一意分解環で) least common multiple　169
最小公倍数 least common multiple　14
最小多項式 minimal polynomial　200
最小分解体 (多項式の) splitting field　212
最大公約元 (一意分解環で) greatest common divisor　169
最大公約数 greatest common divisor　14
作用 (環の加群への) action　179
作用 (群の) action　123
三角不等式 triangle inequality　306
自己準同型 (環の) endomorphism　140
自己同型　115
自己同型 (環の) automorphism　140
自己同型群 (体の) automorphism group　197
指数 index　113
次数 (1 変数多項式の) degree　148
次数 (合同方程式の) degree　46
次数 (多変数多項式の) degree　153
自然な写像 natural map　117
自然な準同型 (環の局所化への) natural homomorphism　164
実埋め込み (代数体の) real imbedding　259
実数体 the field of real numbers　140
実 2 次体 real quadratic field　259
自明なイデアル trivial ideal　141
自明な解 (フェルマー方程式の) trivial solution　67
自明な環 trivial ring　139
自明な作用 trivial action　124
自明な準同型 trivial homomorphism　115
自明な正規部分群 trivial normal subgroup　116
自明な部分群 trivial subgroup　109
斜体 skew field　139
自由加群 free module　185
重根 multiple root　207
収束 (距離空間の点列の) convergence　308
十分条件 sufficient condition　4
シュタイニッツ Ernst Steinitz (1871–1928)

	206
巡回拡大 cyclic extension	213
巡回群 cyclic group	110
巡回置換 cyclic permutation	107
巡回部分群 cyclic subgroup	110
循環小数 repeating (recurring) decimal	28
循環連分数 periodic continued fraction	92
純循環連分数 purely periodic continued fraction	92
順序 order	100
順序集合 ordered set	100
準同型 (環の) homomorphism	140
準同型 (環上の加群の) homomorphism	182
準同型 (群の) homomorphism	113
準同型定理 the fundamental homomorphism theorem	119, 146, 184
準同型の一次独立性 linear independence of homomorphisms	238
商 quotient	18
小数表示 decimal representation	28
小数部分 decimal part	28
商体 quotient field	164
乗法群 (環の) the group of units	139
乗法的関数 multiplicative function	78
乗法的集合 multiplicative subset	163
剰余 remainder	18
剰余加群 residual module	183
剰余環 residue ring	145
剰余空間 residual space	183
剰余群 factor group	118
剰余類 coset	112
真のイデアル proper ideal	141
真部分群 proper subgroup	109
推移的 transitive	130
随伴行列 adjoint matrix	179
数学的帰納法 mathematical induction	15

数体ふるい法 number field sieve	295
数論幾何 arithmetic geometry	6
数論的関数 arithmetic function	77
スカラー scalar	177
スカラー倍 scalar multiplication	177
スターク Harold Mead Stark (1939–)	275
整 integral	228
整域 (integral) domain	148
整拡大 integral extension	228
正規拡大 normal extension	211
正規化群 normalizer	131
正規環 normal ring	231
正規部分群 normal subgroup	115
制限 (写像の) restriction	2
斉次式 homogeneous polynomial	153
整数部分 integer part	28
生成系 (k 代数の) system of generators	155
生成系 (イデアルの) system of generators	142
生成系 (加群の) system of generators	181
生成系 (群の) system of generators	110
生成元 (k 代数の) generator	155
生成元 (イデアルの) generator	142
生成元 (加群の) generator	181
生成元 (群の) generator	110
生成する (k 代数を) generate	155
生成する (イデアルを) generate	142
生成する (加群を) generate	180
生成する (部分加群を) generate	181
正則行列 non-singular matrix	178
正則素数 regular prime	293
成分 entry	176
整閉整域 integrally closed ring	231
整閉包 integral closure	231
正方行列 square matrix	176
積 (イデアルの) product	142
積 (行列の) product	177
積 (分数イデアルの) product	249

絶対値 absolute value	11
線形写像 linear transformation	182
全射 surjection	3
全順序 total order	100
全順序集合 totally ordered set	100
全商環 total quotient ring	164
選択公理 axiom of choice	99
全単射 bijection	3
素イデアル prime ideal	157
素イデアル分解 prime decomposition	253, 256
素因子 prime factor	168, 253
素因数分解 prime decomposition	26
像 (加群の準同型の) image	183
像 (環準同型の) image	143
像 (群の準同型の) image	114
像 (写像の) image	3
素元 prime element	168
素元分解 prime decomposition	168
素数 prime number	13
素数定理 prime number theorem	8
素体 prime field	197

た行

体 field	139
対角成分 diagonal entry	176
対称行列 symmetric matrix	177
対称群 symmetric group	107
代数拡大 algebraic extension	198
代数学の基本定理 The fundamental theorem of algebra	207
代数体 algebraic number field	231
代数的 algebraic	198
代数的整数 algebraic integer	231
代数的整数環 algebraic integer ring	231
代数的整数論 algebraic number theory	6
代数閉体 algebraically closed field	205
代数閉包 algebraic closure	205
代表元 (同値関係の) representative	102

互いに素 (イデアルが) relatively prime	254
互いに素 (一意分解環で) relatively prime	169
互いに素 (整数が) relatively prime	14
高木貞治 (1875–1960)	10
多項式 (1 変数の) polynomial	148
多項式 (多変数の) polynomial	152
多項式環 (1 変数の) polynomial ring	148
多項式環 (多変数の) polynomial ring	152
多項式時間 polynomial time	21
多重添字 multi-index	152
単位行列 the unit matrix	106
単位元 the unit element	104
単因子論 elementary divisor theory	190
単拡大 simple extension	218
単元 unit	139
単元群 (環の) the group of units	139
単項イデアル principal ideal	142, 249
単項イデアル整域 principal ideal domain	170
単項式 monomial	152
単射 injection	3
単純群 simple group	126
単純連分数 simple continued fraction	86
単数 unit	258
単数群 group of units	258
単数群 (環の) the group of units	139
置換 permutation	106
置換群 permutation group	107
置換表現 permutation representation	125
中間体 intermediate field	196
中国式剰余定理 Chinese remainder theorem	30, 32, 160
中国式剰余定理 (加群) Chinese remainder theorem	186
中心 center	131
中心化群 centralizer	131
超越拡大 transcendental extension	198

超越的 transcendental	198
直積 (加群の) direct product	185
直積 (環の) direct product	160
直積 (群の) direct product	108
直積 (集合の) direct product	2, 98
直積因子 (加群の) direct factor	185
直積位相 product topology	308
直積因子 (環の) direct factor	160
直積因子 (群の) direct factor	108
直積因子 (集合の) direct factor	2, 98
直和 (加群の) direct sum	185
直和 (集合の) coproduct	99
直和因子 (加群の) direct factor	185
直交群 orthogonal group	111
ディオファントス方程式 Diophantine equation	5, 66
定数項 constant term	148, 152
ディリクレ Johann Peter Gustav Lejeune Dirichlet (1805–1859)	9, 259
ディリクレの算術級数定理 Dirichlet's theorem on primes in arithmetic progression	9
ディリクレの単数定理 Dirichlet's unit theorem	259
デデキント Julius Wilhelm Richard Dedekind (1831–1916)	245
デデキント環 Dedekind ring	245
転置行列 transpose of a matrix	177
同型 (環の) isomorphism	140
同型 (環上の加群の) isomorphism	182
同型 (群の) isomorphism	113
等質空間 homogeneous space	130
同値 equivalent	4
同値関係 equivalence relation	101
同値類 equivalence class	101
同伴 conjugate	168
特殊直交群 special orthogonal group	111
ド・ラ・ヴァレー・プーサン Charles-Jean Étienne Gustave Nicolas de la Vallée Poussin (1866–1962)	8
トレース trace	235

な行

中山正 (1912–1964)	247
中山の補題 Nakayama's lemma	247
二面体群 dihedral group	129
ネーター環 Noetherian ring	188
ねじれ torsion	187
ねじれがない torsion free	187
ねじれ元 torsion element	187
ねじれ部分群 torsion subgroup	187
ノルム norm	235

は行

倍元 multiple	167
倍数 multiple	13
ハウスドルフ Felix Hausdorff (1869–1942)	307
ハウスドルフ空間 Hausdorff space	307
ハッセ Helmut Hasse (1898–1979)	329
ハッセの原理 Hasse principle	329
張る (加群を) span	180
張る (部分加群を) span	181
反例 counter-example	4
非正則素数 irregular prime	293
ピタゴラス数 Pythagorean triple	67
左作用 (群の) left action	123
剰余類 left coset	112
必要十分条件 necessary and sufficient condition	4
必要条件 necessary condition	4
微分 differential, derivation	47, 207
非分離拡大 inseparable extension	207
標数 characteristic	195
平文 plain text	38
ヒルベルト David Hilbert (1862–1943)	321
ヒルベルト記号 Hilbert symbol	321

フェルマー Pierre de Fermat (1608–1665) 37, 67
フェルマーの小定理 Fermat's small theorem 37
フェルマー方程式 Fermat equation 67
不可逆過程 irreversible process 40
復元 (平文の) decryption, deciphering 38
複素数体 the field of complex numbers 140
双子素数 twin prime 4
付値 valuation 303
不定方程式 indeterminate (polynomial) equation, Diophantine equation 5, 66
部分位相 subspace topology 307
部分加群 submodule 181
部分環 subring 143
部分空間 subspace 181, 307
部分群 subgroup 109
部分 k (K) 代数 sub-$k(K)$-algebra 154
部分体 subfield 196
不変体 invariant field 220
ブラウンカー William Brouncker (1620–1684) 93
フロベニウス Ferdinand Georg Frobenius (1849–1917) 196
フロベニウス準同型 Frobenius endomorphism 196
分数 fraction, fractional number 27
分数イデアル fractional ideal 249
分配法則 distributive law 138
分離拡大 (代数的) serarable extension 207
分離多項式 serarable polynomial 207
ベイカー Alan Baker (1939–) 275
閉包 closure 307
平方因子 square-factor 79
平方剰余 quadratic residue 51, 59
平方剰余の相互法則 quadratic reciprocity law 56
平方非剰余 quadratic non-residue 51, 59

ベクトル空間 vector space 179
部屋割り論法 pigeonhole principle 29
ペル John Pell (1611–1685) 93
ベルヌーイ Jakob Bernoulli (1654–1705) 293
ベルヌーイ数 Bernoulli number 293
ペル方程式 Pell's equation 93
ヘンゼル Kurt Wilhelm Sebastian Hensel (1861–1941) 304, 321
ヘンゼルの補題 Hensel's lemma 304
包含写像 inclusion map 3
法として modulo 17, 145
保型形式 automorphic form 6

ま行

マルチインデックス multi-index 152
右作用 (群の) right action 124
右剰余類 right coset 112
無限群 infinite group 108
無限降下法 method of descent 69
無限次拡大 infinite extension 196
無限小数 infinite decimal representation 28
無限連分数 infinite continued fraction 86
メビウス August Ferdinand Möbius (1790–1868) 82
メビウス関数 The Möbius function 82
メビウスの反転公式 Möbius inversion formula 83
メルセンヌ Marin Mersenne (1588–1648) 80
メルセンヌ数 Mersenne number 80
モニック monic 150

や行

約元 divisor 167
約数 divisor 13
約数関数 divisor function 77
ヤコビ Carl Gustav Jacob Jacobi (1804–

1851)	59
ヤコビ記号 Jacobi symbol	59
ユークリッド環 Euclidean domain	170
ユークリッドの互除法 Euclidean algorithm	23
有限群 finite group	108
有限次拡大 finite extension	196
有限小数 finite decimal representation	28
有限生成 (イデアルが) finitely generated	142
有限生成 (加群が) finitely generated	182
有限生成 (環が) finitely generated	155
有限生成 (体の拡大が) finitely generated	197
有限体 finite field	148
有限連分数 finite continued fraction	86
有理数体 the field of rational numbers	140
余核 (加群の準同型の) cokernel	183
吉田光由 (1598–1672)	32

ら行

リーマン Georg Friedrich Bernhard Riemann (1826–1866)	9
リーマンゼータ関数 the Riemann zeta function	9
離散性 (整数の) discreteness	12
離散付値環 discrete valuation ring	245
類数 class number	257
類数問題 class number problem	275
ルジャンドル Adrien-Marie Legendre (1752–1833)	51
ルジャンドル記号 Legendre symbol	51
零イデアル the zero ideal	141
零因子 zero divisor	149
零環 the zero ring	139
零行列 the zero matrix	177
列ベクトル column vector	176
連続 continuous	308
連続写像 continuous map	308
連分数 continued fraction	86
連分数展開 continued fraction expansion	88

わ行

和 (イデアルの) sum	142
和 (行列の) sum	177
ワイルス Andrew Wiles (1953–)	7
和集合 union	2
割り算 division	13, 18
割る (イデアルが) divide	253

雪江明彦（ゆきえ・あきひこ）

略歴
1957年　甲府市に生まれる．
1980年　東京大学理学部数学科を卒業．
1986年　ハーバード大学にて Ph.D. を取得．
　　　　ブラウン大学，オクラホマ州立大学，プリンストン高等研究所，ゲッチンゲン大学，オクラホマ州立大学，東北大学教授，京都大学教授を歴任．
現　在　東北大学名誉教授，京都大学名誉教授．
　　　　専門は，幾何学的不変式論，解析的整数論．

主な著書
Shintani Zeta Functions（Cambridge University Press）
『線形代数学概説』（培風館）
『概説 微分積分学』（培風館）
『文科系のための自然科学総合実験』（共著，東北大学出版会）
『代数学 1–3』［第2版］（日本評論社）
『整数論 1–3』（日本評論社）

整数論1　初等整数論から p 進数へ

2013年8月10日　第1版第1刷発行
2024年11月20日　第1版第7刷発行

著　者　　雪江明彦
発行所　　株式会社　日本評論社
　　　　　〒170-8474 東京都豊島区南大塚3-12-4
　　　　　電話　（03）3987-8621［販売］
　　　　　　　　（03）3987-8599［編集］
印　刷　　藤原印刷株式会社
製　本　　株式会社難波製本
装　幀　　海保透

JCOPY〈(社)出版者著作権管理機構 委託出版物〉
本書の無断複写は著作権法上での例外を除き禁じられています．複写される場合は，そのつど事前に，(社)出版者著作権管理機構（電話 03-5244-5088, FAX 03-5244-5089, e-mail: info@jcopy.or.jp）の許諾を得てください．また，本書を代行業者等の第三者に依頼してスキャニング等の行為によりデジタル化することは，個人の家庭内の利用であっても，一切認められておりません．

ⓒ Akihiko YUKIE 2013　Printed in Japan
ISBN978-4-535-78736-0

日本評論社 雪江明彦の本

代数学1
群論入門［第2版］
代数学のスタートはここから

代数学の基礎である群論を、初学者に多い誤りに注意しながら丁寧に解説。多くの読者に支持された第1版をバージョンアップ。　■定価2,310円（税込）

代数学2
環と体とガロア理論［第2版］
代数学の華 ガロア理論へ

環、加群、体からガロア理論までを、豊富な例と丁寧な解説で解き明かす。読者からの要望を反映し、さらに学びやすくした第2版。　■定価3,410円（税込）

代数学3
代数学のひろがり［第2版］
数学を真に理解するための一歩進んだ代数学

テンソル代数、無限次ガロア拡大など、諸分野で必要となる発展的な話題を幅広く扱う。長く読みつがれた旧版を、さらに充実させ第2版化。　■定価4,730円（税込）

整数論1
初等整数論からp進数へ
深遠な整数の世界への第一歩

全3巻の整数論の教科書。第1巻では、初等整数論から始め、代数的整数とp進数の基礎までを学ぶ。群・環・体の初歩も丁寧に解説。　■定価3,740円（税込）

整数論2
代数的整数論の基礎
整数を超えて代数的整数へ

全3巻の教科書の第2巻。代数的整数論の基本事項を、豊富な具体例や不定方程式などへの応用を交えながらいきいきと伝える。　■定価3,740円（税込）

整数論3
解析的整数論への誘い
ゼータ関数を通して素数を知る

全3巻の教科書の第3巻。算術級数定理から素数定理まで、ゼータ関数による解析的整数論の精華を鮮やかに示す。　■定価3,740円（税込）

日本評論社
https://www.nippyo.co.jp/